建筑施工现场实用系列手册

碗扣式钢管脚手架施工现场实用手册

高秋利　主编

中国建筑工业出版社

图书在版编目（CIP）数据

碗扣式钢管脚手架施工现场实用手册/高秋利主编．北京：中国建筑工业出版社，2012.5
（建筑施工现场实用系列手册）
ISBN 978-7-112-13952-1

Ⅰ.①碗…　Ⅱ.①高…　Ⅲ.①钢管-脚手架-工程施工-技术手册　Ⅳ.①TU731.2-62

中国版本图书馆CIP数据核字（2012）第011151号

建筑施工现场实用系列手册
碗扣式钢管脚手架施工现场实用手册
高秋利　主编
*
中国建筑工业出版社出版、发行（北京西郊百万庄）
各地新华书店、建筑书店经销
北京红光制版公司制版
北京世知印务有限公司印刷
*
开本：787×1092毫米　1/16　印张：22　字数：546千字
2012年4月第一版　2012年4月第一次印刷
定价：**58.00**元
ISBN 978-7-112-13952-1
（22017）

本书围绕《建筑施工碗扣式钢管脚手架安全技术规范》JGJ 166—2008的内容展开，汇集了碗扣式脚手架的最新研究成果和施工技术。针对实际应用的需要，在对《建筑施工碗扣式钢管脚手架安全技术规范》JGJ 166—2008进行深度阐述和解析的基础上，本书从碗扣式钢管脚手架构件制作及检验、相关试验、结构特点及力学分析、设计与计算、结构构造、施工及验收、安全控制、典型工程实例及方案精选、施工现场常见问题及处理方法、计算案例等方面进行了系统的论述。同时，本书对未列入规范、处于发展中的新技术和某些特殊条件下的碗扣式钢管脚手架的设计与计算、施工与验收、安全控制等方面也进行了简要介绍。本书还结合我国施工现场的实际情况，对碗扣式钢管脚手架施工现场的各种常见问题及相应的预防、处理方法和注意事项进行系统的阐述和展开。本书几乎涵盖了碗扣式钢管脚手架施工现场中所有常见的“疑难杂症”，非常适合施工现场的工程技术人员使用。

本书从碗扣式脚手架的受力原理到常见问题分析作了系统性的描述，希望本书既为具有一定专业水准的施工现场工程技术人员提供一本内容充实、得心应手的工具书，又为刚刚进入建筑施工领域的年轻人提供一本入门指南，一个技术支持，一个了解并学习《建筑施工碗扣式钢管脚手架安全技术规范》JGJ 166—2008等相关规范的窗口。本书可供施工现场技术人员及大专院校土建专业师生参考使用。

* * *

责任编辑：何玮珂　李　阳
责任设计：赵明霞
责任校对：肖　剑　刘　钰

本书编写人员

主　　编　高秋利

副 主 编　刘红贤　刘　青　王旭辉　李双宝　李贵良　刘红军　刘永奇

编写人员　张正坤　康俊峰　李红艳　宋志杰　刘永建　王志义　贾　刚　邢东亮　任运涛　丁增会　梁美娜　陈俊茹　许国华　邵　垒　黄　毅　赵　才　史东库　何增仕　郑小平　郑韶峰　贾俊卿　侯会杰　冷　平　张更喜　陈　阳　邵树发　董三霞　支海涛　戎福增　彭　涛　宋喜艳　赵　亮　高微微　杨君华　杨晓明　张振华　郑会霄　张艳华

序

随着我国社会经济的快速发展，各种大型复杂的工程不断涌现，如何保障建筑施工安全，关系到社会稳定大局，也关系到建筑业的持续健康发展。

建筑施工脚手架，不论其在工程施工中的成本还是保障安全的作用上都占有重要的地位。由于目前仍存在对脚手架研究不够、搭设不规范、管理缺失等问题，造成架体倒塌，人员伤亡，财产损失事故频发。

碗扣式钢管脚手架作为一种新型脚手架体系，具有受力性能好、安全可靠、施工效率高、方便管理等特点，可适用于各种落地脚手架、支撑架、提升架和爬架等，特别在高层建筑模板支撑、桥梁工程中得到大量应用。但使用多年来一直沿用的是扣件式钢管脚手架安全技术规范，这也给碗扣式脚手架的推广使用带来了隐患。

2008年由国家住房和城乡建设部颁布了《建筑施工碗扣式钢管脚手架安全技术规范》JGJ 166—2008，在总结前人经验的基础上，确定了以节点铰接为基础、结构几何不变条件等几个关键问题是解决施工架体稳定的核心。

本手册作为《建筑施工碗扣式钢管脚手架安全技术规范》的配套材料，围绕规范，从材料配件、设计施工、验收管理等全过程展开了论述，帮助读者学习碗扣式脚手架相关知识，深刻理解掌握规范条文。另外对脚手架施工过程中可能遇到的和已经出现的各种常见问题及相应的预防、处理方法进行了系统阐述，并精选了脚手架施工方案及典型工程的计算实例。

本书结合《建筑施工碗扣式钢管脚手架安全技术规范》JGJ 166—2008及编者在现场施工中的实际经验，所介绍的内容方法具有较强的实用性。希望通过本书的学习，对提高架体的安全，保障不出、少出事故起到助益作用。

住房和城乡建设部建筑市场管理司原司长

中国建筑业协会副会长

2011年7月

前　言

在20世纪60年代以前，脚手架为传统的木竹架设工具，20世纪60年代至20世纪70年代为扣件式钢管脚手架、各种工具式金属脚手架与木竹架设工具兼用。自20世纪70年代后期，随着高层和大型公共建筑的迅速崛起，原有的架设工具已不能适应现代建筑施工的需要，一些建筑企业、研究单位开始引进、研究当今国内外先进的脚手架体系。

碗扣式脚手架是英国SGB公司于1976年首先研制成功的，该体系一经推出，便因其诸多不可替代的优点，在世界许多国家迅速得到推广，1986年我国在学习英国SGB公司碗型脚手架的基础上，结合我国情况进行了试制，随后逐步形成定型产品。

碗扣式钢管脚手架由于其立杆轴向受力、碗扣节点构造合理、结构强度高、整体稳定好、施工速度快等优点，迅速在高层建筑、道路桥梁、水坝等土木工程施工中得到推广应用，但目前仍存在研究不够、搭设不规范、管理缺失等问题，造成脚手架倒塌事故频发，带来了严重的后果及不良的社会影响。

2008年由河北建设集团有限公司和中天建设集团有限公司主编的《建筑施工碗扣式钢管脚手架安全技术规范》JGJ 166—2008（以下简称《规范》）颁布实施，确定了节点铰接为基础，结构体系几何不变分析等几个关键问题是解决架体稳定的核心；规范了碗扣式脚手架从材料配件、设计施工、验收及管理等全过程的行为。

本书作为《规范》的配套材料，收集了大量的碗扣式脚手架应用实例，并择其重点进行了详细阐述。编写过程中力求紧扣《规范》，同时又将施工工艺操作要点尽量描述清楚。全书内容包括：碗扣式钢管脚手架构件制作、检验；相关试验；结构特点及力学分析；设计与计算；施工及验收；安全控制；典型工程实例及方案精选；施工常见问题及处理方法；计算实例等。

本书在编写过程中，参阅了国内外许多专家学者的论著文献，书中也凝聚了他们的真知灼见。中国建筑业协会副会长兼秘书长张鲁风同志在百忙中给本书作了序，清华大学、天津大学工学院的老师同学对架体进行了试验和力学分析，河北建设集团有限公司的工程技术人员、领导给予了大力支持，在此一并表示衷心的感谢。由于经验有限，时间仓促，书中或有不足错误，希望同行专家给予批评指正。

编者

2012年1月

目　录

第1章 概　　述

1.1 脚手架综述

在建筑、安装、道路、桥梁工程施工中，为满足施工作业要求而设置的各种操作支撑架子，统称为脚手架。搭设脚手架的成品亦被称为架设材料或架设工具，它是施工企业最重要的常备施工周转材料。

1.1.1 脚手架分类

1. 按用途划分：

脚手架按用途划分为：结构工程作业脚手架、装修工程作业脚手架、防护脚手架、支撑和承重脚手架等。结构工程作业脚手架、装修工程作业脚手架是为满足结构、装修施工作业需要而设置的脚手架；防护脚手架包括作业围护用墙式单排脚手架和通道防护棚等，是为施工安全设置的脚手架；支撑和承重脚手架是为支撑模板及其荷载或为满足其他承重要求而设置的脚手架。支撑脚手架（falsework）在英国国家标准 BS 5975（1996）中的定义是："一种临时性的结构，用于支撑尚未能用自身力量支撑起自己的永久性结构物。"典型的应用是钢管脚手架支撑模板，然后在模板上浇筑混凝土，当浇筑的混凝土达到足够强度，脚手架将被拆除。空间钢结构安装亦如此，空间钢结构常用的几种安装方法中，高空散装法和分块分条安装法是在钢结构安装之前均需搭设支撑脚手架，待空间钢结构安装、拼装完成形成稳定的空间结构后，再拆除支撑脚手架。

2. 按脚手架杆件、配件材料和连接方式划分：

在 20 世纪 60 年代以前脚手架为传统的木竹架设工具，20 世纪 60 年代至 70 年代为扣件式钢管脚手架，各种工具式金属脚手架与木竹架设工具并用，自 70 年代后期，随着高层和大型公共建筑的迅速崛起，原有的架设工具已不能适应现代建筑施工需要的问题就日渐突出，因此一些建筑企业、研究单位开始引进、研究当今国外流行的先进的脚手架，如：门式脚手架、碗扣式脚手架、插接式钢管脚手架、盘销式钢管脚手架、附着式升降脚手架、电动桥式脚手架等。

门式脚手架主要由主框、横框、交叉斜撑、脚手板、可调底座等组成。它具有装拆简单、承载性能好、使用安全可靠等特点，适用于装饰装修、大跨度空间钢结构安装、桥梁工程、建筑工程的梁板模板施工。

插接式钢管脚手架基本组件为立杆、横杆、斜杆、底座等，其特征是沿立杆壁的圆周方向均匀分布有四个 U 形插接耳组，横杆端部焊接有横向的 C 形或 V 形卡，斜杆端部有销轴。其连接方式为立杆与横杆之间采用预先焊接于立杆上的 U 形插接耳组与焊接于横杆端部的 C 形或 V 形卡以适当的形式相扣，再用楔形锁销穿插其间的连接方式，立杆与斜杆之间采用斜杆端部的销轴与立杆上的U形卡侧面的插孔相连接，根据管径不同，上下立杆之间采用内插式或外套两种连接方式。适用于建筑结构及市政桥梁工程的脚手架及模板支撑系统、装修工程及钢结构安装工程施工等。

盘销式钢管脚手架的立杆上每隔一定距离焊有圆盘，横杆、斜拉杆两端焊有插头，通过敲击楔形插销将焊接在横杆、斜拉杆的插头与焊接在立杆上的圆盘锁紧。其特点是安全可靠、搭拆快、适应性强，除搭设一些常规架体外，还可搭设悬挑结构、跨空结构、整体移动、整体吊装、拆卸的架体等。

附着式升降脚手架是一种用于高层和超高层的外脚手架。它只需要搭设4～5层的脚手架，随主体结构施工逐层爬升，也可随装修作业逐层下降。

电动桥式脚手架是一种大型自升降式高空作业平台。它可替代脚手架及电动吊篮，用于建筑工程施工，特别适用于装修作业。

碗扣式钢管脚手架的特点是受力性能好，碗扣节点构造合理，立杆轴向受力，结构强度高，整体稳定性好，力学性能明显优于扣件和其他类型的接头，并且有可靠的自锁性能，使用安全可靠，施工速度快；各扣件尺寸统一，接头拼拆工效高，比常规快3～4倍，拼接完全避免螺栓作业，可降低劳动强度，功能多，根据施工要求，可组装成不同组架尺寸、不同曲线形状和不同施工荷载的双排脚手架、支撑架、物料提升架等施工构架；管理方便，由于碗扣与钢管焊接为一体，没有零散构件，不易丢失，构件轻便牢固，日常维修简单，运输紧凑方便，便于管理。适用于房屋建筑、道路桥梁、水坝等土木工程施工。

1.1.2　脚手架的技术管理要求

现阶段，由于我国对脚手架承载力研究尚不深入，搭设过程不规范，施工管理缺失等原因，使得脚手架事故频繁发生。根据住房和城乡建设部发布的《2009年全国建筑施工生产安全事故分析报告》显示，因脚手架和模板倒塌的事故造成死亡85人，占建筑事故总死亡人数的18.2%。2010年上半年，仅安徽芜湖、贵州福泉、云南昆明等地就发生多起脚手架倒塌事故，共造成28人死亡和多人受伤。所以确保脚手架在架设、使用和拆除过程中的安全，是对脚手架技术的首要要求，而可靠性则是实现安全要求的前提和基础。

1. 脚手架可靠性基本要求

（1）杆部件和节点构造合理，受力明确，能较好地发挥材料的承载性能，承载能力具有适当的安全储备。（2）结构稳定，整体性好，有符合要求的与建筑结构或其他稳定结构体的连接或撑拉措施，抗失稳能力强。（3）有可靠的安全防护设施，能有效地控制架设、使用和拆除过程中可能发生的变形；避免出现导致偏心载荷等不利的受力状态，或者可以采取措施减小它们的不利影响，能避免在无征兆的情况下发生突然破坏。

2. 脚手架可靠性的构造措施

（1）确保杆部件连接点规范，传力明确，工作可靠。

（2）控制扫地杆的高度及顶端竖杆的悬臂长度，加强架体与结构拉结，水平斜杆、竖向斜杆、剪刀撑搭设规范，确保脚手架的几何不变及整体稳定性。

3. 确保脚手架可靠性的管理措施

（1）高大架体需要有专项施工方案并要经过专家论证；

（2）搭拆过程应严格按专项方案实施，架工需经过培训持证上岗；

(3) 安全防护、安全检查按照有关脚手架安全技术规范规程执行。

4. 脚手架发展方向

(1) 提高工效、降低成本提高企业管理水平和市场竞争力。

(2) 使用方便才能提高工效，使之达到方便性和适用性要求。

(3) 杆配件的适应性强，便于搭设不同形式和要求的脚手架。

(4) 杆配件的质量轻，连接快捷，搭拆方便，扩大使用功能及其应用的灵活程度。

(5) 作为一种常备的多功能的施工工具设备，力求适应现代施工各个领域中不同项目和要求的需要。

1.2 碗扣式钢管脚手架发展研究现状

碗扣式脚手架是英国SGB公司于1976年首先研制成功，该系统一经推出，便因其诸多不可替代的优点，在世界许多国家迅速得到推广。经过国外三十几年的实际应用，已经被证实为一款非常成熟优秀的产品。其力学设计和工艺设计使得该系统既可应用于脚手架领域，也可应用于荷载较大的支撑领域。

1986年铁道部专业设计院在学习英国SGB公司碗形脚手架的基础上，结合我国情况，试制成了“碗扣型脚手架”，其主要特点是在下碗扣接头上加了几个齿牙，以增强碗扣接头的自锁能力。冶金部建筑研究总院与无锡县建筑脚手架厂于1986年联合试制成了“碗形承插式脚手架”，在吸收了国内外脚手架经验的基础上，对脚手架的某些方面进行了改革。

碗形脚手架的关键部位是碗接头，现在通用的碗扣型脚手架是在下碗扣扣接头上都取消了齿牙，并且均采用钢板冷冲压成型，使加工工艺有所简化，上碗扣用玛钢模锻成型。下碗和插头上带齿牙对增强接头的自锁能力、约束横杆左右移动和转动具有很好作用，但是实际应用中，各碗接头都不是单独存在，而是相互连接成空间杆系，各节点通过杆件相互制约，来约束横杆的左右移动和转动，所以在下碗和插头上带齿牙是没有必要的，从而形成了现状。

碗扣式脚手架的整体稳定性，结构试验、节点性能试验、结构构造等国内研究不多。碗扣式脚手架的结构试验最早由铁道部第三工程局科研所进行，它的试验除整体结构采用了井字架试验之外，对下碗扣极限剪切强度、横杆插头抗剪强度及螺旋支座的垂直承载力等均做了比较全面的试验，为其技术开发提供了足够的科学依据。

1989年星河机器人公司与北京住总集团在中国建筑科学研究院抗震室做了双排脚手架的荷载试验，可以说为碗扣架整体结构计算奠定了初步基础。

2007年由河北建设集团有限公司、中天建设集团有限公司、中国建筑金属结构协会建筑模板脚手架委员会、北京建安泰建筑脚手架有限公司等与清华大学结构实验室做了双排脚手架整体结构承载力试验，通过试验确定了整体结构按铰接计算的极限承载力以及立杆挠度变形曲线，取得了理论计算和试验结果的一致性。除此之外还对双排立杆间增加斜杆的极限承载力提高效果及立杆连续性（也即节点之刚性）的作用以及顶杆承载力计算公式都进行了测定，为按铰接进行计算提供了足够的数据。同时也为《建筑施工碗扣式钢管脚手架安全技术规范》JGJ 166—2008的编制提供了试验支撑。

2010年清华大学、北京盛明建达工程技术有限公司在清华大学做了碗扣式模板支撑架足尺试验，目的是为研究柱距和外立面斜撑因素对架载力的影响，按照工程实际搭设规格精心设计3组试验，得到极限承载力、破坏形态、荷载位移曲线、应力分布，为后续理论研究提供了验证实例。每组试验都模拟满堂脚手架，平面布置4×4列，共16根立杆。整体架从底板顶面到托撑顶面高8m，其中步距×层数为0.6m+1.2m×5，扫地杆高度0.7m，顶部立杆伸长段长度0.7m。试验结论是在竖向荷载作用下，碗扣式模板支撑架以整体弯曲失稳为主，并没有发生杆件局部失稳，外立面斜杆能够延缓立杆水平方向变形，显著提高支撑架承载力，但不能提高架体的竖向抗压强度，柱距变化对单杆承载力影响不明显。架体水平位移警戒值与柱距和有无外立面斜撑关系不大。碗扣式钢管支撑架在无内部斜杆的情况下，也可承受竖向荷载，但应当有足够的安全储备。

2010年河北建设集团有限公司在天津大学结构实验室做了8组碗扣式模板支撑架极限承载力试验及3组碗扣式脚手架节点性能试验，为分析剪刀撑、天杆高度、步距、高宽比对碗扣式钢管模板支撑架承载力的影响提供了验证实例，同时得到节点约束刚度对脚手架受力性能的影响，节点的铰接理论与修正系数等。

由于碗扣式钢管脚手架传力明确，安装方便并形成系列化，越来越被工程施工广泛应用，且工程的实践专家、工程师们也撰写了碗扣式脚手架支撑在桥梁施工中的计算模型，碗扣式承力架支撑在工程中的应用，碗扣式脚手架在桥梁支撑应用中存在的问题及其对策等相关文章，为进一步研究发展碗扣式脚手架提供了技术积累、实践总结。

1.3 碗扣式钢管脚手架结构计算理论

脚手架由经验性的施工工具过渡到理论计算，是由于建筑工程高大化及复杂化，使得其应用超出了已有的经验范围以及创造更合理和更经济的脚手架的需要而提出的。近年来这种趋势愈来愈明显，并引起了各方面的关注。

脚手架的结构体系与建筑结构之间具有某种相似性，但也同样具有许多不同之点。相同点有二，其一是二者都是杆系组成的结构；其二是都要满足承载力及稳定的要求。与建筑结构的不同点是：脚手架是临时结构，要求搭设与拆除简便，杆件及构件应尽量定型化与标准化，其组成的整体却要求适用多样化的使用要求条件，其构造往往不能完全满足结构规则的要求，如何纳入结构力学成为其难点。

脚手架的结构计算与建筑结构相同，目的在于通过结构计算确定整个结构的安全可靠程度。因而其结构计算必须有通用性（即对所采用的构件的不同结构形式及结构尺寸都能适用）、可靠性（譬如结构整体稳定性）、指导性（理论计算及分析可以指出结构的最薄弱环节以及提出改善的方法）。当然计算方法应力求概念明确、方法简单，能与试验结果相一致。

1.3.1 脚手架结构计算分析

总结1980年至扣件式钢管脚手架规范颁布的2001年，在脚手架的结构计算方面主要有以下一些成果：

1.《建筑施工手册》最初建立的立杆承载力计算法，该法认定立杆为脚手架的主要承力杆件，对之进行计算。这种计算法奠定了结构计算的初步走向，但是没考虑整体结构和立杆计算长度的关系，这是其不足之处。

2. 无侧移刚架计算法：假设脚手架横杆与立杆节点为刚接，整体无侧移为附加条件。在节点为刚接的条件下，脚手架的横杆与立杆构成为建筑结构中的框架。以“刚接”为主导的结构计算有两道难题，一是刚节点处的承载能力难以确定，由于采用了刚节点的假设，在节点处杆端都有弯矩，对于结构强度计算来说，所计算的弯矩值在节点处产生的应力值应小于该节点的设计强度，但是以目前条件看，十字接头扣件、碗扣件到底能承载多大弯矩，少量的试验结果不能形成定论，其计算转角值也很难确定。另外，刚节点的假设引起的第二个问题是刚接脚手架为多次超静定结构，并不存在几何不变性的问题。但从脚手架实践看这是不行的，这种假设与实际是有距离的。

3. 半刚性节点计算法：假设脚手架是由纵横向水平杆组成的多层多跨空间框架结构，节点由于采用扣件、碗扣连接而具有半刚性，该方法比较符合扣件、碗扣连接的实际特征，但无整体结构的计算简图，也缺乏半刚性假设的物理或力学意义。因而只能是一种概念，不能实际应用。但是这一假设却长期成为扣件式脚手架规范的理论依据。

4. 有限元计算法：假设立杆与立杆、纵向水平杆与纵向水平杆的节点为刚接，其他节点为铰节点，对无连墙件的立杆，假想为弹性支座并对其进行有限元分析。该方法如何根据荷载求得内力以及最终如何转化为杆件承载能力的计算等主要概念不清楚，因而实用性方面相对较差。

5. 铰接计算法：假设碗扣、扣件的连接节点为铰接点，把空间体系转化为平面体系计算，并认为横杆在体系中是不受力的，只是起到减少立杆有效长度的作用。该方法计算简便，理论分析较为成熟，使用最为普遍。

1.3.2 碗扣式钢管脚手架铰接理论

碗扣式钢管脚手架规范在总结前人经验的基础上，确定了几个关键问题作为结构计算方法的要点，最重要的一点是特别关注了建筑施工架的整体结构设计，以节点铰接为基础，对组成施工架的网格式结构静定条件进行了重点分析，确定了结构几何不变条件是解决施工架整体稳定的核心。关于将脚手架节点简化成铰接点，把空间体系转化为平面体系的计算，按结构力学的方法，构建成结构几何不变体系分析，该方法计算简便、理论分析较成熟，逐步被专家学者认同，目前使用也最为普遍。

早在 2001 年中国模板协会秘书长糜嘉平教授就有专著讲碗扣架的理论计算问题：一般情况下，钢管脚手架的立杆强度能满足要求，主要是验算立杆的稳定性。为安全起见，按两端铰接的压弯构件来计算。对于当前常用脚手架，立杆与横杆连接处于铰接与刚接之间，考虑施工因素的影响，假定铰接为好。所以用一根立杆的稳定计算来代表整个脚手架的稳定性计算，已有的标准也是这样规定的。

广西壮族自治区地方标准《建筑施工模板及作业平台钢管支架构造安全技术规范》DB45/T 618—2009 规定架体要满足几何不变的条件，达到形成稳定的结构，采用节点视同铰接的计算方法。广西监督总站的林伊宁教授曾在建筑安全杂志发表连载文章：模板支架内力分析和几何不变的支架架体，从力学分类看，扣件式钢管支架的节点与预制构件的节点应划为同一类节点——铰接点。况且，节点的力学性质不应以工作状态来定性，而应以破坏状态来定性，因为支架的安全是以结果来衡量的。强调架体的分析采用结构力学的方法，架体的搭设满足稳定要保证架体的几何不变。

1.3.3 碗扣式钢管脚手架规范中架体计算及成果

1. “规范”编制指导原则

1）以结构力学为理论指导，对高大型建筑施工架体进行结构设计，使结构计算达到规范化；

2）结构设计中，架体结构整体的构造要满足结构计算的条件，重点放在架体“整体失稳”的根源——杆系结构的几何不变性方面，计算之前要先对结构整体进行“机动分析”；

3）以典型的双排脚手架和模板支撑架构造为基础，加入力学分析条件，建立两种体系结构的“结构计算简图”；

4）利用结构力学已有的内力分析方法对建筑施工架进行内力计算，之后对其最不利杆件进行强度计算。由于建筑施工架主要受力杆件是立杆，为中心受压杆件，因此特别要注意其“计算长度”的确定。具体分析表明计算长度与整体结构的构造有关，因此双排脚手架还与连墙件的设置有关。与此相联系还需要解决 ϕ48mm×3.5mm 钢管的极限长细比 $\lambda \leqslant 230$ 的问题。

2. “规范”的主要技术成果

1）建立了网格式结构的几何不变条件和内力分析方法。

2）确定了以横剖面为主的双排脚手架结构计算简图；确定了双排脚手架（包括风荷载）承载能力的计算公式；对其立杆计算长度提出了可靠的确定方法。通过结构试验和理论推导证明，立杆连续性对计算长度的影响。

3）建立了以力学计算为基础的双排脚手架允许搭设高度的计算式。

4）建立了模板支撑架承载力计算式，并确定了两种不同支撑设置条件下立杆计算长度的确定方法。

5）对模板支撑架在风荷载作用下的计算，确定了立杆出现横向拉力为其倒塌（或倾覆）条件。建立了风荷载力学分析方法，成为室外高型模板支撑架计算的新概念。

6）对规范所采用的结构计算理论进行了对比性结构试验，使理论计算值与试验值直接对照，证明了所采用的计算方法的正确性。

1.3.4 对脚手架计算理论的再探讨

1. 完善整体结构计算理论

钢管脚手架铰接点法的内容丰富，假设可行，总体上正确，是现今被广泛承认的一种方法，但是此种方法同样也存在着弊端以及不合理之处。首先，此法虽承认斜杆能够承受水平荷载，但是未将其纳入整体结构中，即在计算竖向荷载时斜杆仅仅是为了整个体系保持几何不变，却并不受力。其次，此法对于横杆不受力的观点也是不正确的，而作为桁架结构的一员，一部分横杆往往承受一定的轴力，既然在先前的基本原理中已经承认横杆具有拉结作用，却在其后认为横杆不受力，前后有矛盾，因而有文章对这种铰接点法进行了部分修改，将斜杆与横杆纳入到整体结构中，并且认为斜杆与立杆的连接处近似通过结点。在正立面，纵向水平杆、斜杆与立杆铰接，形成静定或超静定桁架结构，立杆计算长度为步距；在侧立面，横向水平杆与立杆形成一种组合结构，立杆计算长度为连墙件的竖向距离。

2. 需要更加深入研究的内容

脚手架的支座沉降不能简单地看作支座位移处理，因为横向水平杆及连墙件可能在空间上对沉降支座产生拉结作用，且脚手架支座与计算模型支座不同，并不是固定在地面上，受反向的拉结力影响可能会一部分抵消沉降的影响。因此，怎样将脚手架支座沉降合理地纳入到整体结构计算中，将是值得今后继续研究的内容。

有必要探索合理的主体结构与模板支撑架共同作用模型，目前国内外对于施工期主体结构与架体的共同作用研究较少，对于脚手架体系的弹性特征值等参数的选取也大多依靠工程师的经验，没有理论依据，使得研究成果的可靠性无法得到保证。

3. 关于支撑架计算长度的探讨

模板支撑架的单杆承载力计算长度计算方法来源于框架形式结构的计算长度系数方法，然而传统的计算长度系数应用于框架形式结构的设计时存在较大争议。根据施工中的实际情况确定计算长度时，有限元计算和构造条件考虑半刚性连接的假定，即不强制要求布置剪刀撑以保证几何不变性。但是同样在计算长度 $h+2a$ 的基础上进行修正，此是偏于安全的。河北建设集团在天津大学做模板支架试验，综合各相关因素，在以下计算长度的调整过程中统一使规范计算结果相对于试验结果有 40%的承载力安全储备，即在试验承载力的基础上乘以 0.6，以此确定计算长度。

没有任何剪刀撑时，计算长度采用下式计算：

$$L_0 = 1.45(h+2a)$$

只加水平剪刀撑时，计算长度采用下式计算：

$$L_0 = 1.25(h+2a)$$

只加竖向剪刀撑时，计算长度采用下式计算：

$$L_0 = 1.30(h+2a)$$

既加水平剪刀撑又加竖向剪刀撑时，计算长度采用下式计算：

$$L_0 = 1.10(h+2a)$$

北京交通大学承担的住房和城乡建设部专题科研项目：高支模板浇筑期稳定性研究，给出了立杆计算长度的计算公式：

$$L_0 = h + 1.2(3-h)a\begin{cases}1.0 \leqslant h \leqslant 1.8, 0.3 < a < 1.0\\ 0.8 \leqslant h \leqslant 1.0, 0.3 \leqslant a \leqslant 0.5\end{cases}$$

正在修订的建筑施工扣件式钢管脚手架安全技术规范征求意见稿，同样将计算长度 $L_0 = h + 2a$ 修改为 $L_0 = k\mu(h+a)$，其中 k、μ 都是大于 1 的系数。

浙江省工程建设标准《建筑施工扣件式钢管模板支架技术规程》DB33/ 1035—2006 中规定立杆的计算长度 L_0 应按下列表达式的结果取大值 $L_0 = h+2a$，$L_0 = k\mu h$。

规范中为保证碗扣、扣件式钢管模板支架的稳定性，支架立杆的计算长度借鉴英国标准，规定稳定性计算的长度 $L_0 = h+2a$，其中 a 为立杆上部伸出的悬臂高，这是为限制施工现场任意增大钢管伸出长度，保证支架的稳定，并没有理论上的依据。规范中对模板承重架的整体稳定性计算是通过计算长度来体现的，即 $L_0 = h+2a$，是针对一般多高层建筑其层间高度不高的楼层面混凝土结构的模板支架。这个计算公式没有考虑搭接高度对架体稳定性影响，对用于高、大、重的模板支架的适用性值得探讨，这是规范的缺陷。

从以上文章的研究成果看，模板支撑架计算长度的取值 $L_0=h+2a$，普遍认为偏于不安全，应该在其前边增加一个大于1的系数，以保证架体的安全。

1.4 碗扣式脚手架应用

由于建筑施工脚手架在工程应用中有可能发生坍塌，并造成重大人员伤亡事故，故而产品的安全性是设计制造者考虑的首要原则。

在建筑施工中，模板和脚手架的成本大约占了工程总造价的30%，而模板和支架搭设和拆除的工时占了总工时的50%以上，故衡量一个脚手架系统好坏的标准是其安全性与施工效率。

碗扣式脚手架既具有安全可靠性，又有方便性和适用性，还有多功能和系列化的要求。装拆灵活，操作方便，可完全避免螺栓作业，提高工效和减轻工人劳动强度；结构合理，使用安全，附件不易丢失，管理和运输方便，使用寿命长；构件设计模数制，使用功能多，应用范围广，可适用于落地脚手架、支撑架、提升架和爬架等。目前，这种脚手架在新型脚手架中发展速度较快，推广应用量非常大，特别在高层建筑模板支撑、桥梁工程施工中，均已大量应用，取得良好经济效益，深受工人、技术人员欢迎。

1.4.1 产品构配件的生产质量控制

在我国应用碗扣式钢管脚手架同样也发生事故，究其原因很多，但产品在制造过程中造成的质量严重失控是其主要原因之一。在构件生产过程中应严格按照《碗扣式钢管脚手架构件》GB 24911—2010 国家标准中的要求进行。首先钢管和配件的材料必须经过严格的质量管理体系控制，产品的焊接必须在专业焊接工程师的指导与监控下完成，要达到足够的熔透又不过烧，产品的表面和钢管内部必须经过有效的防锈处理，产品尺寸必须严格符合设计误差要求。

1.4.2 施工管理控制

在材料和配件质量合格的前提下，为防止架体失稳出现伤亡事故，管理控制是最主要的保证措施了。

1. 施工管理

从事架体施工的作业人员必须满足从业资格的要求，项目负责人组织相关的技术人员，结合工程实际，依据国家现行相关标准规范，编制架体专项施工方案，对于高大模板支撑系统及其他架体方案，应先由施工单位技术部门组织本单位施工技术、安全、质量等部门的专业技术人员进行审核，经施工单位技术负责人签字后，再按照相关规定组织专家论证。

架体搭设前，项目工程技术负责人或方案编制人员应当根据专项施工方案和有关规范、标准的要求，对现场管理人员、操作班组作业人员进行安全技术交底，并履行签字手续。作业人员应严格按规范、专项施工方案和安全技术交底书的要求进行操作，并正确佩戴相应的劳动防护用品。

架体在搭设完成后，由项目负责人组织验收，验收人员包括施工单位和项目两级技术人员、项目安全、质量、施工人员、监理单位的总监和专业监理工程师，验收合格，经施工单位项目技术负责人及项目总监理工程师签字后，方可进行后续工序的施工。

架体在使用过程中重点检查使用荷载的超载问题、堆载不均匀问题、碗扣的松动问题、结构的几何不变整体稳定问题等，高大模板混凝土浇筑过程应对支撑系统进行观测，有松动、变形及时采取加固措施。架体拆除前首先要满足混凝土的强度要求，按照搭设的反顺序进行，要求地面设置围栏和警戒标志，并派专人看守，严禁非操作人员进入作业范围。

2. 安全控制

安全监控是建设监理的重要组成部分，是对建筑施工过程中安全生产状况所实施的监督管理，监理单位对架体的搭设、拆除及混凝土浇筑实施巡视检查，发现安全隐患应责令整改，对施工单位拒不整改或拒不停止施工的应当及时向建设单位报告。建设主管部门及监督机构应对高大架体进行重点监督，加强对方案审核论证、验收、检查、监控程序的监督。

施工单位要控制施工人员的不安全行为，控制架体及环境因素的不安全状态，在任何时间、季节和条件下施工，对于任何作业都必须给施工人员创造良好的没有任何危险的环境和作业场所，安全生产贯穿于自开工到竣工的施工生产的全过程，因此，安全工作存在于每个分部分项工程、每道工序中，架体的安全控制不仅要检查各个部位安全防护措施的贯彻落实，还应该重点控制施工中重要的安全技术，采取有效措施，预防各类伤亡事故，保证架体安全。

本 章 参 考 文 献

[1] 王宇辉，王勇．脚手架施工与安全[M]．北京：中国建材工业出版社，2008.5.

[2] 易贵香，辛可贵，高秋利．双排碗扣式钢管脚手架稳定承载力分析[J]．工业建筑，2009：1130-1133.

[3] 辛可贵，黄勋．碗扣式钢管模板支撑架定尺模型承载力试验研究[J]．施工技术，2010，39(12)：67-70.

[4] 余宗明．新型脚手架的结构原理及安全应用[M]．北京：中国铁道出版社，2008.5.

[5] 余宗明．《建筑施工碗扣式钢管脚手架安全技术规范》结构设计详解[M]．中国建筑工业出版社，2009.6.

[6] 余宗明．脚手架结构计算及安全技术[M]．中国建筑工业出版社，2007.7.

[7] 田高超．扣件式钢管脚手架稳定承载力影响因素[J]．建筑安全，2010.8：36-38.

[8] 施炳华．脚手架的倾覆与稳定[J]．中国模板脚手架，2010，1：36.

[9] 魏涛，张伟星．钢管脚手架整体结构计算[J]．建筑安全，2009，10：43-46.

[10] 中国建筑科学研究院建筑工程软件研究所．应对施工现场常见安全事故的计算机方案及设计软件[CP]．中国建筑工业出版社，2009.7.

第2章 碗扣式钢管脚手架构件制作及检验

产品制作后的质量状况是保证架体使用安全性的重要环节，为保证产品的质量符合使用性能要求，对碗扣式钢管脚手架的所用材料及成品的具体检验方法和质量判定方法，及合格的标准进行阐述。

2.1 材料试验

碗扣式钢管脚手架所用的钢架管、上下碗扣、可调底座及可调托撑螺母、横杆接头、斜杆接头等，应保证抗拉强度、伸长率、屈服点和硫、磷的极限含量。焊接结构应保证碳的极限含量。必要时还应有冷弯试验的合格证。

1. 碗扣式钢管脚手架用钢管应符合现行国家标准《直缝电焊钢管》GB/T 13793、《低压流体输送用焊接钢管》GB/T 3091 中的 Q235A 级普通钢管的要求，其材质性能应符合现行国家标准《碳素结构钢》GB/T 700 的规定，壁厚 $3.5^{+0.5}$ mm 外插套壁厚不小于 3mm，内插套壁厚不小于 2mm。

2. 上碗扣、可调底座及可调托撑螺母应采用可锻铸铁或铸钢制造，其材料机械性能应符合现行国家标准《可锻铸铁件》GB/T 9440 中 KTH330-08 及《一般工程用铸造碳钢件》GB/T 11352 中 ZG271-500 的规定。

3. 下碗扣、横杆接头、斜杆接头应采用碳素铸钢制造，其材料机械性能应符合现行国家标准《一般工程用铸造碳钢件》GB/T 11352 中 ZG230-450 的规定。

4. 采用钢板热冲压整体成型的下碗扣，钢板应符合现行国家标准《碳素结构钢》GB/T 700 中 Q235A 级钢的要求，同时应符合现行国家标准《钢板冲压扣件》GB 24910—2010 的要求，板材厚度不得小于 6mm，并应经 600～650℃的时效处理。严禁利用废旧锈蚀钢板改制。

5. 支座螺杆、斜杆接头应采用碳素铸钢，其机械性能应符合《碳素结构钢》GB/T 700 中 Q235 的规定，调节手柄铸件的材料应采用机械性能不低于《可锻铸铁件》GB/T 9440 中规定的 KTH330-08 牌号的可锻铸铁或《一般工程用铸造碳钢件》GB/T 11352 中规定的 ZG 230-450 牌号的铸钢。

6. 焊条型号应符合《碳钢焊条》GB/T 5117 中的规定。

2.1.1 试样的制备

1. 碗扣式钢管脚手架用钢管的试样制备：

1）拉伸试验：直缝钢管拉伸试样应在钢管上平行于轴线方向距焊缝为 90°的位置截取，也可在制管用钢板或钢带上平行于轧制方向约位于钢板或钢带边缘与钢板或钢带中心线之间的中间位置截取。母材每批取样 1 个，焊缝每批取样 1 个。

2）弯曲试验：试验时，试样应不带填充物，弯曲半径为钢管外径的 6 倍。每批取样 1 个。

3）压扁试验：压扁试样的长度应不小于 64mm，两个试样的焊缝应分别位于与施力方向成 90°和 0°位置。每批取样 2 个。

2. 上碗扣、可调底座及可调托撑螺母的试样制备和下碗扣、横杆接头、斜杆接头的试样制备：

1）做拉伸和冷弯试验时，型钢和棒材取纵向试样；钢板、钢带取横向试样。厚度不小于 12mm 或直径不小于 16mm 的钢材应做冲击试验，试样尺寸为 10mm×10mm×55mm。

2）做冲击试验时取一组 3 个试样。

3）每批钢材的检验项目、取样数量、取样方法和试验方法符合表 2.1.1 规定：

钢材的检验项目、取样方法　　**表 2.1.1**

序　号	检验项目	取样数量（个）	取样方法	试验方法
1	化学分析	1（每炉）	GB/T 20066	GB/T 223 系列标准、GB/T 4336
2	拉伸	1	GB/T 2975	GB/T 228
3	冷弯			GB/T 232
4	冲击	3		GB/T 229

3. 碳素结构钢应在焊缝冷却到环境温度时，进行焊缝探伤检验。要求全焊透的一、二级焊缝应采用超声波探伤进行内部缺陷的检验，超声波探伤不能对缺陷作出判断时，采用射线探伤，其内部缺陷分级及探伤方法应符合现行国家标准《钢焊缝手工超声波探伤方法和探伤结果分级》GB/T 11345 或《金属熔化焊焊接接头射线照相》GB/T 3323 的规定。检查数量全数检查。

2.1.2 试验方法

1. 试验条件

1）试验应采用《低压流体输送用焊接钢管》GB/T 3091 中公称外径为 48.3mm 或 42.4mm、壁厚 3.5mm 的钢管，其外表面应均匀涂覆防锈漆，并应在油漆干燥后进行试验。每做一次试验，扣件应移动一个紧固位置。

2）试验用液压式万能材料试验机的精度为±1%，定力式扭力扳手精度不应低于±5%。游标卡尺精度不应低于 0.02mm，试验仪器应在法定计量单位检定合格的有效期内使用。

3）各项强度试验加荷速度应控制在 300～400N/s。

4）试验用扣件的螺栓、螺母应是未经使用过的合格品。

5）试验的总荷载应包括预加荷载。

2. 碗扣式钢管脚手架用钢管的试验方法

1）拉伸试验：对于外径不大于 60.3mm 的钢管可截取全截面拉伸试样。断后伸长率仅供参考，不作为交货条件。直缝拉伸试样只测定抗拉强度。

2）弯曲试验：弯曲半径为钢管外径的 6 倍，弯曲角度为 90°，焊缝位于弯曲方向的外侧面。试验后，试样上不允许出现裂纹。

3）压扁试验：试验时，当两平板间距离为钢管外径的 2/3 时，焊缝处不允许出现裂缝或裂口；当两平板间距离为钢管外径的 1/3 时，焊缝以外的其他部位不允许出现裂缝或裂口；继续压扁直至相对管壁贴合为止，在整个压扁过程中，不允许出现分层或金属过烧现象。

3. 上碗扣、可调底座及可调托撑螺母的试验方法和下碗扣、横杆接头、斜杆接头的试验方法

需做的试验有：上碗扣抗拉强度、下碗扣焊接强度、横杆接头强度、横杆接头焊接强度、可调底座抗压强度等。

1）钢材机械性能所需的保证项目仅有一项不合格者，可按以下原则处理：

（1）当冷弯合格时，抗拉强度之上限值可以不限。

（2）夏比（V 形缺口）冲击功能按一组 3 个试样单值的算术平均值计算，允许其中 1 个试样的单个值低于规定值，但不得低于规定值的 70%。

如果没有满足上述条件，可从同一抽样产品上再取 3 个试样进行试验，先后 6 个试样的平均值不得低于规定值，允许有 2 个试样低于规定值，但其中低于规定值 70% 的试样只允许一个。

2）拉伸强度和冷弯试验的规定值如表 2.1.2-1 所示。

钢材拉伸和冷弯试验　　**表 2.1.2-1**

<table>
<tr><th rowspan="3">牌号</th><th rowspan="3">等级</th><th>屈服强度（N/mm²），不小于</th><th rowspan="3">抗拉强度（N/mm²）</th><th>断后伸长率 A/%，不小于</th><th colspan="2">冲击试验（V 形缺口）</th></tr>
<tr><th>厚度（或直径）/mm</th><th>厚度（或直径）/mm</th><th rowspan="2">温度（℃）</th><th rowspan="2">冲击吸收功（纵向）/不小于</th></tr>
<tr><th>≤16</th><th>≤40</th></tr>
<tr><td>Q235</td><td>A</td><td>235</td><td>370～500</td><td>26</td><td>—</td><td>—</td></tr>
</table>

3）钢材的弯曲试验应符合表 2.1.2-2 规定：

钢材弯曲试验表　　**表 2.1.2-2**

<table>
<tr><th rowspan="4">牌　号</th><th rowspan="4">试样方向</th><th colspan="2">冷弯试验 180°，B=2a</th></tr>
<tr><th colspan="2">钢材厚度（或直径），mm</th></tr>
<tr><th>≤60</th><th>>60～100</th></tr>
<tr><th colspan="2">弯心直径 d</th></tr>
<tr><td rowspan="2">Q235</td><td>纵</td><td>a</td><td>2a</td></tr>
<tr><td>横</td><td>1.5a</td><td>2.5a</td></tr>
</table>

注：B 为试样宽度，a 为钢材厚度（直径）。

4）拉伸和冷弯试验，钢板、钢带试样的纵向轴线应垂直于轧制方向，型钢和棒材试样的纵向轴线应平行于轧制方向。

5）冲击试样的纵向轴线应平行轧制方向，冲击试样可以保留一个轧制面。

6）钢材应成批验收，每批由同一牌号、同一炉号、同一质量等级、同一品种、同一尺寸、同一交货状态的钢材组成，每批应不大于 60t。

公称容量比较小的炼钢炉的钢轧成的钢材，同一冶炼、浇注和脱氧方法，不同炉号、同一牌号的 A 级钢允许组成混合批，但每批各炉号含碳量之差不得大于 0.02%，含锰量之差不得大于 0.15%。

7）钢材的夏比（V 形缺口）冲击试验结果超过规定时，抽样产品应报废，再从该试验批的剩余部分取两个抽样产品，在每个抽样产品上各选取新的一组 3 个试样，这两组试样的试验结果均应合格，否则该批产品不得交货。

4. 焊缝的超声波探伤试验在焊接完成后，用超声波探伤仪进行检验

1）根据质量要求检验等级分为 A、B、C 三级，检验的完善程度 A 级最低，B 级一般，C 级最高，检验工作的难度系数按 A、B、C 顺序逐级增高。应按照工件的材质、结构、焊接方法、使用条件及承受载荷的不同，合理的选用检验级别。检验等级应按产品技术条件和有关规定选择或经合同双方协商选定。

A. 级检验采用一种角度的探头在焊缝的单面单侧进行检验，只对允许扫查到的焊缝截面进行探测。一般不要求作横向缺陷的检验。母材厚度大于 50mm 时，不得采用 A 级检验。

B. 级检验原则上采用一种角度探头在焊缝的单面双侧进行检验，对整个焊缝截面进行探测。母材厚度大于 100mm 时，采用双面双侧检验。受几何条件的限制，可在焊缝的双面半目侧采用两种角度探头进行探伤。条件允许时应作横向缺陷的检验。

C. 级检验至少要采用两种角度探头在焊缝的单面双侧进行检验。同时要作两个扫查方向和两种探头角度的横向缺陷检验。母材厚度大于 100mm 时，采用双面侧检验。其他附加要求是：

①对接焊缝余高要磨平，以便探头在焊缝上作平行扫查；

②焊缝两侧斜探头扫查经过的母材部分要用直探头作检查；

③焊缝母材厚度大于等于 100mm，窄间隙焊缝母材厚度大于等于 40mm 时，一般要增加串列式扫查。

2）试验时根据焊缝形式选择不同的探头，根据板厚调整区间，在焊缝两边 50mm 宽左右打磨光亮涂上耦合剂，用探头沿焊缝垂直方向小范围移动，同时沿焊缝长方向移动，观察示波仪显示的波形判断缺陷的深度、长度等。

3）由专业的有资质的探伤公司来做，并出具相应的报告。操作员要有专业的操作证，做探伤的公司也要有权威机构的认可，才能出具被政府或行业认可的报告。

2.1.3 结构性能检验

1. 外观质量检验

构件表面应进行防锈处理。接头、支座（含调节手柄）应进行镀锌处理，其他构件应喷涂防锈漆，表面应光洁平整。

用目测、直观法检验。

2. 上碗扣强度试验

试验荷载 P 由 0 加荷至 15kN，完全卸荷后，再由 0 加荷至 30kN，持荷 2min。试件各部位不应破坏，如图 2.1.3-1 所示。

3. 下碗扣焊接强度试验

试验荷载 P 由 0 加荷至 30kN，完全卸荷后，再由 0 加荷至 60kN，持荷 2min。试件各部位不应破坏，如图 2.1.3-2 所示。

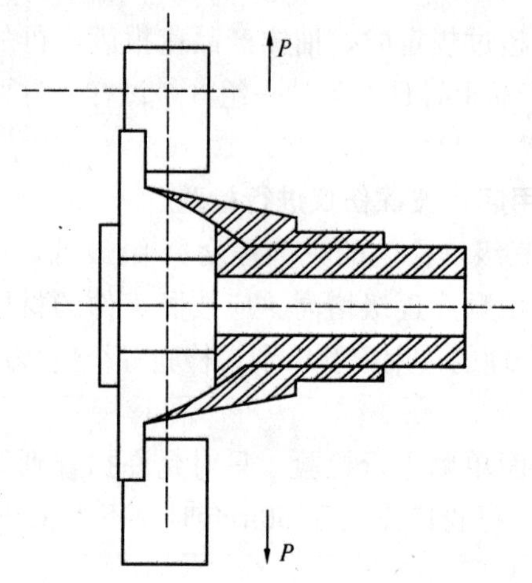

图 2.1.3-1　上碗扣试验强度　　图 2.1.3-2　下碗扣焊接强度试验

4. 横杆接头强度试验

试验荷载 P 由 0 加荷至 25kN，完全卸荷后，再由 0 加荷至 50kN，持荷 2min。试件各部位不应破坏，如图 2.1.3-3 所示。

5. 横杆接头焊接强度试验

试验荷载 P 由 0 加荷至 10kN，完全卸荷后，再由 0 加荷至 25kN，持荷 2min。试件各部位不应破坏，如图 2.1.3-4 所示。

6. 可调支座抗压强度试验

试验荷载 P 由 0 加荷至 50kN，完全卸荷后，再由 0 加荷至 100kN，持荷 2min。试件各部位不应破坏，如图 2.1.3-5 所示。

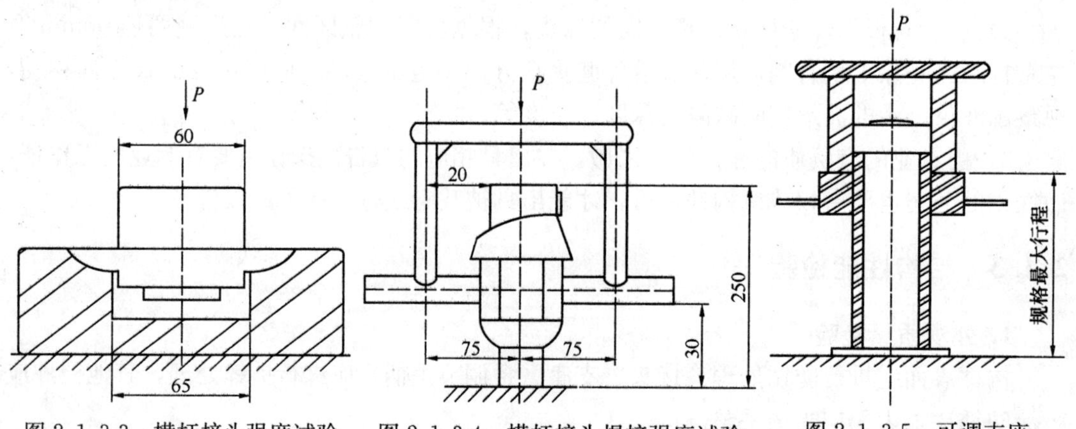

图 2.1.3-3　横杆接头强度试验　图 2.1.3-4　横杆接头焊接强度试验　图 2.1.3-5　可调支座抗压强度试验

7. 碗扣式钢管脚手架使用时主要技术性能参数

碗扣式钢管脚手架中各构件的承重荷载值如下：

1）允许均布荷载：$Q \leqslant 3kN/m^2$。

2）允许集中荷载：$P \leqslant 2kN$。

3）立杆（顶杆）允许最大荷载，如表 2.1.3-1 所示。

立杆（顶杆）允许的最大荷载 **表 2.1.3-1**

横杆步距 mm	600	1200	1800	2400
最大荷载 kN	40	30	25	20

4）横杆允许最大荷载，如表 2.1.3-2 所示。

横杆允许最大荷载 **表 2.1.3-2**

项目 \ 标记	HG-90	HG-120	HG-150	HG-180	HG-240
尺寸规格 mm	300	1200	1500	1800	2400
最大集中荷载 kN	6	5	4	3	2
最大均布荷载 kN	12	10	8	6	4

5）横杆允许最大挠度：$f \leqslant 1/150L$。

6）可调支座、可调上托、钢模板支撑托最大荷载：$P \leqslant 50kN$。

7）转角支座、转角上托允许最大荷载：$P \leqslant 30kN$。

注：1. 荷载应包括脚手架自重。

2. Q—允许均布荷载；P—允许集中荷载；f—允许最大挠度；L—构件跨度。

8. 技术要求

1）产品设计和结构计算应符合国家有关安全技术规范的要求。

2）产品应按制造厂批准的图样和技术文件制造。

3）产品原材料的技术要求。

（1）产品中使用的钢管应符合国家现行相关标准的规定。

（2）产品中使用的薄钢板应符合《冷轧钢板和钢带的尺寸、外形、重量及允许偏差》GB/T 708 及《碳素结构钢和低合金结构钢热轧》GB 912 等标准的规定。

（3）产品中使用的其他钢板应符合《碳素结构钢》GB/T 700 中 A3 的要求。

（4）产品中使用的焊条应符合《碳钢焊条》GB 5117 标准中 T420～T427 型焊条的要求。

4）产品中主要零件的技术要求。

（1）上碗扣、横杆接头、斜杆接头允许采用碳素铸钢或可锻铸铁制造，其材料机械性能应分别符合《一般工程用铸造碳钢件》GB/T 11352 中 ZG25 和《可锻铸铁件》GB 9440 中 KTH330-08 的规定。

（2）下碗扣应采用钢板热冲压成形，钢板应符合《碳素结构钢》GB/T 700 标准中 A3 的要求，板材厚度不得小于 6mm。

（3）铸件公差应符合《铸件尺寸公差与机械加工余量》GB/T 6414 中 CT7 的要求。

（4）铸件不得有砂眼、缩孔、裂纹等缺陷。

（5）冲压件不得有毛刺、裂纹、氧化皮等缺陷。

5）产品通用技术要求。

（1）各焊接部位焊接应牢固可靠，不得有未焊透、裂纹等缺陷，焊接应符合《建筑钢结构焊接技术规程》JGJ 81—2002 的规定。

（2）各铆接部位应连接可靠，不得有松动或脱落现象。

（3）产品上所有连接孔孔径均为 ϕ13＋（0～0.3mm）

（4）产品中所有杆件的直线度允差为 1.5/1000L。

（5）产品中规格长度允差为±1.5mm。

（6）产品在涂防锈底漆前应进行表面清理，产品表面应按用户要求的颜色涂刷面漆，漆层应均匀，不得有堆漆、漏漆等缺陷。

6）杆件类的技术要求。

（1）产品中使用的钢管一般不宜对接，如采用对接，对接件数不得超过总件数的 20%。

（2）钢管对接时，每根杆件只允许设一个接缝，立杆接缝不得在距下端 800mm 长度内布置，顶杆接缝不得在距上下端 800mm 长度内布置，横杆接缝应在距端头 L 长度内布置。

（3）钢筋对接时，接缝处管内应设有长度不小于 100mm，壁厚不小于 2.5mm 的衬管。

（4）立杆连接插头的外径不得小于 38mm，壁厚不得小于 2.5mm，插头长度不得小于 230mm，外伸长度不小于 140mm。

（5）立柱与立柱连接应灵活，连接后在连接孔处应能插入 ϕ12mm 的连接销。

（6）立柱上的上碗扣应能上下串动和灵活转动，不得有卡滞现象。杆件最上端应有防止上碗扣脱落的措施。

（7）立柱管口平面与钢管轴线应垂直，其允差为 0.5mm。管口内外应平整，无毛刺。

（8）立柱类与横杆类连接时，在同一节点上安装 1～4 个横杆时，上碗扣均应能锁紧。

（9）立柱上的下碗扣应按统一间距布设，允差为±1mm。下碗扣碗扣平面与钢管轴心线应垂直，其允差≤1mm。

（10）井横杆接头同立杆接触弧面的轴心线与横杆轴心线应垂直，其允差≤1mm。

（11）横杆两接头同立杆接触弧面的轴心线应平行，平行度允差≤1mm。

7）附件的技术要求。

（1）支座插入立柱的长度不得小于 140mm。

（2）支座的支撑面与螺杆或立管的轴心线应垂直，垂直度允差≤1mm。

（3）支座底板上供连接的孔位应统一设置。

（4）支座梯形螺纹应符合《梯形螺纹　第 4 部分：公差》GB 5796.4 的要求。

（5）梯架、脚手板、挡脚板的宽度允差为 0，－5mm。

（6）梯板类的四个挂钩在与框架配合时应平稳，不得有吊角现象，梯板类板面应平整，不得有翘曲现象，其平面度允差≤3mm。

2.2 构件的制作及检验

2.2.1 构件的检验

1. 主要构配件制作质量及形位公差要求（表 2.2.1-1），尺寸。

1）主要构配件制作质量及形位公差要求

主要构配件制作质量及形位公差要求　　表 2.2.1-1

名称	检查项目	公称尺寸（mm）	允许偏差（mm）	检测量具	图示
立杆	长度（L）	900	±0.70	钢卷尺	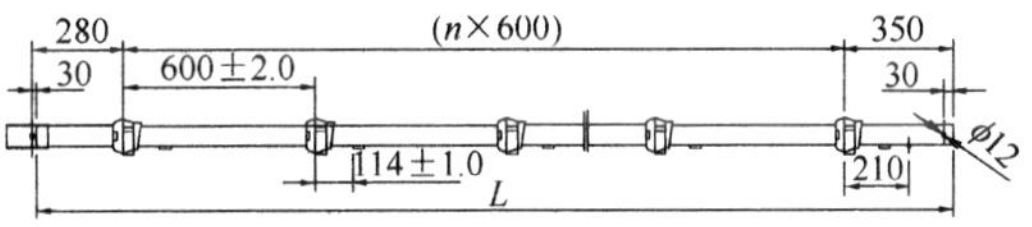
		1200	±0.85		
		1800	±1.15		
		2400	±1.40		
		3000	±1.65		
	碗扣节点间距	600	±0.50	钢卷尺	
	下碗扣与定位销下端间距	114	±1	游标卡尺	
	杆件直线度	—	1.5L/1000	专用量具	
	杆件端面对轴线垂直度	—	0.3	角尺（端面150mm范围内）	
	下碗扣内圆锥与立杆同轴度	—	ϕ0.5	专用量具	
	下碗扣与立杆焊缝高度	4	±0.50	焊接检验尺	
	下套管与立杆焊缝高度	4	±0.50	焊接检验尺	
横杆	长度（L）	300	±0.40	钢卷尺	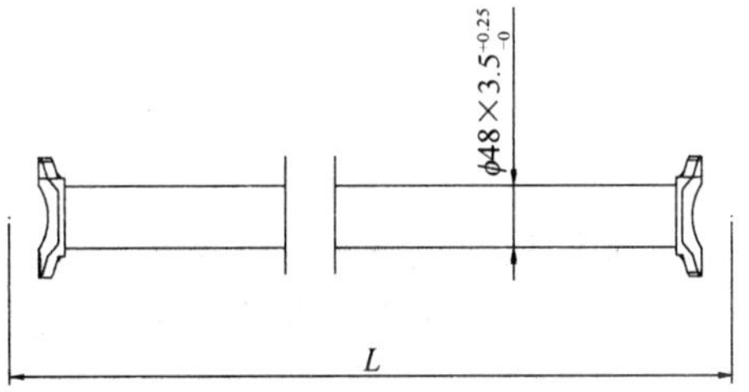
		600	±0.50		
		900	±0.70		
		1200	±0.80		
		1500	±0.95		
		1800	±1.15		
		2400	±1.40		
	横杆两接头弧面平行度	—	≤1.00	—	
	横杆接头与杆件焊缝高度	4	±0.50	焊接检验尺	

续表

名称	检查项目	公称尺寸(mm)	允许偏差(mm)	检测量具	图　示
上碗扣	螺旋面高端	$\phi53$	+1.0 0	深度游标卡尺	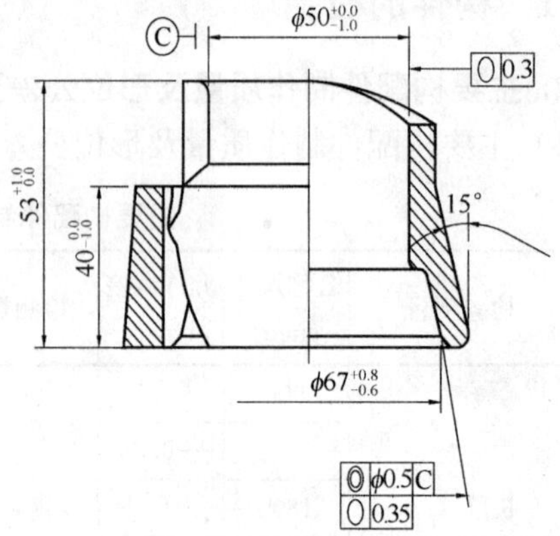
	螺旋面低端	$\phi40$	0 −1.0		
	上碗扣内圆锥大端直径	$\phi67$	+0.8 −0.6	游标卡尺	
	上碗扣内圆锥大端圆度	$\phi67$	0.35	游标卡尺	
	内圆锥底圆孔圆度	$\phi50$	0.30	游标卡尺	
	内圆锥与底圆孔同轴度	—	$\phi0.5$	杠杆百分表	
下碗扣	高度（H）	28（铸造件） 25（冲压件）	+0.8 +0.1	深度游标卡尺	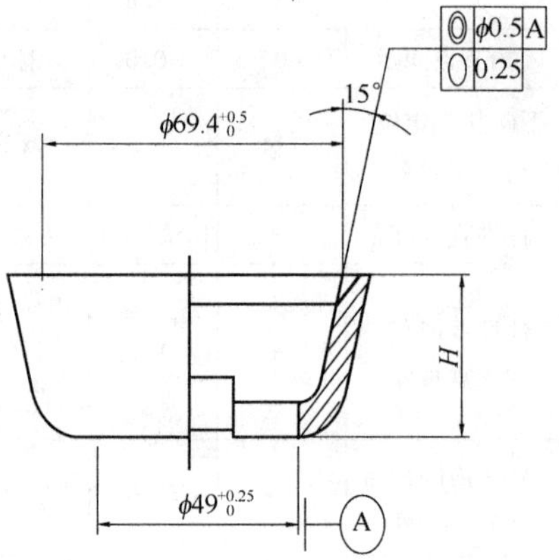
	底圆柱孔直径	$\phi49.5$	±0.25	游标卡尺	
	内圆锥大端直径	$\phi69.4$	+0.5 −0.2	游标卡尺	
	内圆锥大端圆度	$\phi69.4$	0.25	游标卡尺	
	内圆锥与底圆孔同轴度	—	$\phi0.5$	芯棒、塞尺	
横杆接头	高度	20 (18)	±0.50	游标卡尺	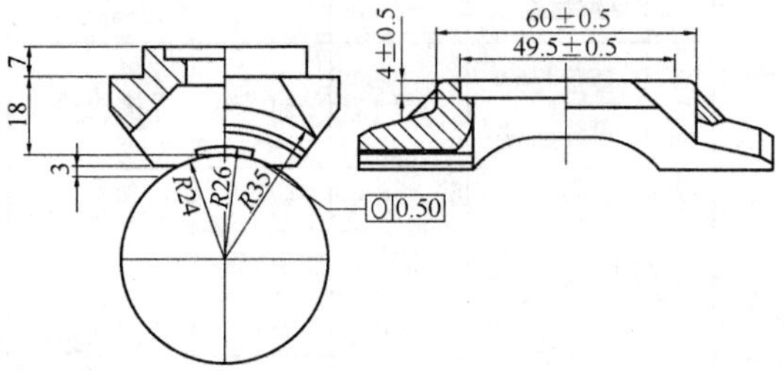
	与立杆贴合曲面圆度	$\phi48$	+0.5 0	—	

2）尺寸

（1）构件长度允差为±1.5mm。

（2）铸件尺寸公差应符合《铸件尺寸公差与机械加工余量》GB/T 6414 中 CT7 的规定。

（3）钢管的公称外径为 48.3mm，公称壁厚为 3.5mm，壁厚公差不应为负偏差，其他尺寸公差应符合《直缝电焊钢管》GB/T 13793 或《低压流体输送用焊接钢管》GB/T

3091 中的有关规定。

(4) 立杆碗扣节点间距应按 600mm 模数设置，间距允差为±1.0mm。

(5) 立杆端面与立杆轴线应垂直，垂直度允差不应大于 0.5mm。

(6) 横杆接头与立面接触弧面的轴心线与横杆的轴心线应垂直，垂直度允差不应大于 1.0mm。

(7) 下碗扣碗口平面与立杆轴线应垂直，垂直度允差不应大于 1.0mm。

(8) 支座螺杆及调节螺母的螺纹公差应符合《梯形螺纹》GB/T 5796.2～GB/T5796.4 的规定。

(9) 可调底座底板的钢板厚度不应小于 6mm，可调托撑“U”形钢板厚度不应小于 5mm。

(10) 立杆外插套壁厚不应小于 3.5mm，内插套壁厚不应小于 3.0mm。插套长度不应小于 160mm，焊接端插入长度不应小于 60mm，外伸长度不应小于 100mm。

(11) 上下托座丝杆应采用 Tr36×6-8H/8c 或 Tr38×7-8H/8c，旋合长度应大于 30mm。

以上均为在工厂加工制作时和出厂前各部分的构配件应达到质量合格标准。

2. 进入施工现场应检查的项目和要求如下：

1) 钢管应平直光滑、无裂缝、无锈蚀、无分层、无结巴、无毛刺等，不得采用横断面接长的钢管。

2) 铸造件表面应光滑，不得有砂眼、缩孔、裂纹、浇冒口残余缺陷，表面粘砂应清除干净。

3) 冲压件不得有毛刺、裂纹、氧化皮等缺陷。

4) 各焊缝应饱满，焊药应清除干净，不得有未焊透、夹砂、咬肉、裂纹等缺陷。

5) 构配件防锈漆涂层应均匀，附着应牢固。

6) 主要构配件上的生产厂标识应清晰。

3. 主要构配件强度试验方法见表 2.2.1-2：

主要构配件强度试验方法　　**表 2.2.1-2**

试验项目	简　图	加载方法	判定标准 荷载值（kN）
上碗扣抗拉强度试验	P P	加载速度： 300～400N/s 分两次加载： 第一次（kN） 0→15→0 第二次（kN） 0→30（持荷 2min）	P=30 未破坏

续表

试验项目	简图	加载方法	判定标准
			荷载值（kN）
下碗扣焊接强度试验	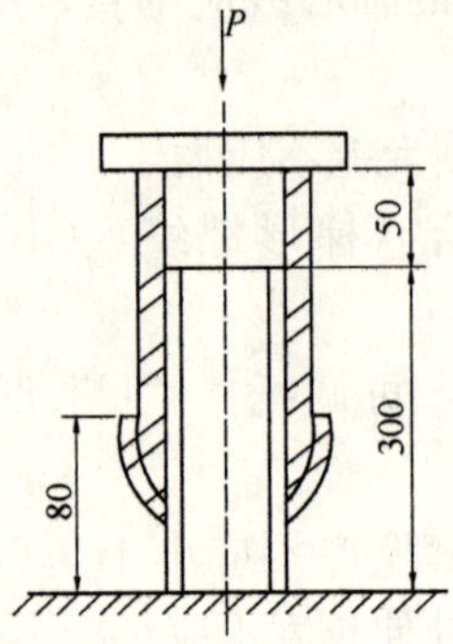	加载速度： 300～400N/s 分两次加载： 第一次（kN） 0→30→0 第二次（kN） 0→60（持荷 2min）	P=60 未破坏 焊缝无开裂、错位现象
横杆接头强度试验	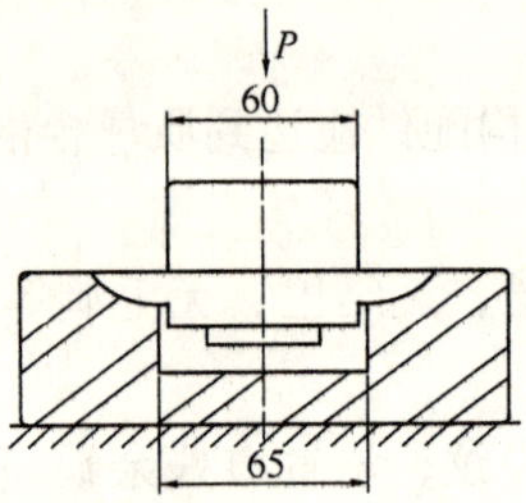	加载速度： 300～400N/s 分两次加载： 第一次（kN） 0→25→0 第二次（kN） 0→50（持荷 2min）	P=50 未破坏
横杆接头焊接强度试验	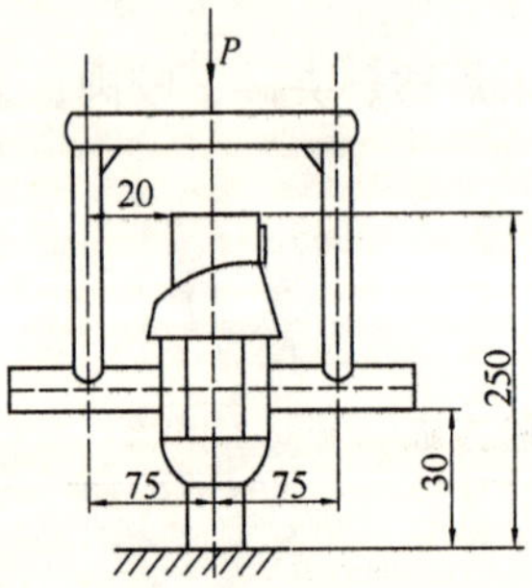	加载速度： 300～400N/s 分两次加载： 第一次（kN） 0→10→0 第二次（kN） 0→25（持荷 2min）	P=25 未破坏 焊缝无开裂、错位现象
可调底座抗压强度试验	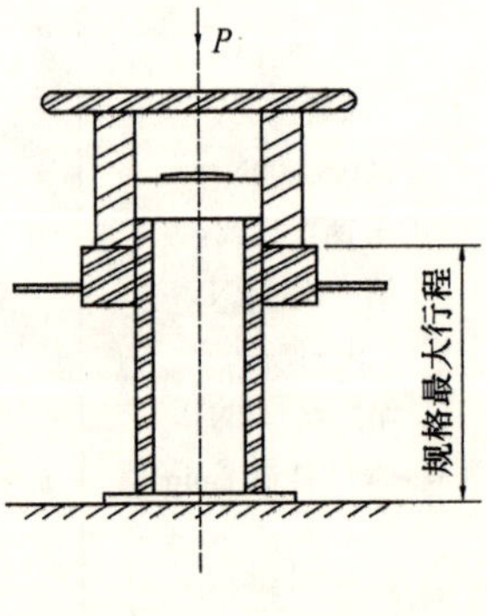	加载速度： 300～400N/s 分两次加载： 第一次（kN） 0→50→0 第二次（kN） 0→100（持荷 2min）	P=100 未破坏

4. 成品型式检验

1）属于下列情况之一的应进行型式检验：

（1）新产品或老产品转厂生产的试制定型鉴定；

（2）正式生产后如结构、材料、工艺有较大改变可能影响性能时；

（3）正常生产累计达到30万件或连续生产三个月时；

（4）产品长期停产，恢复生产时；

（5）出厂检验与上次型式检验有较大差异时；

（6）省、市、国家质量监督机构或行业管理部门提出进行型式检验要求时。

2）型式检验抽样方法应符合下列规定：

（1）型式检验项目（表2.2.1-3）

型式检验项目 **表2.2.1-3**

序号	检验项目	检验方法	判定依据
1	上碗扣强度	试验荷载 P 由0加荷至15kN，完全卸荷后，再由0加至30kN，持荷2min	试件各部位不应破坏
2	下碗扣焊接强度	试验荷载 P 由0加荷至30kN，完全卸荷后，再由0加至60kN，持荷2min	试件各部位不应破坏
3	横杆接头强度	试验荷载 P 由0加荷至25kN，完全卸荷后，再由0加至50kN，持荷2min	试件各部位不应破坏
4	横杆接头焊接强度	试验荷载 P 由0加荷至10kN，完全卸荷后，再由0加至25kN，持荷2min	试件各部位不应破坏
5	底座抗压试验	试验荷载 P 由0加荷至50kN，完全卸荷后，再由0加至100kN，持荷2min	试件各部位不应破坏
6	外观质量	目测	目测

（2）应采用正常检验二次抽样方法，样本应从受检查批中随机抽取，型式检验抽样方案应符合现行国家标准《计数抽样检验程序　第1部分：按接收质量限（AQL）检索的逐批检验抽样计划》GB/T 2828.1的有关规定。具体见表2.2.1-4。

正常检验二次抽样方案 **表2.2.1-4**

项目类别	检验项目	特殊检验水平	AQL	批量范围	样本	样本大小		A_c	R_e
主要项目	上碗扣强度 下碗扣焊接强度 横杆接头强度 横杆接头焊接强度 可调支座抗压强度	S-4	4	281～500	第一	8		0	2
					第二		8	1	2
				501～1200	第一	13		0	3
					第二		13	3	4
				1201～10000	第一	20		1	3
					第二		20	4	5
一般项目	外观质量	S-4	10	281～500	第一	8		1	3
					第二		8	4	5
				501～1200	第一	13		2	5
					第二		13	6	7
				1201～10000	第一	20		3	6
					第二		20	9	10

注；表中AQL—接收质量限；A_c—接收数；R_e—拒收数。

（3）应在出厂检验合格的产品中采用随机抽样。

（4）验收的批量范围

构配件每检查批量必须大于 280 件。当批量大于 10000 件时，超过部分应按表 2.2.1-4 作另一批检查验收。

（5）提取的样本应封存交付检验，检验前不得修理和调整。

5. 碗扣式钢管脚手架构件的出厂检验

1）出厂检验：产品出厂前应由生产厂质量检验部门按出厂检验项目（见表 2.2.1-5），逐件检验合格并签发产品合格证后方可出厂。

出厂检验项目表　　**表 2.2.1-5**

序号	检验项目	检验方法	检验依据
1	焊缝质量	目测、量具	1. 应平整光滑，不应有漏焊、焊穿、夹渣、裂纹等缺陷。 2. 缝气孔直径不应大于 1.0mm，每条焊缝气孔数不应超过 2 个
2	构件尺寸	量具	2.2.1 中 1 条的尺寸规定
3	外观质量	目测	构件表面应进行防锈处理。接头、支座（含调节手柄）应进行镀锌处理，其他构件应喷涂防锈漆，表面应光洁平整

2）碗扣式脚手架的其他性能试验及不合格分类应按表 2.2.1-6 进行。

碗扣式脚手架的其他性能试验及不合格分类　　**表 2.2.1-6**

项　目	测量器具和方法	不合格分类		
		A	B	C
下碗扣成形	目测	✓		
下碗扣厚度	200 卡尺	✓		
铸件公差	200 卡尺		✓	
铸件缺陷	目测		✓	
冲压缺陷	目测		✓	
焊接质量	目测	✓		
铆接质量	目测	✓		
连接孔孔径	200 卡尺			✓
杆件直线度	专用平台、标准垫块、200 卡尺			✓
长度公差	5m 盒尺		✓	
涂漆质量	目测			✓
钢管对接件数	目测统计			✓
钢管对接位置	3m 盒尺	✓		
钢管对接衬管	目测、工艺检查	✓		
立杆接头	200 卡尺、3m 盒尺		✓	
连接孔尺寸	用 ϕ12mm 钢销手试		✓	
上碗扣在立杆上的灵活性	手动试验		✓	
管口质量	角尺、塞尺		✓	
上碗扣锁紧功能	手动试验	✓		
下碗扣间距、垂直度	3m 盒尺、专用样板、塞尺		✓	

续表

项　目	测量器具和方法	不合格分类		
		A	B	C
横杆接头垂直度	专用样板、塞尺		√	
横杆接头平行度	专用平台、卡具，塞尺		√	
插入立杆长度	3m 盒尺		√	
支座垂直度	角尺、塞尺		√	
连接孔互换性	用 12mm 螺栓作连接试验			√
螺纹公差	螺纹量规		√	
梯板类宽度公差	3m 盒尺			√
吊角及翘曲、平面度	手试、平台、标准块、塞尺			√

6. 判定方法

1）单件产品应符合本章 2.1.2 节中有关规定。

2）批量产品按正常检验二次抽样方案。

3）产品的强度指标、外观质量均合格，才能称为合格。

2.2.2 设计图纸

碗扣式脚手架具有接头构造合理、力学性能好、工作安全可靠；多种功能；构件轻、装拆方便，作业强度低以及零部件的损耗率低等显著优点，同时能使用现有钢管脚手架进行改制。

1. 碗扣接头构造及其技术性能

碗扣接头是该脚手架系统的核心部件，它由上下碗扣、横杆接头和上碗扣的限位销等组成。

上下碗扣和限位销按 600mm 间距设置在钢管立杆之上，其中下碗扣和限位销则直接焊在立杆上。将上下碗扣的缺口对准限位销后，即可将上碗扣向上抬起（沿立杆向上滑动），把横杆接头插入下碗扣圆槽内，随后将上碗扣沿限位销滑下并顺时针旋转以扣紧横杆接头（可使用锤子敲击几下即可达到扣紧要求）。碗扣式接头的拼接完全避免了螺栓作业。

碗扣接头可同时连接 4 根横杆，可以相互垂直或偏转一定角度。

碗扣接头具有很好的力学性能。下碗扣轴向抗剪的极限强度为 166.7kN，上碗扣偏心张拉的极限强度为 42kN；横杆接头的抗弯能力，在悬臂端集中荷载作用下为 2kN·m，在跨中集中荷载作用下为 6～9kN·m。

碗扣接头加工方便；上碗扣精铸，下碗扣冲压，横杆接头模锻或精铸，一般均不必进行二次加工。

2. 构配件的种类及用途

1）产品的标记

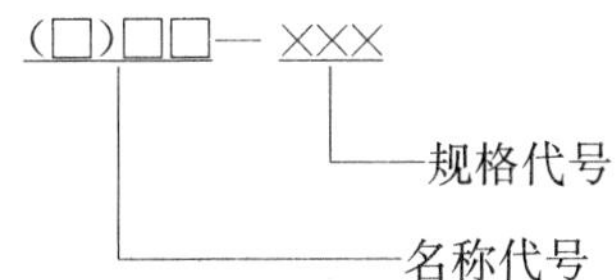

例如：钢管碗扣脚手架中尺寸规格为 3600mm 的立杆应标记为 LG-300。

产品分类及型号规格见表 2.2.2。

产品分类及型号规格表　　**表 2.2.2**

类别		名　称	名称代号	规格代号	尺寸规格
杆件	立柱类	立杆	LG	360、300、240 180、120、30	3600、3000、2400、 1800、1200、300
		立加杆	LJG	109	1090
		顶杆	DG	270、210、150、90	2700、2100、1500、900、
		顶加杆	DJG	139	1390
		扶手杆	FG	120	1200
		挑梁	TL	170、120、60、30	1697、1200、600、300
	横杆类	横杆	HG	240、180、150、120、 90、60、30	2400、1800、1500、1200、 900、600、300
		横加杆	HJG	120+60、120+30、120	1200+600、1200+300、1200
		单排横杆	DPG	180	1800
		横搭接杆	HDG	180、120、30	1800、200、300、
		横托杆	HTG	76、46	760、460
		横侧杆	HCG	60、30	600、300
		横加强杆	HQG	240、180、150、120、90	2400、1800、1500、1200、900
	斜杆类	斜杆	XG	339、255、216、190、170	3394、2545、2163、1897、1697
附件	支座类	固定支座	GZ	15	150
		可调支座	KZ	80、50	800、500
		转角支座	JZ	80、50	800、500
		固定上托	GT	15	150
		可调上托	KT	80、50	800、500
		转角上托	JT	80、50	800、500
		钢模板支撑托	MT	80	800
	梯板类	梯架	TJ	255、216、170	2545、2163、1697
		脚手板	JB	240、180、150、120、90	2400、1800、1500、1200、900
		挡脚板	DB	240、180、150、120、90	2400、1800、1500、1200、900
	其他	连墙撑	LC	—	—
		连接销	LX		

2）主构配件

（1）立杆：脚手架的竖向支撑杆，有 4 种规格，一则便于错开接头位置，二则根据施工实际需要选用。如图 2.2.2-1 所示。

（2）顶杆：支撑架的顶部立杆，其上可装设承座或托座，有 2 种规格。

（3）横杆：架子的水平承力杆，有 6 种规格。如图 2.2.2-2 所示。

（4）斜杆：用作架子的斜向拉压杆。有 4 种规格，分别用于 1.2m×1.2m，1.2m×

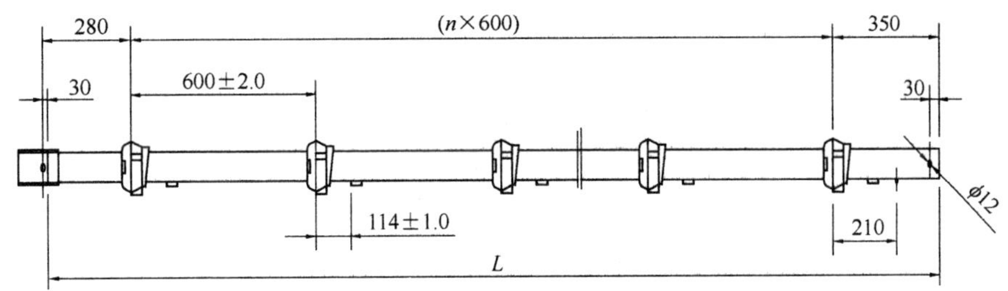

图 2.2.2-1　立杆规格

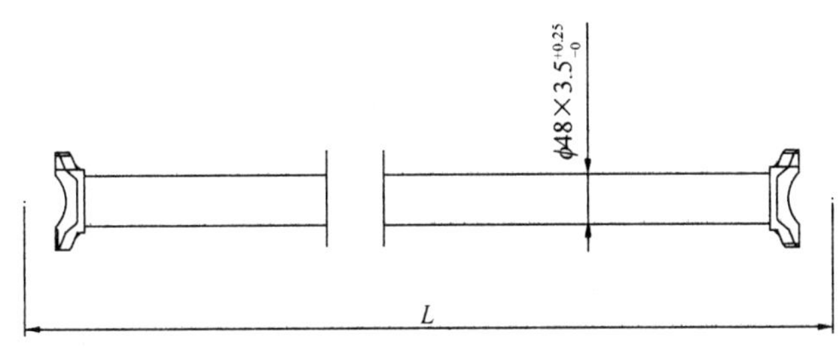

图 2.2.2-2　横杆规格

1.8m，1.8m×1.8m，1.8m×2.4m 网格。

（5）支座：用以支垫立杆底座或作为支撑架顶撑的支垫。有垫座和可调座 2 种形式。

3）辅助构配件

按其用途可分为 5 类。

第一类辅助构配件——用于作业面，有 5 种：

（1）搭边横杆，脚手架作业平台边缘横杆；

（2）间横杆，钢管两端焊有插卡装置的横杆；

（3）搭边间横杆，钢管一端焊有插卡装置的横杆；

（4）挑梁，脚手架作业平台的挑出定型构件，分宽挑梁和窄挑梁；

（5）搭边挑梁；脚手架作业平台边缘挑出定型构件。

桥梁工程可不用第一类辅助构配件。

第二类辅助构配件——用于整体连接，有 3 种：

（6）立杆连接销：用于立杆的接长销定，有自定位销定卡口，这是该脚手架系统中唯一的一种单件的连接零件；

（7）连墙件：脚手架与建筑物连接的构件，桥梁工程可不用；

（8）直角撑：桥梁工程可不用。

第三类辅助构配件——脚手板和梯步，有 3 种：

（9）脚手板，施工人员在脚手架上行走及作业用平台板；

（10）斜脚手板，施工人员在脚手架上马道行走及作业用平台板；

（11）踏步梯和爬梯，施工人员上下脚手架用的梯子及踏步。

桥梁工程可不用这 3 种第三类辅助构配件。

第四类辅助构配件——其他脚手架专用件，有 3 种；

（12）爬升挑梁：脚手架底角的悬臂支撑，用来构成挑脚手架，只有 0.9m 一种架宽规格；

（13）安全网支撑架：用以挑挂安全网；

（14）提升滑轮：可直接安装在宽挑梁上，用来提升小件物料。

第五类辅助构配件——用于模板支撑架，有 5 种；

（15）支撑柱垫座，立柱下面的垫板；

（16）支撑柱可调座，立柱下面可以上下调节的底座；

（17）支撑柱转角座，转角处立柱下面的垫板；

（18）托座：装设于顶杆之上，长度有固定和可调两种；

（19）横托座：连接在碗扣接头上，以对支撑架进行横向限位或用其支顶壁侧模板。

3. 碗扣式脚手架详图设计

碗扣式脚手架的构配件在加工厂进行详图设计，其优点是能够结合工厂条件和施工习惯，便于采用先进的技术，经济效益得以提高。

随着计算机应用的飞速发展和广泛应用，各种专业软件的开发为施工详图设计的计算机化创造了条件。

为了尽快采购（定购）钢材，一般应在详图设计的同时定购钢材，这样详图审批完成时钢材即可到达，立即开工生产。

4. 审查图纸

审查图纸的目的，一方面是检查图纸设计的深度能否满足施工的要求，核对图纸上构件的数量和安装尺寸，检查构件之间有无矛盾等；另一方面对图纸进行工艺审核，即审查在技术上是否合理，构造是否便于施工，图纸上的技术要求按加工单位的施工水平能否实现等。

图纸审核的主要内容包括以下项目：

1）设计文件是否齐全、设计文件包括设计图、施工图、图纸技术说明和设计变更通知单等。

2）构件的几何尺寸和相关构件的连接尺寸是否标注齐全和正确。

3）节点是否清楚，构件之间的连接形式是否合理。

4）图纸中的构件的数量是否符合工程的总数量。

5）加工符号、焊接符号是否齐全、清楚，标注方式是否符合国家相关标准和规定。

6）结合本单位的设备和技术条件，考虑能否满足图纸上的技术要求。

审查图纸过程中发现的问题应报原设计单位处理，需要修改设计时，必须取得原设计单位同意，并签署书面设计变更文件。

2.2.3　对料（提料、核对）

1. 提料

根据图纸材料表算出各种材质、规格的材料净用量，再加一定数量的损耗，提出材料预算计划。提料时，需根据材料使用尺寸合理订货，以减少不必要的拼接和损耗。但钢材如不能按使用尺寸或倍数订货，则损耗必然增加。工程预算一般可按实际用量所需的数值再增加 10％进行提料和备料。

2. 核对

核对来料的规格、尺寸和重量，仔细核对材质。如进行材料优化，必须经设计部门同意，并将图纸上所有的相应规格和有关尺寸全部修改。

2.2.4 产品使用中的安全要求

1. 产品使用前应按使用说明书计算并绘制施工图，荷载不得超过许用值。

2. 钢管碗扣式脚手架上相邻两立柱的连接缝，不宜在同一步距内布置，连接缝应设在连有横杆的节点下部。

3. 钢管碗扣式脚手架，立柱与纵向水平横杆交点处必须设置横向水平横杆，在整个使用过程中不得任意拆除。横杆步距不得超过 2.4m。

4. 钢管碗扣式脚手架必须设有纵向扫地杆和横向扫地杆。

5. 钢管碗扣式脚手架支座与地面向设置木垫板。

6. 钢管碗扣式脚手架应设有刚性连墙固定件，并与建筑物可靠固定。连墙件最大水平间距不宜超过 6m、垂直间距不宜超过 5.4m。

7. 钢管碗扣式脚手架，每隔 6 跨应设置一道纵向和横向斜杆，纵向斜杆与地面夹角宜采用 45°。斜杆与立杆连接处至少应在斜杆顺长方向设置横杆。如设置剪刀撑时，可借用钢管扣件脚手架的旋转扣把钢管固定在脚手架上，钢管与立柱连接处应靠近连有横杆的节点。

8. 钢管碗扣式脚手架，当跨距不能按横杆规格长度布置时，可借用钢管扣件脚手架的十字扣件把钢管连接到脚手架上。

2.2.5 生产场地布置

1. 生产场地布置的根据

布置生产场地时要考虑：产品的品种、特点和批量；工艺流程；产品的进度要求；每班的工作量和要求的生产面积；生产设备和起重运输能力。

2. 生产场地布置的原则

1）按流水顺序安排生产场地，尽量减少运输量，避免倒流水；

2）根据生产需要合理安排操作面积，以保证安全操作，并要保证材料和零件有必要的堆放场地；

3）保证成品能顺利运出；

4）便利供电、供气、照明线路的布置等。

3. 设备布置的间距规定

为保证安全生产，加工设备之间要留有一定的间距作为工作平台和堆放材料工具等用。生产场地内必须留有安全通道，设备之间的最小间距不得小于 1.0m。当设备之间允许两名操作工人同时操作时，间距不得小于 2.0m。

4. 生产场地布置

1）首先要根据生产场地的布置依据和原则绘制出生产场地平面布置图，并经过相关部门的审核、审批。

2）生产场地布置时，按照先布置主要生产设备、再布置辅助生产设备的顺序进行。

2.2.6 生产组织

1. 生产组织方式

1）专业分工的大流水作业生产

这种生产组织方式的特点是各工序分工明确，所做的工作相对稳定，定机、定人进行流水作业。这种生产组织方式的生产效率和产品质量都有显著提高，适合于常年大批量生产的专业工厂或车间。

2）一包到底的混合组织方式

这种生产组织方式的特点是产品统由大组包干，除焊工因有合格证制度需专人负责外，其他各工种多数为“一专多能”，如放样工兼做画线、拼配工作；剪冲工兼做平直、矫正工作等。机具也由大组统一调配使用。这种方式适合于小批量生产标准产品的工地生产和生产非标准产品的专业工厂。其优点是，劳动力和设备都容易调配，管理和调度也比较简单。但对工人的技术水平要求较高，工种也不能相对的稳定。

3）扩大放样室的业务范围

零件加工顺序和加工余量等均由放样室确定，其劳动组织类似一包到底的混合组织方式。

脚手架生产厂家在选择生产组织方式时应根据脚手架材料及配件的生产特点，以专业分工的大流水作业为主要生产方式结合一包到底的混合组织方式并适时的灵活应用扩大放样室的业务范围。

2. 生产计划的制定

建立完善的生产计划保证体系，是掌握生产管理主动权、控制生产局面，保证生产进度的关键一环。分为总进度计划和各组成部分的生产进度计划，总进度控制计划控制整个生产流程，必须保证按时完成，部分计划按照总进度控制计划排定，只可提前，不能超出总控制计划限定的完成日期，在安排生产时，按照分阶段目标制定日、周、月、年计划，在计划落实中，以确保关键线路实施为主线，制定相应保障措施，并由此派生出一系列保障计划，确保关键线路的实施。在各项工作中做到未雨绸缪，使进度管理形成层次分明、深入全面、贯彻始终的特色。

生产计划应结合构件生产周期、本车间生产能力，安装周期和生产组织方式等特点进行编制。如车间的生产能力无法满足合同需要，外协生产计划也应同时编制。

生产计划的编制应在满足施工现场安装要求的基础上留有一定的生产余量，最大限度的发挥企业的生产能力。

3. 生产机具

碗扣式脚手架构配件生产制作所需主要机具设备，见表 2.2.6-1。

碗扣式脚手架构配件生产制作所需主要机具设备　　**表 2.2.6-1**

序号	设备和机具名称	用　途	序号	设备和机具名称	用　途
1	开卷机	拆开钢卷	9	滚压切割	切割
2	夹送矫平机	带钢矫平	10	平头倒棱机	管端加工
3	剪焊机	剪切带钢	11	静水压试验机	试验
4	精矫平机	矫平	12	在线超声波探伤机	检测焊缝质量
5	圆盘切边机	休整带钢	13	离线超声波探伤机	检测焊缝
6	成型机	管子成型	14	中频热处理器	钢管热处理
7	焊接机组	焊接	15	屏显式液压万能试验机	试验
8	定径机组	定径、矫直	16	摆锤式冲击试验试验机	试验

4. 劳动力

碗扣式脚手架构配件生产制作所需主要劳动力，见表 2.2.6-2。

碗扣式脚手架构配件生产制作所需主要劳动力　　　　表 2.2.6-2

序号	工种	用途	序号	工种	用途
1	机械工	起重机械操作	4	电工	用电管理维修
2	焊工	构件焊接	5	车工	
3	油漆工	构件涂装			

1）根据生产进度计划及生产任务及生产设备，制定劳动力计划，对劳动力进行合理调配。

2）各类操作人员必须经过岗前学习和教育，特殊工种必须持证上岗。

3）操作工人必须遵守各岗位规程。

4）构件生产前应熟悉生产图纸并对生产人员作详尽的技术交底。

5）对劳动力实行动态管理生产，根据工程各阶段施工重点，及时调配相应专业劳力。

6）劳动力实行专业化组织，按不同工种，不同加工对象来划分作业班组，最大程度地满足生产需要，以确保生产质量和进度。

5. 生产组织体系

根据生产的特点和生产组织的方式，建立与之相适应的生产组织管理体系，配备管理人员，科学、有效地进行生产组织管理，对生产质量、进度、安全等指标全面负责。

2.2.7 生产工艺

1. 工艺流程

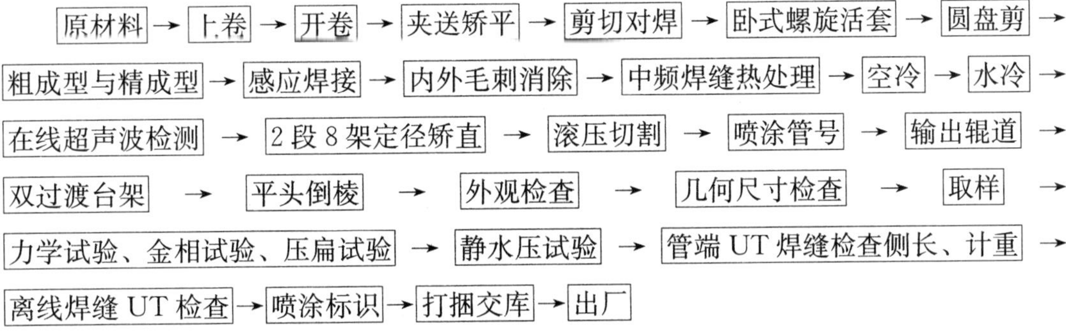

2. 生产工程

碗扣式钢管脚手架所用钢管采用直缝电焊工艺，直缝焊管生产工艺简单，生产效率高，成本低，发展较快。其工艺如下：

热轧厂来的合格钢卷或外购的合格钢卷由汽车运入焊接车间。根据生产管理计划，钢卷由原料库中带夹钳的起重机卸下后放到指定的堆垛鞍座上，生产时，直缝焊管生产线所需要的钢卷可由起重机从仓库中其指定的堆垛鞍座上吊运到直缝焊管生产线钢卷准备站钢卷储存鞍座上。

钢卷准备站可存放 3 个钢卷，钢卷由钢卷小车逐步向前输送到开卷机处，待前一钢卷完成开卷后，紧随其后的钢卷被钢卷小车移动到开卷机中心线处，开卷机膨胀心轴涨紧、开卷，带钢头部经开卷器然后穿入夹送辊。夹送辊夹紧，带钢被输送到矫平机进行矫平。

矫平机前设有带钢侧对中导向装置。

矫平后，组合式剪切对焊机将前后卷带钢的头和尾部剪切后焊接成连续的钢带，对接后的带钢连续不断地存入螺旋活套内，螺旋活套存储了足量的带钢以保证在开卷、切头、切尾及对焊过程中因机组准备段停车而焊接机组仍可继续不断地进行焊接生产。

带钢从螺旋活套引出来后，由铣边机铣切到所需带钢宽度。铣边之后进行带钢超声波边部探伤。

修整后的带钢进入成型机组，成型机组由以下几部分组成：

——带钢高度补偿辊道

——带钢入口导卫

——夹送辊

——带钢弯边机架

——带有粗成型机架的线性预成型段

——线性成型段

——1＃～3＃精成型机架

在线性成型阶段，预成型带钢形成一个开缝管子后进入精成型机架，由 1 号～3 号带驱动的精成型机架完成高频焊接所需的成型过程。

开缝管在挤压辊之前形成 V 形开口角，高频电流在 V 形开口角处产生集肤效应和邻接效应，很快将其加热到焊接温度。在焊接温度下，挤压机架将开口角处带钢边部压合而焊接成管子。高频焊机的功率可根据生产线速度进行控制。

在位于焊缝 90°的方向喷射一条平行于焊缝的导向控制线，这条导向控制线主要用于：

——超声波探伤探头和焊缝退火在线导向跟踪；

——精整线钢管水压试验机处的焊缝定位；

——精整线钢管水压试验机后面超声波探伤探头的导向。

焊接过程产生的内毛刺由去内毛刺装置去除，并由断屑装置切成小段；外毛刺由仿行轨道可调节的去外毛刺装置去除，并由碎断轮断成小段。

在外毛刺清除装置的后面设有焊缝超声波探伤装置和内毛刺高度检测装置，用于检查内毛刺余下的高度及焊缝质量，经探伤装置测出的缺陷被涂上记号，以便后部工序将缺陷部分切除。

经过焊缝探伤后的钢管送往焊缝中频感应热处理装置，根据不同的钢级对焊缝及其热影响区进行不同的热处理，然后空冷至一定温度（约 340℃）后，进入水冷段冷却，以消除焊缝及热影响区的马氏体和贝氏体组织。

水冷后的焊管进入定径机组进行定径（或成形）、矫直。

在定径机组入口设有扭转机架，通过扭转机架将管子焊缝大约定位在时钟 12 点钟位置，这是正常定径和对小管径钢管进行矫直（尺寸范围 $8\frac{5}{8}''\sim12\frac{3}{4}''$）所要求的。

钢管尺寸大于 $12\frac{3}{4}''$时不需要使用扭转机架（设备无此功能）。

定径/整形成形机组由前面带传动的 4 个定径机架和 1 个组合弯曲机架/土尔其头组成，第三机架可以水平、垂直移动矫直圆管。方（矩）管矫直采用无需换辊的通用土尔其头实现，矩形管的长边最终成型在通用土尔其头前的弯曲机架上完成。

定径后的成品钢管由飞锯切成预先设定的定尺长度，通过其优化切割系统，带横向焊缝的管子切割时尽可能靠近横向焊缝以使废管长度最小，开缝管子也要在靠近开缝处切断。切断后的钢管用喷印标记装置喷上相应的标志，然后由输出辊道输出，输送到焊管精整生产线，根据用户对钢管的不同要求进行加工。

直缝焊管生产线生产出来的焊管被切成定尺后通过辊道输出，由拨出装置拨入横移机构，由横移机构送入横移运输装置，内毛刺冲洗装置将管内毛刺冲洗干净，然后进行人工初步预检查，预检合格的钢管，通过辊道和横移输送装置送往平头倒棱机机组进行管端加工；需要取样或改尺的钢管经取样锯或改尺锯锯切后再送往平头倒棱机组进行管端加工。压扁试验在取样锯近旁的压扁试验机上进行。经平头倒棱后的管线管通过输送辊道和缓冲台架送往水压试验机组，先将钢管管内铁屑等杂物冲洗干净，然后送往水压试验机按标准要求进行试压。钢管试压后，按标准进行通径检查，然后用管体、管端、焊缝超声波探伤装置对钢管管体、管端和焊缝进行探伤，探伤合格的钢管，经人工内外表面检查、管端盲区人工探伤、修磨和尺寸测量后进行修磨和尺寸检查、称重并戴上保护套，然后喷印经涂层及干燥后进行收、涂层，等待干燥后进行收集，小规格钢管（外径<ϕ273mm）打捆后入库；大规格钢管则由起重机吊运入库。

2.2.8 成品矫正、检验

对超声波探伤、人工检查或测长、称重后有缺陷的钢管，根据其不同的缺陷进行不同处理。对测长不合格的钢管进行改尺切断或判废，对称重不合格的钢管进行改尺改规收集；对不合格的钢管直接判废收集；对探伤或人工检查不合格的钢管，由人工对其可修复缺陷进行修复、复探，不可修复的缺陷进行改尺切断或判废收集。经改尺切断后的无缺陷钢管或直接返回作业线重新进行平头倒棱等一系列工序后收集入库；或进入中间库堆放组批后等待进行下步加工。

1. 焊接套管精整

直缝焊管生产线生产出来的焊接套管被切成定尺后通过辊道输出，由横移机构送入横移运输装置，用内毛刺冲洗装置将管内毛刺冲洗干净，然后进行人工初步预检查，对需要取样的钢管或预检有缺陷需改尺的钢管送往取样锯或改尺锯进行锯切，压扁试验在取样锯近旁的压扁试验机上进行；合格的钢管，则根据其不同的品种和要求进行不同的加工。

对于需要离线热处理的高强度焊接石油套管，经人工预检合格及改尺切断后合格的管体直接通过辊道和中间横移装置送往套管收集台架收集放入中间库中，在套管热处理线进行热处理后再送到石油套管生产线进行加工。

对于低强度焊接石油套管，经人工预检合格及改尺切断后合格的管体直接通过辊道和中间横移装置送往管体、管端、焊缝超声波探伤装置，对钢管管体、管端和焊缝进行探伤，探伤合格的钢管，送往套管收集台架收集放入中间库中，再由中间库送到石油套管生产线进行加工；探伤有缺陷的钢管则送往精整线的修磨、改尺区域进行人工修磨、复探或改尺切断，修磨后合格的管体仍送往中间库存储，再送到石油套管生产线进行加工。

2. 结构用管精整

直缝焊管生产线出来的焊接结构用管被切成定尺后通过辊道输出，由横移机构送入横移运输装置，用内毛刺冲洗装置将管内毛刺冲洗干净，然后进行人工初步预检查，对需要取样的钢管或预检有缺陷需改尺的钢管送往取样锯或改尺锯进行锯切。

人工预检或经取样、改尺切断后合格的钢管通过辊道和横移输送装置送往结构管测长、称重、喷印装置进行测长、称重、喷印标记，然后结构方、矩管用堆垛装置堆成最大尺寸为 1000mm×900mm 的管垛，由人工打捆装置打捆后收集入库；而结构圆管则根据其规格的不同，小规格钢管（外径<ϕ273mm）打捆后入库；大规格钢管则由起重机成排吊运入库。

2.2.9　成品表面处理与堆放运输

1. 成品的表面处置

1）成品的表面处理

钢管在涂层之前应进行除锈处理，锈除的干净则可以提高底漆的附着力，直接关系到涂层质量的好坏。

钢管表面的除锈方法分为喷射、抛射除锈和手工或动力工具除锈。构件的除锈方法与除锈等级应与设计文件采用的涂料相适应。

构件除锈等级见表 2.2.9-1。

除锈等级　　**表 2.2.9-1**

除锈方法	喷射或抛射除锈			手工和动力工具除锈	
除锈等级	Sa2	Sa2 $\frac{1}{2}$	Sa3	St2	St3

手工除锈中 St2 为一般除锈，St3 为彻底除锈。喷、抛射除锈中 Sa2 为一般除锈，Sa2 $\frac{1}{2}$ 为较彻底除锈，Sa3 为彻底除锈。

当设计无要求时，钢材表面的除锈等级应符合表 2.2.9-2 的要求。

各种底漆或防锈漆要求最低的除锈等级　　**表 2.2.9-2**

涂料品种	除锈等级
油性酚醛，醇酸等底漆或防锈漆	St2
高氯化聚氯烯、氯化橡胶、氯磺化聚乙烯、环氧树脂、聚氨酯等底漆或防锈漆	Sa2
无机富锌、有机硅、过氯乙烯等底漆	Sa2 $\frac{1}{2}$

2）涂防锈漆

架管的油漆应注意下列事项：

(1) 涂料、涂层的遍数、涂层厚度均应符合设计文件的要求。当设计文件对涂层厚度无要求时，宜涂装 4 到 5 遍，涂层干漆膜总厚度应达到大于 150μm。涂层中几层在工厂涂装，几层在工地涂装，应在合同中规定。

(2) 配置好的涂料不宜存放过久，涂料应在使用的当天配置。稀释剂的使用应按说明书的规定执行，不得随意添加。

(3) 涂装的环境温度和相对湿度应符合涂料产品说明书要求。当产品说明书无要求时，室内环境温度宜在5～38℃之间，相对湿度不应大于85%。构件表面结露不得涂装；雨雪天不得室外作业；涂装后4h之内不得淋雨，防止尚未固化的漆膜被雨水冲坏。

各种常用的防锈漆的表干和实干时间　　表2.2.9-3

涂料品种	表干（h）不大于	实干（h）不大于
红丹油性防锈漆	8	36
钼铬红环氧脂防锈漆	4	24
铝铁酚醛防锈漆	3	24

注：工作地点温度在25℃，湿度小于70%的条件下。

（4）设计图纸中注明不涂装的部位不得涂装。

（5）涂装应均匀，无明显起皱、流挂，附着应良好。

2. 标志、堆放、包装与运输

1）标志

（1）产品应根据检验结果，签发合格证书，产品上应有合格标记。

（2）产品按品种规格，分类捆扎牢固，每捆数量应能适于装运。每捆产品端部应有标牌，标牌上应注明以下内容：

①制造厂厂名；

②产品名称；

③生产批号及生产日期。

（3）出厂产品应附有使用说明书。

2）堆放

成品验收后，在装运或包装以前堆放在成品库。堆放时应防止失散和变形。注意下列事项：

（1）堆放场地应平整干燥，具有良好的排水系统，并备有足够的垫木、垫块，使构件得以放平、放稳，最下一层构件最小离地300mm。

（2）像刚度较大的构件可水平堆放，当多层叠放时，必须使各层垫木在同一垂线上。

（3）工程的构件应分类、配套地按堆垛堆放在同一地区，以便发运。堆垛的高度一般不大于2m，以保证安全。堆垛之间需留出必要的通道，一般为2m。

（4）所有构件的堆放、搁置应十分稳固，欠稳定的构件应支撑或固结定位，超过自身高度构件的并列间距应大于自身高度。

（5）为了避免破坏构件的涂装层，在搬运、堆放时，不得在构件上行走或踩踏，以避免破坏涂装质量。

（6）构件堆放场内应配备必要的装卸机械。索具、吊具等要定时检查，不得超过额定荷载。

3）构件包装

（1）架管可打捆发运，一般用小槽钢在外侧用长螺丝夹紧，其空隙处填以木条。

（2）包装和捆扎均应注意密实和紧凑，以减少运输时的失散，变形，而且可降低运输的费用。

（3）小的零件，应装箱，已涂底又无特殊要求的不另作防水包装，否则应考虑防水措施。

(4) 包装工作应在涂层干燥后进行，并注意保护构件涂层不受损伤。

4) 构件运输

(1) 构件的铁路运输，一般由生产厂负责向车站提出车皮计划，经由车站调拨车皮装运。铁路运输应遵守国家火车装车限界。当超过影线部分而未超出外框时，应预先向铁路局提出超宽（超高）通行报告，经批准后可在规定的时间运送。

(2) 公路运输装运的高度极限为 4.5m，如需通过隧道时，则高度为 4m，构件长出车身不得超过 2m。

(3) 海轮运输，在到达港口后由海港负责装船。内河运输则必须考虑每件的重量和尺寸，使其不超过当地的起重能力和船体尺寸。

2.2.10　产品生产企业生产能力要求

1. 碗扣式脚手架的生产企业必须依法取得生产许可证，注册资金 300 万元以上，具有先进的专业机械化设备，完善的检测手段设备，年产脚手架 500t 以上，通过 ISO9001 质量体系认证和国家建筑工程质量监督检验中心的检测，并在其资质许可的范围内从事生产和安装。

2. 企业经理具有 3 年以上从事工程管理工作经历；技术负责人具有 3 年以上从事钢结构、网架工程施工技术管理工作经历，并具有相关专业中级以上职称；财务负责人具有初级以上会计职称。

3. 为了便于碗扣式脚手架的生产、使用与维护，体现标准化、通用性的特点，碗扣式脚手架的生产厂家必须具有标准化生产的能力。

1) 建立完善的质量保证体系，具有专门的质量管理人员和质量管理制度。

2) 建立完善的职业安康管理体系和环境管理体系，并严格遵照执行。

本章参考文献

[1] 王峰等 . 碗扣式钢管脚手架构件 GB 24911—2010[S]. 北京：中国标准出版社，2010. 8.

[2] 王峰等 . 钢板冲压扣件 GB 24910—2010[S]. 北京：中国标准出版社，2010. 8[3].

[3] 杨亚楠，高秋利等 . 建筑施工碗扣式钢管脚手架安全技术规范 JGJ 166—2008. 北京：中国建筑工业出版社 2008. 11.

[4] 余永祯等编著 . 建筑施工手册第四版缩印本[M]. 北京：中国建筑工业出版社，2003.

第3章　碗扣式钢管脚手架相关试验

对于碗扣式钢管脚手架安全性来说，极限承载力、节点性能、稳定性等都是十分重要的环节，为了检验碗扣式钢管脚手架在以上这些方面某些科学理论或假设，进行了若干试验设计，通过实验中的观察、分析、综合、判断，如实地把试验的全过程和试验结果用文字形式记录下来，并保留了相应的数据资料，供大家进行理论探讨和施工方法的改进等方面进行更进一步的沟通交流。

3.1　双排碗扣式脚手架极限承载力试验

3.1.1　试验内容与目的

1. 检验在竖向荷载作用下，双排碗扣式脚手架的极限承载力和破坏形态。
2. 检验水平斜杆对双排碗扣式脚手架极限承载力和破坏形态的影响。
3. 检验廊道斜杆对双排碗扣式脚手架极限承载力和破坏形态的影响。
4. 检验在水平荷载和竖向荷载共同作用下，脚手架的极限承载力和破坏形态。
5. 检验脚手架上部悬臂端的极限承载力及破坏形态。

3.1.2　试验方案及加载方式

1. 试验方案

试验分六个方案进行。（1～5）方案足尺尺寸为：柱距×排距×步距为1.5m×1.2m×1.8m（顶层为1.2m，底脚为0.3m与地面连接），步数为5步。各方案所选用的杆件是直径为48mm，壁厚为3.2mm的Q235钢管。各方案杆件布置如表3.1.2-1所示：

试　验　方　案　　　　表3.1.2-1

试验方案	连墙杆竖向间距（m）	加载方式与斜杆布置方式
1	3.6	竖向荷载作用，无水平斜杆（图3.1.3-1）
2		竖向荷载作用，连墙件高度位置加水平斜杆（图3.1.3-5）
3		水平荷载和竖向荷载共同作用，无水平斜杆（图3.1.3-8）
4	5.4	竖向荷载作用，每列立杆每步设廊道斜杆，无水平斜杆
5		竖向荷载作用，每列立杆每步设廊道斜杆，连墙件高度位置加水平斜杆（图3.1.3-14）
6	0.9（上部悬臂端）	竖向荷载作用（图3.1.3-17）

注：1. 方案2～方案5最上面一步都有廊道斜杆。
　　2. 方案6上部悬臂端长0.9m。

2. 加载步骤：

1）预加载：

对各立杆顶端施加 5%～10%的计算极限荷载，并保持 5min。同时，检查并调试加载装置和测试仪器的工作情况。

2）正式加载：

①加至计算极限荷载的 20%，并持荷 5～10min。

②加至计算极限荷载的 40%，并持荷 5～10min。

③加至计算极限荷载的 60%，并持荷 5～10min。

④加至计算极限荷载的 80%，并持荷 10min。

⑤此后，每级增加计算极限荷载的 10%，并持荷 10min。

⑥持续加载直至脚手架破坏，持荷 10min。

3）卸载。

3. 试验设备与条件

1）加载设备如表 3.1.2-2 所示：

试验中使用的加载设备　　**表 3.1.2-2**

序　号	设备名称	规　格	数　量
1	作动器	10t	7 台
2	作动器	60t	7 台
3	反力架	11m	1
4	分配梁	1.4m	7 根
5	丝杠	1.2m	16 根
6	吊篮		7 个
7	砝码	10kg	若干

2）量测设备如表 3.1.2-3 所示：

试验中使用的量测设备　　**表 3.1.2-3**

序　号	设备名称	规　格	数　量
1	位移计	YHD	24
2	应变片	BX120-5AA	若干
3	压力传感器	10t	7
4	压力传感器	60t	7
5	拉力传感器	300kg	7
6	IMP 数据采集系统	35951B（英）Solartron	6
7	表架		若干

3）试验条件

试验构件底部固定于试验台座上，试验室台座地锚孔间距为 0.5m 和 1m 间隔分布，每个地锚孔可承受 30t 载荷。由于试件与反力墙相隔较远，试件侧面不能直接通过连墙件与反力墙相连。故在反力墙与加载架立柱间设置加强杆，再在连墙件高度设置横梁，脚手架侧面的连墙件通过与横梁相连达到连接效果。

加载梁上安装有 7 个作动器，对构件顶端施加单向压力。作动器通过液压稳压系统控制，可以保证施加荷载数值的稳定性，实现各加载点的同步加载。

试验量测部分，主要包括承载力、位移和应变数据的测量和记录。承载力的数值通过作动器内置或外置的力传感器精确测量，精度可达到 0.01kN。电子位移计和应变片采用接触式测量方式，将机械传动的测量值经电信号转化，再通过采集系统记录量测数据，并写入数据库文件。试验过程中能实现连续测量，精度可达到 0.001mm，连续采集最小时间间隔为 1s。

3.1.3 试验数据及结果分析

1. 方案 1

1）方案 1 示意图如图 3.1.3-1 所示。

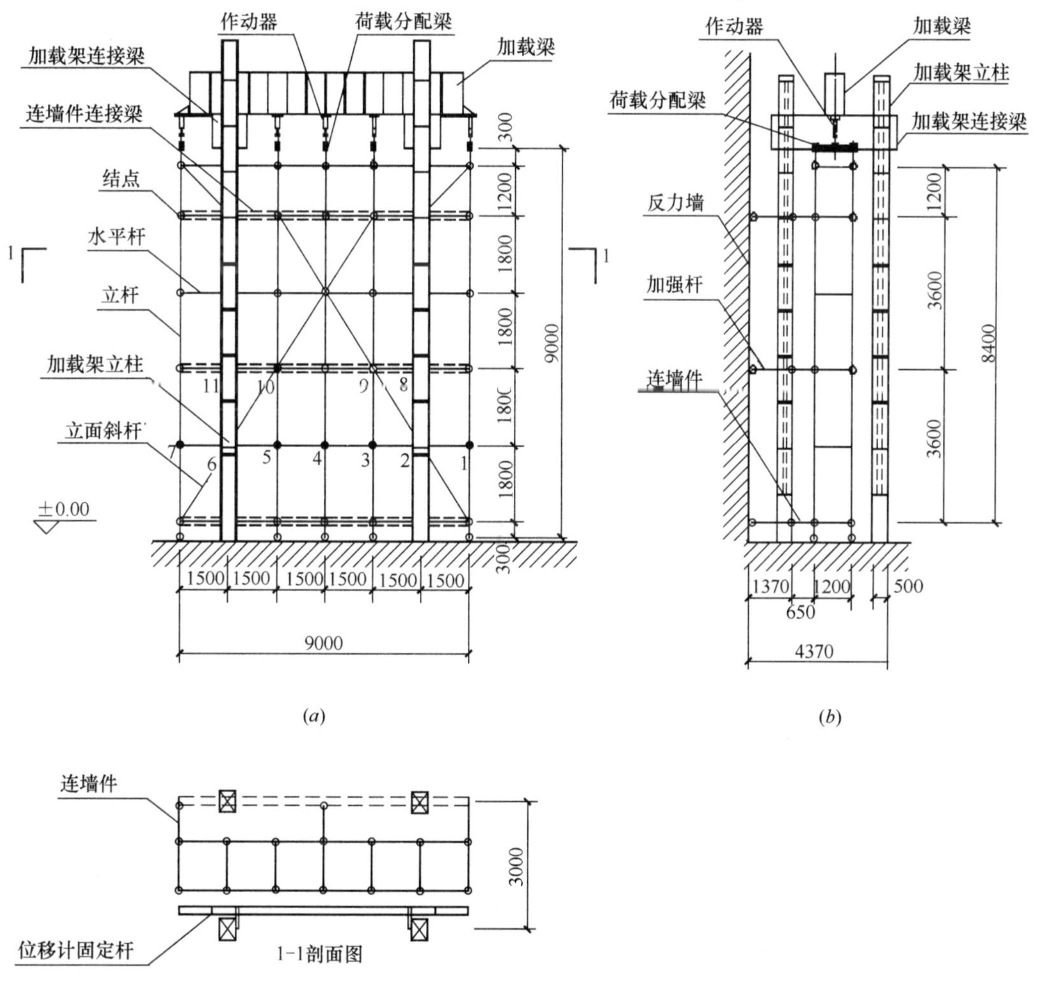

图 3.1.3-1 方案 1 示意图

（*a*）正立面图（单位：mm）；（*b*）侧立面图（单位：mm）

2）方案 1 试验结果

（1）量测位置布置

布置测点时主要考虑以下因素：

①参照有限元计算结果，选取位移较大位置作为测点。

②考虑连墙件的作用，根据连墙件的布置，在无连墙件立杆上布置测点。

③考虑试件和荷载的对称性，在对称位置尽量不重复布置测点。

方案 1 测点布置如图 3.1.3-2 所示。

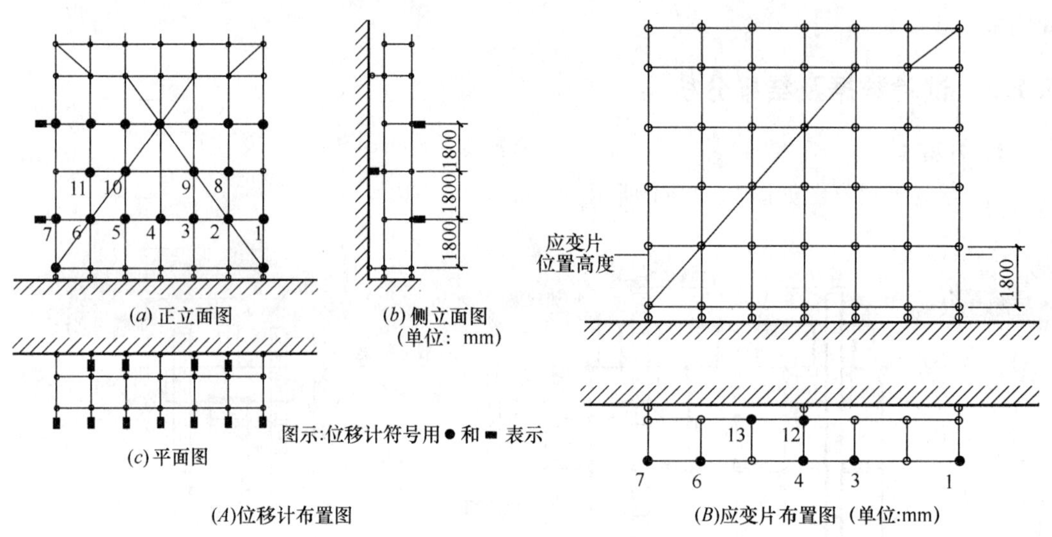

图 3.1.3-2　方案 1 测点布置图

（2）试验结果

①方案 1 的荷载与位移如表 3.1.3-1 所示：

方案 1 的荷载与位移　　**表 3.1.3-1**

结点号	1	2	3	4	5	6	7		8	9	10	11
结点位移（mm）／荷载（kN）	y	y	y	y	y	y	x	y	y	y	y	y
0	0	0	0	0	0	0	0	0	0	0	0	0
14	1	0	0	0	0	0	0	0	0	1	0	−1
28	1	−1	1	0	0	0	0	0	1	2	1	−2
42	1	−1	1	1	2	1	0	8	1	2	1	−3
56	1	−1	1	1	11	10	1	14	1	7	7	−4
67	1	−1	3	3	34	38	4	20	−1	−24	20	5

②方案 1 脚手架破坏时的杆件截面最大应力如表 3.1.3-2 所示：

在计算杆件截面最大应力时，考虑到在极限荷载作用下杆件已发生塑性变形，故取应力＝弹性模量×(最大应变-残余应变)进行计算。

方案1脚手架破坏时的应力 **表3.1.3-2**

结点号	1	3	4	6	7	12	13
杆件最大应力（MPa）	−70	−70	−75	−100	−55	−130	−200

③方案1脚手架破坏时的外排架变形图如图3.1.3-3所示：

④方案1的荷载-位移曲线如图3.1.3-4所示：

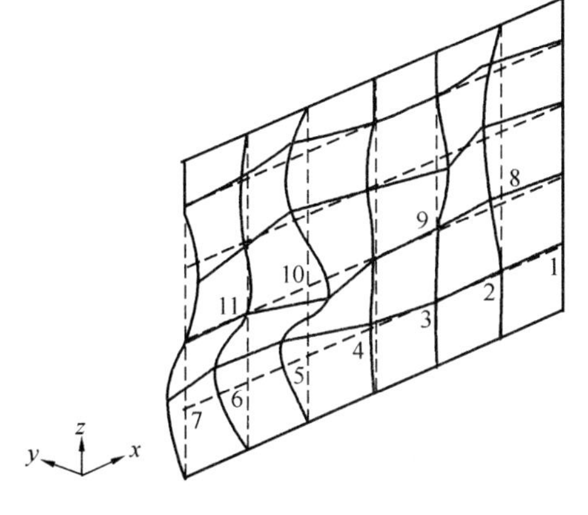

图3.1.3-3 方案1脚手架破坏时的外排架变形图

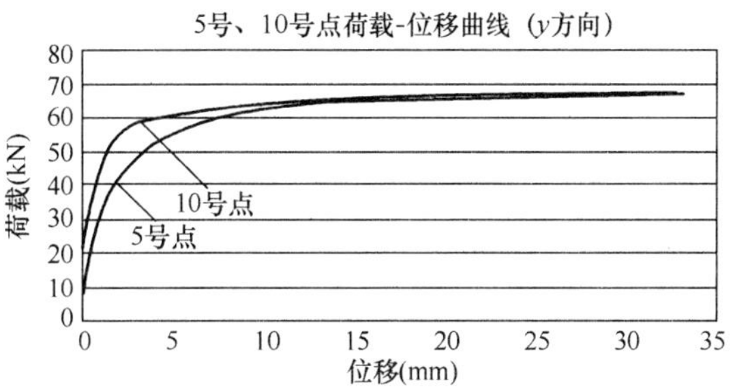

图3.1.3-4 方案1的荷载-位移曲线

3）方案1结果分析

（1）试验数据分析

从试验数据可以看出，在加载过程中，脚手架面内位移很小。接近破坏荷载时，5号、6号点面外位移迅速增大，试件进入屈服阶段。试件每列立杆极限荷载为67kN。架体破坏是由无连墙件立杆发生面外屈曲引起的。

从荷载—位移曲线可以看出，试件工作状态分为三个阶段：①荷载小于40kN时，基本为线弹性工作阶段。②荷载在40～60kN之间时，为弹塑性阶段。③荷载大于60kN时，进入屈服阶段。

（2）与计算结果的比较

在铰接体系假设的基础上建立有限元模型进行极限承载力分析可得：每列立杆极限承载力为30kN，无连墙件立杆高度为1.8m处变形最大。

按照铰接模型简化为单杆进行计算，可得极限承载力为28kN，截面最大应力约为−210MPa。

实际试件的极限承载力约为计算极限荷载的220%，破坏时变形趋势与计算结果基本相同。

（3）试验结果分析

实际试件的极限承载力超出计算极限承力1倍以上，安全储备满足要求。

试验结果与计算结果产生较大偏差的原因有以下几点：

①按单杆进行计算时，没有考虑架体的空间效应对其承载力的有利影响，这也会使单杆承载力低于实际承载力。

②按铰接模型简化为单杆进行计算时，忽略了架体中杆件的相互作用，而且认为每步

立杆均为两端铰接，但是实际上立杆是连续杆件，每步立杆两端均受到上下立杆的约束作用，所以实际刚度比铰接模型中的立杆刚度大。

③由于试验中斜杆长度不规范，所以斜杆与立杆的连接点与碗扣节点之间有一定距离，这会导致立杆计算长度缩短，从而增大试件承载力。

④事实上，碗扣节点可以提供一定的抗弯和抗扭能力，从而提高架体的整体性和刚度，使实际承载力高于计算承载力。

⑤铰接模型假设连墙件与架体间的连接为铰接，但是连接点也有一定的抗弯和抗扭刚度，这也会使实际承载力高于计算承载力。

⑥试件中钢材强度可能偏高，从而导致架体承载力偏大。

本次试验中选用的杆件都是新的，考虑到工地上实际施工时，存在杆件的重复利用和操作的不规范，所以提供足够的安全储备是必要的。

2. 方案2

1）方案2示意图

方案2与方案1的区别在于：在方案2中，连墙件高度位置，即3.6m和7.2m处，设置了水平斜杆（图3.1.3-5*c*），并在最上一步设置了廊道斜杆（图3.1.3-5*b*）。

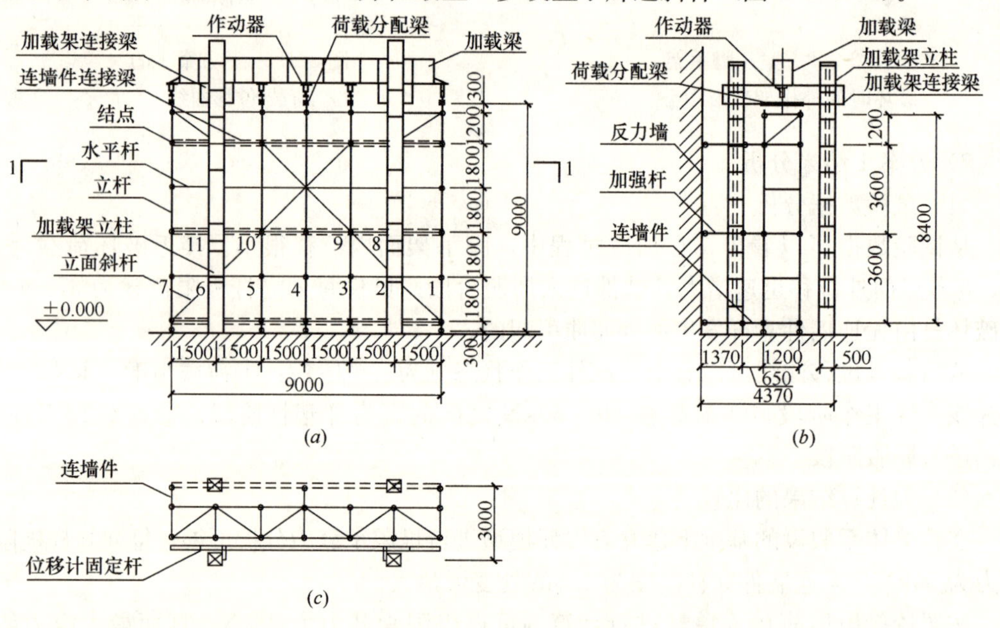

图3.1.3-5　方案2示意图

(*a*) 正立面图（单位：mm）；(*b*) 侧立面图（单位：mm）；(*c*) 1-1剖面图（单位：mm）

2）方案2试验结果

(1) 量测位置布置

根据理论计算结果和方案1测量数据，当立杆面外计算长度为面内计算长度的两倍时，试件面内变形很小，故撤去了测量面内位移的2个位移计，其余测点位置与方案1相同。

(2) 试验结果

①方案2的荷载与位移如表3.1.3-3所示：

方案 2 的荷载与位移　　　　**表 3.1.3-3**

结点号	1	2	3	4	5	6	7		8	9	10	11
结点位移（mm）／荷载（kN）	y	y	y	y	y	y	x	y	y	y	y	y
0	0	0	0	0	0	0	0	0	0	0	0	0
14	0	0	0	0	0	0	0	0	0	0	0	0
28	0	−1	0	−1	−1	−1	0	1	0	0	0	0
42	0	−1	−1	−2	−2	−2	0	3	0	−1	0	0
56	−2	−1	−1	−4	−4	−3	0	5	0	−1	0	0
70	−5	−3	0	−7	−10	−7	1	7	1	−1	0	1
82	−12	−10	−5	−11	−17	−11	2	9	1	−2	0	1

②方案 2 脚手架破坏时的杆件应力如表 3.1.3-4 所示：

方案 2 脚手架破坏时的应力　　　　**表 3.1.3-4**

结点号	1	3	4	6	7	12	13
杆件最大应力（MPa）	−60	−170	−80	−150	−80	−140	−150

③方案 2 脚手架破坏时的外排架变形图如图 3.1.3-6 所示：

④方案 2 的荷载-位移曲线如图 3.1.3-7 所示：

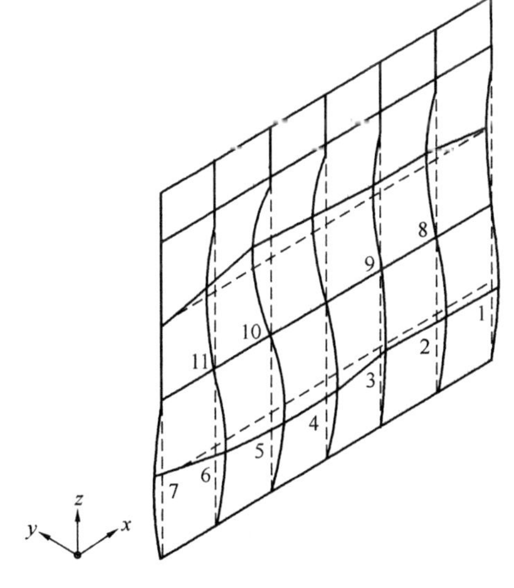

图 3.1.3-6　方案 2 脚手架破坏时的外排架变形图

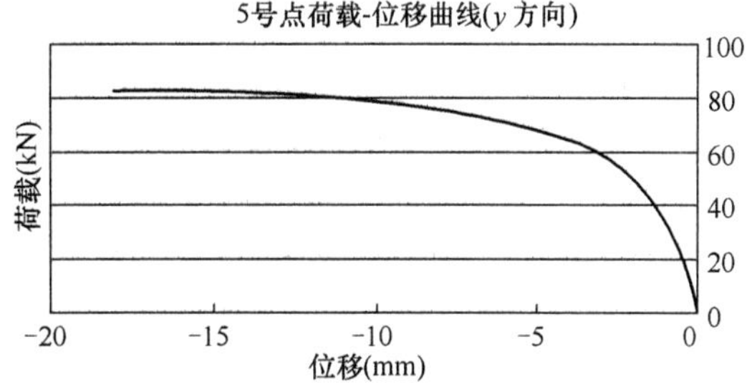

图 3.1.3-7　方案 2 的荷载-位移曲线

3）结果分析

（1）试验数据分析

由试验数据可知，接近破坏荷载时 5 号点面外位移迅速增大，试件进入屈服阶段。试件每列立杆极限荷载为 82kN。架体破坏是由无连墙件立杆发生面外屈曲引起的。

在连墙件高度位置布置水平斜杆后，试件的承载能力提高，变形减小，尤其是无连墙件立杆的面外位移显著减小。试件的极限荷载提高约 30%；在同等荷载作用下，立杆面外位移也显著减小；试件破坏时位移也相对较小；应力分布也更均匀。由此可知，水平斜杆对减小位移有显著的效果。

由荷载一位移曲线可以看出，试件工作状态分为三个阶段：①荷载小于 50kN 时，基本为线弹性工作阶段。②荷载在 50～80kN 之间，为弹塑性阶段。③荷载大于 80kN 时，试件进入屈服阶段。

（2）与计算结果的比较

在铰接体系假设的基础上建立有限元模型进行极限承载力分析可得：每列立杆极限承载力为 30kN，无连墙件立杆高度为 1.8m 处变形最大。

按照铰接模型简化为单杆进行计算，可得极限承载力为 28kN，截面最大应力约为 －210MPa。

实际试件的极限承载力约为计算荷载的 270%，破坏时变形趋势与计算结果基本相同。

（3）试验结果分析

实际试件的极限承载力超出计算极限承力将近两倍，产生这种差异的原因除了方案 1 结果分析中提到的几点外，还有水平斜杆的作用。在连墙件高度位置设置水平斜杆后，对无连墙件立杆的约束加强，试件的整体性提高，从而使极限承载力进一步提高，变形也显著减小。

3. 方案 3

1）方案 3 示意图

方案 3 与方案 1 的杆件布置方式不同之处在最上一步设置了廊道斜杆，其余相同。荷载除竖向荷载外，在每列外立杆 1.8m 高度位置还增加了平面外的水平荷载（图 3.1.3-8*b*）。

2）方案 3 试验结果

（1）量测位置布置

测点布置与方案 2 相同。

（2）试验结果

①方案 3 的荷载与位移如表 3.1.3-5 所示：

方案 3 的荷载与位移　　　　表 3.1.3-5

结点号	1	2	3	4	5	6	7
结点位移（mm） 荷载（kN）	*y*	*y*	*y*	*y*	*y*	*y*	*y*
竖向 0 水平 0	0	0	0	0	0	0	0
竖向 22 水平 0	0	0	0	0	1	0	1
竖向 22 水平 0.9	−8	−15	−16	−10	−16	−16	−7

续表

结点号	1	2	3	4	5	6	7
结点位移（mm）／荷载（kN）	y	y	y	y	y	y	y
竖向 22 水平 1.8	−18	−37	−39	−23	−39	−35	−16
竖向 44 水平 1.8	−26	−55	−58	−32	−56	−48	−23
竖向 53 水平 1.8	−34	−82	−82	−40	−72	−60	−28

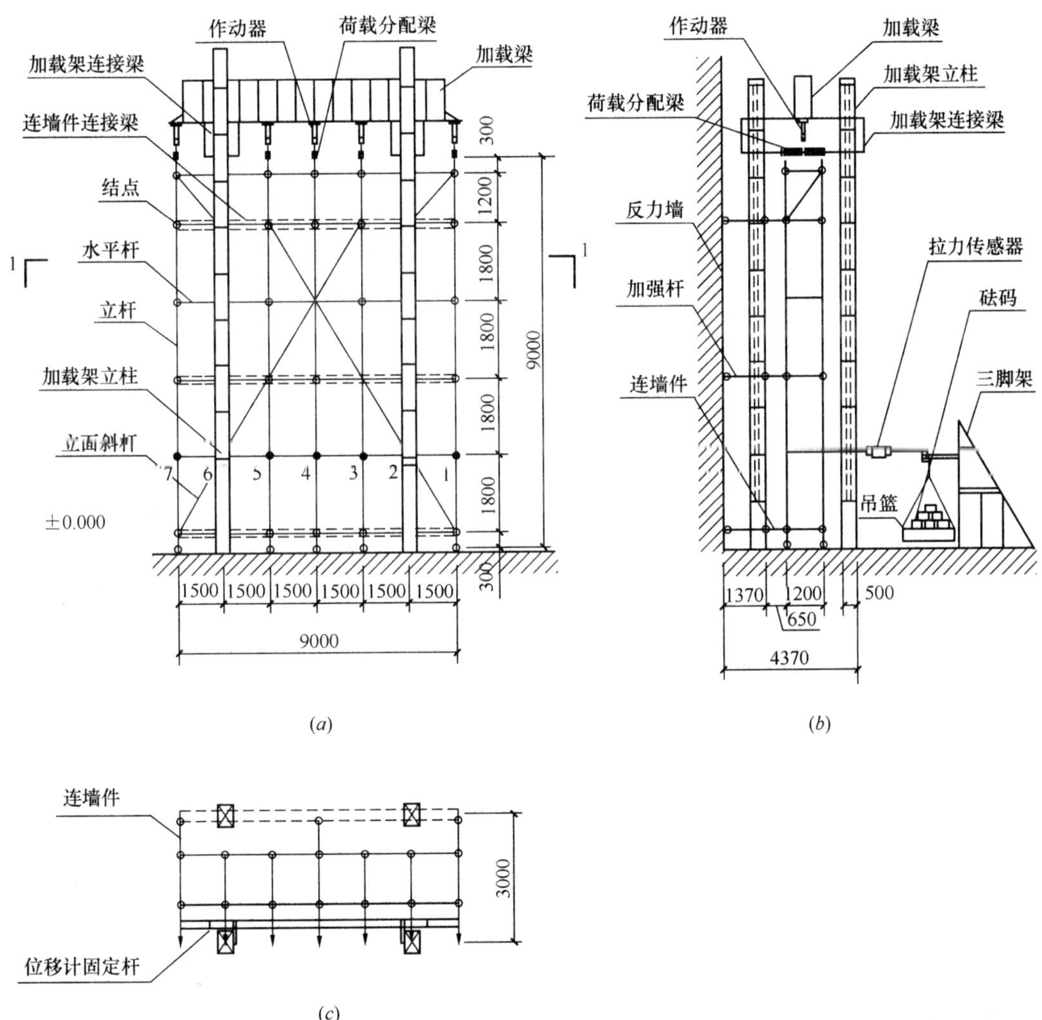

图 3.1.3-8 方案 3 示意图

(*a*) 正立面图（单位：mm）；(*b*) 侧立面图（单位：mm）；(*c*) 1-1 剖面图（单位：mm）

②方案 3 脚手架破坏时的杆件应力如表 3.1.3-6 所示。

方案 3 中架体受轴力和弯矩共同作用。

在极限荷载作用下，单杆 $N=26.5\text{kN}$，$M=\frac{1}{4}Pl=\frac{1}{4}\times0.9\times3.6=0.81\text{kN}\cdot\text{m}$。

根据 $\sigma_{max}=\frac{N}{\varphi A}+\frac{\beta_{mx}M}{\gamma_x W_x}$，其中 $\lambda=l_0/i=3600/15.9=227$，$\varphi=0.14$，$A=450\text{mm}^2$，$\beta_{mx}=1$，$W_x=4722\text{mm}^3$，$\gamma_x=1.15$。在 $N=53\text{kN}$，$M=1.62\text{kN}\cdot\text{m}$，杆件最大应力为 -570MPa。

方案 3 脚手架破坏时的应力　　**表 3.1.3-6**

结点号	1	3	4	6	7	12	13
杆件最大应力（MPa）	−200	−220	−250	−250	−180	−210	−220

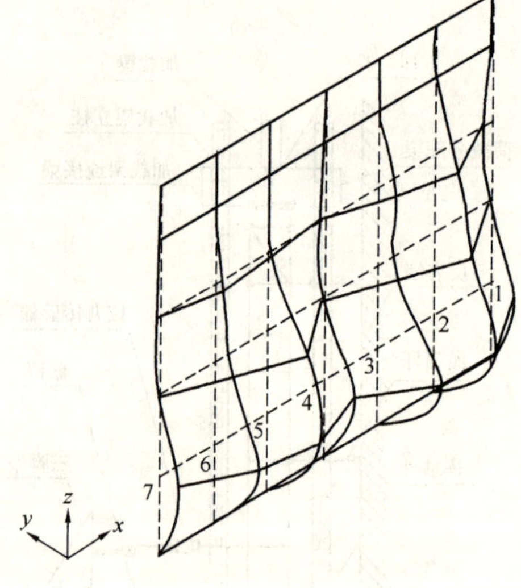

图 3.1.3-9　方案 3 脚手架破坏时的外排架变形图

③方案 3 脚手架破坏时的外排架变形图如图 3.1.3-9 所示：

④方案 3 的荷载-位移曲线如图 3.1.3-10 所示：

3）结果分析

（1）试验数据分析

由试验数据可知，脚手架对水平荷载非常敏感。在水平荷载作用下，试件位移迅速增大，连墙件对位移的约束作用也更明显，有连墙件立杆的面外位移明显小于无连墙件立杆。在每列立杆承受水平荷载为 1.8kN 时，每列立杆竖向极限荷载为 53kN。架体破坏是由无连墙件立杆发生面外屈曲引起的。

从荷载-位移曲线可以看出，架体对水平荷载反应非常明显。

（2）与计算结果的比较

在铰接体系假设的基础上建立有限元模型，进行承载力分析可得：每列立杆在承受竖向荷载为 22kN 时，其水平极限承载力为 0.6kN。无连墙件立杆高度为 1.8m 处变形最大。

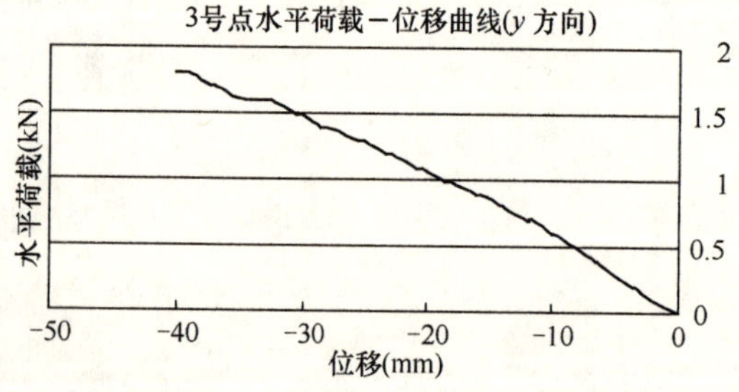

(a)

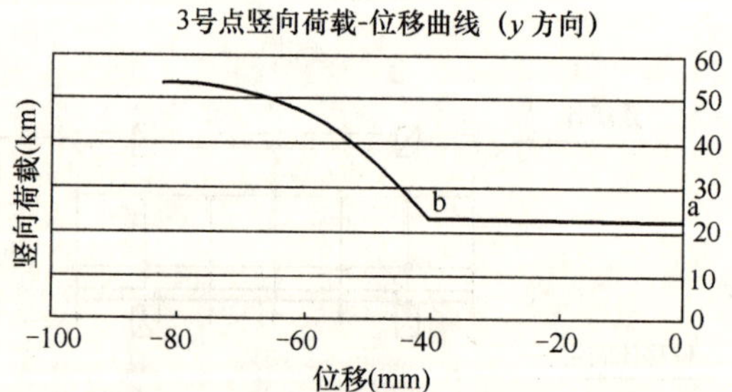

(b)

图 3.1.3-10　方案 3 的荷载-位移曲线

(a) 3 号点水平荷载-位移曲线（y 方向）；(b) 3 号点竖向荷载-位移曲线（y 方向）

按铰接模型简化为单杆计算，每列立杆在承受竖向荷载为 22kN 时，其水平极限承载力为 0.6kN，截面最大应力约为－210MPa。

试验中，在 22kN 的竖向荷载作用下，当水平荷载加至计算极限荷载的 300%时，试件仍未发生破坏，最后加竖向荷载至破坏。

(3) 试验结果分析

实际试件承受轴力和弯矩的能力远大于计算值，在极限荷载作用下，立杆的实际应力小于计算应力，这说明在有弯矩作用时将架体简化为铰接模型进行分析是安全的。试验极限荷载大于计算极限荷载的原因主要是方案 1 结果分析中提到的几点。

4. 方案 4

1) 方案 4 示意图

方案 4 的连墙件高度分别改为 0m、5.4m 和 8.4m 处，即最大步距为 5.4m。此外，在每列立杆每步设廊道斜杆（图 3.1.3-11*b*）。

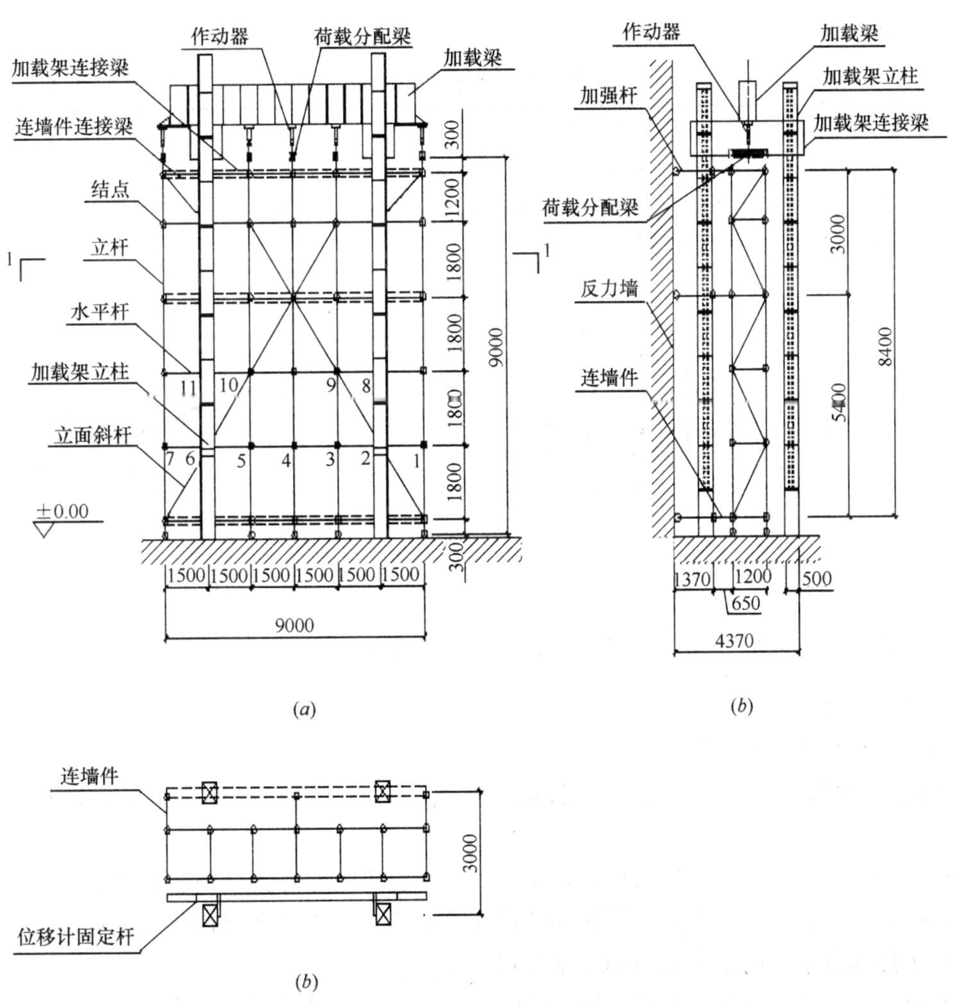

图 3.1.3-11 方案 4 示意图

(*a*) 正立面图（单位：mm）；(*b*) 侧立面图（单位：mm）；(*c*) 1-1 剖面图（单位：mm）

2）方案 4 试验结果

（1）量测位置布置

测点布置与方案 2 相同。

（2）试验结果

①方案 4 的荷载与位移如表 3.1.3-7 所示：

方案 4 的荷载与位移　　表 3.1.3-7

结点号	1	2	3	4	5	6	7	8	9	10	11
结点位移（mm） 荷载（kN）	y	y	y	y	y	y	y	y	y	y	y
0	0	0	0	0	0	0	0	0	0	0	0
50	1	−1	0	−1	−1	−2	1	0	1	0	1
100	2	−1	1	−2	0	−4	0	−1	2	−2	1
150	3	−2	1	−2	1	−7	4	1	3	−3	−4

②方案 4 脚手架破坏时的杆件应力如表 3.1.3-8 所示：

方案 4 脚手架破坏时的应力　　表 3.1.3-8

结点号	1	3	4	6	7	12	13
杆件最大应力（MPa）	−190	−170	−140	−200	−180	−140	−180

③方案 4 脚手架破坏时的外排架变形图如图 3.1.3-12 所示：

④方案 4 的荷载-位移曲线如图 3.1.3-13 所示：

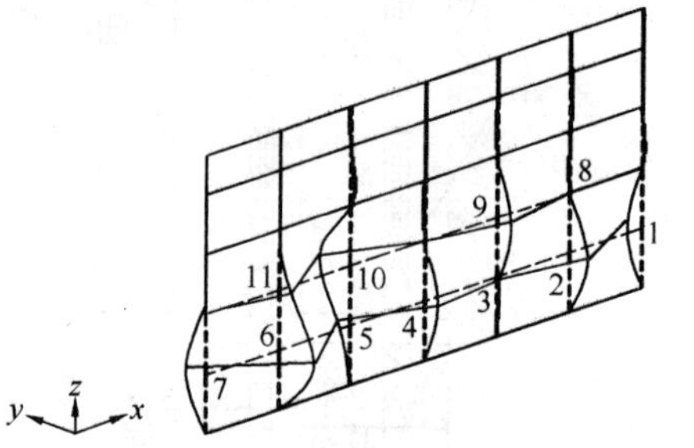

图 3.1.3-12　方案 4 脚手架破坏时的外排架变形图

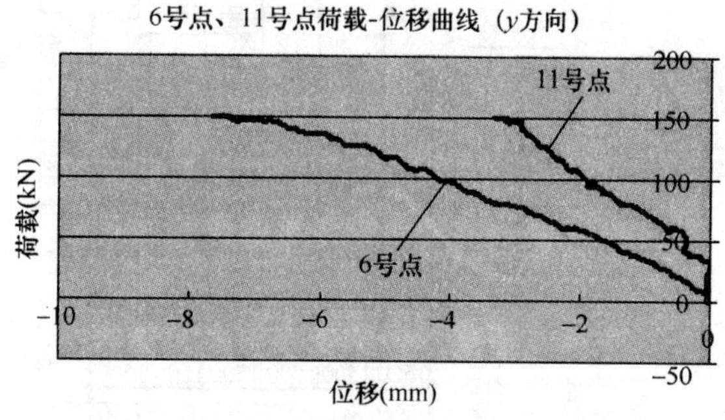

图 3.1.3-13　方案 4 的荷载-位移曲线

3）结果分析

（1）试验数据分析

由试验数据可知，试件每列立杆极限荷载为 150kN。架体破坏是由无连墙件立杆发生面外屈曲引起的。

在每列立杆每步加设廊道斜杆后，试件的计算长度变为步距，极限荷载比方案一提高约 1 倍；在同等荷载作用下，立杆面外位移显著减小；试件破坏时位移也相对较小。廊道斜杆对于提高脚手架的承载能力和控制位移作用显著。

同时，由于廊道斜杆的作用，使立杆约束条件和面外计算长度发生变化，面外计算长度与面内计算长度相等，从而导致失稳形态与前几组试验不同。脚手架在每层立杆中部变形较大，同时面外变形也较大。

从荷载-位移曲线可以看出，试件工作状态分为三个阶段：①荷载小于 100kN 时，基本为线弹性工作阶段；②荷载在 100～150kN 之间，为弹塑性阶段；③荷载大于 150kN 时，进入屈服阶段。

(2) 与计算结果的比较

在铰接体系假设的基础上建立有限元模型进行极限承载力分析可得：每列立杆极限承载力为 105kN，无连墙件立杆变形最大。

按照铰接模型简化为单杆进行计算，可得极限承载力为 100kN，截面最大应力约为 −210MPa。

实际试件的极限承载力约为计算荷载的 150%。

(3) 试验结果分析

实际试件的竖向极限承载力远大于计算值，产生这种偏差的原因主要是方案一结果分析中提到的几点。

5. 方案 5

1) 方案 5 示意图

方案 5 是在方案 4 的基础上，分别在连墙件高度位置增加水平斜杆（图 3.1.3-14），布置方式不变。

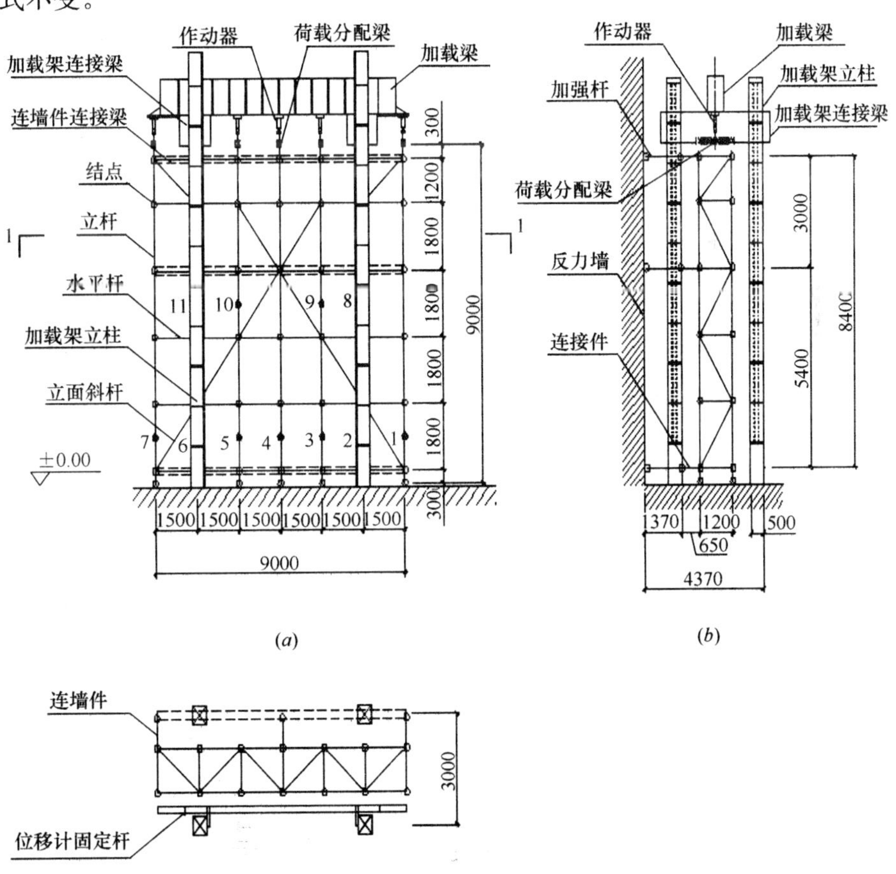

图 3.1.3-14 方案 5 示意图

(a) 正立面图（单位：mm）；(b) 侧立面图（单位：mm）；(c) 1-1 剖面图（单位：mm）

2）方案 5 试验结果

（1）量测位置布置

根据对试验 4 中脚手架变形的观测数据进行分析，以及参考有限元计算结果，可知每列每步加廊道斜杆后脚手架最大变形发生在步距中点处。故将高度为 1.8m 和 5.4m 的位移计分别移至 0.9m 处和 4.5m 处。同时，由于脚手架面内与面外计算长度相同，可能发生面内屈曲，故在 0.9m 处和 5.4m 处各增设了 4 个位移计监测水平位移。

（2）试验结果

①方案 5 的荷载与位移如表 3.1.3-9 所示，方案 5 脚手架破坏时的杆件应力如表 3.1.3-10 所示：

方案 5 的荷载与位移　　**表 3.1.3-9**

结点号	1	2	3	4	5	6	7		8	9	10	11
荷载（kN）\ 结点位移（mm）	y	y	y	y	y	y	x	y	y	y	y	y
0	0	0	0	0	0	0	0	0	0	0	0	0
50	−1	−2	−1	1	1	0	−2	2	−2	0	0	0
100	−2	−3	−1	2	1	0	−3	4	−2	2	1	−2
134	−3	−12	−1	2	0	−1	−7	8	−9	4	2	0

方案 5 脚手架破坏时的应力　　**表 3.1.3-10**

结点号	1	3	4	6	7	12	13
杆件最大应力（MPa）	−180	−190	−150	−180	−150	−150	−150

②方案 5 脚手架破坏时的外排架变形图如图 3.1.3-15 所示：

③方案 5 的荷载-位移曲线如图 3.1.3-16 所示：

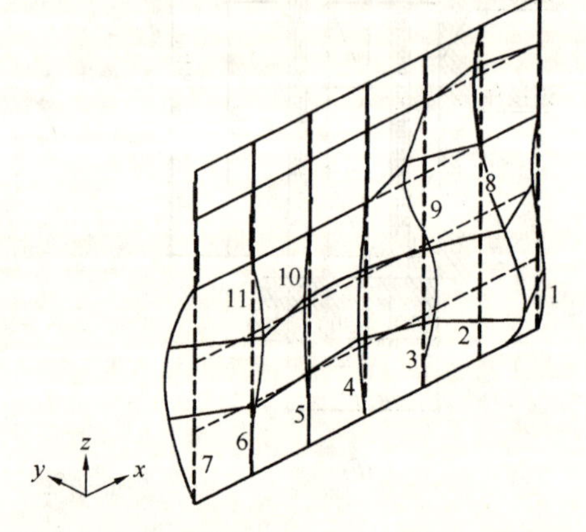

图 3.1.3-15　脚手架破坏时的外排架变形图

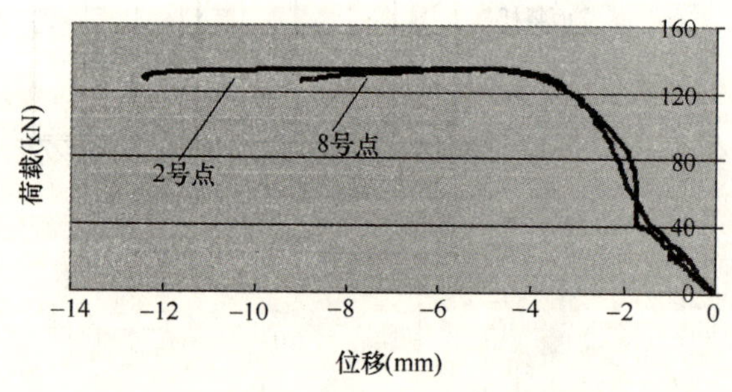

图 3.1.3-16　方案 5 的荷载-位移曲线

3）结果分析

（1）试验数据分析

由试验数据可知，试件每列立杆极限荷载为 134kN。架体破坏是由无连墙件立杆屈曲引起的。

脚手架第 2 层无连墙件立杆中部为上下立杆接头，加荷至 134kN 时，接头处发生明显塑性变形，同时，第 3 层无连墙件立杆中部发生屈曲。

从荷载一位移曲线可以看出，试件工作状态分为三个阶段：①荷载小于 100kN 时，基本为线弹性工作阶段；②荷载在 100～130kN 之间，为弹塑性阶段；③荷载大于 130kN 后，脚手架进入屈服阶段。

（2）与计算结果的比较

在铰接体系假设的基础上建立有限元模型进行极限承载力分析可得：每列立杆极限承载力为 105kN，无连墙件立杆变形最大。

按照铰接模型简化为单杆进行计算，可得极限承载力为 100kN，截面最大应力约为 −210MPa。

实际试件的极限荷载约为计算荷载的 130％，破坏时变形趋势与计算结果基本相同。

（3）试验结果分析

本次试验得到的极限荷载高于计算结果，其原因与方案一结果分析中所说的一致。

与方案 4 相比，本次试验加了水平斜杆，但是承载力却小于方案 4，位移也没有得到明显改善，出现这种现象可能是：①在试验中杆件的重复使用率太高，大部分杆件都在前几次试验中受到了一定的破坏；②脚手架第 2 层无连墙件立杆中部为上下立杆接头，加荷至 134kN 时，接头处发生明显塑性变形，从而导致承载力减小。

6. 方案 6

1）方案 6 示意图

试验方案 6 的目的是检验脚手架上部悬臂端的极限承载力及破坏形态。为了增加试验结果的可信度，加载过程中依次对 14 号点、15 号点及 16 号点所在立杆分别进行单独加载。同时，为了防止在加载过程中下部构件先出现破坏，下部立杆步距取为 0.6m 和 1.2m（图 3.1.3-17）。

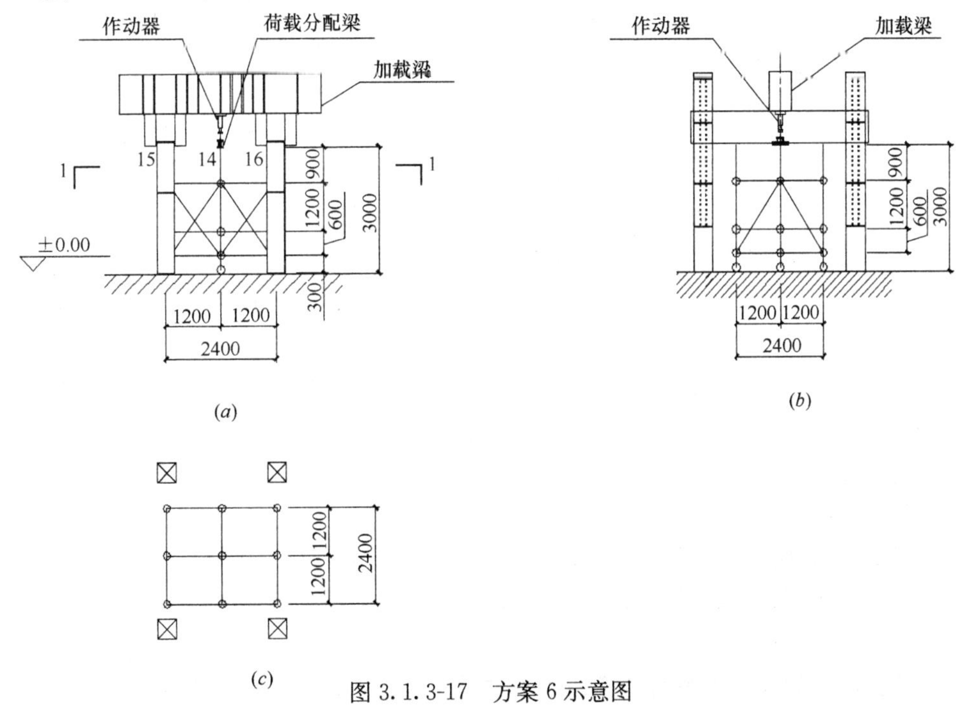

图 3.1.3-17 方案 6 示意图

（*a*）正立面图（单位：mm）；（*b*）侧立面图（单位：mm）；（*c*）1-1 剖面图（单位：mm）

2）方案试验结果

（1）量测位置布置

由于方案 6 是为了检验脚手架上部悬臂端的极限承载力及破坏时的变形形态，故只需要在悬臂端顶部设置位移计即可。悬臂端各方向计算长度相同，在竖向荷载作用下可能向不同方向弯曲，所以对于每一个测点，需要同时量测面内和面外位移。所以，在 14 号点、15 号点及 16 号点分别设置位移计量测面内和面外位移。

（2）试验结果

①方案 6 的荷载与位移如表 3.1.3-11 所示：

方案 6 的荷载与位移　　　　**表 3.1.3-11**

加载次序	1		2		3	
结点号	14		15		16	
荷载（kN）\ 结点位移（mm）	x	y	x	y	x	y
0	0	0	0	0	0	−2
50	2	−1	−1	−1	−1	−3
100	7	−4	−2	−1	−4	−4

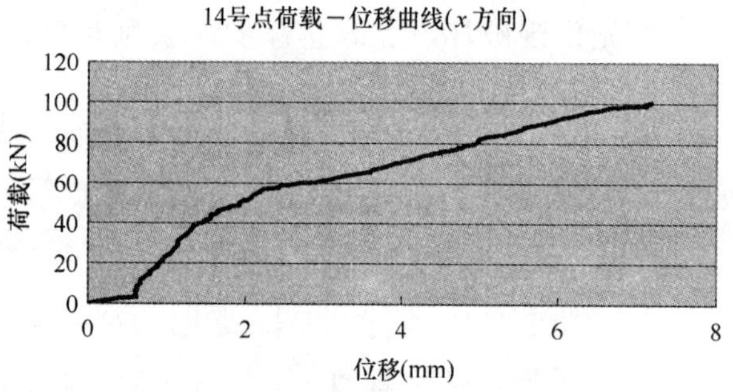

②方案 6 的荷载-位移曲线如图 3.1.3-18 所示：

14号点荷载－位移曲线(x方向)

荷载(kN)：0、20、40、60、80、100、120

位移(mm)：0、2、4、6、8

图 3.1.3-18　方案 6 的荷载-位移曲线

3）结果分析

（1）试验数据分析

由试验数据可知，14 号、15 号及 16 号单根立杆极限荷载分别为 100kN、115kN 和 107kN。当悬臂端面内与面外计算长度相等时，杆件在每个方向都有可能失稳，所以与以往几次试验不同，这次试验中杆件面内位移也很大。

从荷载-位移曲线可以看出，试件工作状态分为三个阶段：①荷载小于 60kN 时，基本为线弹性工作阶段。②荷载在 60～100kN 之间，为弹塑性阶段。③荷载达到 100kN 后，杆件进入屈服阶段。

（2）与计算结果的比较

按照单根悬臂立杆计算可得每根立杆极限承载力为 50kN。

实际试件的极限荷载超过计算结果约 1 倍。

（3）试验结果分析

本次试验得到的变形形态与计算结果基本符合，之所以试验极限荷载超过计算结果约 1 倍，是由于立杆上端存在摩擦力，并非自由端，其实际情况更接近铰接效果。

3.1.4 双排碗扣式脚手架承载力试验结果

本次试验结果汇总如表3.1.4所示。

双排碗扣式脚手架承载力试验结果　　表3.1.4

方案	步距(m)	计算极限荷载(kN)	试验极限荷载(kN)	破坏形态	加载方式与斜杆布置方式
1	3.6	28	67	无连墙件立杆发生面外屈曲导致脚手架破坏	竖向荷载作用，无水平斜杆
2	3.6	28	82		竖向荷载作用，连墙件高度位置加水平斜杆
3	3.6	22	53		水平荷载和竖向荷载共同作用，无水平斜杆
4	5.4	100	150		竖向荷载作用，每列立杆每步设廊道斜杆，无水平斜杆
5	5.4	100	134		竖向荷载，每列立杆每步设廊道斜杆，连墙件高度位置加水平斜杆
6	0.9	50	100	悬臂端屈曲	对每根立杆单独加载

注：1. 以上荷载均未包括加荷设备重。“每列立杆”指两根立杆。
2. 计算极限荷载指根据欧拉稳定原理按单杆进行分析时得到的极限荷载。
3. 方案3加载方式：加双肢竖向荷载至22kN，然后在1.8m处加水平荷载至1.8kN，最后加竖向荷载至试件破坏。
4. 方案3中极限荷载指在每列立杆均在1.8m高度承受1.8kN水平荷载作用时的竖向极限承载力。
5. 方案6中0.9m指上部悬臂端长度。

3.1.5 总结及建议

根据对本次试验数据进行的分析，可以得出以下结论：

1. 按铰接模型分析时，确保脚手架的几何不变性是非常重要的。

2. 连墙件的布置对脚手架承载力和位移影响很大，在没有廊道斜杆时，立杆的计算长度约等于连墙件的竖向间距。

3. 水平斜杆能有效地减小脚手架变形，同时也可以一定程度上提高脚手架承载力。

4. 设置廊道斜杆可以有效地减小单杆计算长度，显著提高脚手架承载力。

5. 按照悬臂梁模型对脚手架上部悬臂端进行分析是合理的。

根据本次试验数据和试验现象，在对脚手架的力学性能进行分析的基础上，结合脚手架实际施工情况，对脚手架的使用提出以下建议：

1. 脚手架施工时必须设立面斜杆以保证架体的几何不变性，同时，可以设置廊道斜杆和水平斜杆以达到提高脚手架承载力和减小位移的作用。

2. 考虑到实际施工时杆件的重复使用性和操作的不规范性，建议计算时应该确保有足够的安全储备，建议安全系数不小于2。

3. 由于本次试验数据与理论计算结果之间有一定的偏差，有必要对脚手架的力学性能进行进一步的研究。可以在以下几个方面进行深入的研究：单杆受力与脚手架整体受力的差别；节点可以提供的约束刚度对脚手架受力性能的影响；按立杆两端铰接与按连续杆进行计算所导致的差异等。

3.2　碗扣式脚手架稳定性能试验

3.2.1　试验目的

为修订《建筑施工碗扣式钢管脚手架安全技术规范》JGJ 166—2008，需要对模板支撑架的承载力进行规定，需要进行模板支架试验。试验设计方案见表 3.2.1。

1. 实测模板支架的荷载-变形形态、失稳模态、稳定承载力和部分杆件应力。

2. 分析模板支架结构工作状态的内力、变形及位移等特征；了解各参数对模板支架稳定承载力的影响。

3. 验证节点刚度和强度性能并分析其对支架承载力的影响。

试验设计方案　　**表 3.2.1**

模型序号	碗扣质量	步距(m)	加载范围(m×m)	架高(m)	剪刀撑	扫地杆高度(m)	高宽比	天杆高度(m)
1	非国标	1.2×6	3.3×4.2	8.0	无	0.35	2.43	0.45
2	非国标	1.2×6	3.3×4.2	8.0	H	0.35	2.43	0.45
3	国标	1.2×6	3.3×4.2	8.0	V+H	0.35	2.43	0.45
4	国标	1.2×6	3.3×4.2	8.0	V	0.35	2.43	0.45
5	国标	1.2×6	3.3×4.2	8.15	V	0.35	2.47	0.60
6	国标	1.2×6	3.3×4.2	8.0	无	0.35	2.43	0.45
7	国标	1.80×4	3.3×4.2	8.0	V	0.35	2.43	0.5
8	国标	1.20×6	2.4×4.2	8.0	V	0.35	3.33	0.45

3.2.2　试验步骤

1. 试验设备

加载设备：液压千斤顶（50t）8 个（加载前需标定）、分配梁、电动油泵、反力架及反力梁等。

测试设备：电子位移计、智能静态应变仪、油压表、计算机系统、电阻应变片等。

2. 试验加载装置

试验采用 8 个油压千斤顶由同一油泵进行同步静力加载，荷载传递采用纵横 3 道分配体系使千斤顶的荷载均匀地传递给试验脚手架加载区域，保证脚手架受到均布荷载。加载装置见图 3.2.2-1 和图 3.2.2-2。

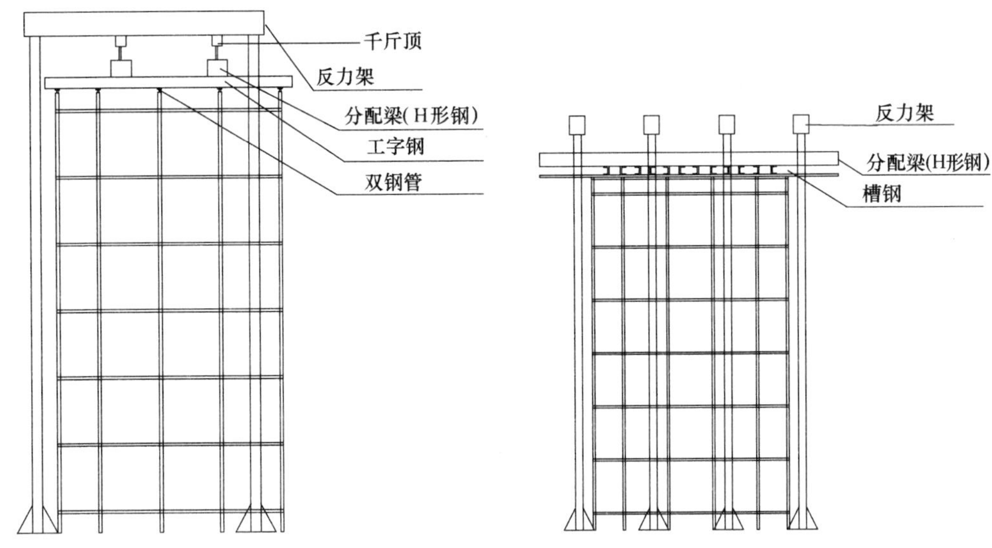

图 3.2.2-1 加载装置右视图　　图 3.2.2-2 加载装置前视图

注：上述加载图，对 1～7 组试验都适合，为了和现场情况相符合，东西边跨为非主要受力跨（如果相同受力，则失稳将从约束小的边杆特别是角杆开始失稳，这点在第 8 组试验中得到验证）。

3. 试验准备

1）根据试验现场情况，布置反力架的位置，以满足整个试验过程脚手架搭设空间。

2）确定相关测点的位置，在试验脚手架搭设结束后、对杆件测点表面打磨及丙酮擦拭处理后，然后将应变片贴到测点位置。

3）所有仪器及加载设备均布置于远离试验脚手架处，所有操作设备均由导线与各测点相连，安装后及时把仪表号、测点号、位置和各个应变片所处的通道号一并计入记录列表中。

4）试验之前，对试验应用的加载设备和量测仪表进行检查、调整和率定，以保证达到试验使用要求。

4. 加载制度

1）预加荷载至 24.5t（油压表上的 10 小格），持荷 10min 后卸载。

2）正式加载至 24.5t，以后按每级 3t（油压表上 2 小格）加载，每级荷载均持荷 10min。

3）当架体有明显屈曲现象后，每级 1.5t（油压表上的 1 小格）加载，每级荷载均持荷 10min。

4）当无法加载或荷载掉载 1/8～1/10 左右时，架体破坏，即该荷载为架体的极限荷载。

5）卸载阶段：当达到极限荷载后，持荷至位移和变形充分发展后进行卸载。

5. 测量方案

1）试验加载阶段：每级荷载加载完毕后，采集各个测点稳定应变值及各个位移计测点位移量。

2）试验卸载阶段：卸载完毕后，待架体稳定变形恢复稳定后，采集各个测点残余应变值及各个位移计测点的残余位移量。

3）架体破坏，待变形稳定后，测量各个杆件东西方向及南北方向的位移。

3.2.3　试验结果

1. 试验结果如表 3.2.3-1 所示

模板支撑架试验承载力　　表 3.2.3-1

模型序号	碗扣质量	步距（m）	加载范围（m×m）	架高（m）	剪刀撑	扫地杆高度（m）	高宽比	天杆高度（m）	试验单杆承载力
1	非国标	1.2×6	3.3×4.2	8.0	无	0.35	2.4	0.45	29.78
2	非国标	1.2×6	3.3×4.2	8.0	H	0.35	2.4	0.45	33.38
3	国标	1.2×6	3.3×4.2	8.0	V+H	0.35	2.4	0.45	49.39
4	国标	1.2×6	3.3×4.2	8.0	V	0.35	2.4	0.45	48.58
5	国标	1.2×6	3.3×4.2	8.15	V	0.35	2.4	0.60	43.58
6	国标	1.2×6	3.3×4.2	8.0	无	0.35	2.4	0.45	32.98
7	国标	1.8×4	3.3×4.2	8.0	V	0.35	2.4	0.45	34.38
8	国标	1.2×6	2.4×4.2	8.0	V	0.35	3.3	0.45	41.87

第 3 组架子由于加载至 120t 时垫块失稳，没有测到最终承载力，表中所列的单杆承载力为试验垫块失稳前的单杆所承受的最大压力。前 7 组架子东西两榀的十根立杆为其他杆件的 1/3～1/5，故单杆承载力为（千斤顶荷载＋H 型钢和槽钢自重）/25；第 8 个架子的单杆承载力为（千斤顶荷载＋H 型钢和槽钢自重）/30。槽钢型号为 20a，密度为 27.929kg/m，均长 3.8m，前 7 个架子各放了 12 根槽钢，最后一个架子为 11 根槽钢，2 根箱形梁，各重 11kN，共重 22kN。

2. 试验模型简介

1）模型 1

采用非国标碗扣，步距 $h=1.2$m，架高 8.05m，无水平斜撑和竖向斜撑，扫地杆高度 0.40m，天杆高度 0.45m。加载范围为 3.3m×4.2m，应变和位移测点布置分别见图 3.2.3-1、图 3.2.3-2。

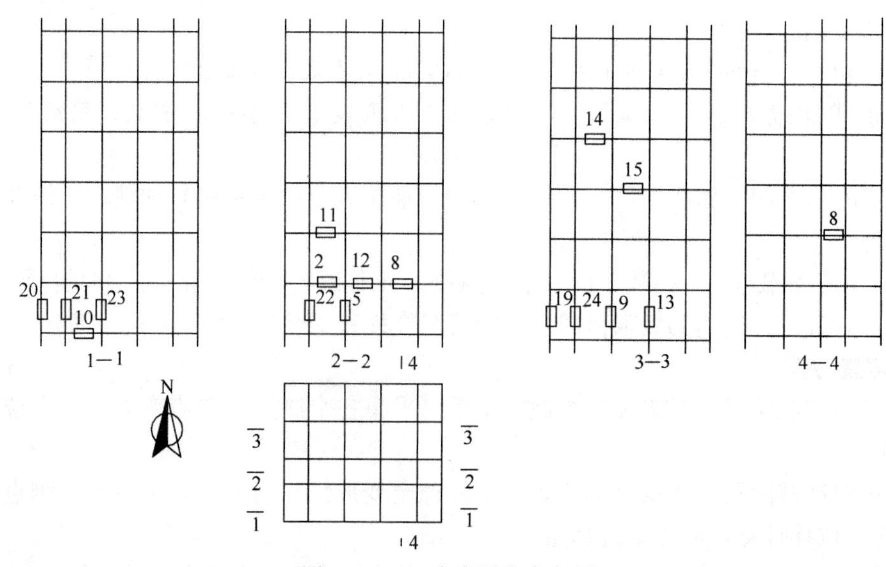

图 3.2.3-1　应变测点布置图

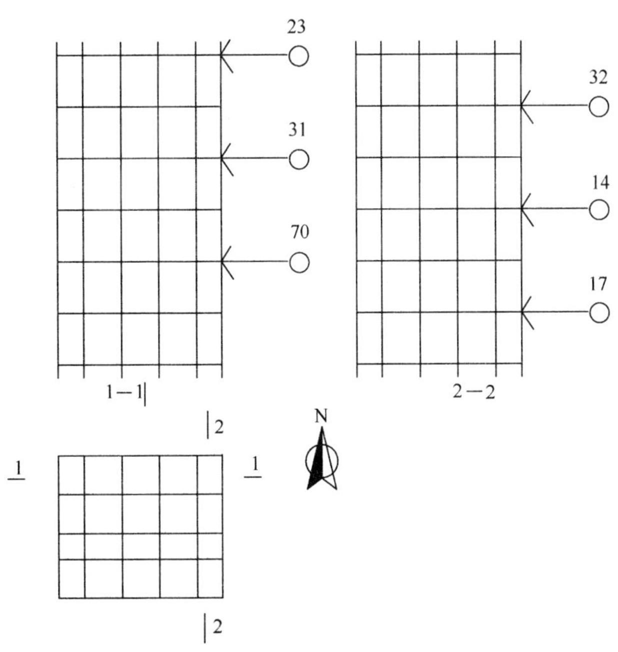

图 3.2.3-2 位移测点布置图

部分竖杆的荷载-应变曲线如图 3.2.3-3 所示，所测立杆最大应力如表 3.2.3-2 所示。

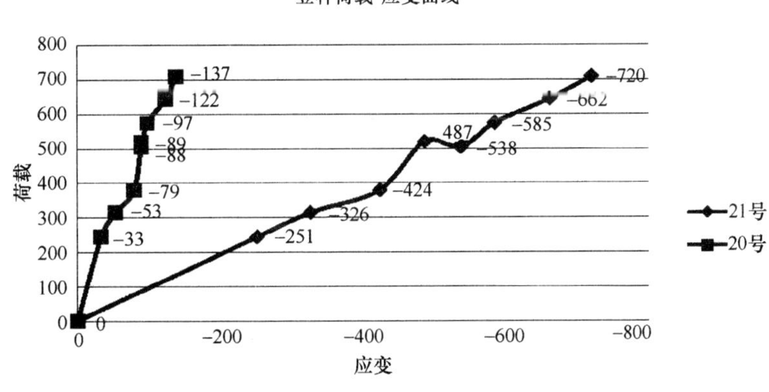

图 3.2.3-3 竖杆荷载-应变曲线

立杆最大应力 **表 3.2.3-2**

立杆编号	21	22	20	19	23	24
立杆最大应力（MPa）	−147.6	−74.2	−28.1	−17.8	−70.7	−106.4

竖杆基本保持弹性状态，且边杆为其他杆件受力的 1/4 左右，最大应力为 147.6MPa。

部分横杆的荷载-应变曲线如图 3.2.3-4 所示。

由数据可以看出，横杆受力小，且波动性大，没有明显规律。杆件始终处于弹性状态，最大应力为 10MPa。主要原因是整个架体由碗扣连接，节点非完全刚接，架体相当

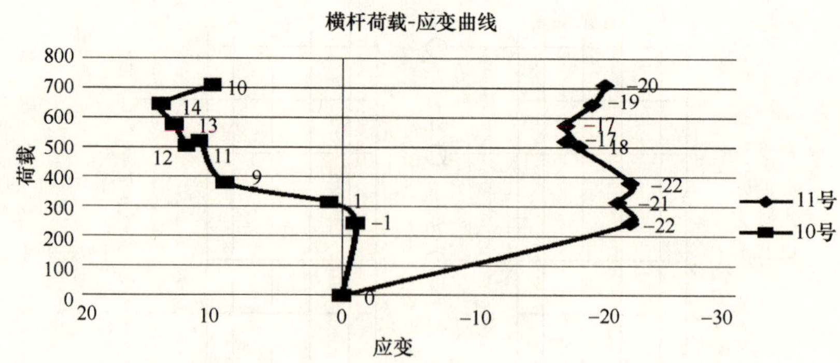

图 3.2.3-4　横杆荷载-应变曲线

于松散联盟体，加载过程，由于受力不均，每个横杆受力不断调整，所以出现横杆受力波动性大的情况。(以下 7 个试验横杆情况基本一致，故不再对横杆受力进行分析)

测点的位移数据如表 3.2.3-3 所示。

各测点位移量（单位：0.001mm）　　　　**表 3.2.3-3**

杆件编号		23	32	31	47	14	70
荷载（kN）	0	0	0	0	0	0	0
	245	389	290	339	107	309	17
	315	486	311	445	107	338	16
	380	563	340	485	118	382	13
	521	744	402	638	135	489	−7
	505	1370	1244	1151	175	824	−83
	575	2100	2506	2076	247	1293	−161
	645	3234	2507	2830	349	8542	−132
	710	3540	2508	4550	773	8942	381
	卸载	−3384	2512	−6238	760	8648	453

荷载-位移曲线如图 3.2.3-5 所示

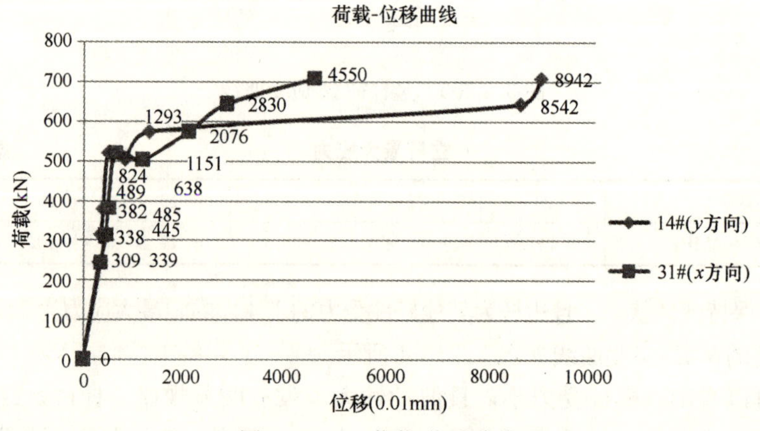

图 3.2.3-5　荷载-位移曲线

由荷载-位移曲线可以看出架体的整个失稳过程，当荷载较小时，位移增长缓慢，当荷载接近极限荷载时，位移迅速增长，直至破坏。最后的失稳模式图见图 3.2.3-6。

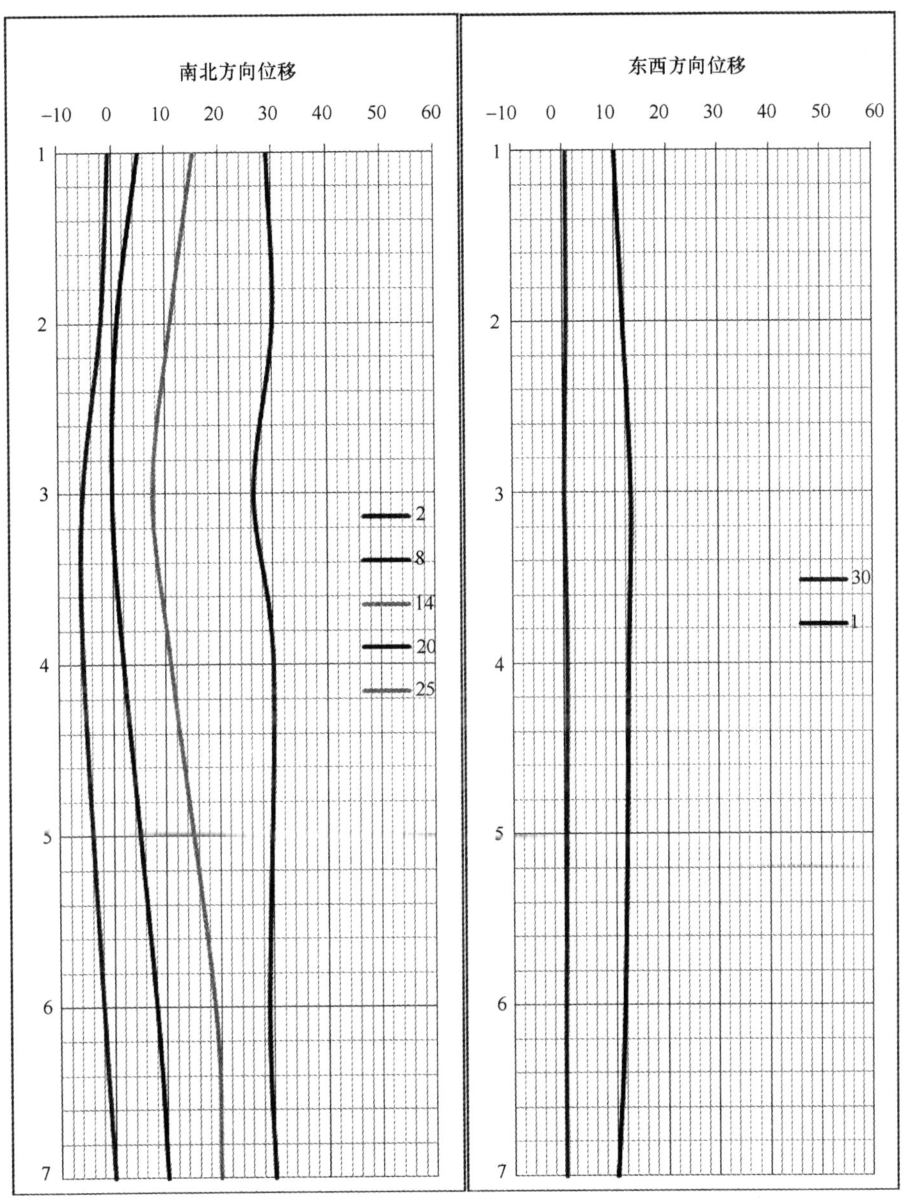

图 3.2.3-6 失稳模式图

通过试验结果可以看出，整个架体主要发生 y 方向屈曲（南北方向），基本呈半波模态，最大位移为 13cm，发生在标高 5.0m 左右，在 x 方向（东西方向）位移很小。由 14 号和 31 号杆的荷载-应变曲线可以看出，整个加载过程，破坏分为 3 个阶段：①荷载小于 500kN，处于弹性状态；②荷载处于 500～600kN 时，处于弹塑性状态；③荷载大于 600kN 时，处于塑性状态。架体的极限荷载为 710kN。

由规范计算单杆稳定承载力：$N = \varphi A f$

$l_0=h+2a=1.2+2\times0.45=2.1\text{m}$　$i=1.58\text{cm}$　故 $\lambda=l_0/i=133$

查表得 $\varphi=0.381$

故 $N=37.2\text{kN}$

由表 3.2.3-2 中可知，试验立杆最大应力 $\sigma=147.6\text{MP}$。即最大受力 $N=\sigma\cdot A=72.2\text{kN}$，约为单杆设计承载力的 194%。

由模板支撑架承载力表 3.2.3-1 可知，试验单杆平均承载力为 29.78kN，约为单杆设计承载力的 80%。采用 ANSYS 有限元模拟结果为 27kN，比试验结果低约 10%。

2）模型 2

采用非国标碗扣，步距 $h=1.2\text{m}$，架高 8.05m，无水平斜撑，有专用竖向斜撑，扫地杆高度 0.40m，天杆高度 0.45m。加载范围为 3.3m×4.2m，应变和位移测点布置分别见图 3.2.3-7 和图 3.2.3-8。

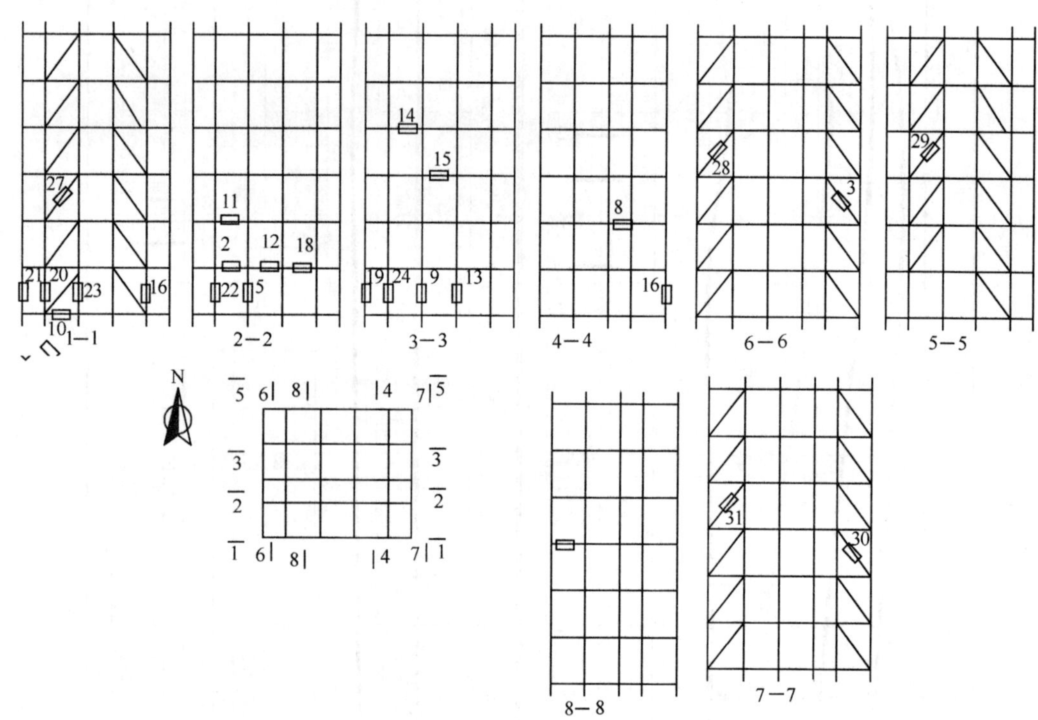

图 3.2.3-7　应变测点布置图

部分竖杆的荷载-应变曲线如图 3.2.3-9 所示。

测点的立杆最大应力如表 3.2.3-4 所示。

立杆最大应力　　**表 3.2.3-4**

立杆编号	21	22	20	19	9	24
最大应力（MPa）	15.17	18.04	−39.565	−68.47	−94.1	−17.835

竖杆基本保持弹性状态，且边杆为其他杆件受力的 1/4 左右（立杆应变数据见表 3.2.3-4），最大应力为 94.1MPa。

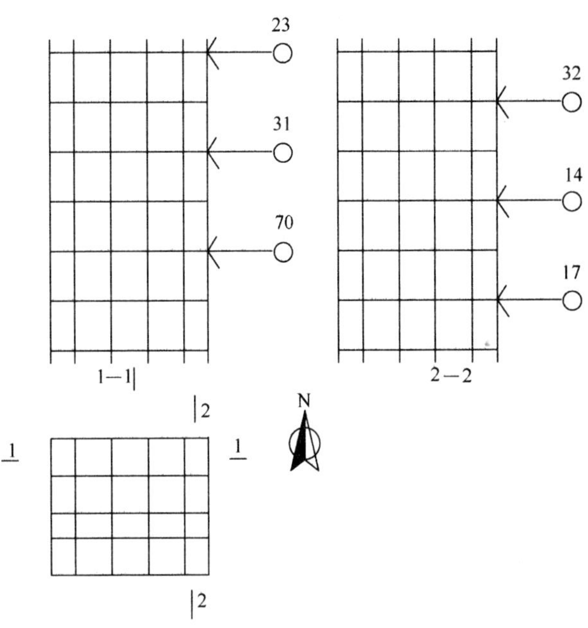

图 3.2.3-8 位移测点布置图

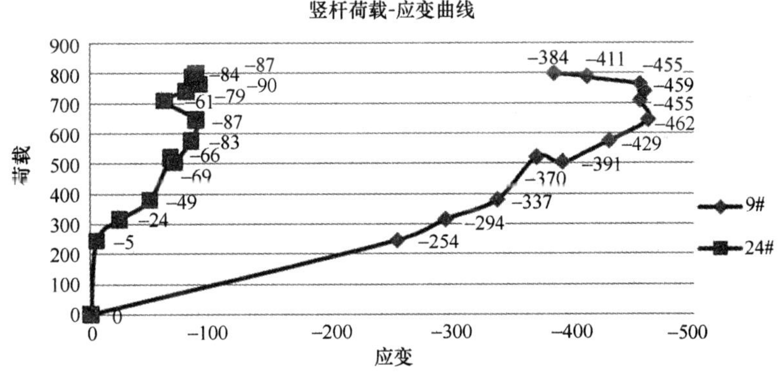

图 3.2.3-9 竖杆荷载-应变曲线

竖向剪刀撑最大应力如表 3.2.3-5 所示。

竖向剪刀撑最大应力 **表 3.2.3-5**

剪刀撑编号	26	27	28	29	30	31
最大应力（MPa）	−16.81	−6.15	−11.07	−12.505	29.93	13.12

由表 3.2.3-5 可知，在加载过程中，竖向剪刀撑相对立杆受力较小，故下面几组不进行竖向剪刀撑分析。

试验 2 的测点位移数据如表 3.2.3-6 所示。

测点位移数据（单位：0.001mm）　　**表 3.2.3-6**

杆件编号		23	32	31	47	14	70
荷载（kN）	0	0	0	0	0	0	0
	245	32	−149	392	−27	22	−117
	315	42	−187	554	−61	40	−198
	380	53	−217	686	−89	62	−260
	521	67	−271	906	−112	107	−370
	505	102	−386	1216	−136	200	−523
	575	135	−640	1851	−162	414	−721
	645	278	−1216	3008	−213	992	−940
	710	364	−2809	6087	−267	3075	−1147
	740	423	−2812	6650	−316	3604	−1121
	765	782	−2812	6356	−392	4244	−1073
	790	1026	−2813	6899	−725	4779	−792
	800	2004	−2813	7971	−981	4778	−507
	卸载		19999	−8172	−368	6014	806

架体荷载-位移曲线如图 3.2.3-10 所示，失稳模式图如图 3.2.3-11 所示。

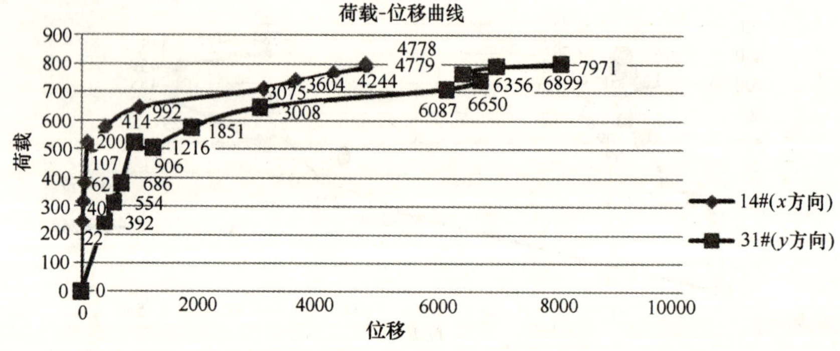

图 3.2.3-10　荷载-位移曲线

通过试验结果可以看出，整个架体主要发生 y 方向屈曲（南北方向），基本呈半波模态，最大位移为 19cm，发生在标高 5.0m 左右，在 x 方向（东西方向）位移相对较小。由 14 号和 31 号杆的荷载-应变曲线可以看出，整个加载过程，杆件破坏分为 3 个阶段：①荷载小于 500kN，架体处于弹性状态；②荷载处于 500～650kN 时；处于弹塑性状态；③荷载大于 650kN 时，处于塑性状态。架体的极限荷载为 800kN。

该组试验与第 1 组试验的单杆稳定承载力相同，由表 3.2.3-4 可知，试验立杆最大应力 $\sigma=94.1$MPa，即 $N=46.0$kN，约为单杆设计承载力的 123%。

由模板支架试验承载力表 3.2.3-1 可知，试验单杆承载力为 33.38kN，约为单杆设计承载力的 89.7%。采用 ANSYS 有限元分析，架体承载力为 54kN，与试验结果相差较大，在结论中给予分析。

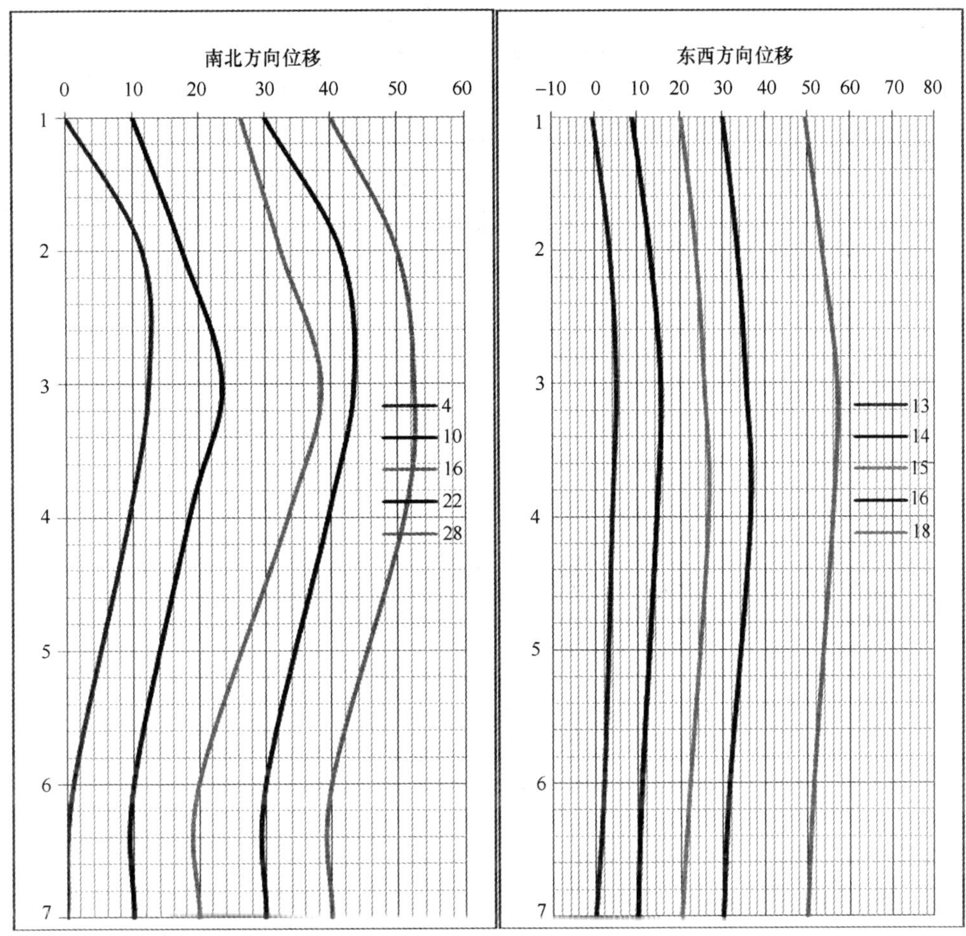

图 3.2.3-11 失稳模式图

3）模型 3

采用国标碗扣，步距 $h=1.2$m，架高 8.05m，有水平斜撑和专用竖向斜撑，扫地杆高度 0.40m，天杆高度 0.45m。加载范围为 3.3m×4.2m，应变和位移测点布置分别见图 3.2.3-12 和图 3.2.3-13。

部分竖杆的荷载-应变曲线如图 3.2.3-14 所示。

竖杆基本保持弹性状态，且边杆为其他杆件受力的 1/5 左右（立杆应力数据见表 3.2.3-7），最大应力为 275.93MPa。

立杆最大应力 **表 3.2.3-7**

立杆编号	28	29	19	5	24	3
最大应力（MPa）	−59.25	−144.32	−275.93	−182.04	−147.6	−128.54

水平剪刀撑最大应力 **表 3.2.3-8**

剪刀撑编号	22	10	25	27
最大应力（MPa）	−8.815	4.305	9.225	5.945

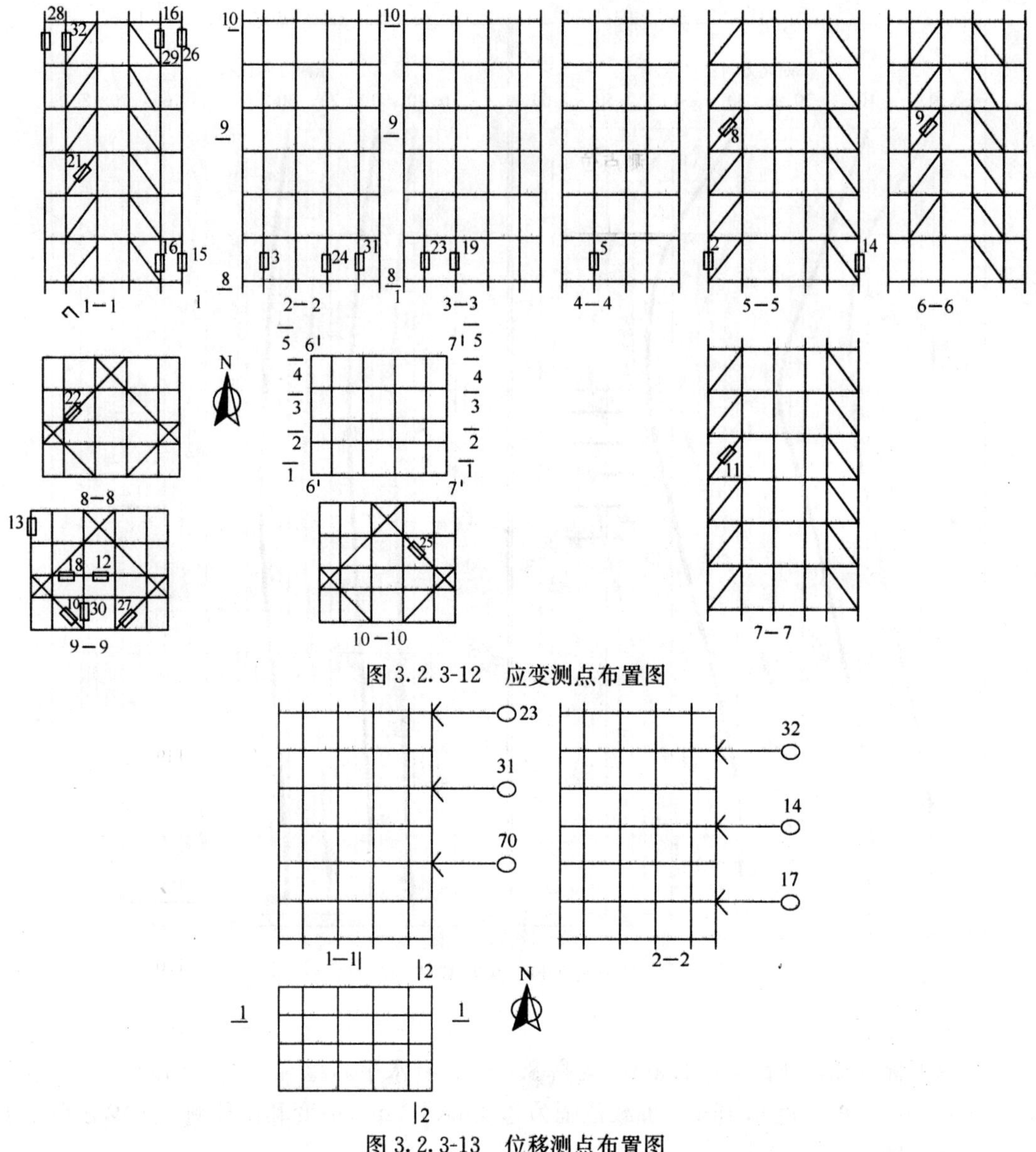

图 3.2.3-12　应变测点布置图

图 3.2.3-13　位移测点布置图

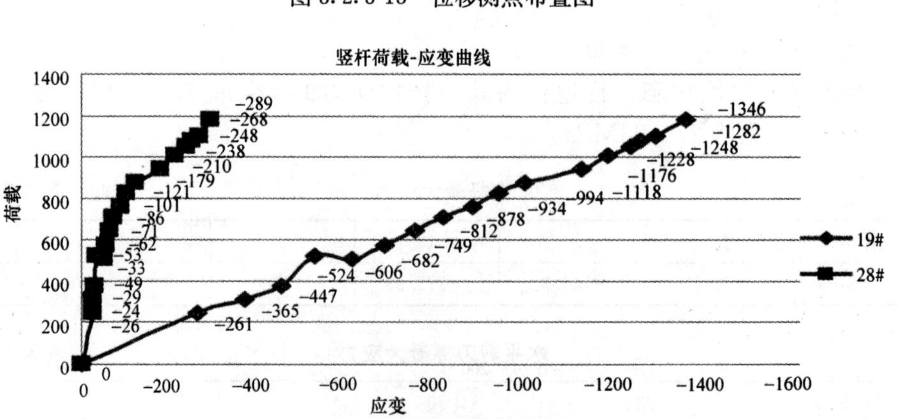

图 3.2.3-14　竖杆荷载-应变曲线

由表3.2.3-8可知，在加载过程中，水平剪刀撑相对立杆受力较小，故下面几组不进行竖向剪刀撑受力分析。

测点位移数据如表3.2.3-9所示。

测点位移数据（0.001mm）　　　　**表3.2.3-9**

杆件编号		23	32	31	47	14	70
荷载(kN)	0	0	0	0	0	0	0
	245	25	−41	34	−8	−62	21
	315	74	−98	65	−8	−82	38
	380	124	−134	93	−8	−91	52
	521	186	−167	126	−8	−105	84
	505	255	−245	184	−11	−117	103
	575	330	276	238	−11	−136	106
	645	385	−341	274	−12	−148	121
	710	442	−387	317	−12	−156	132
	765	504	−412	355	−12	−163	161
	825	562	−446	393	−10	−164	168
	880	613	−532	411	−6	−160	189
	940	689	−604	444	11	−149	231
	1005	756	−785	458	19	−133	243
	1055	821	−897	470	21	−128	212
	1080	861	−1043	472	21	−129	209
	1105	959	−1342	486	21	−132	208
	1180	1348	−1865	592	16	−170	192
	卸载	26		82	−37	−317	169

架体荷载-位移曲线如图3.2.3-15所示。

该组试验由于加载过程中，在架体失稳破坏之前，工字钢垫块发生破坏，故该组试验

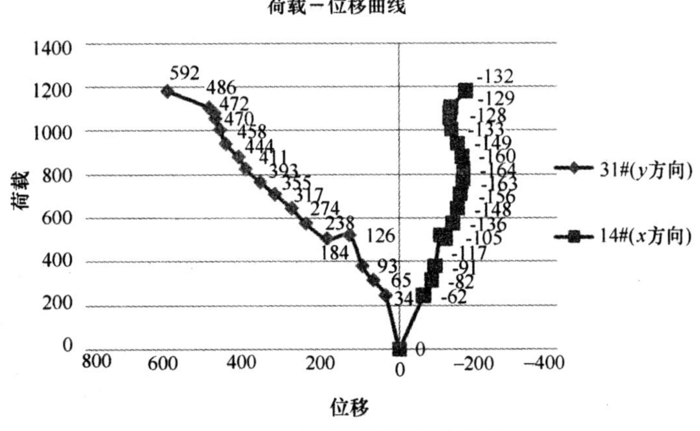

图3.2.3-15　荷载-位移曲线

没有得到完整的荷载-位移曲线。根据破坏前测到荷载-位移曲线，可以看出，荷载小于1000kN时，处于弹性状态；荷载超过1000kN时，架体已进入失稳状态。

该组试验与第1组试验的规范单杆稳定承载力相同，由表3.2.3-7可知，试验立杆最大应力$\sigma=275.93$MPa，即$N=134.9$kN，约为单杆设计承载力的363%。

由模板支架试验承载力表3.2.3-1可知，试验单杆承载力为49.39kN，约为单杆设计承载力的133%。采用ANSYS进行有限元分析，得出架体承载力为64kN，比试验承载力大约20%。

4）模型4

采用国标碗扣，步距$h=1.2$m，跨架高8.05m，有水平斜撑无专用竖向斜撑，扫地杆高度0.40m，天杆高度0.45m。加载范围为3.3m×4.2m，应变和位移测点布置分别见图3.2.3-16和图3.2.3-17。

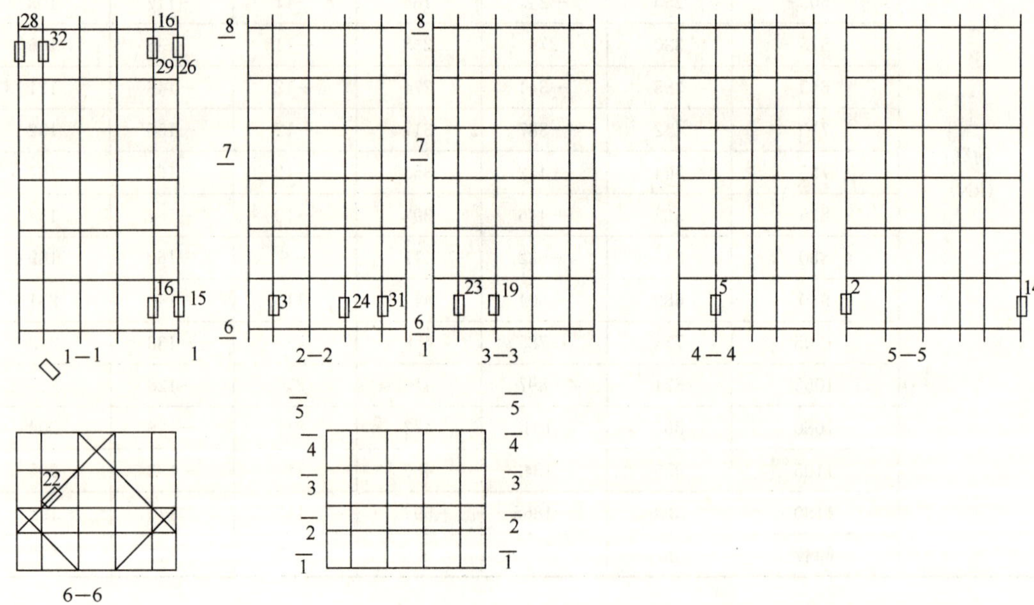

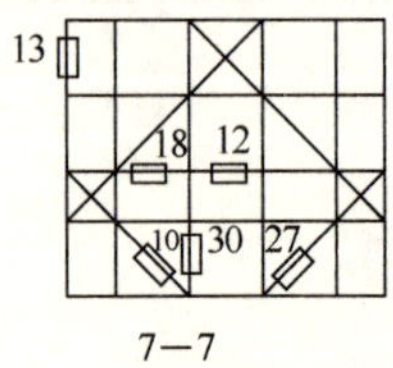

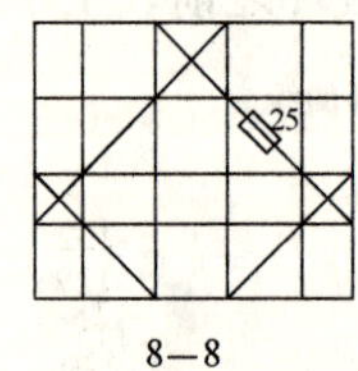

13
18
12
10
30
27
7—7

25
8—8

图3.2.3-16　应变测点布置图

图3.2.3-18为部分竖杆的荷载-应变曲线，表3.2.3-10为所测立杆最大应力。

立杆最大应力　　**表3.2.3-10**

立杆编号	19	28	29	3	24	5
最大应力（MPa）	−261.79	−67.86	−159.29	−155.19	−150.47	−212.18

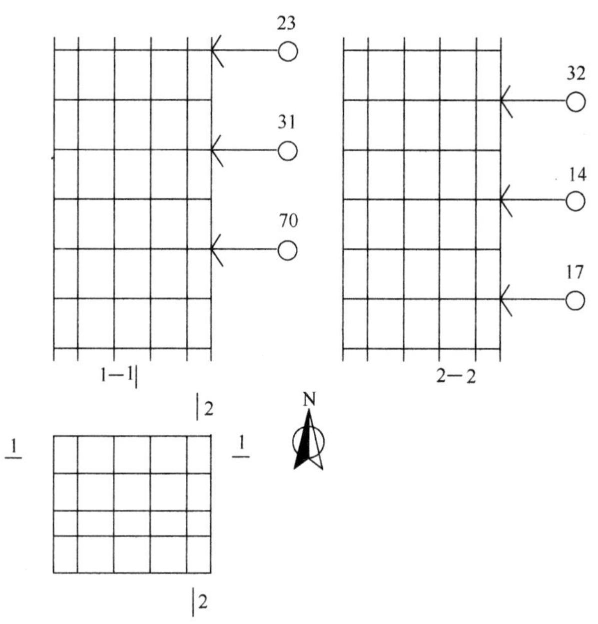

图 3.2.3-17 位移测点布置图

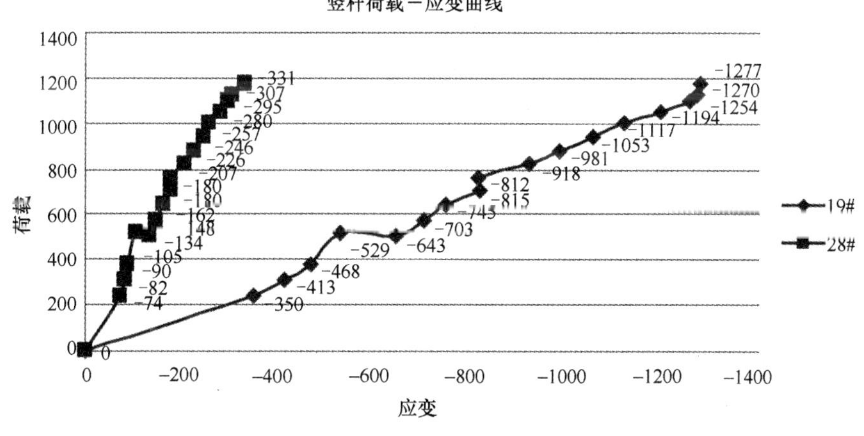

图 3.2.3-18 竖杆荷载-应变曲线

竖杆基本保持弹性状态，且边杆为其他杆件受力的 1/3 左右（立杆应变数据见表 3.2.3-10），最大应力为 261.79MPa，按照 Q235 的设计屈服应力，已经进入塑性，但从荷载—应变曲线可以看出，还没有进入塑性状态。

图 3.2.3-19 为架体荷载-位移曲线，图 3.2.3-20 为失稳模式图。

通过试验结果可以看出，整个架体主要发生 y 方向屈曲（南北方向），基本呈半波模态，最大位移为 12cm，发生在标高 5.6m 左右，在 x 方向（东西方向）位移相对较小。由 14 号和 31 号杆的荷载-位移曲线可以看出，整个加载过程，杆件破坏分为 3 个阶段：①荷载小于 800kN，处于弹性状态；②荷载处于 800～1100kN 时，处于弹塑性状态；③荷载大于 1100kN 时，处于塑性状态。架体的极限荷载为 1180kN。

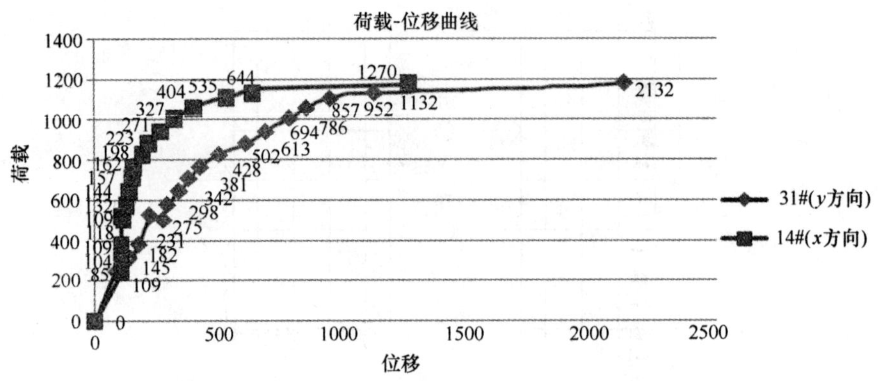

图 3.2.3-19　荷载-位移曲线

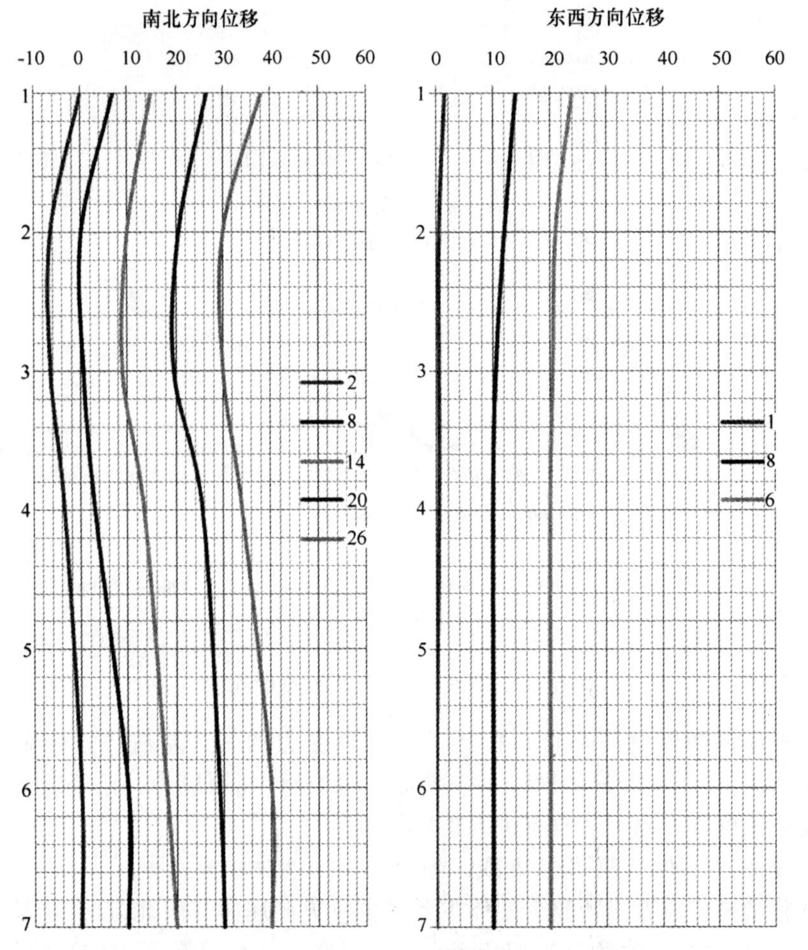

图 3.2.3-20　失稳模式图

该组试验与第一组试验的单杆稳定承载力相同，由表 3.2.3-10 可知，试验立杆最大应力 σ=261.79MPa，即 N=128.0kN，约为单杆设计承载力的 344%。

由模板支架试验承载力表可知，试验单杆承载力为 48.58kN，约为单杆设计承载力的 131%。采用 ANSYS 进行有限元分析，得出架体的单杆承载力为 41kN，比试验承载力小约 15%。

5）模型 5

采用国标碗扣，步距 h＝1.2m，架高 8.20m，有水平斜撑无专用竖向斜撑，扫地杆高度 0.40m，天杆高度 0.60m。加载范围为 3.3m×4.2m，应变和位移测点布置分别见图 3.2.3-21 和图 3.2.3-22。

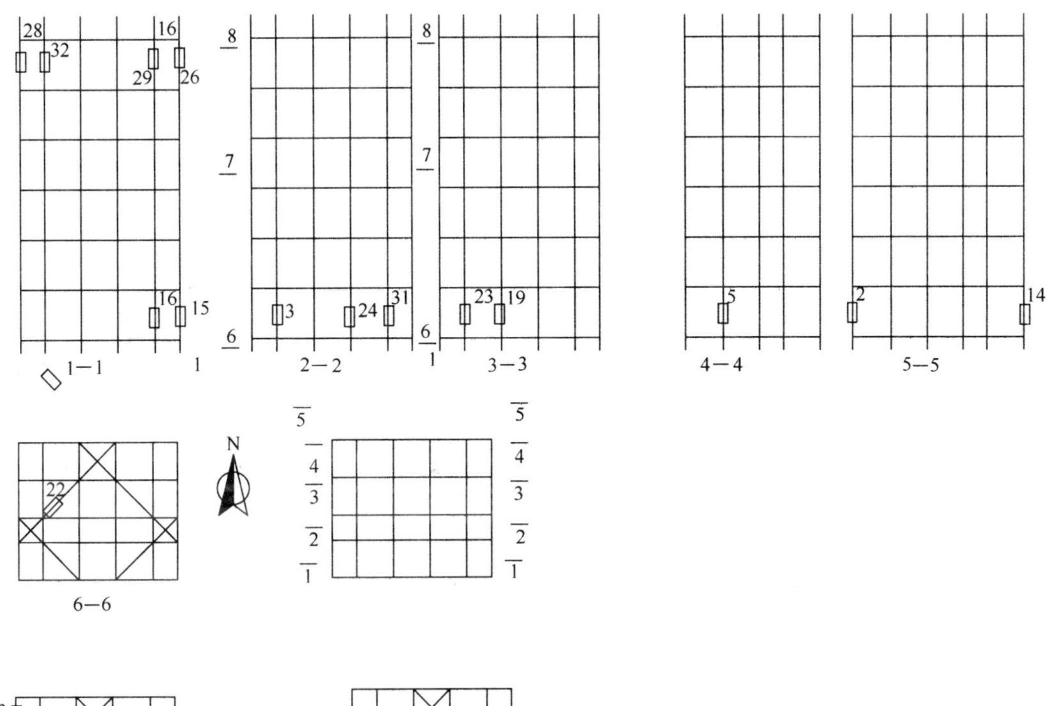

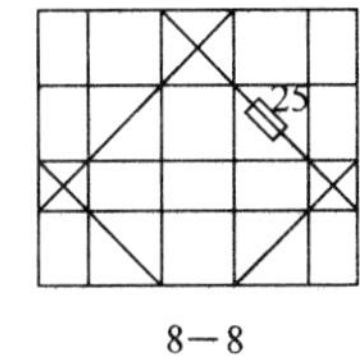

图 3.2.3-21　应变测点布置图

图 3.2.3-23 为部分竖杆的荷载-应变曲线，表 3.2.3-11 为所测立杆最大应力。

竖杆基本保持弹性状态，且边杆为其他杆件受力的 1/3 左右，最大应力为 174.25MPa。

立杆最大应力　　**表 3.2.3-11**

立杆编号	19	5	28	29	24	3
最大应力（MPa）	−156.62	−169.95	−70.52	−87.945	−155.60	−174.25

表 3.2.3-12 为试验 5 的测点位移数据，图 3.2.3-24 为架体荷载-位移曲线，图 3.2.3-25 为失稳模式图。

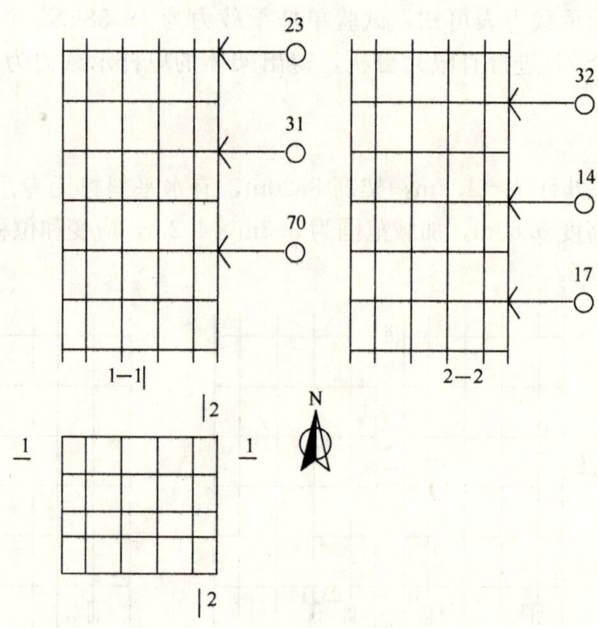

图 3.2.3-22　位移测点布置图

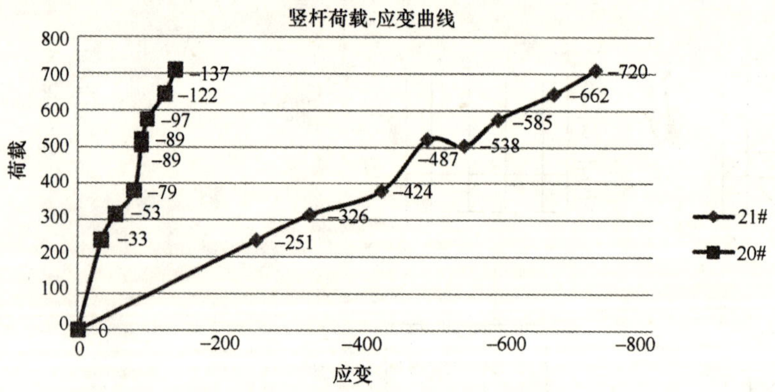

图 3.2.3-23　竖杆荷载-应变曲线

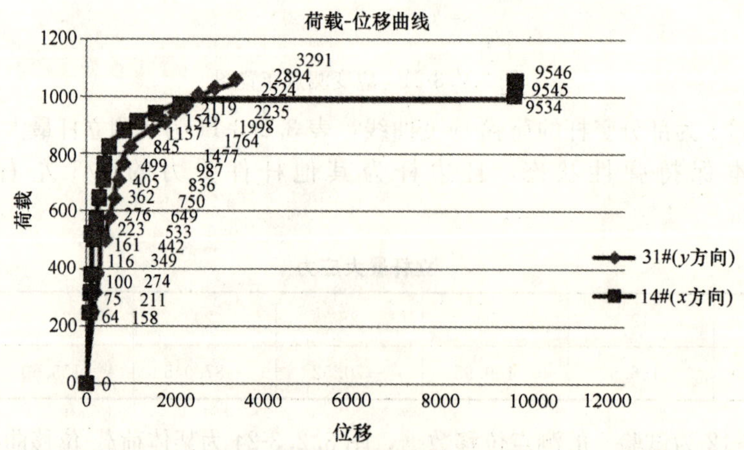

图 3.2.3-24　荷载-位移曲线

各测点位移量（0.001mm） 表 3.2.3-12

杆件编号		23	32	31	47	14	70
荷载（kN）	0	0	0	0	0	0	0
	245	262	−23	158	71	64	−22
	315	360	−48	211	74	75	−26
	380	462	−96	274	77	100	−32
	521	591	−138	349	78	116	−36
	505	748	−243	442	83	161	−37
	575	912	−312	533	90	223	−43
	645	1114	−487	649	100	276	−51
	710	1290	−581	750	108	362	−57
	765	1451	−683	836	114	405	−63
	825	1707	−769	987	124	499	−71
	880	2212	−853	1477	146	845	−89
	910	2212	−932	1764	157	1137	−89
	940	2209	−1024	1998	607	1549	−84
	970	2208	−1136	2235	621	2119	−88
	1005	2208	−1321	2524	638	9534	−81
	1030	2208	−1462	2894	660	9545	−72
	1055	2207	−1847	3291	686	9546	−55
	1055	2208	−2304	3307	687	9545	−54
	1055	2178	−2841	3357	986	9579	−51
	卸载	−2782	−847	520	803	19999	25

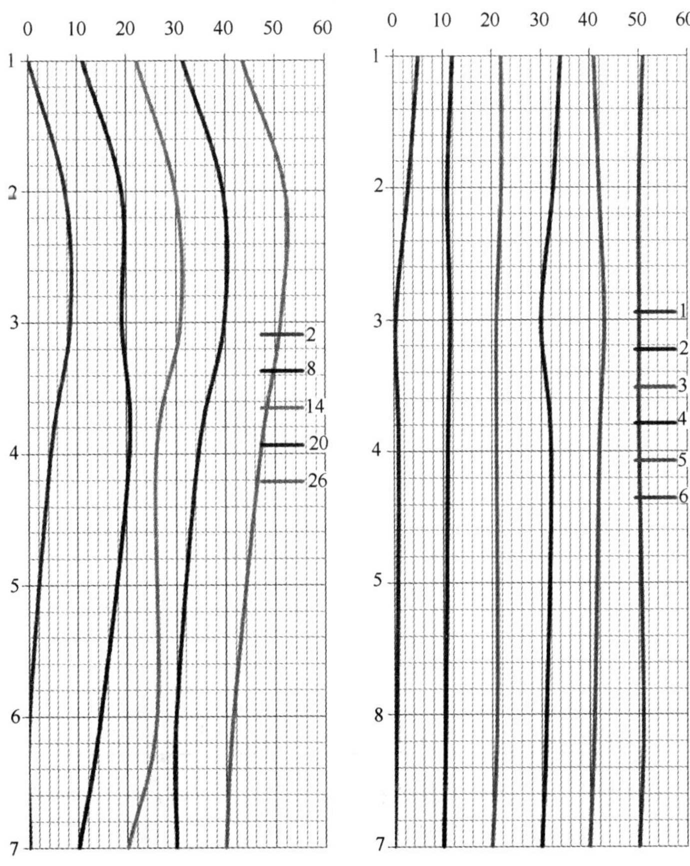

图 3.2.3-25 失稳模式图

通过试验结果可以看出，整个架体主要发生 y 方向屈曲（南北方向），基本呈半波模态，最大位移为 11cm，发生在标高 5.6m 左右，在 x 方向（东西方向）位移很小。由 14 号和 31 号杆的荷载-位移曲线可以看出，整个加载过程，破坏分为 3 个阶段：①荷载小于 800kN，处于弹性状态；②荷载处于 800～1000kN 时，处于弹塑性状态；③荷载大于 1000kN 时，处于塑性状态。架体的极限荷载为 1055kN。

由规范计算单杆稳定承载力：$N=\varphi Af$，

$l_0=h+2a=1.2+2\times0.60=2.4\text{m}$，$i=1.58\text{cm}$，故 $\lambda=l_0/i=152$，

查表得 $\varphi=0.301$，

故 $N=29.4\text{kN}$。

由表 3.2.3-11 中可知，试验立杆最大应力 $\sigma=174.25\text{MPa}$，即 $N=\sigma\cdot A=72.2\text{kN}$，约为单杆设计承载力的 194%。

由模板支架试验承载力表 3.2.3-1 可知，试验单杆承载力为 43.58kN，约为单杆设计承载力的 148%。采用 ANSYS 进行有限元分析，得出架体承载力为 31kN，比试验承载力小约 20%。从已分析的数据可得结论，ANSYS 的结果对竖向剪刀撑的作用分析过大，而对水平剪刀撑的作用分析太小。就其原因，在结论中给予说明。

6）模型 6

采用国标碗扣，步距 $h=1.2\text{m}$，4×4 跨架高 8.05m，无水平斜撑无专用竖向斜撑，扫地杆高度 0.40m，天杆高度 0.45m. 加载范围为 3.3m×4.2m，应变和位移测点布置分别见图 3.2.3-26 和图 3.2.3-27。

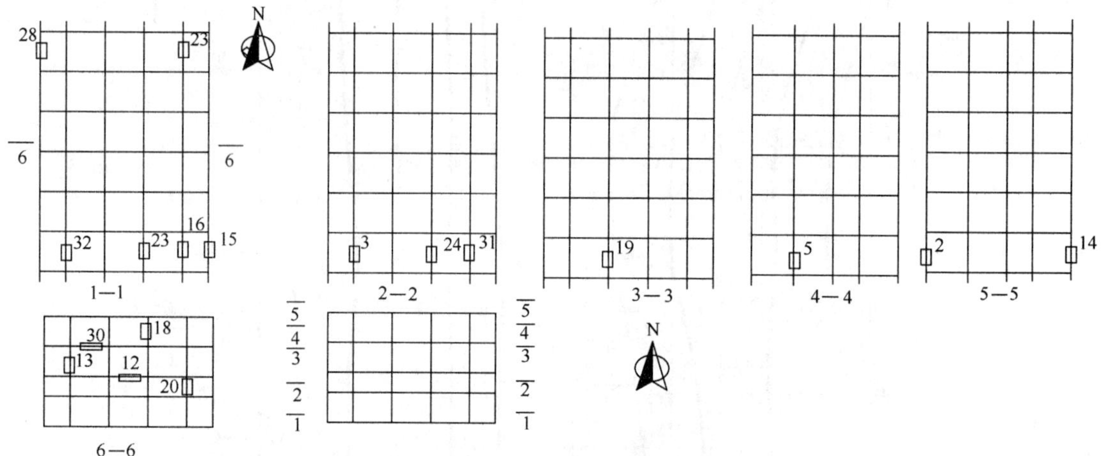

图 3.2.3-26　应变测点布置图

图 3.2.3-28 为部分竖杆的荷载-应变曲线，表 3.2.3-13 为所测立杆最大应力。

立杆最大应力　　**表 3.2.3-13**

立杆编号	19	28	29	5	23	24
最大应力（MPa）	−166.46	−31.365	−72.57	−117.26	−83.03	−97.38

竖杆基本保持弹性状态，且边杆为其他杆件受力的 1/5 左右，最大应力为 166.46MPa。

表 3.2.3-14 为试验 6 的测点位移数据，图 3.2.3-29 为架体荷载-位移曲线，图 3.2.3-30 为失稳模式图。

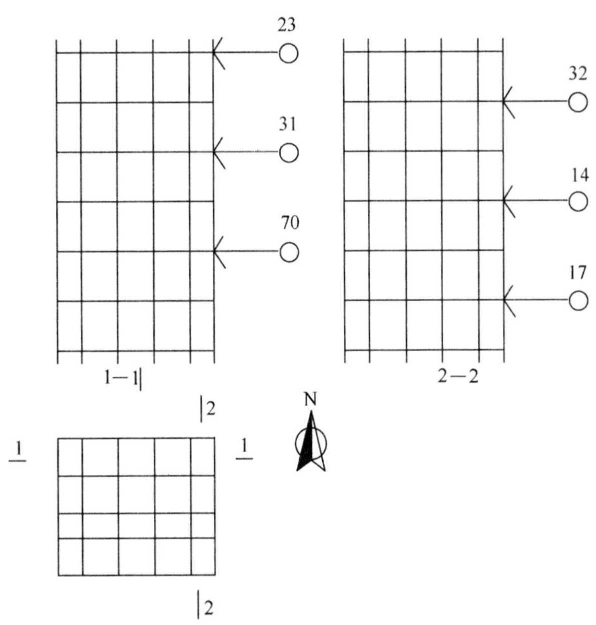

图 3.2.3-27 位移测点布置图

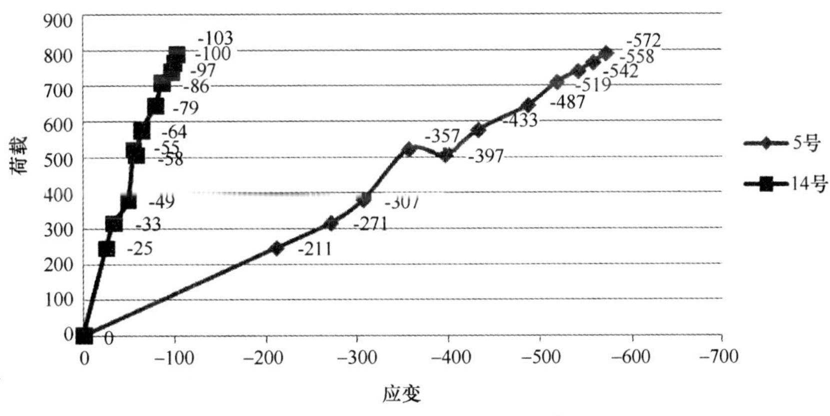

图 3.2.3-28 竖杆荷载-应变曲线

测点位移数据（0.001mm） **表 3.2.3-14**

杆件编号		23	31	47	14	70	32
荷载（kN）	0	0	0	0	0	0	0
	245	458	277	2	−25	−5	42
	315	677	403	−2	−39	−2	89
	380	1014	597	49	−26	−3	134
	521	1299	751	55	−15	−4	193
	505	1581	909	63	8	−4	343
	575	1817	1084	73	37	−6	672
	645	1819	1359	89	81	−15	1643
	710	1888	1712	125	130	−19	2156
	740	1890	1950	138	182	−31	2567
	765	1889	2106	144	208	−34	2842
	790	1869	2213	259	241	−60	4621
	卸载	−1366	366	358	7	−44	362

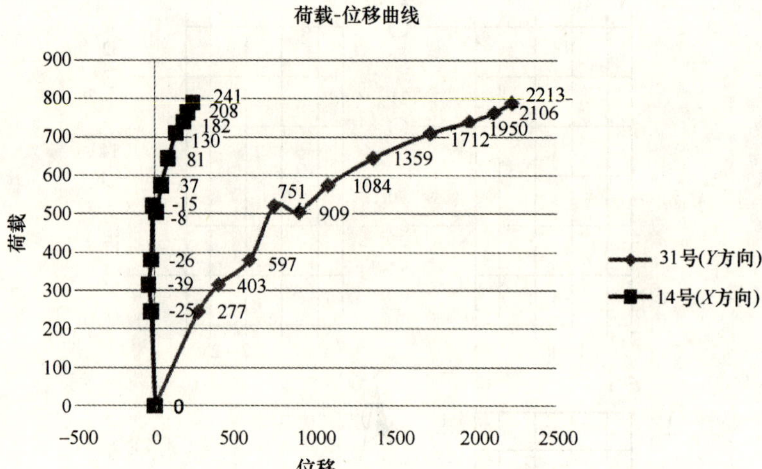

图 3.2.3-29　荷载-位移曲线

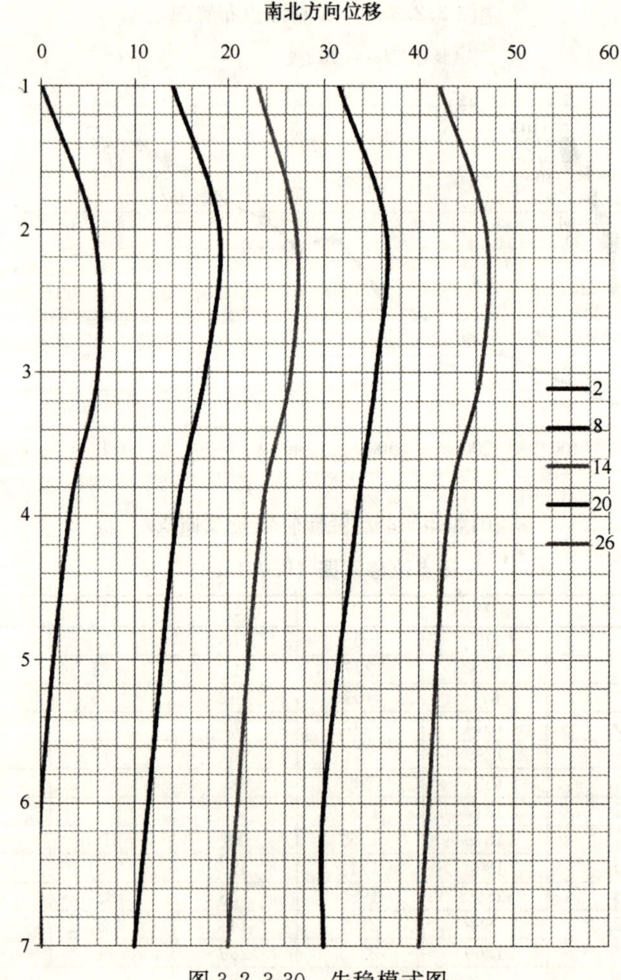

图 3.2.3-30　失稳模式图

通过试验结果可以看出，整个架体主要发生 y 方向屈曲（南北方向），基本呈半波模态，最大位移为 6.5cm，发生在标高 5.6m 左右。由于在 x 方向（东西方向）位移很小，故没有对其进行测量。由 14 号和 31 号杆的荷载位移—曲线可以看出，整个加载过程，杆件破坏分为 3 个阶段：①荷载小于 600kN，处于弹性状态；②荷载处于 600～700kN 时，处于弹塑性状态；③荷载大于 700kN 时，处于塑性状态。架体的极限荷载为 790kN。

该组试验与第 1 组试验的单杆稳定承载力相同，由表 3.2.3-13 可知，试验立杆最大应力 $\sigma=166.46$MPa。即 $N=81.6$kN，约为单杆设计承载力的 219%。

由模板支架承载力表 3.2.3-1 可知，试验单杆承载力为 32.98kN，约为单杆设计承载力的 87%。采用 ANSYS 有限元分析，得到架体单杆承载力为 29kN，比试验承载力小约为 10%。

7）模型 7

采用国标碗扣，步距 $h=1.8$m，4×4 跨架高 8.05m，有水平斜撑无专用竖向斜撑，扫地杆高度 0.40m，天杆高度 0.45m。加载范围为 3.3m×4.2m，应变和位移测点布置分别见图 3.2.3-31 和图 3.2.3-32。

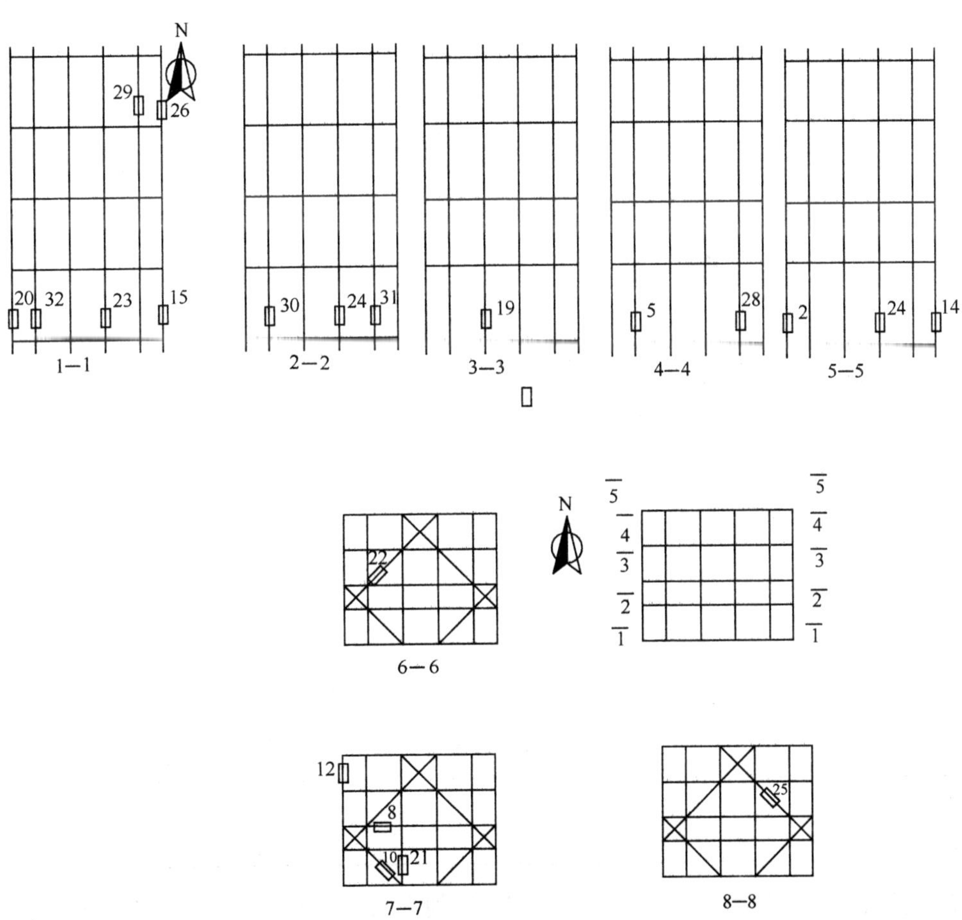

图 3.2.3-31 应变测点布置图

图 3.2.3-33 为部分竖杆的荷载-应变曲线，表 3.2.3-17 为所测立杆最大应力。

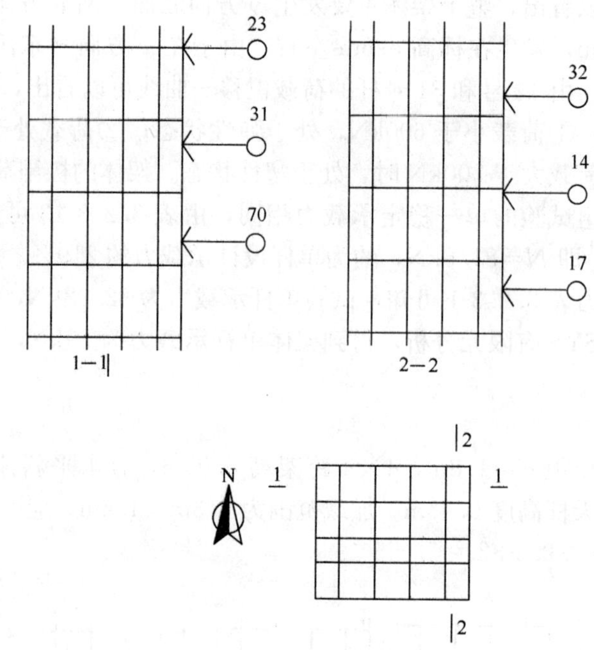

图 3.2.3-32　位移测点布置图

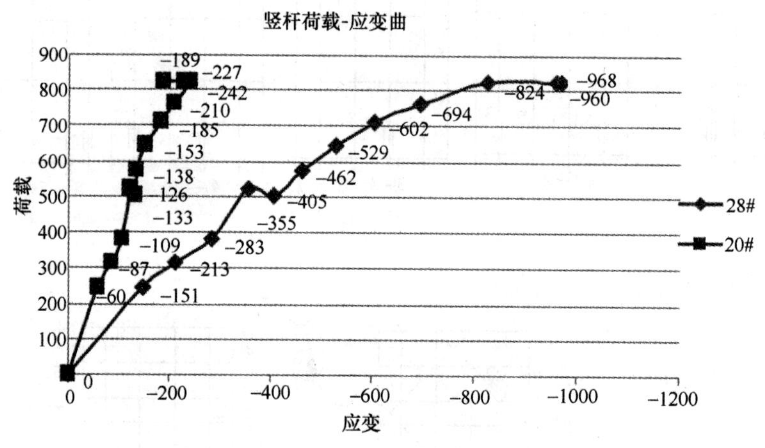

图 3.2.3-33　竖杆荷载-应变曲线

立杆最大应力　　**表 3.2.3-15**

立杆编号	19	28	29	5	32	24
最大应力（MPa）	−179.79	−198.44	−72.78	−117.88	−104.35	−85.69

竖杆基本保持弹性状态，且边杆为其他杆件受力的 1/3 左右，最大应力为 198.44MPa。

表 3.2.3-16 为试验 7 的测点位移数据，图 3.2.3-34 为架体荷载-位移曲线，图 3.2.3-35 为失稳模式图。

测点位移数据（0.001mm） **表 3.2.3-16**

杆件编号		23	31	47	14	70	32
荷载（kN）	0	0	0	0	0	0	0
	245	51	48	31	−44	−21	−52
	315	93	88	31	−72	−45	−97
	380	104	99	27	−123	−61	−121
	521	134	−20	22	−141	−81	−265
	505	167	−76	12	−178	−92	−321
	575	202	−202	−7	−193	−145	−398
	645	289	−390	−35	−256	−202	−426
	710	587	−641	−73	−416	−265	−524
	765	1634	−1249	−163	−723	−312	−589
	825	3462	−3932	−928	−894	−324	−672
	825	4632	−8343	−928	−1645	−356	−920
	825	5621	−8344	−928	−2461	−412	−1242
	卸载	3420	−3457	−929	−1462	−156	−672

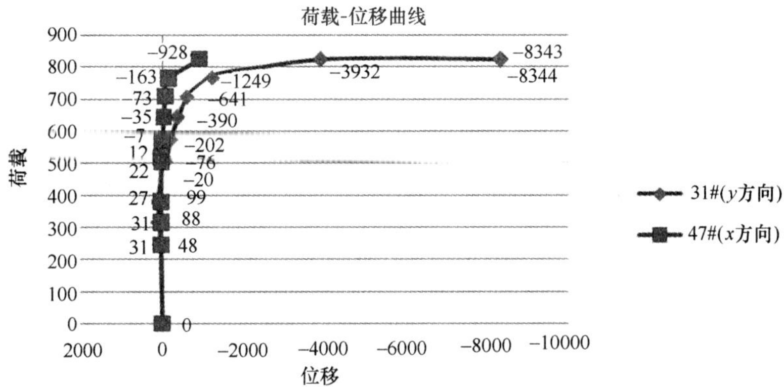

图 3.2.3-34 荷载-位移曲线

通过试验结果可以看出，整个架体主要发生 y 方向屈曲（南北方向），基本呈半波模态，最大位移为 14cm，发生在标高 4.0m 左右，在 x 方向（东西方向）位移很小。由 14 号和 31 号杆的荷载-位移曲线可以看出，整个加载过程，破坏分为 3 个阶段：①荷载小于 600kN，处于弹性状态；②荷载处于 600～800kN 时，处于位移扩散状态；③荷载大于 800kN 时，处于位移快速扩散状态。架体的极限荷载为 825kN。

由规范计算单杆稳定承载力：$N=\varphi Af$，

$l_0=h+2a=1.8+2\times0.45=2.7\text{m}$，$i=1.58\text{cm}$，故 $\lambda=l_0/i=152$，

查表得 $\varphi=0.243$，

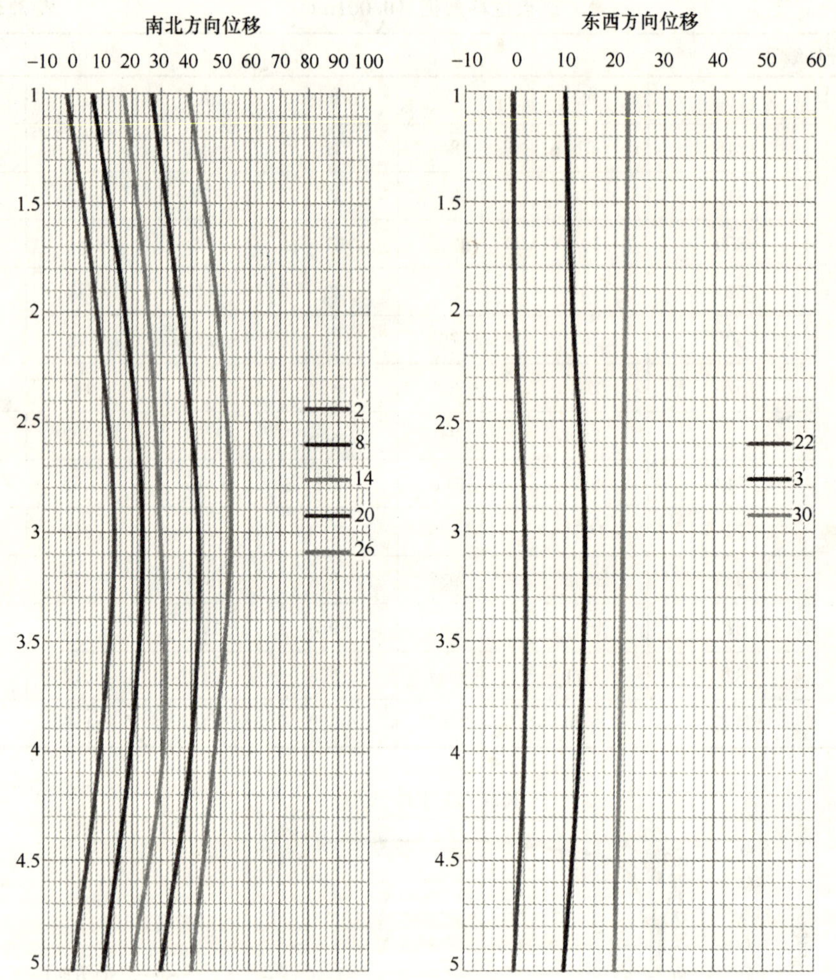

图 3.2.3-35 失稳模式图

故 N=23.8kN。

由表 3.2.3-15 中可知，试验立杆最大应力 σ=198.44MPa，即 $N=\sigma \cdot A$=97.0kN，约为单杆设计承载力的 408%。

由模板支架试验承载力表 3.2.3-1 可知，试验单杆承载力为 34.38kN，约为单杆设计承载力的 144%。采用 ANSYS 有限元分析，架体单杆承载力为 30kN，比试验承载力小约 13%。

8）模型 8

采用国标碗扣，步距 h=1.2m，架高 8.05m，有水平斜撑无专用竖向斜撑，扫地杆高度 0.40m，天杆 0.45m。加载范围为 2.4m×3m，应变和位移测点布置分别见图 3.2.3-36 和图 3.2.3-37。

由于此次加载装置图与前 7 次不一样，主要区别除了平面布置不一样外，更重要的是加载模式不一样，这次采用的是每根竖杆上施加相同的荷载。图 3.2.3-38 和图 3.2.3-39 是给出的加载图。

图 3.2.3-40 为部分竖杆的荷载-应变曲线，表 3.2.3-17 为所测立杆最大应力。

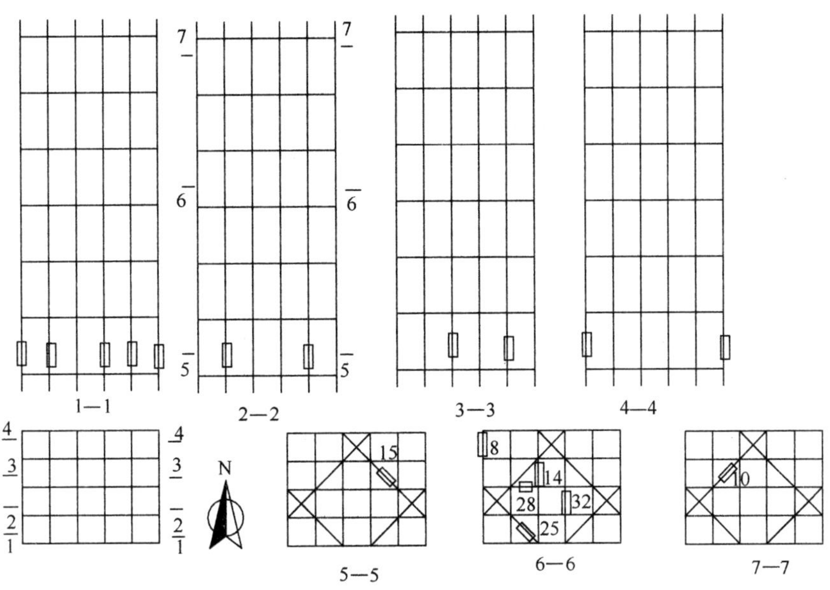

图 3.2.3-36 应变测点布置图

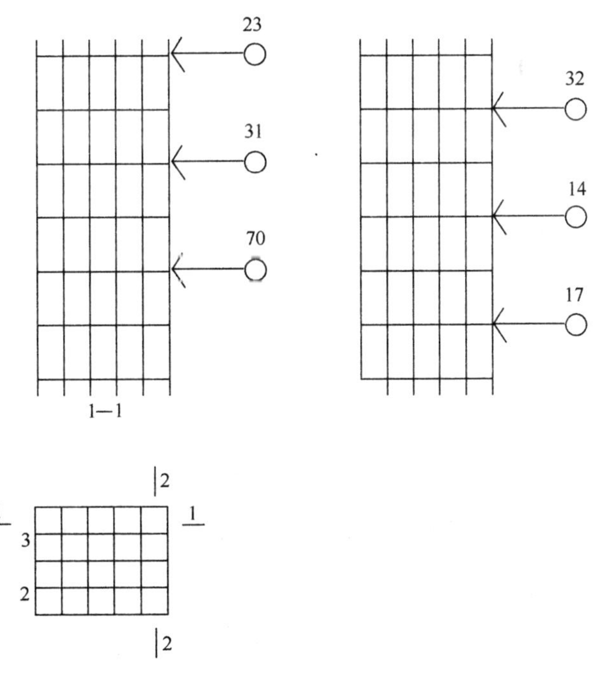

图 3.2.3-37 位移测点布置图

立杆最大应力 **表 3.2.3-17**

立杆编号	22	9	26	13	24	31
最大应力（MPa）	−136.12	−192.29	−130.79	−112.75	−110.29	−109.88

竖杆基本保持弹性状态，且边杆为其他杆件受力的 1/2 左右，最大应力为 192.29MPa。

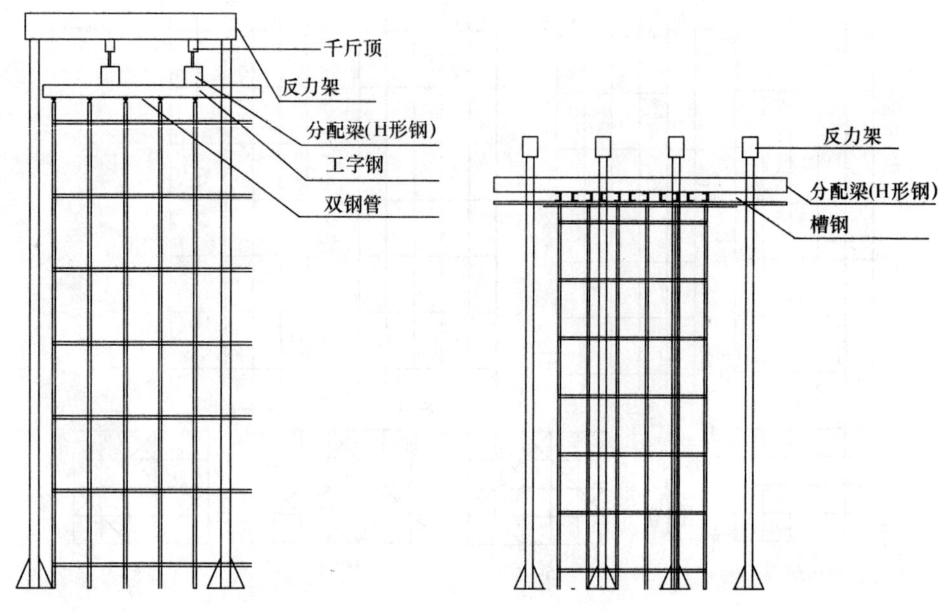

图 3.2.3-38　加载装置右视图　　　　图 3.2.3-39　加载装置前视图

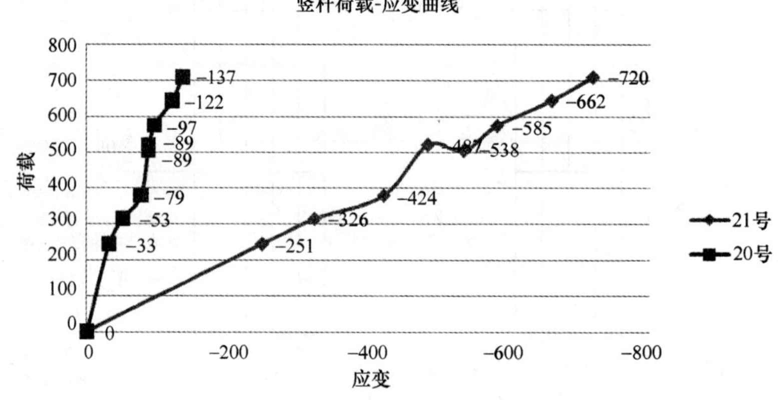

图 3.2.3-40　竖杆荷载-应变曲线

表 3.2.3-18 为试验 8 的测点位移数据，图 3.2.3-41 为架体荷载-位移曲线，图 3.2.3-42 为失稳模式图。

测点位移数据（0.001mm）　　　　**表 3.2.3-18**

杆件编号		23	31	47	14	70	32
荷载（kN）	0	0	0	0	0	0	0
	245		−64	23	−103	12	−23
	315		−115	23	−113	17	−52
	380		−141	20	−112	52	−61
	521		−161	19	−118	73	−102
	505		−192	18	−129	92	−132

续表

杆件编号		23	31	47	14	70	32
荷载（kN）	575		−209	19	−142	105	−168
	645		−234	19	−172	124	−195
	710		−262	15	−198	156	−231
	768		−303	6	−231	176	−251
	825		−334	−7	−249	192	−262
	880		−377	−27	−268	267	−271
	940		−415	−51	−289	288	−362
	1005		−457	−79	−318	292	−398
	1055		−496	−111	−347	321	−471
	1080		−582	−121	−370	364	−542
	1105		−639	−140	−401	382	−683
	1180		−821	−130	−464	391	−732
	1180		−1032	−64	−534	420	−856
	1180		−1521	−255	−594	580	−1096
	卸载		7272	−764	781	58	−342

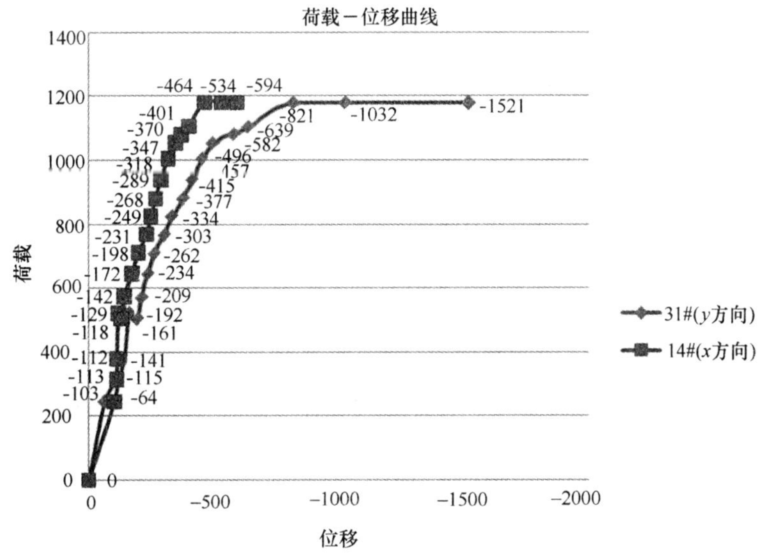

图 3.2.3-41 荷载-位移曲线

通过试验结果可以看出，整个架体主要发生 y 方向屈曲（南北方向），基本呈半波模态，最大位移为 11cm，发生在标高 4.6m 左右，在 x 方向（东西方向）位移相对较小。由 14 号和 31 号杆的荷载-位移曲线可以看出，整个加载过程，杆件破坏分为 3 个阶段：①荷载小于 1000kN，处于弹性状态；②荷载处于 1000～1150kN 时，处于位移扩散状态；③荷载大于 1150kN 时，处于位移快速扩散状态。架体的极限荷载为 1180kN。

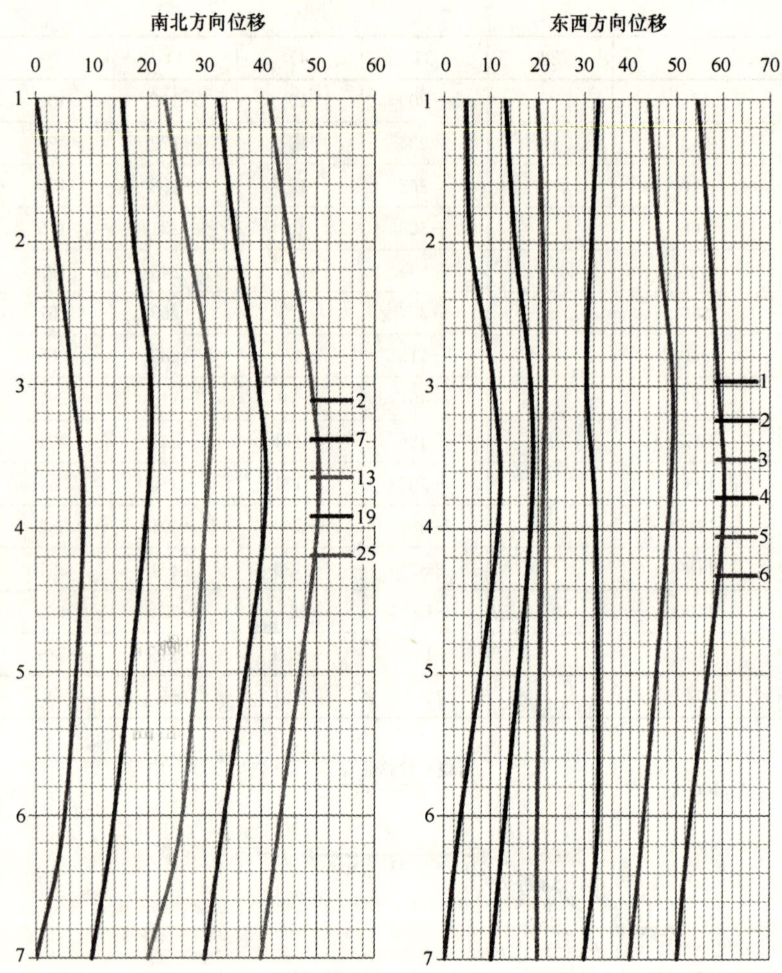

图 3.2.3-42　失稳模式图

该组试验与第一组试验的单杆稳定承载力相同，由表 3.2.3-17 可知，试验立杆最大应力 $\sigma=192.29$MPa，即 $N=94.3$kN，约为单杆设计承载力的 253%。从这八组数据可知，个别单杆的应力可超过单杆设计承载力，但是整个架体的承载力必须由平均单杆承载力来确定，架体的不均匀受力对架体总的来说是不利的，采用平均单杆承载力来确定是偏保守和安全的。

由模板支架单杆承载力表 3.2.3-1 可知，试验单杆承载力为 41.87kN，约为单杆设计承载力的 116%。采用 ANSYS 有限元分析结果，架体单杆承载力为 40.5kN，比试验承载力小约为 4%。

3.2.4　试验结论

1. 由试验所得到的单杆承载力可得到以下定量结论：

通过第 1 组和第 2 组对比可知，对于使用非国标碗扣的钢管，加竖向剪刀撑比不加任何支撑承载力提高 12%。

通过第 3 组和第 4 组对比可知，对于使用国标碗扣的钢管，同时加竖向剪刀撑和水平剪刀撑的架体比只加水平剪刀撑的架体承载力提高9.8%。

通过第4组和第5组对比可知，对于使用国标碗扣的钢管，在加水平剪刀撑的条件下，天杆高度为0.60m的架体比天杆高度为0.45m的架体承载力下降10.3%。

通过第1组和第6组对比可知，在不加任何支撑的条件下，使用国标碗扣的架体比使用非国标的碗扣架体承载力提高10.7%。

通过第4组和第6组对比可知，对于使用国标碗扣的钢管，加水平剪刀撑的架体比不加任何支撑的架体承载力提高47.3%。

通过第3组和第6组对比可知，对于使用国标碗扣的钢管，既加水平剪刀撑又加竖向剪刀撑的架体比不加任何支撑的架体承载力提高61.9%。

通过第4组和第7组对比可知，对于使用国标碗扣的钢管，在只加水平剪刀撑的条件下，步距为1.8m的架体比步距为1.2m的架体承载力下降29.2%。

通过第4组和第8组对比可知，对于使用国标碗扣的钢管，在只加水平剪刀撑的条件下，高宽比为3.35的架体比高宽比为2.44的架体承载力下降13.8%。

2. 通过试验的过程以及承载力数据，可以得到以下定性的结论：

在第1组和第2组的试验中，均出现碗扣破坏引起整架破坏，而在后6组试验中，几乎没有出现碗扣破坏。市场上的碗扣质量参差不齐，质量差的碗扣搭设的架体承载力由碗扣强度控制，架体的破坏主要是因为碗扣崩裂，引起单杆计算长度加倍，导致失稳。质量好的碗扣架体破坏时碗扣基本不会破坏，架体破坏主要是钢管屈曲。无论是哪种碗扣，受力性能都优于扣件式。故建议通过强制性条文规范碗扣钢管的市场，取缔非国标碗扣钢管。

由于前几组架子加载后，顶托出现非常大的变形，故更换了新顶托，但在荷载相对较小时，顶托出现破坏。市场上的顶托参差不齐，在一定情况下，顶托会先于架体破坏。建议严格控制市场上顶托质量。

第2组架体与第1组架体对比，加上了竖向剪刀撑，理论上承载力会大幅度提高，实际上承载力提高不多，而且第2组架体的加载过程中位移计量测的位移增长较快。根据分析原因有以下三点：①第一次加到破坏后，只替换了相对破坏严重的钢管，而第一次加载在大量碗扣上引起的损伤对第2组架体的受力性能影响很大；②第2组架子搭设的垂直度不及第一组，初始偏心较大；③竖向剪刀撑采用的是专用扣件每步单独连接，并且没有满布，故整体性不好，直接导致竖向剪刀撑对整架变形没有较好的约束作用。故采用专用扣件搭设竖向剪刀撑，如果不满布，则不能有效约束整架的变形，并且采用专用扣件搭设非常麻烦，不利于施工。建议搭设竖向剪刀撑时，直接采用长钢管整体架设，且每根竖杆扣接。

水平剪刀撑是通过约束某层的位移进而阻碍整架的位移，而竖向剪刀撑可协调整架的位移，并且能直接改变竖向杆的传力路径。大多数文献和相关资料均认为脚手架的水平剪刀撑的作用非常有限，有限元结果也同样表明水平剪刀撑的作用并不明显。而碗扣式脚手架试验得出了近乎相反的结论。其原因是碗扣式脚手架的横杆给竖杆提供的支撑并不理想。故和扣件式脚手架相比，水平剪刀撑的作用对于碗扣式脚手架来说更为重要。然而在施工现场也多是搭设竖向剪刀撑为主，这对碗扣式脚手架的受力性能是非常不利的。

通过对比第4组和第6组架体加载过程中位移计的数据，水平剪刀撑可以有效约束整个架体变形和整体承载力，提高侧向刚度。根据最后的破坏情况，建议架体中上部在规范规定的基础上进一步加密水平剪刀撑。

在第 3 组架体加载过程中，位移一直很小，故同时布置水平剪刀撑和竖向剪刀撑，会更加有效的约束架体的整体变形和提高架体的承载力。

在第 5 组架体的加载过程中发现，当顶托丝杠往上调 0.15m 后，最后一步的位移扩展快，且顶点偏移较大，故顶托丝杠高度属于天杆高度，对架体承载力影响很大。

除了第 2 组和第 8 组架体，其他架体的失稳方向都是横向，第 2 组架体出现扭转，第 8 组架体是双向失稳，但横向比纵向严重很多，故一般架体的失稳方向都在横向，建议在条件允许的情况下，在横向使架体和建筑物连接。

在第 7 组架体加载过程中，由于步距的增加，除了导致架体的整体承载力大幅度降低外，步距大的架体破坏前的位移很小，架体的破坏基本没有预兆，增加了架体的脆性。

从 8 组架体破坏后的位移模态可以发现，立杆顶端的横纵向位移较大，而立杆底部几乎没有变形，这就证明了脚手架参数中的天杆高度和地杆高度作用完全不同的原因。有限元分析表明，若约束上端的水平向位移，结果是天杆高度同样不对承载力有很大的影响，故在计算模型中可约束立杆底部，立杆上部不需约束。

从 8 组架体破坏后的位移模态可以证明，架体的破坏基本上为半波失稳，极少数情况会出现 1/4 波、全波失稳，和架体的稳定第一阶模态相符合。

在没有竖向荷载情况下架体的侧向稳定性较差，例如，在每次加载前，以一人在架上晃动，位移计会出现几乎 2～3cm 的位移，而加载后的弹性范围内 0.5mm 到 1mm 的速度每级增加，这证明架体底部的约束程度依靠架体本身自重远不足够。故规范中，当架体高宽比大于等于 2 时，只采取扩大下部架体尺寸不会取得较好的效果，建议在扩大出的架体上端施加一定的附加竖向荷载。

第 8 组架体在高宽比为 3.35 的条件下，架体承载力并没有明显降低，故建议可适当放松规范中关于高宽比的条文。

在 8 组架体试验中，有 5 组架体的失稳开始于从西边第 2 榀，在第 8 组架体试验前，精确量测出地平相对标高发现，该榀地平相对于旁边高出 1.5cm，引起其受力比较大，容易失稳。故地平的不平整，导致个别竖杆与地面之间的空隙极大影响架体的受力性能。

在第 2 组架体搭设过程中，初始偏心比较大；第 5 组架体由于反复试验，钢管以及接头出现一定的损伤，搭设的初始偏心也比较大。第 2 组架体和第 5 组架体的变形扩展非常快，说明由于架体的搭设偏差引起的过大偏心，严重影响架体的受力性能甚至比扣件式脚手架固有的偏心更加严重。

有限元结果表明，节点的弹簧刚度在一定范围内对架体承载力影响不大，而试验表明，对于碗扣式脚手架，碗扣的强度和刚度都对承载力影响很大。

满足国家规范的材料在承受一次极大荷载后，仍有较强的承载力，而不满足国家规范的材料在承受较大荷载后，杆件损伤较大，无法进行重复使用。

各架体水平和竖向剪刀撑以及横杆受力很小，加载过程，始终处于弹性范围内。

3. 计算长度

《建筑施工碗扣式钢管脚手架安全技术规范》JGJ 166—2008（以下简称《规范》）第 5.6.3 条对计算长度的说明如下：

在每列每行有斜杆的网格结构中按步距 h 计算；

当外侧四周及中间设置了纵、横向剪刀撑并满足本规范第 6.2.2 条第 2 款构造要求时，应按 $h+2a$ 计算，a 为立杆伸出顶层水平杆长度。

《规范》第 6.2.2 条规定：

当立杆间距大于 1.5m 时，应在拐角处设置通高专用斜杆，中间每排每列应设置通高八字形斜撑或者剪刀撑；

当立杆间距小于或者等于 1.5m 时，模板支撑架四周从底到顶连续设置竖向剪刀撑：中间纵、横向由底至顶连续设置竖向剪刀撑，其间距应小于或者等于 4.5m；

剪刀撑的斜杆与地面夹角应在 45°～60°之间，斜杆应每步与立杆扣接。

建筑施工碗扣式钢管脚手架安全技术规范对计算长度的确定基本沿用的是建筑施工扣件式钢管脚手架的安全技术规范，对此，分析如下：

1）计算长度中的 $h+2a$ 表明其确定的前提是节点为铰接情况，有限元结果表明，如果按照刚接计算，架体的承载力为试验承载力的数倍之多，采用半刚度情况对施工单位和设计单位非常不方便，而按照铰接计算和试验结果差别最多不会超过 60%，所以，采用铰接确定立杆计算长度是可取的；

2）立杆上端在水平向的位移是不能约束导致天杆高度相对于立杆高度对于承载力的影响更大，故在计算长度 h 的基础上加上 $2a$ 来确定计算长度，理论上来说这是偏于安全的，这在后文修订计算长度中也不予改变；

3）整架的失稳机制毕竟区别于单杆的承载力，而且立杆下端只是靠摩擦力维持着铰接约束，并不理想，看似偏于安全的立杆计算长度并不保守，故需对立杆计算长度进行修订；

4）《规范》第 5.6.3 条中的第一条，对剪刀撑的要求过于苛刻，在施工过程中几乎不可能做到；

5）施工中的剪刀撑比较随意，故下文将针对不加剪刀撑、只加水平剪刀撑、只加竖向剪刀撑、同时加水平和竖向剪刀撑分别确定计算长度；

6）在规范中没有考虑水平立杆间距对立杆计算长度的影响，这点对比试验 8 和试验 4 可以证明是有理由的，而立杆间距的减小对承载力的影响主要体现在单位面积下的立杆根数；

7）与扣件式钢管脚手架相比，碗扣式脚手架对模数的控制更加严格，横杆只能是 300mm、600mm、900mm、1200mm，步距只能是 600mm、1200mm、1800mm（基本上不可能是 2400mm，因为 1800mm 的时候就已经不好搭了），与计算长度最有关的就是试验中有大量的步距为 1200mm 的数据，还有一组步距为 1800mm 的数据，这对准确修订计算长度是非常有利的。而对于试验中没有的模数则采用 ANSYS 特征值屈曲计算出来的结果进行对照拟合（比如在有竖向剪刀撑的条件下，只知道步距为 1200mm 的承载力，可以在 ANSYS 中计算步距为 1200mm 到步距 1800mm 的承载力趋势，类推到试验中步距为 1800mm 时的承载力）。

综合考虑架体的临时支撑性质、施工搭设时的各种不利条件以及试验得出数据的离散性以及试验场地的各种有利条件、钢管的重复使用（按照规范承载力使用后不能留下太大缺陷）等，在以下调整计算长度的过程中统一让规范计算结果相对于试验结果有 40%的承载力安全度，即在试验承载力的基础上乘以 0.6，以此确定计算长度。

采用以上分析方法，最后建议计算长度按以下修改：

没有任何剪刀撑时，

$l_0 = 1.45(h+2a)$；

只加水平剪刀撑时，

$l_0 = 1.25(h+2a)$；

只加竖向剪刀撑时（采用专用扣件连接），

$l_0 = 1.30(h+2a)$；

既加水平剪刀撑又加竖向剪刀撑时（采用专用扣件连接），

$l_0 = 1.1(h+2a)$。

3.3　碗扣式脚手架节点性能试验

3.3.1　试验目的

1. 试验检验碗扣节点的承载力，验证其是否先于脚手管破坏；
2. 对目前市面上大量使用的不符合国家标准的碗扣式脚手管的节点强度和刚度性能进行检验，并与符合国家标准的碗扣式脚手管的节点性能进行对比；
3. 对扣件标准试验方法进行验证，找出由于横、竖杆变形对所测量结果的影响；
4. 测量扣件弯矩—转角关系，研究其刚度性质。

3.3.2　试验方案

试验分 2 组，各 3 个试件。第 1 组采用目前常见的非国标碗扣式脚手管。第 2 组采用正规的符合国家标准的碗扣式脚手管。节点试验示意图如图 3.3.2-1 所示。

两根横管分置两侧扣在碗扣内，横管长度 850mm，在距中心 800mm 处的横管上加荷载 P。距离竖管中心线 600mm 处安放位移计，测量此处的位移值 f，将其转换为横杆的

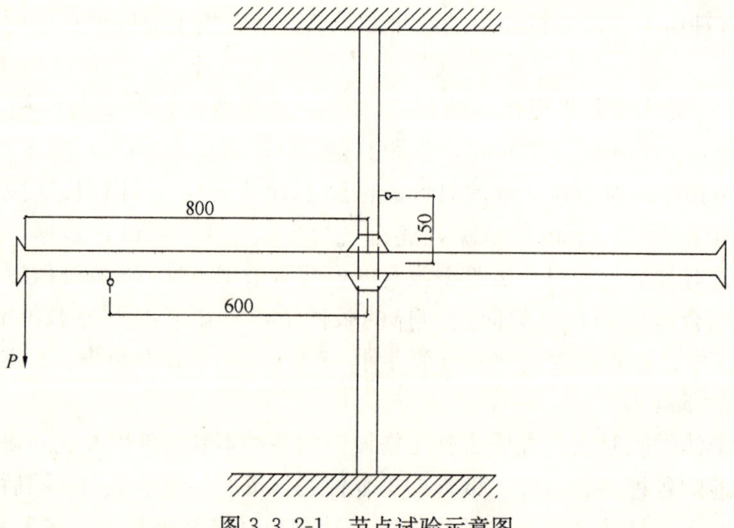

图 3.3.2-1　节点试验示意图

转角：

$$\theta_1 = \mathrm{arc}\ \cot(f/600) \tag{3.3.2-1}$$

除此之外，在竖管距离横管中心线中心 150mm 处安装位移计，以测量竖杆处的位移值 f_1，通过计算就能得到两点处的相对转角 θ_2。本文试验的示意图如图 3.3.2-1 所示。相对转角 θ_2 的计算公式如下：

$$\theta_2 = \mathrm{arc}\ \tan(f/600 - f_1/150) \tag{3.3.2-2}$$

在扣件新国标《钢管脚手架扣件》GB 15831—2006 的扣件扭转刚度性能试验中，只测量距离横管中心 1000mm 处的位移值 f_a，进而换算成转角 θ_1 的数值，没有考虑由于竖管变形的影响。而且该试验在未加载测量位移，未考虑钢管在节点处的变形，会导致变形偏小。

利用试验室现有的标准砝码逐级加载，所加荷载值前两级加载 190N，之后每级加载 100N。

杆件固定方案

本次试验是在天津大学结构实验室内进行。在小反力架横梁的下端通过螺栓固定一块 20mm 厚的钢板，钢板下部焊接一段高度为 50mm 的套管，将竖管插进套管中，用于固定竖管顶部。横管与竖管用扣件连接，横管长 0.85m。竖管的底部同样插进一个焊有 50mm 高套管的方钢管混凝土底座，方钢管混凝土底座与地面之间的空余高度用另外一个混凝土底座垫起。试验装置如图 3.3.2-2 所示。

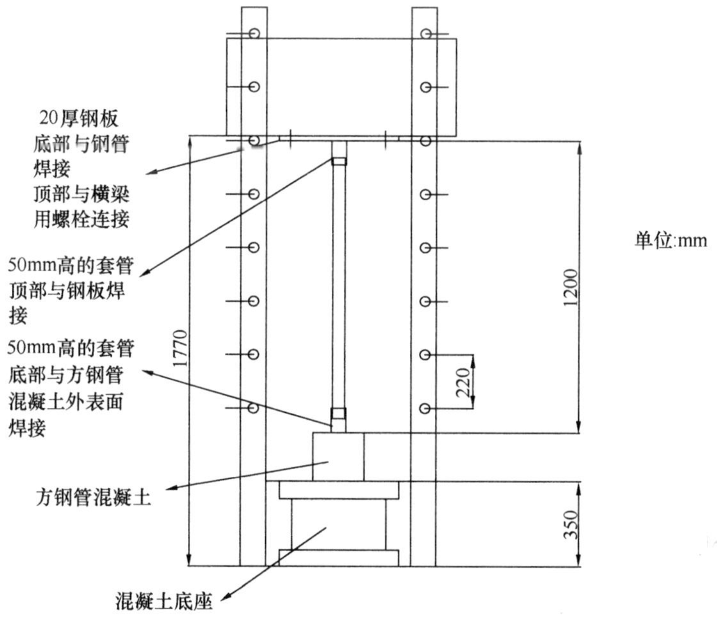

图 3.3.2-2　试验装置图

3.3.3　试验结果及分析

非国标管试验数据。试验 1 分别测量竖杆距节点 150mm（上侧）处和横杆距节点 600mm 处位移。实测结果表明，由于固定良好，竖杆位移相对横杆位移十分微小，可以忽略不计。故试验 2、3 未测量竖杆位移。转角由公式（3.3.2-2）计算得出。

试验结果如表 3.3.3-1、表 3.3.3-2 所示。

非国标脚手管碗扣式节点弯矩-转角　　表 3.3.3-1

荷载 (kg)	弯矩 (N·m)	试验 1		试验 2		试验 3	
		横杆位移 (mm)	转角 (°)	横杆位移 (mm)	转角 (°)	横杆位移 (mm)	转角 (°)
0	0	0.61	0.00	−10.0	0.00	−29.2	0.00
19	152	0.70	0.57	−2.3	0.74	−26.5	0.26
29	232	1.00	0.85	0.3	0.98	−24.5	0.45
38	304	14.09	1.22	2.9	1.23	−22.5	0.64
48	384	17.88	1.57	6.1	1.54	−19.5	0.93
58	464	22.05	1.94	9.5	1.86	−16.2	1.24
68	544	25.00	2.20	13.1	2.21	−12.5	1.60
78	624	28.25	2.50	16.0	2.48	−6.5	2.17
88	704	31.25	2.78	18.8	2.75	−4.5	2.36
98	784	35.20	3.15	22.0	3.06	−1.5	2.65
108	864	38.90	3.51	26.5	3.49	2.0	2.98
118	944			30.7	3.89	6.0	3.36
128	1024			35.6	4.36	10.0	3.75
138	1104			碗扣脆裂		16.5	4.37

国标管试验数据。试验 4 分别测量竖杆距节点 150mm（上侧）处和横杆距节点 600mm 处位移。实测结果表明，由于固定良好，竖杆位移相对横杆位移十分微小，可以忽略不计。故试验 5、6 未测量竖杆位移。转角由公式（3.3.2-2）计算得出。

国标脚手管碗扣式节点弯矩-转角　　表 3.3.3-2

荷载 (kg)	弯矩 (N·m)	试验 4		试验 5		试验 6	
		横杆位移 (mm)	转角 (°)	横杆位移 (mm)	转角 (°)	横杆位移 (mm)	转角 (°)
0	0	−42.0	0.00	−32.5	0.00	−53.0	0.00
19	152	−39.0	0.24	−28.8	0.35	−40.0	1.24
29	232	−38.0	0.32	−26.5	0.57	−38.5	1.39
38	304	−37.0	0.41	−24.0	0.81	−36.8	1.55
48	384	−35.0	0.59	−21.5	1.05	−35.0	1.72
58	464	−33.5	0.72	−18.5	1.34	−32.5	1.96
68	544	−32.5	0.79	−16.5	1.53	−30.5	2.15
78	624	−30.8	0.92	−14.0	1.77	−28.0	2.39
88	704	−29.0	1.06	−11.5	2.01	−26.0	2.58
98	784	−26.8	1.33	−7.5	2.39	−24.0	2.77

续表

荷载(kg)	弯矩(N·m)	试验4		试验5		试验6	
		横杆位移(mm)	转角(°)	横杆位移(mm)	转角(°)	横杆位移(mm)	转角(°)
108	864	−25.0	1.49	−5.5	2.58	−22.5	2.91
118	944	−23.5	1.61	−4.0	2.72	−20.5	3.10
128	1024	−21.5	1.82	−2.5	2.87	−18.5	3.30
138	1104	−20.0	1.93	0.0	3.11	−16.0	3.53
148	1184	−17.5	2.10	1.8	3.28	−13.5	3.77
158	1264	−15.0	2.28	4.0	3.49	−10.0	4.11
168	1344	−12.0	2.51	8.0	3.87	−6.5	4.44
178	1424	−9.0	2.77	10.5	4.11	−2.5	4.82
188	1504	−5.0	3.14	13.5	4.39	2.0	5.25
198	1584	−1.5	3.44	17.0	4.73	8.0	5.83
208	1664	6.5	4.13	21.5	5.16	15.0	6.50
218	1744					24.0	7.36
228	1824					36.5	8.55

根据表3.3.3-1和表3.3.3-2的数据，得到弯矩—转角关系曲线如图3.3.3-1所示。

其中，比较有代表性的试验2和试验6的拟合公式如下：

试验2：$y=6E^{-07}x^2+0.0035x+0.1068$

试验6：$y=3E^{-09}x^3-6E^{-06}x^2+0.0066x+0.1010$

由图3.3.3-1可以看出，碗扣式节点延性较好，能够承受较大荷载。但非国标管质量较差，承载力由强度控制，荷载约在1100N·m时，发生脆性断裂破坏。

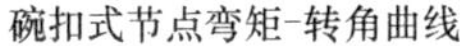

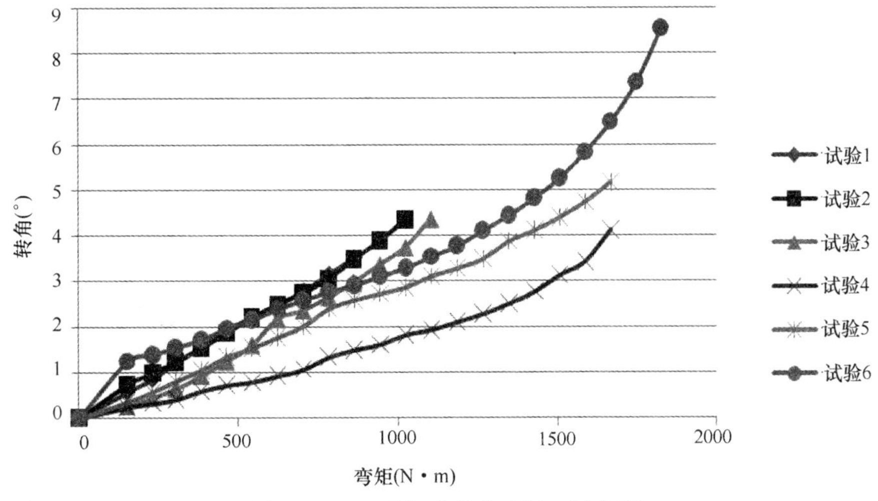

图3.3.3-1 碗扣式节点弯矩—转角图

3.3.4 试验结论

1. 承载力决定因素

根据试验数据及现象，非国标管碗扣先于钢管发生破坏，破坏形式为脆性断裂。试验 2 中，荷载加至 138kg 时，上碗扣突然碎裂，横管崩飞数米，非常危险，所幸未造成任何人员和物品损失。整架承载力试验中，整架破坏时，也发生了大量上碗扣碎裂的情况。因此可以判断，非国标管碗扣，承载力由强度控制，极限承载力约为 1100N·m。

国标管碗扣延性很好，最大可以承受 1824N·m 的弯矩，变形较大时，横杆先于碗扣发生屈服现象。可判断其性能要远远优于非国标碗扣式节点和扣件式节点。

2. 试验方法对比

通过试验现象和数据可知，对扣件新国标《钢管脚手架扣件》GB 15831—2006 所给出的标准节点试验，验证了如下事实：

1）在保证竖管固定良好的情况下，竖杆位移影响很小，可忽略不计。故标准试验不测定竖杆位移有其合理性。但必须保证竖杆固定良好。

2）钢管在节点处会发生变形，故测定位移处与加荷处分置两端会导致位移结果偏小。应将位移测点如本试验中所示，置于加荷点同侧。

3. 弯矩-转角关系

参考之前所提出的对节点刚度性质划分的方法，试验中得到的碗扣式节点的弯矩－转角曲线，处于半刚性节点的区域之中，验证了碗扣式节点的半刚性性质，在随后的整体分析中，要把试验中所得到的扣件半刚性数据加入其中，进行进一步的有限元分析。

第 4 章　碗扣式钢管脚手架结构特点及力学分析

本章在试验的基础上，按照整分合的原理，在双排脚手架满足基本附墙拉结点构造时，给出了该类脚手架计算的基本参数，计算单元整体失稳时杆件的计算长度公式和组合水平风荷载时的单元整体失稳计算公式。

同时本章结合碗扣架使用用途，在试验基础上，又给出了高、大、重钢管支撑架杆件的计算长度 $l_0=h+2a$ 的计算公式，结合支撑架在满足不同构造情况时加以修正系数。

本章按照钢管碗扣架的使用情况，分主体施工双排安全防护用脚手架、普通民用建筑模板支撑架、高大重型模板支撑架三类进行受力分析。

4.1　碗扣式钢管脚手架、支撑架的构造特点

4.1.1　节点构造特点

1. 下碗扣与立杆连接，呈碗形，∠焊缝，围焊。上碗扣与立杆连接，呈倒碗形，旋转自锁型，套接。

2. 杆件特点：平杆与斜杆节点共母头，自然榫接。立杆，无缝焊接钢管，接头一字卡，双揣手对接。

3. 节点约束力：节点具有三维约束和竖向转动约束的功能，水平向可绕立杆转动。

4.1.2　与节点相关的几组试验数据

1. 下碗扣轴向极限承载力 60kN。在满布横杆接头（4 个）时为 199kN，在布置单杆时为 78.7kN。

2. 上碗扣偏心张拉极限强度：52.3kN，屈服点约为 25kN。

3. 节点抗扭极限强度实验：4.29kN·m。

4. 接头抗扭极限强度：顺锁紧 3.78kN，逆锁紧 2.15kN。

5. 横杆承载力强度：HG-120 横杆，极限承载力 $P_{max}=30.7$kN，屈服荷载 26kN。

4.2　双排防护用碗扣式脚手架受力分析

双排脚手架，主要用于高层民用建筑的主体施工外防护，主要是因为碗扣架承重大、节点构造标准等特点决定的。按照搭设高度、使用荷载大小、搭设构造的复杂程度分为有斜杆型、无斜杆型；有斜杆型又分单双外纵向斜杆型。

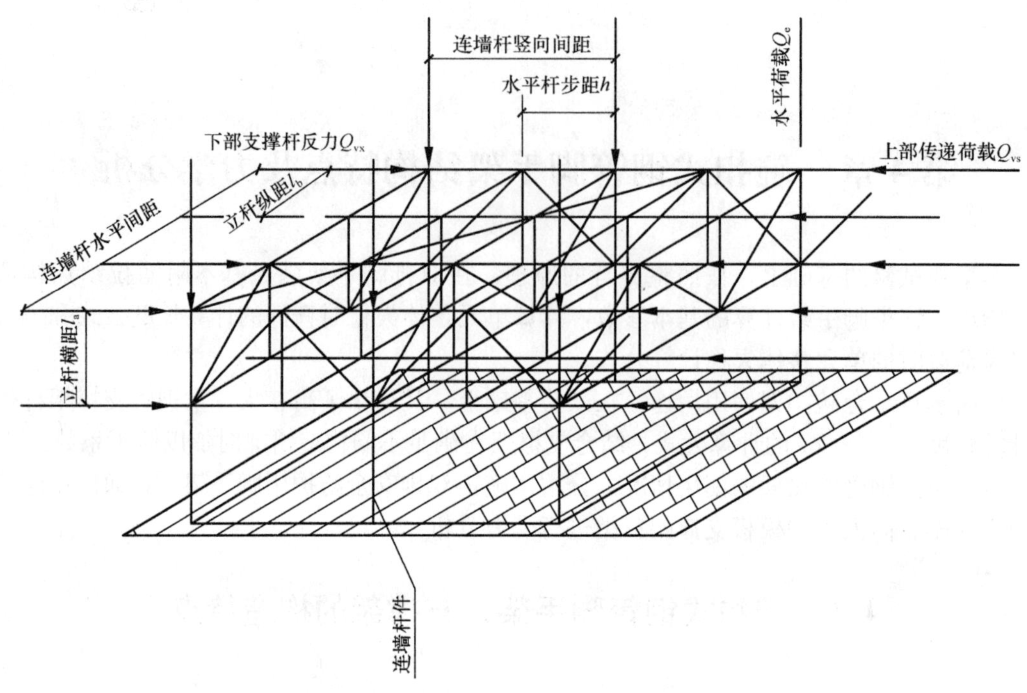

图 4.2.1　双排碗扣脚手架受力计算单元内力分析图

4.2.1　密目网防护多层脚手架

主要承受自重、风荷载和外装饰施工荷载，是一个多向受力体系，存在单杆受力屈曲、单元受力屈曲和整体受力屈曲三种情况。

1. 脚手架单杆受力屈曲的分析

单杆受力：作为架体组成的有立杆、水平横杆、水平纵杆、纵向斜杆、横向斜杆和水平斜杆。

根据试验，以上几种杆件中，以水平杆受力最小，立杆受力最大，斜杆居中。大量工程脚手架倒塌的实例也证明如此。本文将着重说明立杆的受力分析。

2. 立杆主要承受自身重力、上部传下的荷载和作业层水平纵杆及水平横杆传递的荷载，而水平纵杆主要承受排木杆集中荷载或竹片传来的均布线荷载以及维持架体纵向稳定的作用。水平横杆，主要传递竹排传递的均布线平面荷载或跳板面荷载、内外架体的水平风荷载；连墙杆主要起加强局部单元刚片的作用，同时将架体承受的风荷载传递到墙面。

3. 按照理论力学的原理，将架体地基作为一个刚片，整个架体作为一个由若干个竖向与建筑物墙体有多处连接附着点的空间杆件组成的刚片，架体刚片与地基刚片通过架杆底座进行铰接连接；与建筑物通过连墙杆进行滑动铰接，架体刚片可看作一个竖向连续梁，承受水平风荷载、架体内倾外倾荷载等其他水平冲击荷载。同样，取某一操作层的架体作为计算单元，该层各水平连墙杆作为连接支杆，架体刚片可作为支撑在建筑物上的水平连续梁，承受该层面水平风荷载、操作层施工水平冲击荷载等。

按钢结构计算理论，当架体杆件的刚度足够大时，杆件稳定可不计算；仅计算单元稳定即可，见《规范》公式 5.4.1-1。脚手架荷载主要分为两部分，即架体恒载和作业层荷载；架体恒载又与架体高度成正比，当按规范搭设和使用时，作业层荷载基本为定值；而风荷载是随架体高度变化，呈倒三角形线性变化，故有：

当架体不很高时，可不考虑风载作用，架体稳定主要是由作业层水平荷载引起，这时只要按规范构造规定搭设即可满足要求。

当架体超过 20m，不高于 50m 时，应在架体纵向设置竖向和水平斜杆，以抵抗水平风荷载和作业层水平荷载，架体计算除计算底部架杆竖向轴力引起的稳定外，还应考虑最上层单元因风荷载、作业层面荷载引起架体稳定计算。

当架体超过 50m 时，除纵向设置竖向和水平斜杆外，还应在架体中上部的拉墙点处增设横向竖直斜杆，以加强高处计算单元抵抗垂直墙面风荷载作用，加强高层部分单元的刚度。同时验算最上层单元因风荷载、作业层面荷载引起架体稳定，计算架体根部单元的竖向稳定和杆件竖向承载力。

4. 杆件受力分析的几组数据

为了更好地了解各个杆件的作用，对各杆件作出受力分析，我们有必要了解一下架体的一些基本规定数据：

1）立杆的纵距规定：不大于 2m，主要考虑水平纵杆的抗弯刚度，即长细比：2000/50=40，这恰好与钢结构设计规范中，关于缀板柱的缀板容许长细比相吻合。

2）$l_0/i=360\text{cm}/1.58\text{cm}=230=[\lambda]$，而 360cm 为 2 个步距。

根据 $[\sigma]=205\text{N/mm}^2$，$W=5.078\text{cm}^3$，$\sigma=M/W=0.125ql_0^2/w$，又 $\sigma=0.25Pl_0$，$q\leqslant30\text{kN/m}^2$，$p\leqslant18\text{kN}$，从而导出 $l_0\leqslant2.0\text{m}$。

立杆的横距规定：按使用要求，≤1.5m，一般取 1.2m。

3）水平杆步距一般取为 1.5～1.8m，也是按使用要求选取，大于 1.8m，不利于攀爬操作搭设，小于 1.5m，不利于水平通行。

5. 连墙杆布设平三立二或平四立三都是根据单元架体的整体刚度（或高宽比要求），结合建筑物的实际层高、房间布局而确定的，如建筑物层高一般在 2.7～3.6m，房间开间一般在 2.7～6.0m。

4.3　普通民用模板支撑架的受力分析

4.3.1　普通民用模板支撑架定义

普通民用模板支撑架，又称楼盖混凝土模板用支撑架，是指支撑架高度≤6.5m，平面面积≤40m^2 的民用建筑，之所以另起一节进行独立分析，是因为它在建设领域应用范围广，数量多，在施工企业的措施费用中占着相当大的比例，对如何减少架体的成本，提高企业的经济效益起着十分重要的作用。

4.3.2　支撑架的受力体系简化

这种支撑架可以简化为平面排架或独立柱支撑进行计算。

这种支撑架的计算可以分为两阶段受力计算。第一阶段，混凝土浇筑前的计算。这一阶段，由于支撑架立杆与主龙骨的连接为单向自由连接，可以简化为辊动支座，支架立杆主要承受模板、钢筋的重量和施工人员设备动载，随着商品混凝土泵送技术的应用，后者的计算仅需作符合验算，即可满足要求。

第二阶段，混凝土浇筑后的计算。这一阶段，由于支撑架立杆顶端与主龙骨的连接可以简化为铰接，主要承受模板、钢筋、混凝土的自重引起的竖向荷载。

同时，在市郊区或风荷载较大的地区，当支撑架比较单薄时，水平风荷载的计算应引起足够重视。

从构造上，也可以进行简化。如扫地杆、剪刀撑可以不考虑。受力平面内的水平杆，必须按前面所述按要求布置。

在计算上，由于立杆高度可以一次到位，立杆连接对架体的受力削弱不用考虑。顶层水平杆的布设应视水平施工情况考虑，当楼面上布料机时或有其他较大活荷载时，必须考虑。

当周边有墙柱拉结时，架体外围水平杆，一定要与墙柱可靠连接。

4.4　高、大、重型（模板）支撑架的受力分析

4.4.1　定义

对于超高（高度大于 6.5m）、超大（平面面积大于 $40m^2$）、超重（相对平面恒荷载大于 $10kN/m^2$，或线荷载大于 15kN/m）即可归为此类计算。

4.4.2　超高承重架

当架体高度超过 6.5m 时，立杆必须接长，连接方式受施工时主客观因素的影响，接长部位立杆的承载力可消减 20%～30%，同时，随着架体的高度增加，架体的高宽比成正比增大，架体的整体失稳成为计算的核心内容之一。架体的高度与架体宽度之比值，一般为 2，不宜大于 3。不满足要求时，应考虑用缆风绳斜向拉结或用其他办法进行加强。

4.4.3　大面积承重架

当架体平面面积大于 $40m^2$ 时，架体的水平杆存在接长问题。同时架体四角、边缘、核心立杆的受力状态，存在明显区别，从经济角度，核心水平杆宜适当减少，受力平面内的水平杆可以减少 1/5～1/4，受力平面外的水平杆可以减少 1/3～1/2，按受力计算要求进行布设。

4.4.4　超重支撑架

当架体支撑平面恒荷载大于 $10kN/m^2$，或线荷载大于 15kN/m 时，架体立杆间距水平杆步距必须经过计算，进行优化布置。支撑架宜按铰接框架考虑计算，水平斜杆、立面斜杆布设应根据风荷载的大小、方向及施工动荷载的布置，按三维铰接框架体系进行优化计算。扫地杆、水平封头杆必须严格按照规范要求进行搭设。

4.4.5　注意事项

对于高、大、重支撑架，除经过严格计算，按规范搭设外，施工方案还必须经过专家

论证通过后，才可实施。

本 章 参 考 文 献

[1] 《建筑施工手册》编写委员会. 建筑施工手册[M]. 北京：中国建筑工业出版社，2003.
[2] 建筑施工模板安全技术规范. JGJ 162—2008[S]. 北京：中国建筑工业出版社，2008.
[3] 罗邦富. 钢结构设计手册[M]. 北京：中国建筑工业出版社，1994.

第5章　碗扣式钢管脚手架设计与计算

5.1　荷　载　分　类

作用于碗扣式钢管脚手架和模板支架上的荷载，可分为永久荷载（恒荷载）和可变荷载（活荷载）两类。

5.1.1　荷载分项系数

永久荷载分项系数应取1.2，可变荷载分项系数应取1.4。

5.1.2　荷载组合

承载力计算时荷载为永久荷载与可变荷载的组合；变形计算时仅考虑永久荷载，分项系数应取1.0，可变荷载不参与荷载组合。

1. 永久荷载

双排脚手架的永久荷载，应根据实际情况进行计算，并应包括下列内容：

1）组成双排脚手架结构的杆系自重，包括：立杆、纵向横杆、横向横杆、斜杆、水平斜杆、八字斜杆、十字撑等自重；

2）配件重量，包括：脚手板、栏杆、挡脚板、安全网等防护设施及附加构件的自重；

3）模板支撑架的永久荷载：

（1）作用在模板支撑架上的结构荷载，包括：新浇筑混凝土、钢筋、模板、支承梁（楞）等自重；

（2）组成模板支架结构的杆系自重，包括：立杆、纵向及横向水平杆、水平及垂直斜撑等自重；

（3）脚手板、栏杆、挡脚板、安全网等防护设施及附加构件的自重。

2. 可变荷载

双排脚手架的可变荷载计算应包括下列内容：

1）作业层上的操作人员、器具及材料等施工荷载；

2）风荷载；

3）其他活荷载。

模板支撑架的可变荷载：

1）施工人员及施工设备荷载；

2）浇筑和振捣混凝土时产生的振动荷载；

3）风荷载；

4）其他活荷载。

5.2 荷载标准值的确定及计算方法

5.2.1 双排脚手架结构杆系自重标准值

可按本规范表 3.2.5 采用，详见表 5.2.1-1。

碗扣架构配件理论重量　　表 5.2.1-1

名　称	常用型号	规格（mm）	理论重量（kg）
立杆	LG-120	ϕ48×3.5×1200	7.05
	LG-180	ϕ48×3.5×1800	10.19
	LG-240	ϕ48×3.5×2400	13.34
	LG-300	ϕ48×3.5×3000	16.48
横杆	HG-30	ϕ48×3.5×300	1.32
	HG-60	ϕ48×3.5×600	2.47
	HG-90	ϕ48×3.5×900	3.63
	HG-120	ϕ48×3.5×1200	4.78
	HG-150	ϕ48×3.5×1500	5.93
	HG-180	ϕ48×3.5×1800	7.08
间横杆	JHG-90	ϕ48×3.5×900	4.37
	JHG-120	ϕ48×3.5×1200	5.52
	JHG-120+30	ϕ48×3.5×(1200+300)	6.85
	JHC 120+60	ϕ48×3.5×(1200+600)	8.16
专用外斜杆	XG-0912	ϕ48×3.5×150	6.33
	XG-1212	ϕ48×3.5×170	7.03
	XG-1218	ϕ48×3.5×2160	8.66
	XG-1518	ϕ48×3.5×2340	9.30
	XG-1818	ϕ48×3.5×2550	10.04
专用斜杆	ZXG-0912	ϕ48×3.5×1270	5.89
	ZXG-0918	ϕ48×3.5×1750	7.73
	ZXG-1212	ϕ48×3.5×1500	6.76
	ZXG-1218	ϕ48×3.5×1920	8.37
十字撑	XZC-0912	ϕ30×2.5×1390	4.72
	XZC-1212	ϕ30×2.5×1560	5.31
	XZC-1218	ϕ30×2.5×2060	7

1. 每步脚手架自重 N_{g1}（kN）：

$$N_{g1}=ht_1+0.5t_2+t_3+0.5t_4+0.5t_5 \quad (5.2.1\text{-}1)$$

式中　h——步距（m）；

t_1——立杆每米重量（kN）；

t_2——横向（小）横杆单件重量（kN）；

t_3——纵向横杆单件重量（kN）；

t_4——内外立杆间斜杆或十字撑重量（kN）；

t_5——水平斜杆及扣件等单件重量（kN）。

2. 双排脚手架结构杆系自重标准值产生的立杆轴力（关于这一点规范 JGJ 166—2008 中没有体现）：

$$N_{G1}=N_{g1}H/h \tag{5.2.1-2}$$

注：此计算公式规范 JGJ 166—2008 未明确，特此注明

式中　h——步距（m）；

H——架体高度（m）。

5.2.2　双排脚手架配件重量标准值

可按下列规定采用：

1）脚手板自重标准值统一按 0.35kN/m² 取值。

2）操作层的栏杆与挡脚板自重标准值可按 0.14kN/m² 取值。

3）脚手架上满挂密目安全网自重标准值可按 0.01kN/m² 取值。

4）脚手板、挡脚板、防护栏杆及外挂密目式安全立网等产生的轴向力 N_{G2}（kN）：

$$N_{G2}=m(g_2l_al_b/2+0.14l_a)+0.01l_aH \tag{5.2.2}$$

式中　m——脚手板层数；

g_2——脚手板自重。

5.2.3　双排脚手架的施工荷载标准值

可按下列规定采用：

1）双排脚手架施工荷载产生的轴力 N_{Q1}（kN）：

$$N_{Q1}=n_cQl_al_b/2 \tag{5.2.3-1}$$

式中　n_c——操作层数；

Q——操作层均布施工荷载标准值（kN/m²）。

2）作业层均布施工荷载的标准值（Q）根据脚手架的用途，按表 5.2.3-1 采用。

双排脚手架作业层均布施工荷载标准值（kN/m²）　　表 5.2.3-1

脚手架用途	荷载标准值（kN/m²）
结构用脚手架	3.0
装修脚手架	2.0

3）脚手架的操作层层数按实际计，最多不宜超过 2 层。

4）当不组合风荷载时双排脚手架立杆轴力 N（kN）：

$$N=1.2\times(N_{G1}+N_{G2})+1.4\times N_{Q1} \tag{5.2.3-2}$$

式中　N_{G1}——双排脚手架结构自重标准值产生的立杆轴向力（kN）；

N_{G2}——脚手板及构配件等自重标准值产生的立杆轴向力（kN）；

N_{Q1}——双排脚手架施工荷载产生的轴力（kN）。

5.2.4 模板支撑架永久荷载标准值

应按下列规定采用：

1）模板及支撑架自重标准值 Q_1 应根据模板支撑架的设计方案确定，对一般肋形楼板及无梁楼板模板的自重标准值，可按表 5.2.4-1 采用。

水平模板自重标准值 Q_1（kN/m²）　　表 5.2.4-1

序　号	模板的构件名称	竹、木胶合板及木模板	定型钢模板
1	平面模板及小楞	0.30	0.50
2	楼板模板（其中包括梁模板）	0.50	0.75

注：其他类型的模板按实际重量计算。

2）新浇筑混凝土自重标准值（Q_2）对普通钢筋混凝土可采用 25kN/m³，对特殊混凝土应根据实际情况确定。

3）钢筋自重：

（1）框架梁钢筋自重取 1.5kN/m³；

（2）楼板钢筋自重取 1.1kN/m³。

5.2.5 模板支撑架的施工荷载标准值

应按下列规定采用：

1）施工人员及设备荷载标准值（Q_3）按均布活荷载取 1.0kN/m²；

2）振捣混凝土时产生的荷载标准值（Q_4）可采用 1.0kN/m²。

5.2.6 当不组合风荷载时模板支撑架立杆轴力

$$N = 1.2(Q_1 + Q_2) + 1.4(Q_3 + Q_4)L_X L_Y \tag{5.2.6}$$

5.3 风荷载标准值计算方法

5.3.1 作用于脚手架及模板支撑架上的水平风荷载标准值

应按下式计算：

$$\omega_k = 0.7\mu_z\mu_s\omega_0 \tag{5.3.1}$$

式中 μ_z——风压高度变化系数详见《建筑施工碗扣式脚手架安全技术规范》JGJ 166—2008 附录 D，或表 5.3.1-1。

μ_s——风荷载体型系数，按现行国家标准《建筑结构荷载规范》GB 50009—2001 规定的竖直面取用；$\mu_s = 1.3\varphi_0$；

φ_0——为安全网挡风系数，这里近似取 0.8；

ω_k——风荷载标准值（kN/m²）；

ω_0——基本风压（kN/m²），按现行国家标准《建筑结构荷载规范》GB 50009—2001 规定附录 A 采用。

水平风荷载高度变化系数　　**表 5.3.1-1**

风压高度变化系数 μ_z													
离地面高度（m）		5	10	15	20	30	40	50	60	70	80	90	100
地面粗糙类别	A	1.17	1.38	1.52	1.63	1.80	1.92	2.03	2.12	2.20	2.27	2.34	2.40
	B	1.00	1.00	1.14	1.25	1.42	1.56	1.67	1.77	1.86	1.95	2.02	2.09
	C	0.74	0.74	0.74	0.84	1.00	1.13	1.25	1.35	1.45	1.54	1.62	1.70

注：A 类——海洋地带沙漠地带；B 类——乡村丘陵中小城市；C 类——密集建筑的大城市。

5.3.2　单肢立杆风荷载弯矩

$$M_w = 1.4\omega_k l_a l_0{}^2/8 - P_r l_0/4 \tag{5.3.2-1}$$

$$P_r = 5(1.4\omega_k l_a l_0)/16 \tag{5.3.2-2}$$

式中　P_r——风荷载作用下内外排立杆间横杆的支承力（kN）；

M_w——单肢立杆风荷载弯矩（kN·m）；

l_a——立杆纵矩（m）；

ω_k——风荷载标准值（kN/m²）；

l_0——立杆计算长度（m）。

《建筑结构荷载规范》GB 50009—2001 规定附录表（给出 50 年一遇的风压，但不得小于 0.3kN/m²），详见表 5.3.2。

全国主要城市风压标准值（kN/m²）　　**表 5.3.2**

城　市　名	海拔高度（m）		风压 kN/m²		
			n=10	n=50	n=100
北京市	54.0		0.3	0.45	0.5
天津市	市区	3.3	0.3	0.5	0.6
	塘沽	3.2	0.4	0.55	0.6
上海市	5.8		0.4	0.55	0.6
重庆市	259.1		0.25	0.4	0.45
石家庄市	80.5		0.25	0.35	0.4
秦皇岛市	2.1		0.35	0.45	0.5
太原市	778.3		0.3	0.4	0.45
呼和浩特市	1063.0		0.35	0.55	0.6
沈阳市	42.8		0.4	0.55	0.6
长春市	236.8		0.45	0.65	0.75
哈尔滨市	142.8		0.35	0.55	0.65
济南市	51.6		0.3	0.45	0.5
青岛市	76		0.45	0.6	0.7
南京市	8.9		0.25	0.4	0.45

续表

城市名	海拔高度（m）	风压 kN/m²		
		n=10	n=50	n=100
海口市	14.1	0.45	0.75	0.9
成都市	506.1	0.2	0.3	0.35
乌鲁木齐市	917.9	0.4	0.6	0.7
杭州市	41.7	0.3	0.45	0.5
合肥市	27.9	0.25	0.35	0.4
南昌市	46.7	0.3	0.45	0.55
福州市	83.8	0.4	0.7	0.85
厦门市	139.4	0.5	0.8	0.95
西安市	397.5	0.25	0.35	0.4
兰州市	1517.2	0.2	0.3	0.35
银川市	1111.4	0.4	0.65	0.75
西宁市	2261.2	0.25	0.35	0.4
郑州市	110.4	0.3	0.45	0.5
武汉市	23.3	0.25	0.35	0.4
长沙市	44.9	0.25	0.35	0.4
广州市	6.6	0.3	0.5	0.6
南宁市	73.1	0.25	0.35	0.4
昆明市	1891.4	0.2	0.3	0.35
拉萨市	3658.0	0.2	0.3	0.35
贵阳市	1074.3	0.2	0.3	0.35

5.4 荷载效应组合

5.4.1 脚手架及模板支撑架荷载设计值

计算脚手架及模板支撑架构件的承载力时，荷载设计值取其标准值应乘以下列相应的分项系数：

1）永久荷载的分项系数取 1.2；计算结构倾覆稳定时取 0.9；

2）可变荷载的分项系数取 1.4；

3）计算构件变形（挠度）时，荷载分项系数取 1.0。

承载力计算时荷载为永久荷载与可变荷载的组合；

变形（挠度）计算时仅考虑永久荷载，可变荷载不参与荷载组合。

5.4.2 架体的稳定和连墙件承载力荷载组合方法

设计脚手架及模板支撑架时，其架体的稳定和连墙件承载力等应按表 5.4.2-1 的荷载组合要求进行计算。

荷载效应组合　　　　**表 5.4.2-1**

计算项目	荷载组合
立杆稳定计算	1 永久荷载＋可变荷载（不包括风荷载）
	2 永久荷载＋0.9（可变荷载＋风荷载）
连墙件承载力计算	风荷载＋3.0kN
连接扣件（抗滑）承载力计算	风荷载

1. 荷载名称及取值

1）模板及支撑架自重标准值 Q_1 应根据模板支撑架的设计方案确定，见表 5.4.2-2。

模板自重标准值（kN/m²）　　　　**表 5.4.2-2**

序　号	模板的构件名称	竹、木胶合板及木模板	定型钢模板
1	平面模板及小楞	0.30	0.50
2	楼板模板（其中包括梁模板）	0.50	0.75

注：其他类型的模板按实际重量计算。

2）新浇筑混凝土自重标准值（Q_2）对普通钢筋混凝土可采用 25kN/m³，对特殊钢筋混凝土应根据实际情况确定。

3）钢筋自重：

（1）框架梁钢筋自重取 1.5kN/m³；

（2）楼板钢筋自重取 1.1kN/m³。

4）对施工人员及设备荷载标准值（Q_3）按均布活荷载取 1.0kN/m²；

对模板及小楞取 2.5kN/m²；

对模板大楞取 1.5kN/m²；

对模板支架取 1.0kN/m²。

5）振捣混凝土时产生的荷载标准值——对水平面模板（Q_4）可采用 1.0kN/m²。

除上述 5 种荷载外，当水平模板支撑结构的上部继续浇筑混凝土时，还应考虑由上部传递下来的荷载。

2. 荷载名称及编号（表 5.4.2-3）

荷载编号　　　　**表 5.4.2-3**

荷载名称	类别	荷载编号
模板结构自重	恒载	①
新浇筑混凝土自重	恒载	②
钢筋自重	恒载	③
施工人员及施工设备荷载	活载（对模板及小楞）	④
	活载（对模板大楞）	⑤
	活载（对模板支架）	⑥

3. 荷载组合方法（表 5.4.2-4）

荷 载 组 合 方 法 **表 5.4.2-4**

荷载计算项目	荷 载 组 合	
	承载力验算荷载（kN/m²）	刚度验算荷载（kN/m²）
平板及薄壳的模板及支架（对模板及小楞）	①+②+③+④	①+②+③
平板及薄壳的模板及支架（对大楞）	①+②+③+⑤	①+②+③
平板及薄壳的模板及支架（对架体）	①+②+③+⑥	①+②+③

第6章　碗扣式钢管脚手架结构构造

6.1　双排脚手架构造要求

双排脚手架是由内外两排立杆及大小横杆、斜杆等构配件组成的脚手架。双排脚手架按用途分为结构脚手架、装修脚手架；按封闭程度分为敞开式脚手架、局部封闭脚手架、半封闭脚手架、全封闭脚手架；按是否交圈分为开口形脚手架、封圈形脚手架。

6.1.1　双排脚手架常用尺寸及允许搭设高度

双排脚手架应按《建筑施工碗扣式钢管脚手架安全技术规范》JGJ 166—2008构造要求搭设；当连墙件按二步三跨设置，二层装修作业层、二层脚手板、外挂密目式安全网封闭，且符合下列基本风压时，其允许搭设高度宜符合规范表6.1.1的规定。

双排落地脚手架允许搭设高度　　　**表6.1.1**

步距（m）	横距（m）	纵距（m）	允许搭设高度（m）		
			基本风压值 w_0（kN/m²）		
			0.4	0.5	0.6
1.8	0.9	1.2	68	62	52
		1.5	51	43	36
	1.2	1.2	59	53	46
		1.5	41	34	26

注：本表计算风压高度变化系数，系按地面粗糙度为C类采用，当具体工程的基本风压值和地面粗糙度与此表不相符时，应另行计算。

上表数据可以清楚看到搭设高度与结构构造几何参数（如步距、横距和纵距）以及基本风压之间的关系。该表的数值是连墙件竖向间距为3.6m时计算的结果。连墙件竖向间距是计算立杆承载力的关键数据。

因立杆碗扣节点间距按0.6m模数设置，决定了双排脚手架横杆步距只能是1.2m、1.8m；横杆的规格HG-90（0.9m）、HG-120（1.2m）、HG-150（1.5m）、HG-180（1.8m），决定了双排脚手架立杆横距有三种选择：0.9m、1.2m、1.5m，立杆纵距有4种选择：0.9m、1.2m、1.5m、1.8m。

本条给出了双排脚手架的四种常用设计尺寸及搭设允许高度。

因密目式安全网的常用规格为1.5m×6m、1.8m×6m，为与密目式安全网配套，步距设定为1.8m。

应当注意的是，以上是按给定的构造要求和施工条件计算出双排脚手架允许搭设高度限值，也就是平常所说的限高，供施工参考。由于施工现场对脚手架使用要求各种各样，不能机械照搬，当与给定的条件不相符时，应根据实际情况按规范第 5.4 节有关规定进行设计计算。

给定的特定条件为：二层装修作业层、二层脚手板；连墙件按二步三跨设置，每个连墙件覆盖面积内脚手架外侧面迎风面积最大为 16.2m^2；地面粗糙度为 C 类，即工程所在地为有密集建筑群的城市市区。

6.1.2 曲线布置及拐角

1. 双排脚手架曲线布置

当曲线布置的双排脚手架组架时，应按曲率要求使用不同长度的内外横杆组架，曲率半径应大于 2.4m。

同一碗扣接头内，横杆接头可以插在下碗扣的任意位置，因此可进行曲线布置。两横杆轴线最小夹角为 75°，内、外排用同样长度的横杆可以实现 0°～15°的转角，不同长度的横杆所组成的曲线脚手架曲率半径也不同（转角相同时）。

当建筑物平面为曲线形时，双排脚手架即可利用碗扣圆形的特点，采用不同长度的横杆组合以搭设成要求曲率的双排脚手架，曲率半径应按几何尺寸计算确定。实际布架时，可根据曲线曲率，选择弦长（即纵向横杆长）和弦切角 θ（即横杆转角），如果 $\theta<15°$则选用内外排相同的横杆，每跨转角 θ，当转角累计达 15°时，则选择内外排不同长度横杆实现不同转角，此为一组，如果布架曲线曲率相同，则由几组组合即可满足要求。

用不同长度的横杆梯形组框与不同长度的横杆平行四边形组框，能组合出曲率半径大于 2.40m 的任意曲线布架。

2. 双排脚手架拐角

当双排脚手架拐角为直角时，宜采用横杆直接组架（见图 6.1.2*a*）；当双排脚手架拐角为非直角时，可采用钢管扣件组架（见图 6.1.2*b*）。

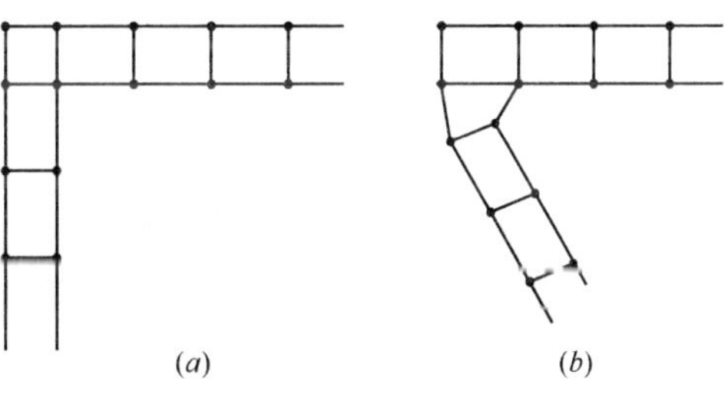

图 6.1.2 拐角组架

（*a*）横杆组架；（*b*）钢管扣件组架

双排脚手架一般围绕建筑结构搭设，当建筑结构转角为直角时，可按图 6.1.2（*a*）所示将垂直两方向的架体用横杆直接组架搭设，可不用其他的构件；当转角处为非直角或者受尺寸限制不能直接用横杆组架时，应将两架体分开，中间以杆件斜向连接，连接的钢管应扣接在碗扣式钢管脚手架的立杆上。

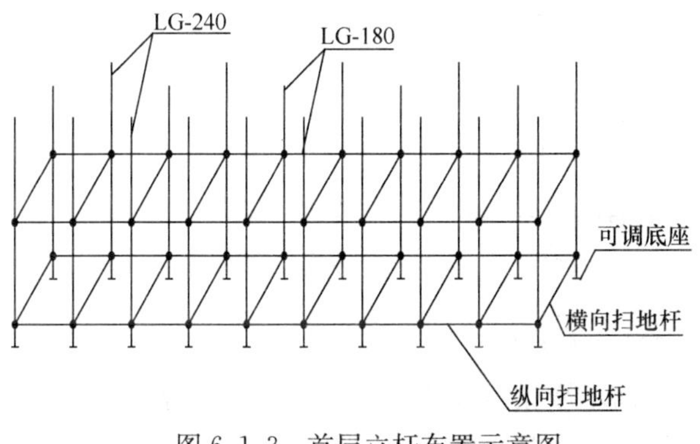

图 6.1.3 首层立杆布置示意图

6.1.3 立杆及横杆

双排脚手架首层立杆应采用不同的长度交错布置，底层纵、横向横杆作为扫地杆距地面高度应小于或等于 350mm，严禁施工中拆除扫地杆，立杆应配置可调底座或固定底座见图 6.1.3。

每根立杆底部应设置垫板，配置固定底座或可调底座。

脚手架必须设置纵、横向扫地杆。脚手架底层纵、横向横杆即为纵、横向扫地杆，施工过程中严禁拆除。碗扣架立杆最下端碗扣节点距立杆底面为 250mm，其横杆作为扫地杆，在结构计算简图中可将下端视为简图中的支杆。

双排脚手架首层立杆应采用不同的长度交错布置，如采用 LG-180 及 LG-240 交错布置，使接头位置错开。上部全部使用等高立杆如 LG-300 或 LG-240；也可分层分阶段使用等高立杆，如 2～3 层使用 LG-300，4～6 层使用 LG-240，使上部立杆接头错开。最顶部用不同长度立杆找平。脚手架立杆接头采用交错布置是为了加强架体的整体刚度，避免软弱部位处于同一高度。

在施工中应当注意立杆连接销必须锁好，以保证立杆的连接性。

碗扣式双排钢管脚手架不存在双管立杆问题。

碗扣式双排钢管脚手架主节点处必须设置纵、横向横杆，上碗扣锁紧且严禁拆除。

立杆顶端宜高出女儿墙上皮 1m，高出檐口上皮 1.5m。

对于高层脚手架，为了提高承载力，可采取上、下分段，每段立杆纵距不等的组架方式，下段立杆纵距取 0.9m，上段则用 1.8m，即每隔一根立杆取消一根，用 1.8m（HG-180）的横杆取代 0.9m（HG-90）横杆。

6.1.4　确保架体为几何不变体系的构造加强措施

满足架体为几何不变体系条件是：对于双排脚手架沿纵轴 x 方向的两片网格结构应每层至少设一根斜杆。规范规定架体成为几何不变体系通过设置专用外斜杆和采用钢管扣件作斜杆两种措施来实现。

1. 双排脚手架专用外斜杆设置（图 6.1.4-1）应符合下列规定：

1）斜杆应设置在有纵、横向横杆的碗扣节点上；

2）在封圈的脚手架拐角处及一字形脚手架端部应设置竖向通高斜杆；

3）当脚手架高度小于或等于 24m 时，每隔 5 跨设置一组竖向通高斜杆；当脚手架高度大于 24m 时，每隔 3 跨设置一组竖向通高斜杆；斜杆应对称设置（见图 6.1.4-1）；

4）当斜杆临时拆除时，拆除前应在相邻立杆间设置相同数量的斜杆。

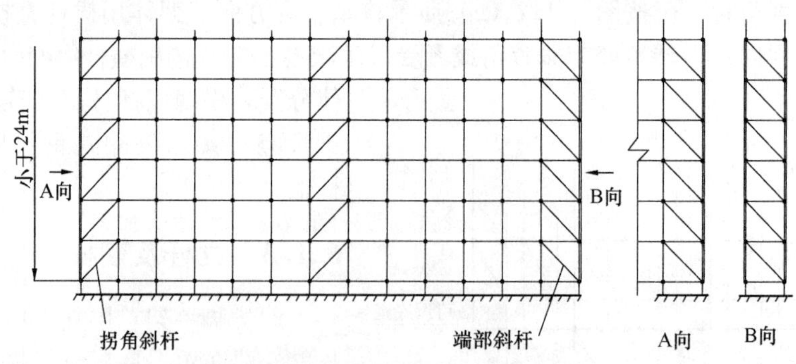

图 6.1.4-1　专用外斜杆设置示意图

对专用外斜杆设置提出的要求都是按照几何不变条件确定的，但为了提高架体的稳定性，斜杆在大面（x 轴）的布置应保证每层不少于 2 根斜杆，分别设置在架体的两端。当架体较长时中间应增加，目的是增强架体的稳定安全度。A 向图中斜杆指封圈的脚手架拐角处斜杆，B 向图中斜杆指一字形脚手架或开口形脚手架端部廊道斜杆（类似于扣件式脚手架开口架端部横向斜撑）专用外斜杆节点构造。如图 6.1.4-2 所示。

另一种新型专用外斜杆（见图 6.1.4-3），可直接扣接在立杆上。

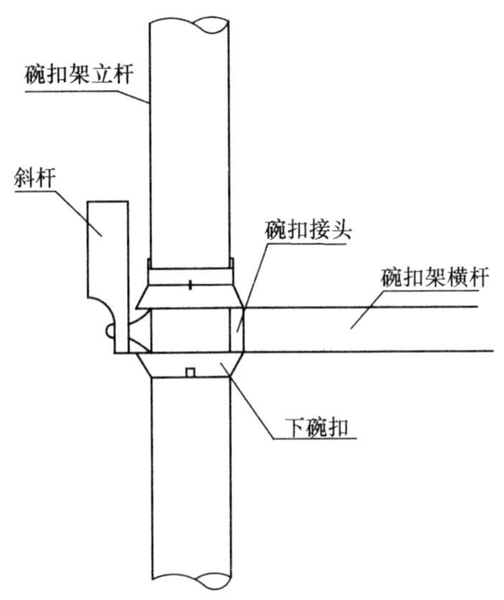

图 6.1.4-2 专用外斜杆节点构造图

图 6.1.4-3 新型专用外斜杆端头

2. 采用钢管扣件作斜杆时应符合下列规定：

1）斜杆应每步与立杆扣接，扣接点距碗扣节点的距离不应大于 150mm；当出现不能与立杆扣接时，应与横杆扣接，扣件拧紧力矩应为 40～65N·m；

2）纵向斜杆应在全高方向设置成八字形且内外对称，斜杆间距不应大于 2 跨（见图 6.1.4-4）。

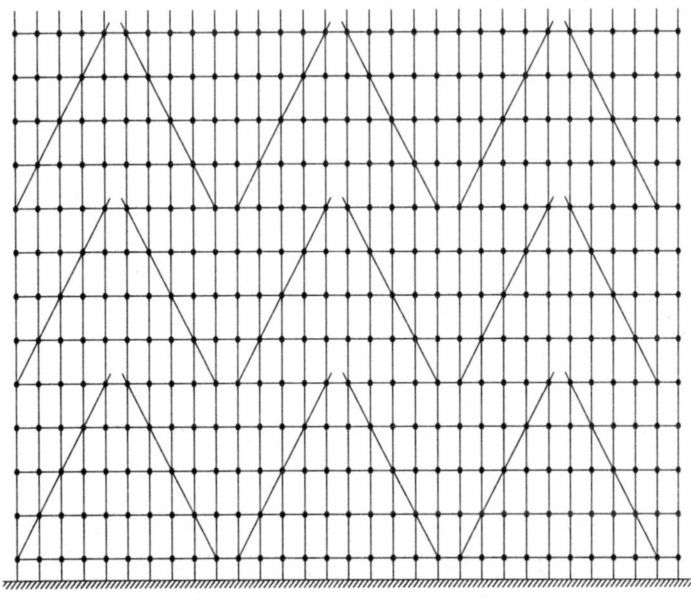

图 6.1.4-4 钢管扣件作斜杆设置

以上规定类似于扣件式钢管脚手架剪刀撑的设置。碗扣式钢管脚手架当采用旋转扣件作斜杆连接时应尽量靠近有横、立杆的碗扣节点，以与结构计算简图相一致。斜杆采用八字形布置的目的是为了避免钢管重叠，并可明显标志扣件与节点连接的情况，便于检查判定与结构设计是否一致。斜杆的角度应与横、立杆对角线角度一致。钢管应与脚手架立杆扣接，扣接点应尽可能靠近碗扣节点。当遇到斜杆不能与立杆扣接的特殊情况时，斜杆可与横杆扣接，扣接点距碗扣节点的距离同样要满足小于或等于 150mm 的要求。斜杆扣接点应符合结构设计计算简图，避免斜杆中间出现虚扣的现象。

将斜杆按八字形布置，解决了过去剪刀撑斜杆多数中间有虚扣（无扣件）的问题，这是一个新举措，在施工过程中要逐步适应，纠正过去的习惯做法。实际上八字形斜杆也可采用倒八字，将正八字与倒八字相结合仍可形成米字形，与原有的剪刀撑相似。

斜杆跨越立杆的根数宜按表 6.1.4 确定。斜杆水平投影宽度不应小于 4 跨，且不应小于 6m，斜杆与地面的夹角应在 45°～60°之间。

斜杆跨越立杆的最多根数　　　　**表 6.1.4**

斜杆与地面的夹角 α	45°	50°	60°
斜杆跨越立杆的最多根数 n	7	6	5

斜杆接长宜采用搭接，搭接长度不应小于 1m，应采用不少于 3 个旋转扣件固定。

6.1.5　连墙件

1. 连墙件的设置应符合下列规定：

1）连墙件应呈水平设置，当不能呈水平设置时，与脚手架连接的一端应下斜连接；

2）每层连墙件应在同一平面，其位置应由建筑结构和风荷载计算确定，且水平间距不应大于 4.5m；

3）连墙件应设置在有横向横杆的碗扣节点处，当采用钢管扣件做连墙件时，连墙件应与立杆连接，连接点距碗扣节点距离不应大于 150mm；

4）连墙件应采用可承受拉、压荷载的刚性结构，连接应牢固可靠。

连墙件是脚手架与建筑物之间的连接件，对于提高脚手架的横向稳定性，承受偏心荷载和水平荷载等具有重要作用。连墙件的设置按其承受全部水平荷载，同时满足整架稳定竖向间距的要求而设计，每个连墙件能承受的轴向力按“±”风荷载水平力+3.0kN 计算。连墙件的设置必须起到可靠支撑作用。对于高度在 30m 以下的脚手架，可四跨三步设置一个（约 40m^2），对于高层及重载脚手架，则要适当加密，50m 以下的脚手架至少应三跨三步布置一个（约 25m^2），50m 以上的脚手架至少应三跨二步布置一个（约 20m^2），连墙件的布置应采用梅花形布置方式，连墙件应尽量连接在横杆层碗扣接头内，同脚手架、墙体保持垂直。碗扣式连墙件同脚手架连接与横杆连接相同，其构造如图 6.1.5-1 所示。

当采用钢管扣件作连墙件时，连墙件与主体结构连接常采用以下图 6.1.5-2 所示的几种形式。

双排脚手架不能由设计确定的参数就是连墙件的垂直间距，通常它是由所施工主体结构的楼层高度决定的，而其数值又不一定符合碗扣架间距的模数，给脚手架的设计和施工带来了麻烦。

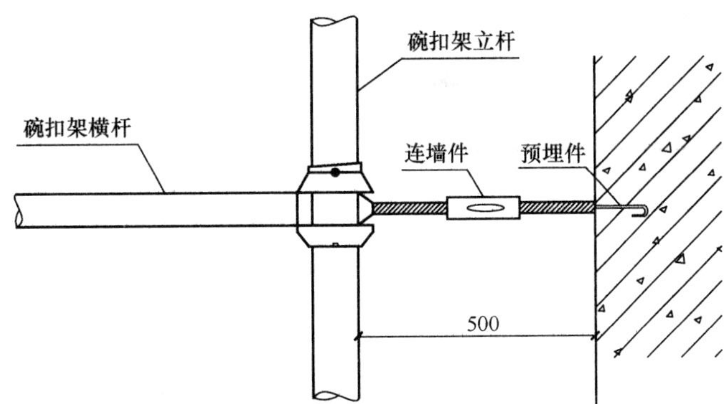

图 6.1.5-1 碗扣式连墙件的设置构造

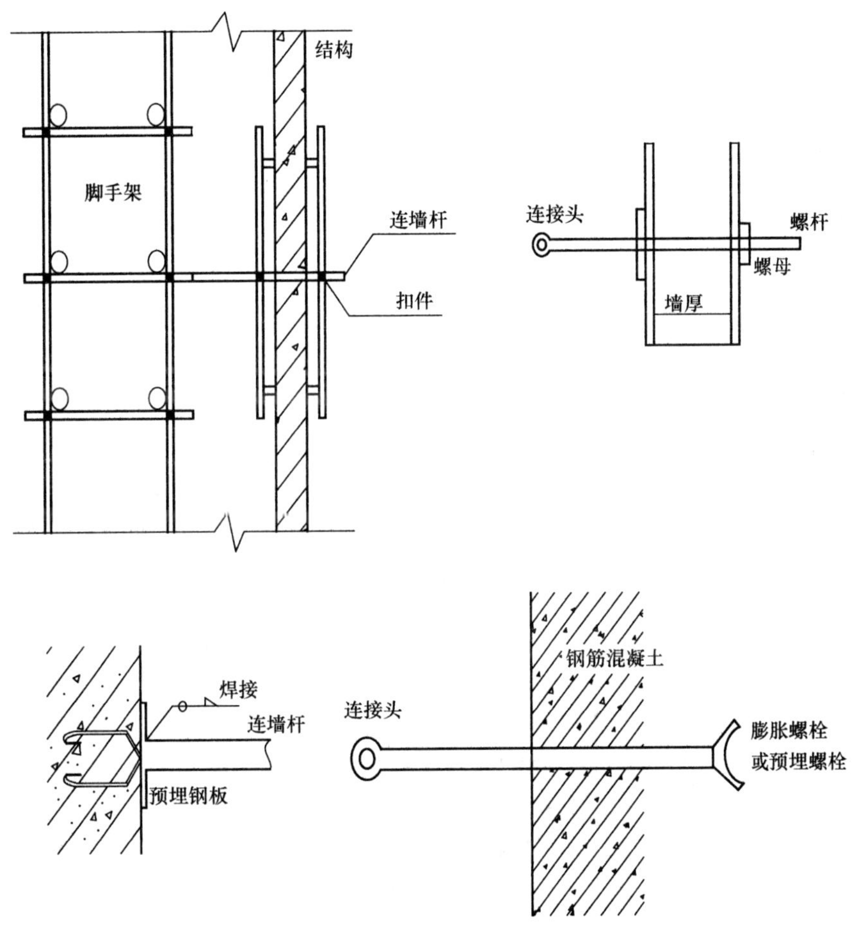

图 6.1.5-2 钢管扣件作连墙件的设置构造

连墙件应从底层第一步架出开始设置，当该处设置有困难时，应采用其他可靠措施固定。连墙件宜优先采用菱形布置，也可采用方形、矩形布置。一字形、开口形脚手架的两端必须设置连墙件，连墙件的垂直间距不应大于建筑物的层高，并不应大于 2 步架。现场常见的开口架多在物料提升机及外用电梯部位外脚手架断开处。

当脚手架高度大于 24m 时，顶部 24m 以下所有的连墙件层必须设置水平斜杆，水平

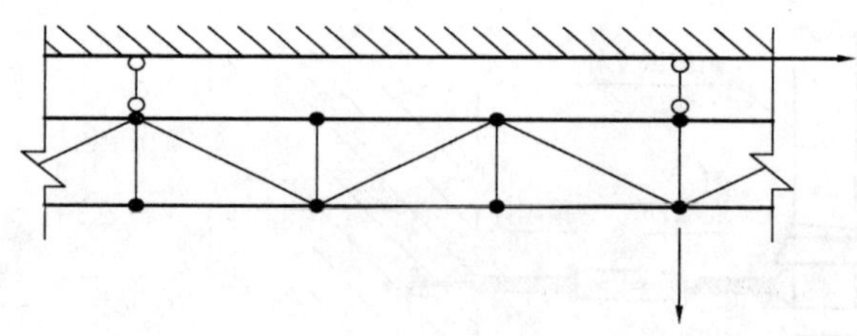

图 6.1.5-3　水平斜杆设置示意图

斜杆应设置在纵向横杆之下（图 6.1.5-3）。

水平斜杆设置在脚手架结构构造中以前未曾规定，因而从规范角度来讲它是一个新措施。

当架体高度超过 24m 时，应考虑无连墙件立杆对架体承载能力及整体稳定性的影响，在连墙件标高处增加水平斜杆，使纵、横杆与斜杆形成水平桁架，使无连墙立杆构成支撑点，以保证无连墙件立杆的承载力及稳定性。通过荷载试验证明在连墙件标高处设置水平斜杆比不设置水平斜杆承载力提高 54%，根据钢管脚手架数十年的应用实践经验，当脚手架搭设高度小于或等于 24m 时，不设置水平斜杆能保证安全使用。但当脚手架高度大于 24m 时，架体整体刚度将逐渐减弱。因此要求顶部 24m 以下立杆连墙件水平位置处增设水平斜杆，以保证整个架体刚度和强度，同时也不影响施工作业。例如：60m 高的双排脚手架，只要求 36m 以下连墙件处必须设置水平斜杆。

6.1.6　其他要求

1. 脚手板设置应符合下列规定：

1）工具式钢脚手架必须有挂钩，并带有自锁装置与廊道横杆锁紧，严禁浮放；

2）冲压钢脚手板、木脚手板、竹串片脚手板，两端应与横杆绑牢，作业层相邻两根廊道横杆间应加设间横杆，脚手板探头长度应小于或等于 150mm。

碗扣式脚手架脚手板可以使用碗扣式脚手架配套设计的钢质脚手板，也可以使用其他冲压钢脚手板、木脚手板、竹脚手板等。当使用配套设计的钢脚手板时，必须将其两端的挂钩牢固地挂在横杆上并锁紧，不得有翘曲或浮放；其他脚手板设置要求与扣件式钢管脚手架基本一致，不同点仅在于作业层相邻两根廊道横杆间应加设间横杆。

2. 人行通道

人行通道坡度宜小于或等于 1∶3，并应在通道脚手板下增设横杆，通道可折线上升（见图 6.1.6）。

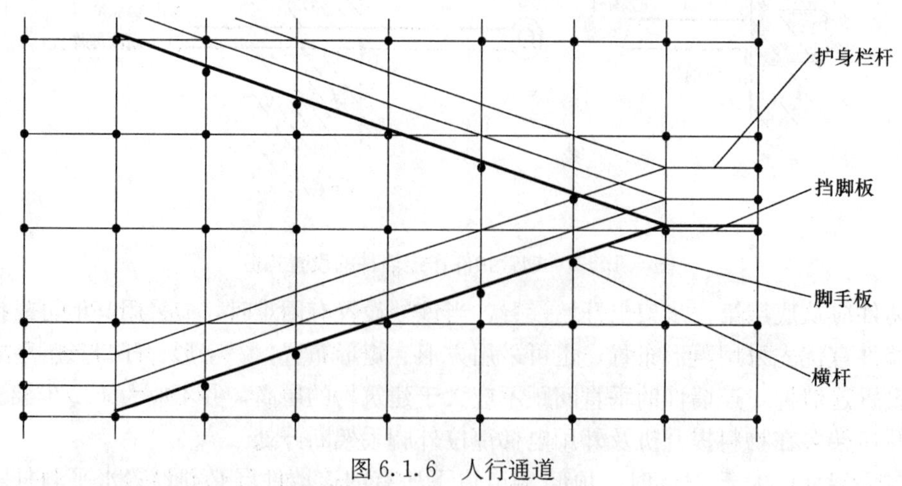

图 6.1.6　人行通道

人行通道宜附着外脚手架或建筑物设置，宽度 1.2m，坡度 1∶3，拐弯处设置平台，通道两侧及平台外围均应设置栏杆及挡脚板，栏杆高度 1.2m，挡脚板高度 180mm。

3. 挑梁设置

脚手架内立杆与建筑物距离应小于或等于 150mm；当脚手架内立杆与建筑物距离大于 150mm 时，应按需要分别选用窄挑梁或宽挑梁设置作业平台。挑梁应单层挑出，严禁增加层数。

窄挑梁上可铺 1 块脚手板，宽挑梁上可铺 2 块脚手板。挑梁一般作为作业人员工作平台，不容许堆放重物。

6.2 模 板 支 撑 架

6.2.1 模板支撑架基础

模板支撑架基础地基（含楼面）的承载力应满足混凝土浇筑过程中所发生的所有荷载作用，其沉降和变形应满足相应规范要求。

1. 竖向模板和支架立柱支承部分安装在地基土上时，应加设垫板和可调底座，垫板应有足够强度和支承面积，且应中心承载。地基土应坚实，并应有排水措施。对湿陷性黄土应有防水措施；对特别重要的结构工程可采用混凝土、打桩等措施防止支架柱下沉。对冻胀性土应有防冻融措施。

立杆下的垫板长度应大于 2 跨相邻立杆间距，当采用木板时，其厚度应大于 50mm，宽度应大于 250mm；当用钢板代替铁底座时，钢板上应有固定立杆的短柱，钢板厚度不得少于 4mm、宽度不得少于 100mm。

2. 当满堂或共享空间模板支架立柱高度超过 8m 时，若地基土达不到承载要求，无法防止立柱下沉，则应先施工地面下的工程，再分层回填夯实基土，浇筑地面混凝土垫层，达到强度后方可支模。

3. 现浇多层或高层房屋和构筑物，安装上层模板及其支架应符合下列规定：

1）下层楼板应具有承受上层施工荷载的承载能力，否则应加设支撑支架；

2）上层支架立柱应对准下层支架立柱，并应在立柱底铺设垫板；

3）当地基高低差较大时，可利用立杆 0.6m 节点位差进行调节。

6.2.2 杆件布置原则

施工前，依据施工组织设计总体要求并根据模板支撑架搭设高度、所承受荷载、板（梁）截面尺寸、跨度等方面数据进行架体搭设形式选择，包括立柱纵横向间距、步距、板（梁）底支撑形式、板（梁）底木方大小及间距、托梁大小及间距、立杆上端伸出长度、地基加固形式等。根据选型分别进行验算，直到计算合格并保证既安全又经济合理。

一般立杆间距为 300mm、600mm、900mm、1200mm、1500mm 等，步距为 600mm、900mm、1200mm、1500mm、1800mm 等，可根据承受荷载的不同进行选择。

6.2.3　立杆

1. 梁和板的立柱，纵横向间距应相等或成倍数。立柱底部应设垫木和底座，顶部应设可调支托，U 形支托与楞梁两侧间如有间隙，必须楔紧，其螺杆伸出钢管顶部不得大于 400mm，螺杆外径与立柱钢管内径的间隙不得大于 3mm，安装时应保证上下同心。立杆上端包括可调螺杆伸出顶层水平杆的长度不得大于 0.7m。立杆底座应采用大钉固定于垫木上。

规定对模板支撑架立杆上端伸出顶层横向水平杆的长度小于或等于 0.7m 的限制，理论计算达到 50kN，通过荷载试验也达到了 100kN，验证其安全储备系数为 2，完全能保证使用的安全要求。

2. 立杆间距应根据所承受的荷载确定，一般不应大于 1.2m，并应满足下列要求：

1）梁底应设置主承重杆，梁侧设置辅助立杆。当梁高宽比大于 2.5、且梁宽大于 300mm 时，沿梁纵向主承应适当加密、沿梁宽度主承立杆不应少于 2 根，并对称设置；

2）沿梁纵向的立杆间距应与同向板底立杆间距相等或成倍数；

3）沿梁横向连续设置梁板立杆时，应从梁支架开始向板中央双向布设，但板中央两相邻立杆间距不得大于板底设计立杆间距。

3. 立杆应采用长 1.8m 和 3.0m 的立杆错开布置，严禁将接头布置在同一水平高度。立杆底座应采用大钉固定于垫木上。立杆应竖直设置，全高度的垂直允许偏差为 $1/500H$（H 为架体总高度）且不大于±50mm。

6.2.4　水平杆

每排每列立杆的纵、横向之间必须用水平拉杆（横杆）连接，并应满足下列要求：

1. 扫地杆

模板支撑架底层纵、横向水平杆作为架体的扫地杆。支撑架底层必须设置纵、横向扫地杆，其主要作用是固定立杆底部，约束立杆水平位移及沉降，从试验中看，不设置扫地杆或扫地杆设置过高，支撑架承载能力也有所下降。

纵、横向扫地杆设置应距离地面高度应小于或等于 350mm，如扫地杆高度超过 350mm，应在扫地杆与地面之间再拉一道纵横向钢管，距离地面 200mm。

当立杆基础不在同一标高上时，必须将高处的纵向扫地杆向低处延长 2 跨与立杆固定，高低差不应大于 1m。

2. 在立杆顶端碗扣处设置一道水平拉杆（即封顶杆），当梁底封顶杆高度与立杆碗扣高度不适合时，应在合适高度用钢管扣件连接作为梁底封顶杆，梁底封顶杆应向板底立杆双向延长不少于 2 个跨距并与立杆固定。

3. 在封顶杆与扫地杆之间应均匀设置水平拉杆。水平拉杆的间距（即步距）在满足荷载计算要求条件下一般为：当支架高度低于 4m、立杆轴力荷载小于 8kN 时不得大于 1.8m；当支架高度超过 4m、或者立杆轴力荷载大于 8kN 时不得大于 1.2m；当支架高度在 8～20m 时，顶端步距内加设一道水平拉杆；当支架高度超过 20m 时，顶端两步距内各加设一道水平拉杆。

4. 严禁在水平拉杆上设置立杆或将上下两段立杆错开固定在水平拉杆上。

5. 上碗扣必须锁紧。

6.2.5 模板支撑架斜杆设置应符合下列要求

1. 当立杆间距大于 1.5m 时，应在拐角处设置通高专用斜杆，中间每排每列应设置通高八字形斜杆或剪刀撑。

此规定能满足模板支撑架几何不变体系的要求。

2. 当立杆间距小于或等于 1.5m 时，模板支撑架四周从底到顶连续设置竖向剪刀撑；中间纵、横向由底到顶连续设置竖向剪刀撑，其间距应小于或等于 4.5m。

此规定是考虑到相邻立杆的约束影响，参照实践经验及双排脚手架的荷载试验，以及《建筑施工扣件式钢管脚手架安全技术规范》JGJ 130—2011 中对模板支架的要求确定的。

3. 剪刀撑的斜杆与地面夹角应在 45°～60°之间，底端与地面顶紧，并与之相交的横向水平拉杆或立杆扣接固定。剪刀撑的双向杆件宜分开设置在立杆两侧，并保证与每步立杆扣接。

6.2.6 模板支撑架水平剪刀撑设置

当模板支撑架高度大于 4.8m 时，顶端和底部必须设置水平剪刀撑，中间水平剪刀撑设置间距应小于或等于 4.8m。

6.2.7 模板支撑架连墙件设置

当模板支撑架周围有主体结构时，应设置连墙件。当支架高度超过 5m 时，按水平间距 6～9m、竖向间距 2～3m 与建筑结构设置一个固结点。

模板支撑系统应为独立的受力结构系统，严禁与非建筑结构的临时设施连接。

高度超过 4m 以上的柱、墙（含剪力墙）等竖向混凝土结构必须先浇筑，待混凝土达到一定承载强度后，再浇筑梁、板等水平混凝土结构。实践证明，竖向结构混凝土与水平结构混凝土同时浇筑时，一是结构受力发生混乱，易造成架体倒塌；二是由于混凝土沉降的差异，会造成构件节点处隐性裂缝，给结构安全留下隐患。柱、墙（含剪力墙）等竖向混凝土结构浇筑后待具体强度应达到多少才能浇筑水平构件混凝土，应本着柱、墙能承受支撑系统传递过来的水平力作用的原则，根据混凝土的体量、凝固时间、强度上升的时间来具体确定。

6.2.8 模板支撑架高宽比要求

模板支撑架高宽比应小于或等于 2，当高宽比大于 2 时可采取扩大下部架体尺寸或采取其他构造措施。如：扩大下部架体尺寸（图 6.2.8），或者按有关规定验算，采取设置缆风绳等加固措施。

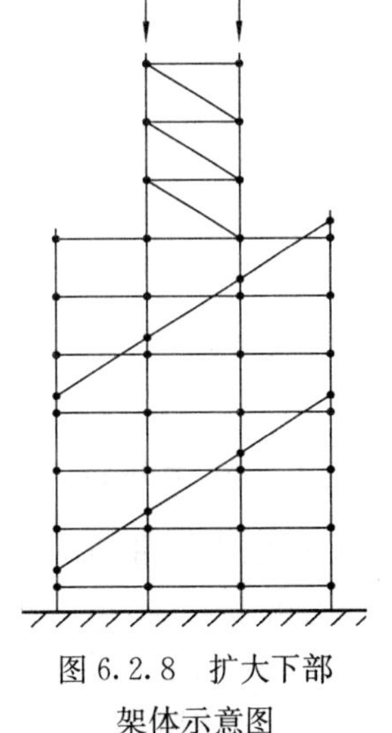

图 6.2.8 扩大下部架体示意图

6.2.9　主次楞

在现浇混凝土梁、板的模板下方，应沿纵向设置次楞，也称次梁。在次楞下方与次楞垂直方向应设置主楞，也称主梁。次楞及主楞的承载力及设置间距应按所承受的荷载，按照受弯杆件进行设计计算确定。立杆顶端用 U 形托撑支撑在主楞上，才能保证立杆中心受压。如图 6.2.9-1～图 6.2.9-3 所示。

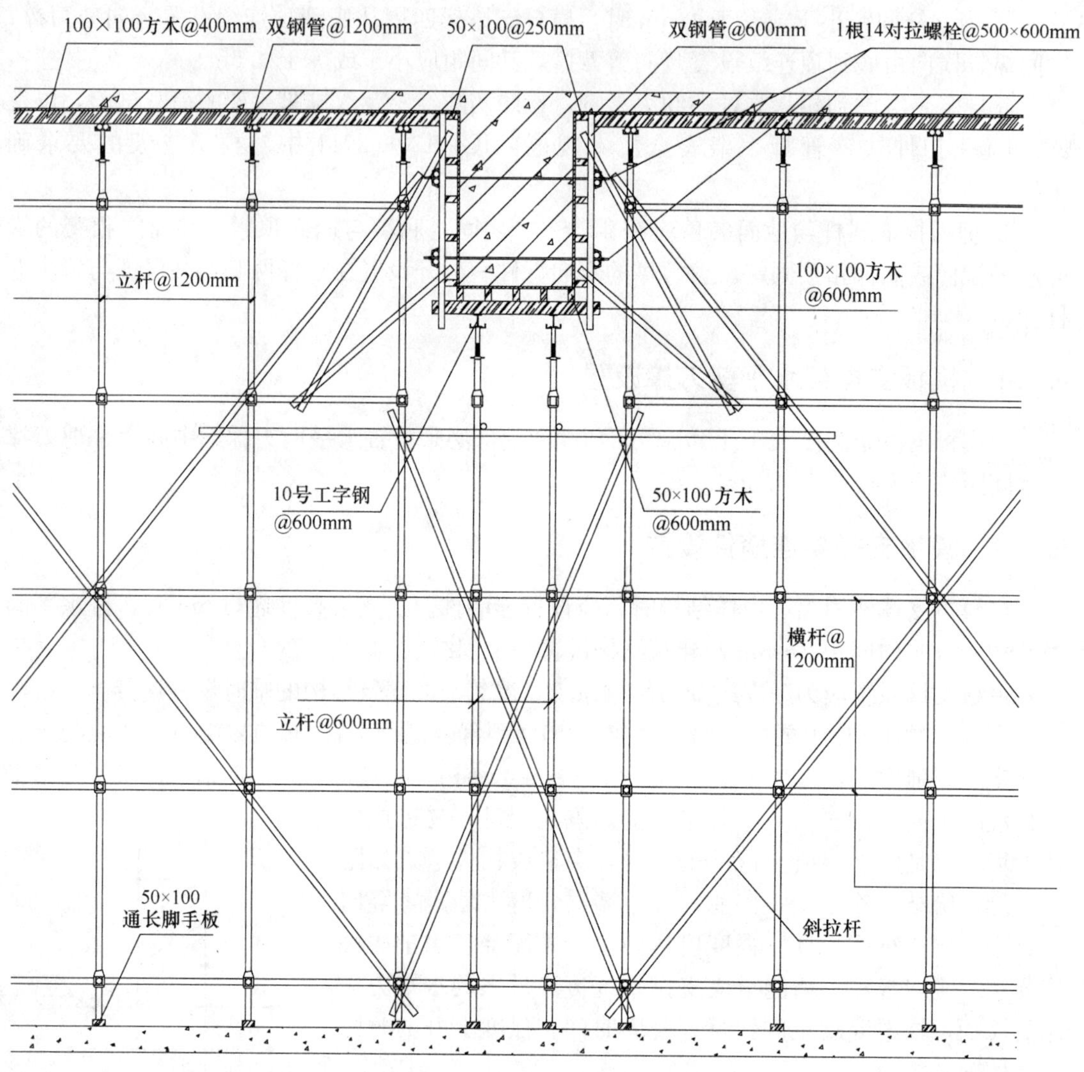

图 6.2.9-1　模板支撑体系示例

6.2.10　采用扣件式钢管作加固件、连接件、斜撑及剪刀撑

采用扣件式钢管作加固件、连接件、斜撑及剪刀撑时，应符合国家现行行业标准《建筑施工扣件式钢管脚手架安全技术规范》JGJ 130—2011 的有关规定。并特别强调：

1. 扫地杆、水平及竖向剪刀撑接长必须采用搭接，搭接长度不得小于 1m，应采用不少于 3 个旋转扣件固定，严禁对接；

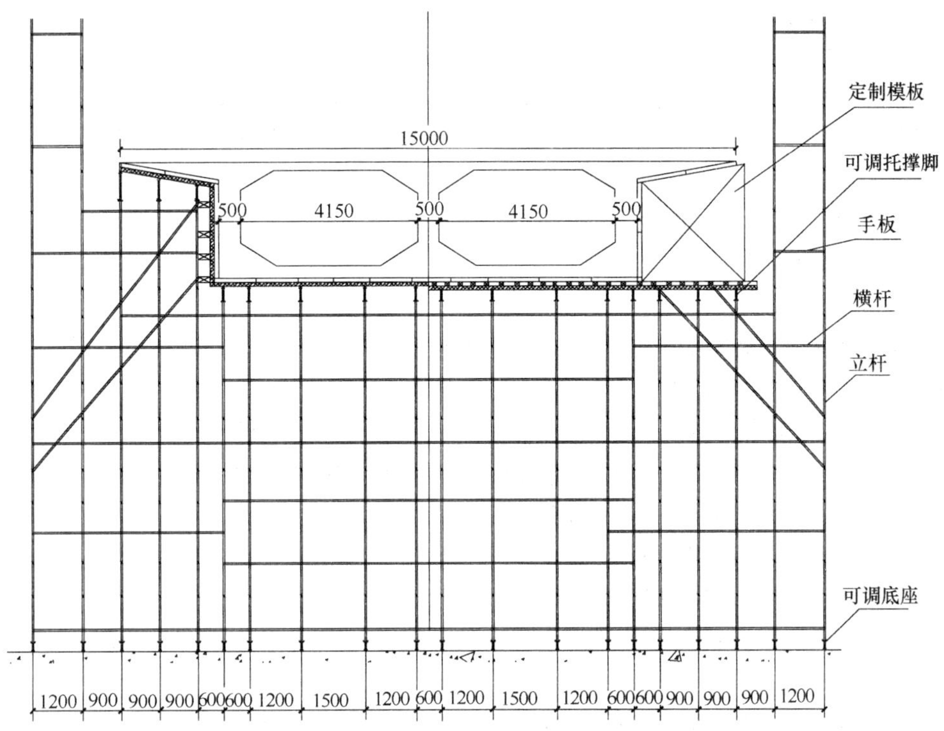

图 6.2.9-2 现浇型截面钢筋混凝土桥梁模板支撑架

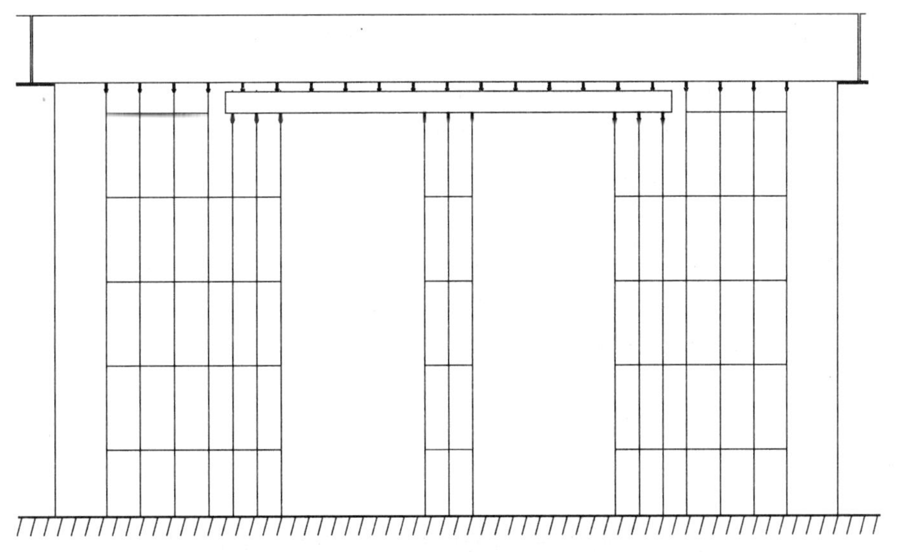

图 6.2.9-3 不中断交通的桥梁支撑架

2. 扣件的拧紧力矩应为 40～65N·m。

6.2.11 梁、板混凝土模板起拱

跨度大于 4m 的梁、板混凝土模板应按设计起拱，若设计无具体要求的，一般起拱高度可按全跨长度的 1/1000～3/1000。

6.2.12　早拆模板施工技术

早拆模板施工技术是指利用早拆支撑头、碗扣支撑架、主次梁等组成的支撑系统，在底模拆除时混凝土强度要求符合《混凝土结构工程施工质量验收规范》GB 50204 表 4.3.1 的规定，保留一部分狭窄底模板、早拆支撑头和养护支撑后拆，使拆除部分的构件跨度在规范允许范围内，实现大部分底模和支撑系统早拆的模板施工技术。

1. 主要技术内容

1）早拆模板及支撑设计

（1）早拆模板可以采用覆膜竹（木）胶合板模板、钢（铝）框胶合板模板、塑料模板和塑料（玻璃钢）模壳等。

（2）支撑系统由早拆支撑头、碗扣支撑架、主次梁和可调底座等组成。

（3）早拆柱头有螺杆式升降头、滑动式升降头和螺杆与滑动相结合的升降头 3 种形式，宜推广螺杆与滑动相结合的升降头。

（4）主次梁可以选用木工字梁、工字形钢木组合梁、矩形钢木组合梁、几字形钢木组合梁、矩形钢管和冷弯型钢等。

（5）支撑系统可以采用独立式钢支撑、插接式支架、盘销式支架、门式支架等。

2）早拆模板施工

（1）应根据工程结构平面设计图进行配模设计，编制模板工程施工组织设计和施工图，并对模板和主次梁的刚度和强度进行验算，对钢支撑或支架立杆的间距和稳定性进行计算。

（2）计算出所需的模板、钢支撑或支架和主次梁的规格与数量。

（3）制定确保质量和安全施工等有关措施。

（4）制定支模和拆模工艺流程，早期拆模时间。

（5）对面积较大的工程，可采取“小流水段”施工方法。

2. 技术指标

1）早拆模板成套技术可以大量节省模板一次投入量，减少模板配置量的 1/3～1/2；

2）可以缩短施工工期 50%左右，加快施工速度，提高工效 30%以上；

3）可以延长模板使用寿命，节省施工费用 20%以上。

3. 适用范围

早拆模板技术可适用于各种类型的公共建筑、住宅建筑的楼板以及桥梁、隧道等工程的结构顶板施工。

6.3　其他支撑架和操作架构造措施

6.3.1　满堂脚手架

先将地面夯实或提前做好地面垫层。立杆底部应垫不小于 50mm 的垫木，垫木规格应满足使用的要求。

用碗扣式脚手架搭设满堂脚手架，其组架尺寸根据荷载及结构尺寸而定。一般情况下，步距取1.8m，立杆间距可取1.2m、1.5m、1.8m、2.1m、2.4m。脚手架应在四周拐角处设置通高专用斜杆，中间每排每列应设置通高八字形斜杆或剪刀撑，并在作业层满铺脚手板。

当满堂脚手架搭设面积较大时，为减少脚手架用量，中间可适当减少部分横杆。可根据高度及荷载布置情况将其分成几个单元架，每个单元架由数跨组成，其高宽（窄边）比通常小于3：1，单元架之间每隔3～5步架设置一层横杆将其连成整体。

6.3.2 落地式钢管卸料平台

1. 落地式钢管卸料平台组成

落地式卸料平台由立杆、水平杆、纵向及横向剪刀撑、刚性连墙件、支撑平台板的间横杆、扣件、平台板、立杆下底座及垫板、栏杆、安全网、缆风绳（高大架子用）等组成。

2. 搭设高度

由于受钢管及扣件材质、人工搭设等众多因素的影响，落地式钢管卸料平台搭设高度一般不宜超过20m。若超过20m，一般采取立杆加密、设置较多的剪刀撑或斜杆、设置水平加强层、减少平台堆载等方法，但此时已不经济，常用型钢悬挑式卸料平台替代。

3. 常用卸料平台满堂架设计尺寸

落地式卸料平台材料堆载原则上不得超过3kN/m^2，当超过3kN/m^{2}应有可靠措施。满堂架立杆间距一般为600mm、900mm、1200mm，不得少于4跨，纵横向水平杆间距不大于1200mm，其步距与杆距之比不宜大于1.6。

4. 剪刀撑及水平加强层

为了加强卸料平台的空间刚度、保证卸料平台的整体稳定性，常在外围四周沿全高满设竖向剪刀撑，内部根据荷载的大小常在满堂架的中部纵横两个方向设置全高竖向剪刀撑。荷载较大或架体较高时，常在架体底部、中部、顶部设置水平剪刀撑加强层。剪刀撑角度宜在45°～60°之间。

5. 连墙件

连墙件常采用与架体相同材料的钢管设置，连墙件设计间距纵向间距为层高，水平间距按2跨布置。钢管连墙件不得与建筑物外围脚手架相连，必须可靠拉结在建筑物上。常常采用钢管抱柱、与楼层预留短钢管相连。

6. 堆料平台

堆料平台由支撑横杆、平台铺板、外围围护组成。支撑横杆为钢管，设置间距宜为300～400mm，平台板一般采用厚度不小于50mm的木板、或钢跳板。平台板铺设时严禁探头、飞跳板。平台铺板应与支撑横杆用钢丝或钢筋固定防止滑移。外围围护由平台板下的水平兜网、栏杆、挡脚板、密目安全网组成。挡脚板的高度不得小于180mm，栏杆设置在立杆内侧，至少设置两道，上道立杆的高度不得小于1200mm。

7. 立杆底座及垫板

为扩大立杆底部的受力面积，卸料平台立杆下必须设置垫板，垫板可用厚度不小于50mm、长度不小于2跨、宽度不小于200mm的木板或槽钢，当卸料平台搭设高度较高或荷载较大时，应根据计算需要设置钢底座。垫板必须铺设在平整坚实的基础上，基础宜高于自然地坪 50mm。

6.4 门洞设置要求

6.4.1 双排脚手架门洞

在建工程地面入口处应在脚手架上设置门洞并搭设防护棚，防止因落物产生的物体打击事故。当双排脚手架设置门洞时，应在门洞上部架设专用梁，门洞两侧立杆应加设斜杆（见图 6.4.1）。门洞上方设置专用梁可以将上部立杆荷载传递到两侧立杆上，为防止立杆变形，故利用斜杆进行加固。门洞上方的斜杆用钢管搭设成八字形，在每跨与立杆用旋转扣件连接牢固；门洞两侧斜杆使用专用杆件扣接牢固。

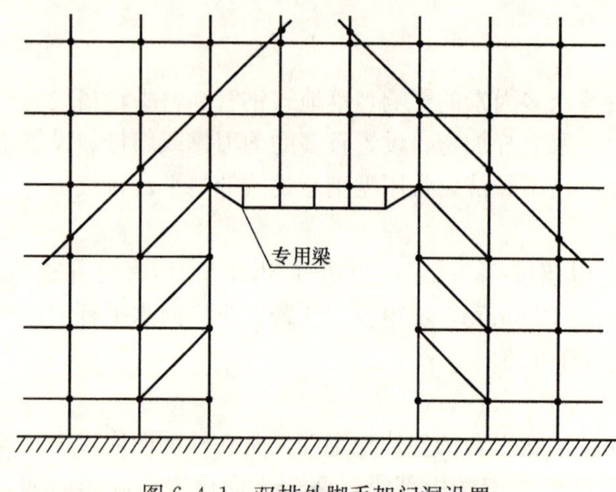

图 6.4.1　双排外脚手架门洞设置

1. 防护棚顶部材料可采用 5cm 厚木板或相当于 5cm 厚木板强度的其他材料，两侧应沿栏杆架用密目式安全网封严。出入口处防护棚的长度应视建筑物的高度而定，符合坠落半径的尺寸要求。当建筑高度 $h=2\sim5$m 时，坠落半径 R 为 2m；当建筑高度 $h=5\sim15$m 时，坠落半径为 3m；当建筑高度 $h=15\sim30$m 时，坠落半径为 4m；当建筑高度 $h>30$m 时，坠落半径应在 5m 以上。

2. 当使用竹笆等强度较低材料时，应采用双层防护棚，以使落物达到缓冲。

3. 防护棚上部严禁堆放材料，若因场地狭小，防护棚兼作物料堆放架时，必须经计算确定，按设计图纸验收。

6.4.2 模板支撑架门洞

高架桥等的模板支架需要留跨度较大的桥洞通行时，模板支撑架设置（见图 6.4.2）应符合下列规定：

1. 通道上部应架设专用横梁，横梁一般采用型钢设置，结构应经过设计计算确定，并要考虑与架体的连接方法。

2. 横梁下的立杆应加密，并应与架体连接牢固，增加立杆的根数应大于跨中立杆的根数，并在相应部位增设斜杆，如下图门洞跨越 3 根立杆，跨中应增加 4 个立杆。斜杆应用旋转扣件与相交的立杆连接牢固。

3. 通道宽度应小于或等于 4.8m。

4. 门洞及通道顶部必须采用木板或其他硬质材料全封闭，两侧应设置安全网。

5. 通行机动车的洞口，必须设置防撞击设施。

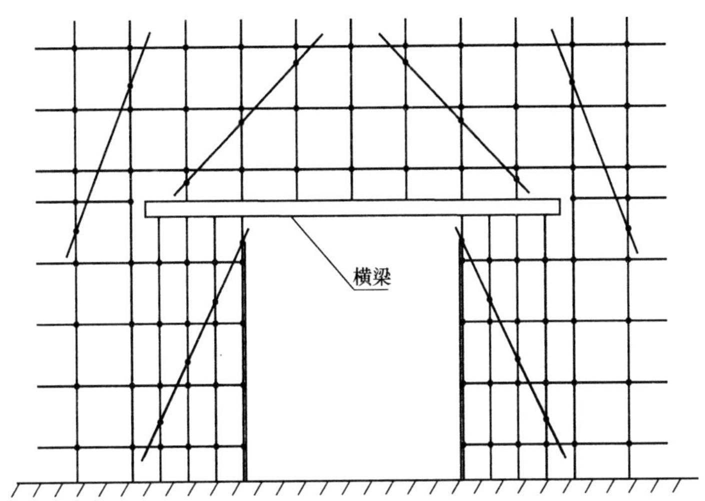

图 6.4.2　模板支撑架人行通道设置

本 章 参 考 文 献

[1]　建筑施工碗扣式钢管脚手架安全技术规范．JGJ 166—2008[S]．北京：中国建筑工业出版社，2009.

[2]　建筑施工扣件式钢管脚手架安全技术规范．JGJ 130—2011[S]．北京：中国建筑工业出版社．

[3]　建筑施工模板安全技术规范．JGJ 162—2008[S]．北京：中国建筑工业出版社，2008.

[4]　余宗明主编．《建筑施工碗扣式钢管脚手架安全技术规范》结构设计详解[M]．北京：中国建筑工业出版社，2009.

[5]　余流．施工临时结构设计与应用[M]．北京：中国建筑工业出版社，2010.

第7章　碗扣式钢管脚手架施工及验收

7.1　施　工　安　排

7.1.1　施工部位及工期要求（见表7.1.1）

施工部位及工期要求　　表7.1.1

时间/部位	开始时间			结束时间			备注
	年	月	日	年	月	日	
碗扣式双排脚手架搭设（指定部位）							
碗扣式双排脚手架拆除（指定部位）							
碗扣式满堂脚手架搭设（指定部位）							
碗扣式满堂脚手架拆除（指定部位）							
碗扣式模架搭设（指定部位）							
碗扣式模架拆除（指定部位）							

7.1.2　劳动组织及责任分工

1. 管理层负责人

1）由项目部技术人员负责双排碗扣脚手架、碗扣式满堂脚手架和碗口脚手架模板支架等搭设与拆除施工方案的编制。

2）由项目部总工负责对方案进行审核，并由上级公司工程技术部门审核后报公司技术负责人审批，符合法规规定的应进行专家论证的专项方案应组织专家论证。

3）碗扣架所需材料、配件进场后由材料负责人组织检查、验收，包括：材质、规格、尺寸、制作方式等，并分类码放、挂牌标识。

4）碗扣架的验收：双排碗扣式脚手架、碗扣式满堂红脚手架搭设完成后，在班组自检合格基础上，由技术负责人组织安全管理员、质量检查员、班组长进行验收；对于模板支架搭设完成后，由项目技术负责人组织工长、质检员、安全员、班组长等人员进行模板支设验收，验收合格后，填报验收记录表，由参验人员签字确认后，报监理核验，合格后方可投入使用。

5）碗扣架的拆除：碗扣式双排脚手架、碗扣式满堂脚手架使用完毕后，由土建工长安排专门人员拆除，拆除过程应由工长或安全员全程监督进行；碗扣式模架拆除前由土建施工员提出拆模申请，填报拆模申请单，报项目专业技术负责人，经过核查混凝土浇筑时间、拆模混凝土强度试验报告后，方可拆模。拆模过程中由施工员及安全员进行巡查。

6）施工员、安全员、负责落实施工中的安全、环卫、成品保护工作。

7）项目总工或技术负责人负责技术全面管理和协调。

2. 劳务层作业工种及分工

碗扣式双排脚手架、碗扣式满堂脚手架一般由架工完成，碗扣式模架可以由架工完成，也可以由木工来完成，参与脚手架施工人员均应进行专门的培训，并持有专门的技能证书，架工还应持有脚手架特岗作业证书，施工前统一由专业技术人员向劳务作业队负责人（专业工长）进行书面交底，双排脚手架、满堂脚手架、碗扣式模架搭设完成后由项目总工或技术负责人组织安全检查员、质量检查员、班组长进行验收，合格后填报验收记录表并报监理验收。

3. 工人数量

施工前根据施工段的划分，按照施工顺序、施工部位、施工工程量、进度计划确定施工人员数量，并按照操作工人技术水平分别进行任务分配。

7.2 施 工 准 备

7.2.1 技术准备

1. 脚手架施工前必须编制专项方案，保证其技术可靠和使用安全，经技术负责人审查批准后方可实施。

2. 施工前由项目技术负责人组织项目技术人员、安全管理人员对审批论证完成的脚手架安全专项施工方案进行交底，做好记录，并加强对《建筑施工碗扣式钢管脚手架安全技术规范》JGJ 166—2008 的学习，使技术人员和安全管理人员明白架子搭设过程中的技术要求及验收内容。

3. 项目专业技术人员组织架子搭设人员及相关班组长对审批通过的脚手架安全专项施工方案进行交底，做好记录，使架子搭设人员明白架子的搭设要求及规定，相关班组长明白架子搭设完成后的使用要求及维护事项，操作安全注意事项等内容。

7.2.2 现场准备

现场应具备搭设脚手架的作业场地，包括与之有关的材料运输及存放场地。脚手架搭设场地必须平整、坚实、排水措施得当，承载地基符合要求。

7.2.3 人员准备

1. 脚手架搭设人员必须是经考试合格的专业架子工，上岗人员定期体检，体检合格者方可发上岗证，凡患有高血压、贫血病、心脏病及其他不适于高空作业者，一律不得上脚手架操作。

2. 严禁酗酒人员上架作业；作业人员，必须持证上岗，必须正确佩戴安全防护用品（安全帽、安全带），穿工作服与工作鞋。

7.2.4 机具准备

施工机具主要为锤子、扳手等。

7.2.5 材料准备

1. 碗扣节点

1）立杆的碗扣节点由上碗扣、下碗扣、横杆接头和上碗扣限位销构成，如图7.2.5所示。

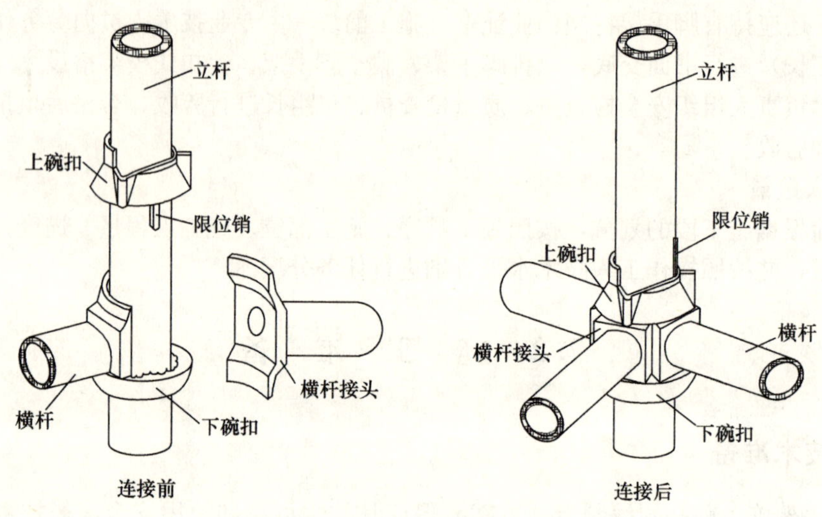

图7.2.5 碗扣节点构成示意图

2）立杆碗扣节点间距一般按3m（即300mm）模数设置，通常为600、900、1200、1500等几种尺寸。

2. 构、配件种类

碗扣架的主要构配件包括立杆、横杆、间横杆、专用外斜杆、专用斜杆、十字撑、窄挑梁、宽挑梁、立杆连接销、可调底座、可调托座、脚手板、架梯等；对于施工中特殊用途的非标构配件可按使用要求向生产厂订货加工。

7.3 双排脚手架搭设与拆除

用碗扣式钢架管脚手架可方便地搭设双排外脚手架，拼拆快速省力，可适用于搭设高层和曲面脚手架。脚手架在搭设前必须依据现场使用情况进行设计，在设计时需对作用于脚手架上的荷载进行统计分类，并充分考虑风荷载的作用，依据架体的结构设计原理，保证整体结构形成几何不变体系，确保架体的使用安全。

7.3.1 构造类型

用于构造双排外脚手架时，一般立杆横距（即脚手架廊道宽度）取1.2m，步距取1.8m，立杆纵距依建筑物结构、脚手架搭设高度及荷载等具体要求确定，可选用0.9m、1.2m、1.5m、1.8m、2.4m等多种尺寸。根据使用要求，有以下几种构造形式：

1. 重型架

这种结构脚手架取较小的立杆纵距（0.9m或1.2m），用于重载作业或作为高层脚手架的底部架。对于高层脚手架，为了提高其承载力和搭设高度，采取上、下分段，每段立杆纵距不等的组架方式。组架时，下段立杆纵距取0.9m（或1.2m），上段则用1.8m（或2.4m），即每隔一根立杆取消一根，用1.8m或2.4m的横杆取代0.9m或1.2m横杆。

2. 普通架

普通架是最常用的一种构造形式，构造尺寸为1.5m（立杆纵距）×1.2m（立杆横距）×1.8m（横杆步距）或1.8m×1.2m×1.8m，可作为砌墙、模板工程等结构施工用脚手架。

3. 轻型架

主要用于装修、维护等作业荷载要求的脚手架，构造尺寸为2.4m×1.2m×1.8m。另外，也可根据场地和作业荷载要求搭设窄脚手架和宽脚手架。窄脚手架构造形式为立杆横距取0.9m，宽脚手架即立杆横距取为1.5m。

7.3.2 施工工艺

地基与基础处理→安放立杆底座或立杆可调底座→竖立杆、安放扫地杆→安装底层（第一步）横杆→安装斜杆→接头销紧→铺放脚手板→安装上层立杆→紧立杆连接销→安装横杆→设置连墙件→设置人行梯→设置剪刀撑→挂安全网。

7.3.3 构造要求

脚手架搭设保证在规定的使用荷载下及气候条件的影响下不变形、不摇晃、不倾斜，能确保安全生产，满足操作和行走的要求，构造简单，搭设、拆除、运输应方便。

1. 竖立杆、安放扫地杆。

2. 安放底层横杆

根据步高的要求将横杆接头插入立杆的下碗扣内，然后将上碗扣沿限位销扣下，并顺时针旋转，将横杆与立杆牢固地连接在一起，形成框架结构。

3. 安装斜杆和剪刀撑

斜杆是为增强脚手架稳定性，提高其稳定承载能力而设置的系列构件，用ϕ48×3.5mm、Q235钢管两端铆接斜杆接头制成，斜杆接头可以转动，同横杆接头一样，可装在下碗扣内，形成节点斜杆。斜杆可采用碗扣式钢管脚手架的配套斜杆，也可用钢管扣件代替。

4. 连墙杆的设置

连墙杆是脚手架与建筑物之间的连接件，除防止脚手架倾倒、承受偏心荷载和水平荷载作用外，还可加强稳定约束、提高脚手架的稳定承载能力。

5. 脚手板安放、脚手板设置应符合有关规定。

6. 立杆接头是立杆同横杆、斜杆的连接装置，应确保接头锁紧。

7.3.4 搭设高度的规定

1. 双排脚手架的搭设高度由最不利立杆单肢承载力（应为立杆最下段）来确定，与施工荷载及同时作业层数、脚手板铺设层数、立杆纵向与横向间距及步距、拉墙件间距和风荷载影响有关。

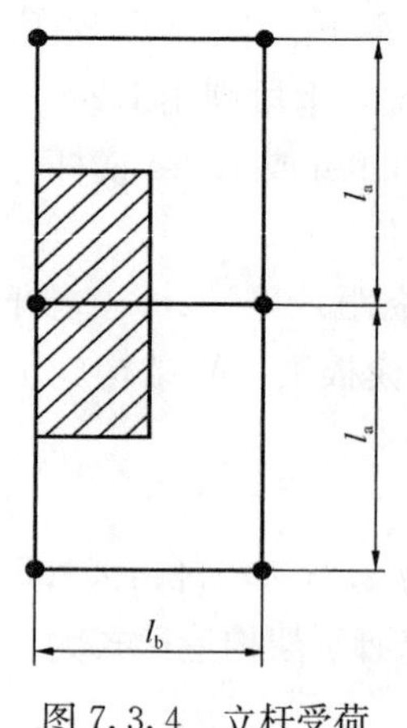

图 7.3.4　立杆受荷面积计算图

2. 计算立杆的轴向力应根据施工条件确定施工荷载类别、作业层数以及脚手板层数，计算立杆的轴向力，并应符合下列要求：

7.3.5　脚手架的组装方法及要求

根据布架设计，在已处理好的地基上安放立杆底座（立杆垫座或立杆可调座），然后将立杆插在其上，采用 3.0m 和 1.8m 两种不同长度立杆相互交错、参差布置，上面各层均采用 3.0m 长立杆接长，顶部再用 1.8m 长立杆找齐（或同一层用同一种规格立杆，最后找齐），以避免立杆接头处于同一水平面上。架设在坚实平整的地基基础上的脚手架，其立杆底座可直接用立杆垫座；地势不平或高层及重载脚手架底部应用立杆可调座；当相邻立杆地基高差小于 0.6m 时，可直接用立杆可调座调整立杆高度，使立杆碗扣接头处于同一水平面内；当相邻立杆地基高差大于 0.6m 时，则先调整立杆节间［即对于高差超过 0.6m 的地基，立杆相应增长一个节间（0.6m)］，使同一层碗扣接头高差小于 0.6m，再用立杆可调座调整高度，使其处于同一水平面内。

在装立杆时应及时设置扫地杆，将所装立杆连成一整体，以保证立杆的整体稳定性。立杆同横杆的连接是靠碗扣接头锁定，连接时，先将上碗扣滑至限位销以上并旋转，使其搁在限位销上，将横杆接头插入下碗扣，待应装横杆接头全部装好后，落下上碗扣并预锁紧。

碗扣式脚手架的底层组架最为关键，其组装的质量直接影响到整架的质量，因此，要严格控制搭设质量。当组装完 2 层横杆后，首先应检查并调整水平框架的直角度和纵向直线度（对曲线布置的脚手架应保证立杆的正确位置)；其次应检查横杆的水平度，并通过调整立杆可调座使横杆间的水平偏差小于 $1/400L$；同时应逐个检查立杆底脚，并确保所有立杆不浮地松动。当底层架子符合搭设要求后，检查所有碗扣接头，并锁紧。在搭设过程中，应随时注意检查上述内容，并调整。

立杆的接长是靠焊接于立杆顶端的连接管承插而成，立杆插好后，使上部立杆底端连接孔同下部立杆顶端连接孔对齐，插入立杆连接销并锁定。

7.3.6　脚手架的防雷措施

架体防雷采取与整幢建筑物楼层内避雷系统连成一体的措施。并将所有最上层的大横杆全部连通，形成避雷网络。底部与建筑物接地对角连接。

接地线采用 40mm×4mm 的镀锌扁钢，将立杆与整幢建筑物楼层内避雷系统连成一体。接地线与建筑物楼层内避雷系统的设置按脚手架的长度不超过 50m 设置 1 个，位置不得选在人们经常走到的地方，以避免跨步电压的伤害，防止拉地线遭机械伤害。两者的连接采用焊接，焊接长度应大于 2 倍的扁钢宽度，焊完后再用接地阻测试仪测定电阻，要求接地电阻不大于 10Ω。同时应注意检查与其他金属物或埋地电缆之间的安全距离（一般不小于 3m)，以免发生击穿事故。

雷雨天气和 6 级以上大风应停止架上作业，风过后要对架上的脚手板、安全网等认真检查一次。

7.3.7 脚手架搭设的一般规定

1. 垫板和底座应准确地放置在定位线上；垫板宜采用长度不少于 2 跨，厚度不小于 50mm 的木垫板。

2. 脚手架搭设应按立杆、横杆、斜杆、连墙件的顺序逐层搭设，每次上升高度不大于 3m。

3. 脚手架的搭设应分阶段进行，撂底高度一般为 6m，搭设后必须经检查验收合格后方可正式投入使用。

4. 脚手架的搭设应与建筑物的施工进度同步，每次搭设高度应超过即将施工楼层顶标高 1.8m。

5. 脚手架全高的垂直度应小于 $L/500$；最大允许偏差应小于 100mm。

6. 脚手架内外侧加挑梁时，挑梁范围内只允许承受人行荷载，严禁堆放物料。

7. 连墙件必须随架子高度上升及时在规定位置处设置，严禁任意拆除。

8. 作业层设置应符合下列要求：

1）必须满铺脚手板，外侧应设挡脚板及护身栏杆；

2）护身栏杆可用横杆在立杆的 0.6m 和 1.2m 的碗扣接头处搭设两道；

3）作业层下部的水平安全网应符合国家现行标准《建筑施工安全检查标准》JGJ 59—1999 规定设置。

4）脚手架施工层内立杆与建筑之间必须进行封闭（可采用脚手板进行封闭），从首层开始，每隔 10m 加设一道水平安全网，同时作业面必须加设一道水平安全网，水平安全网必须系挂牢固严密。

9. 采用钢管扣件作加固件、连墙件、斜撑时应符合国家现行标准《建筑施工扣件式钢管脚手架安全技术规范》JGJ 130—2001 的有关规定。

10. 脚手架搭设到顶时，应组织技术、安全、施工人员对整个架体结构进行全面的检查和验收，及时解决存在的结构缺陷。

7.3.8 脚手架搭设的安全要求

1. 架子的搭设必须由架工进行操作，操作人员必须持证上岗，搭设架子所用的材料和配件必须保证合格。

2. 架子搭设前，项目部技术负责人应对工人进行安全技术交底，并做好记录，架子搭设过程中，操作人员必须佩戴防护用品，包括安全帽、安全带等。

3. 架子搭设时，要有人监视，工作区内不能进人，防止落物伤人，架管、扣件的上下传递要用容器，或由楼内传递，禁止凌空抛扔。

4. 搭设时要及时与结构拉结，或采用临时支撑，确保搭设过程中的安全；搭设时应随时校正杆件的垂直度、水平偏差。

7.3.9 脚手架的安全使用

1. 作业层上的施工荷载应符合设计要求，不得超载，不得在脚手架上集中堆放模板、钢筋等物料。

2. 混凝土输送管、布料杆及塔架拉结缆风绳等不得固定在脚手架上。

3. 大模板不得直接堆放在脚手架上。

4. 遇6级及以上大风、雨雪、大雾天气时应停止脚手架的搭设与拆除作业。

5. 脚手架使用期间，严禁擅自拆除架体结构杆件，如需拆除必须报请技术主管同意，确定补救措施后方可实施。

6. 严禁在脚手架基础及邻近处进行挖掘作业。

7. 脚手架应与架空输电线路保持安全距离，工地临时用电线路架设及脚手架接地防雷措施等应按现行行业标准《施工现场临时用电安全技术规范》JGJ 46—2005的有关规定执行。

7.3.10　质量控制与检验

1. 进入现场的碗扣架构配件应具备以下证明文件：

1）主要构配件应有产品标识及产品质量合格证。

2）供应商应配套提供管材、零件、铸件、冲压件等的材质、产品性能检验报告。

2. 构配件进场质量检查的重点：

钢管管壁厚度；焊接质量；外观质量；可调底座和可调托撑螺纹杆直径、与螺母配合间隙及材质。

3. 脚手架搭设质量应按阶段进行检验：

1）首段以高度为6m进行第一阶段（撂底阶段）的检查与验收。

2）架体应随施工进度定期进行检查；达到设计高度后进行全面的检查与验收。

3）遇6级以上大风、大雨、大雪后的特殊情况的检查。

4）停工超过一个月恢复使用前。

5）脚手架搭设应按立杆、横杆、斜杆、连墙件的顺序逐层搭设，每次上升高度不大于3m。底层水平框架的纵向直线度应小于等于$L/200$；横杆间水平度应小于等于$L/400$。

4. 搭设前的检查：由技术负责人、质检员、安全员负责检查搭设位置的地基处理、基础硬化情况、排水情况是否与方案要求一致，是否满足规范要求。现场施工员做好生产安排，避免交叉作业，为脚手架搭设提供安全施工的条件。技术员对施工班组进行现场技术交底，针对技术交底中的重要部分以图的形式进行交底，确保操作人员心中有数。

5. 搭设过程中的控制：由项目安全主管组织安全管理人员进行现场监督，地面设围栏和警戒标识，严禁非工作人员进入施工现场，确保按操作规程施工。

6. 每层架子搭设完毕使用前，要经项目技术负责人、安全管理人员、监理工程师共同验收，合格后才能使用，并形成相关记录；主要验收架体的各种杆件间距、连接是否符合要求，与结构的拉结是否牢固，脚手板的铺设是否符合要求，防护栏杆、挡脚板是否符合要求等都要逐项检查，逐项记录；验收合格的，要及时悬挂验收标识牌。

7. 使用过程中的检查：安全员和架工组长要经常检查基础是否有不均匀沉降，立杆底座与基础面的接触有无松动或悬空情况，检查连墙件和连接点是否有松动或者人为拆除现象，检查立杆的沉降与垂直度的偏差是否符合要求，安全防护措施是否符合要求，工作面是否超载。

8. 对整体脚手架应重点检查以下内容：

1）保证架体几何不变形的斜杆、连墙件、十字撑等设置是否完善；

2）基础是否有不均匀沉降，立杆底座与基础面的接触有无松动或悬空情况；

3）立杆上碗扣是否可靠锁紧；

4）立杆连接销是否安装、斜杆扣接点是否符合要求、扣件拧紧程度；

5）脚手架全高的垂直度：当 $H \leqslant 30$m 时，应小于 $H/500$，当 $H > 30$m 时，应小于等于 $H/1000$，且 <100mm；

9. 搭设高度在20m以下（含20m）的脚手架，应由项目负责人组织技术、安全及监理人员进行验收；对于高度超过20m脚手架，超高、超重、大跨度的模板支撑架，应由其上级安全生产主管部门负责人组织架体设计及监理等人员进行检查与验收。

10. 脚手架验收时，应具备下列技术文件：

1）施工组织设计及变更文件。

2）高度超过20m的脚手架的专项施工设计方案。

3）周转使用的脚手架构配件使用前的复验合格记录。

4）搭设的施工记录和质量检查记录。

7.3.11 脚手架的拆除

1. 架体拆除前应全面检查脚手架的连接、支撑体系等是否符合构造要求，按技术管理程序批准后方可实施拆除作业。

2. 脚手架拆除前，现场工程技术人员应对在岗操作人员进行有针对性的安全技术交底。

3. 脚手架拆除时必须划出安全区，设置警戒标志，派专人看管。

4. 拆除的高处作业人员，必须持证上岗，必须戴安全帽，系安全带，扎裹腿，穿软底鞋。

5. 拆除前应清理脚手架上的器具及多余的材料和杂物。

6. 拆除顺序应遵循由上而下，先搭后拆，后搭先拆的原则。同时应作到一步一清，严禁上下同时作业。

7. 连墙杆应随拆除进度逐层拆除，拆除至无连墙杆的较低架体时应设置临时支撑，防止架体倾覆。

8. 拆除时应统一指挥，上下呼应，动作协调，拆除与其他操作人员有关的部分时应先通知对方，防止坠落。

9. 大片架体拆除前应将预留的通道、平台等部位物体提前进行加固。

10. 拆除时注意对临时线路进行保护，严禁架管接触电线。

11. 拆除时应对拆除区域内可能造成损坏的物品进行保护，不得损坏。

12. 拆除的材料严禁向下抛掷，应先通过窗口放置相应楼层，再通过室外电梯运至地面。拆除的构配件也可成捆用起重设备吊运或人工传递到地面。

13. 拆除中途不得随意换人，必须更换时应将拆除情况交代清楚后方可换人。

14. 脚手架采取分段、分立面拆除时，必须事先确定分界处的技术处理方案。

15. 拆除的构配件应分类堆放，以便于运输、维护和保管。

7.4　碗扣式满堂脚手架搭设与拆除

7.4.1　碗扣式满堂脚手架应用范围与特点

1. 碗扣式满堂脚手架应用范围

满堂脚手架在房屋建筑、桥梁、隧道、地道桥、水塔、大跨度棚架、钢结构安装等建筑及市政和交通等各个领域应用广泛，特别是作为模板早拆支撑体系为加快模板周转速度、减少模板投入量起到了明显作用。常见有建筑物顶板模板支撑、工业厂房大跨度车间安装架体、桥梁工程支撑架、钢结构安装、用于维修和加固吊装等用途的支撑柱架体等。施工中对支架也提出了更多更高的要求，主要体现在以下几个方面：

1）支架的承载能力高

荷载非常大，用一般扣件式钢管组成的支架，其柱间距小，用钢量大，成本高，施工不方便，安全可靠程度较差。而采用碗扣式脚手架单肢安全受压荷载达到 30kN 以上，杆距比扣件式钢管脚手架大得多，其技术优势是很明显的。对于现浇箱梁、连续箱梁、钢构桥的施工，采用钢管立柱支架、型钢支架时，一次性投入，耗钢量大，同时装拆不方便，而采用碗扣式脚手架组成满堂架，每平方米承受荷载可达 150～180kN，完全能够满足大荷载的需要。

2）支架组装的速度快、占地小

大型工程多数工期紧，支架必须在较短的时间内、较少的场地内完成任务，大直径钢管支架由于采用打桩机械将钢管打入土中，需投入机械和人工，施工时间长，工效低，型钢格构支架需要人工焊接，吊车配合组装，占地大，工期长；碗扣式脚手架装拆简捷，运输方便、用量少、相对工效高。

3）支架功能多

现在施工中不仅要求满足承载要求，同时还要求提供作业平台及安全防护支架。型钢格构支架功能单一，安全防护支架需另外搭载脚手架，而碗扣式脚手架的支架平台多功能的优势就十分明显。因为碗扣式脚手架具有搭拆快速、承载力强、投入少、周转次数多，适应能力强等特点。

2. 碗扣式满堂脚手架特点

1）杆配件主要为模数配置，即钢管脚手架采用每隔 0.6m 设一套碗扣接头的定型立杆和两端焊有接头的以 300mm 为模数的横杆承插式节点接头，可按照不同平、立面尺寸及荷载要求，相应地组成各种脚手架、支架等不同形式的临时构架。

2）无需拧螺栓，装拆简捷，速度快，工效高，避免了扣件式架体的螺栓作业，可降低劳动强度 50%以上。

3）齿碗口接头具有极可靠的抗弯、抗剪、抗扭强度，自锁能力强，并有限位销进行卡制，故整个架体稳定强度比常规提高 50%以上。

4）配件有保障高层脚手架施工的整套安全措施，如连墙撑、斜杆、安全网支架、间横杆等，作用于横杆上的荷载通过下碗扣传递给立杆，下碗扣具有很强的抗剪能力（最大为 199kN），横杆接头不易脱出，使用安全可靠。

5）构件安装轻便、牢固，容易分类储存和运输，不怕一般的锈蚀、日常维护方便、运输快捷易装，便于现场材料管理。

6）维护管理简便，无零散扣件，构配件损耗小，成本相应降低。

7）托撑和底座具有可调功能，在一定范围内可进行架体高度设计的补充和紧固。

8）在满足承载力的架体构造措施和方案上可进行多样化选择，便于技术经济比较，达到性价比最优。

9）主构件用 ϕ48mm×3.5mm、Q235 焊接钢管，制作工艺简单，成本适中，必要时与扣件式钢管脚手架方便混搭，并可用扣件式钢管脚手架改造而成，整套的构配件通用性强，适应性高。

10）能适应不同模板曲面形式搭设异形支撑架，特别适合搭设满堂红重型支撑架。

7.4.2 碗扣式满堂脚手架的搭设

1. 碗扣式满堂脚手架质量标准

1）材质外观检查：对于进入现场的碗扣式脚手架主材及配件，使用前应进行外观检查，钢管应平直光滑、无裂纹及锈蚀并应涂刷防锈漆；铸造件表面应光整无砂眼、缩孔、裂纹等缺陷；冲压件不得有毛刺、裂纹、氧化皮等缺陷；焊缝饱满，不得有夹砂、咬肉、裂纹等缺陷；主要构配件应有材质说明、证明书及产品合格证。可调底座底板的钢板厚度不得小于 6mm，可调托撑钢板厚度不得小于 5mm。

2）材质复检要求：进场的批量构配件产品应按《碗扣式钢管脚手架构件》GB 24911—2010 进行判定，当检验项目均合格时，方可判定批合格。

3）脚手架搭设应按立杆、横杆、斜杆、连墙件的顺序逐层搭设，每次高度不超过 3m，立杆一般大弯曲变形矢高不超过 $1/500H$，横杆变形矢高不超过 $1/400L$。

4）300mm 长可调顶托，螺栓部分良好，无滑丝现象，插入立杆内的长度不得小于 150mm，可调底座及可调托撑丝杆与调节齿合长度不得少于 6 扣。

5）室外高大碗扣式满堂脚手架整架垂直度应小于 $1/500H$（H 为脚手架的垂直高度），但最大值应小于 100mm，横杆水平度，即横杆两端高差应小于 $1/250L$。所有碗扣件接头必须锁紧。

2. 碗扣式满堂脚手架搭设顺序

搭设前按照脚手架方案设计要求进行立杆位置放线，标定好立杆交叉点位置，保证不同楼板的立杆在同一位置点，并根据方案要求铺设 5cm 厚的通常脚手板或 200～300cm 长的 50mm×100mm 的方木。

搭设时杆件及配件根据脚手架方案选型备好，安放并调整立杆垫座、可调底座，室内满堂脚手架因受层高限制，可使同一层立杆接头处于同一水平面上，以便安装横杆。室外满堂脚手架因属高大架体，立杆接头宜错开 50%安装，即起步立杆按 3m 和 1.8m 两种交错搭设，但横杆必须处于同一水平位置上。

安装顺序：安装立杆→横杆→接头锁紧→上层立杆→立杆连接销→横杆→斜杆（斜撑、剪刀撑）→架梯（需要时）→可调顶托→龙骨。

脚手架的搭设组装要求两人同时配合组装，每人负责一端。组装时至多 2 层横杆向同一方向推进，不得从两边向中间合拢组装。必须注意的是搭设架体时，必须保证立杆的垂直度和横杆的水平度，使碗扣接头连接牢靠，检查依据见满堂红脚手架质量标准。

3. 碗扣式满堂脚手架搭设

1）碗扣式满堂脚手架结构

由立杆垫座或立杆可调座、立杆、顶杆，可调托撑以及横杆和斜杆或斜撑、剪刀撑、架梯、挑梁、悬挑架、安全网支架等组成。

碗扣式满堂脚手架的搭设关键是底部架的组装质量，因为头两步架的组装对进度和质量都是至关重要的，当头两步架组装完后，为保证立杆垂直度和横杆水平度，首先检查并调整水平框架的直角度和纵向直线度，其次检查立杆垂直度和横杆水平度，不得让脚手架偏扭，然后检查所有碗扣接头，使碗扣接头连接牢固，并锁紧碗扣接头，继续搭设上部脚手架，在搭设过程中应随时检查上述内容并注意调整。

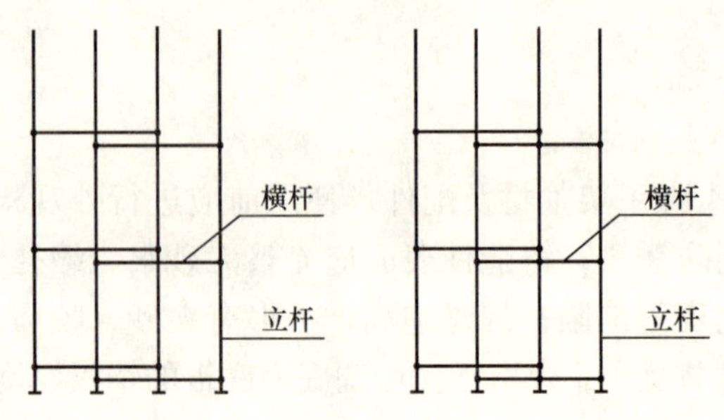

图7.4.2-1 满堂脚手架交叉叠合布置图

（1）使用不同长度的横杆可组成不同立杆间距的满堂脚手架，其方法是当长横杆搭设高密度（即小立杆间距）满堂脚手架时，采用两组或者多组组架交叉叠合布置，横杆错层连接。如图7.4.2-1所示。

（2）当用短横杆搭设低密度（即大立杆间距）满堂脚手架时，采用两组或者多组组架分别设置，增大其中一组间距，或用扣件式钢管脚手架来增加横向连接的办法来实现。

（3）对于支撑面积较大的满堂脚手架（如工业厂房等大跨度满堂）一般不需要把所有立杆都连成一整体搭设，可分成几个小的满堂脚手架，每一个小的满堂脚手架的高宽比小于2即可，当高宽比大于2时采用扩大架体下部尺寸或采取其他构造措施。

（4）对于楼板等荷载较小的模板支撑，特别梁板结合的框架结构，其脚手架搭设高度在4m以下的，按以梁为主和以板为主分别搭设，一般不需要把所有立杆都连成一整体搭设，可分成几个小的满堂脚手架，每一个小的满堂脚手架的高宽比小于2即可，但至少应有2跨（即三根立杆）按脚手架设计方案进行横杆连接，连成一整体；在梁板结合的部位必须有距托撑不大于70cm的上横杆和距底板不大于35cm的扫地杆相连即可。

（5）对一些重荷载满堂脚手架或支撑高度较高（大于等于4m）的满堂脚手架，如钢结构安装单点荷载有的高达700kg，则需要把所有的立杆按脚手架方案用横杆连成一整体，并适当架设斜撑、横托撑或扩大底部架。

（6）模板满堂脚手架周围有主体结构时，对于脚手架高度大于等于8m的架体应设置连墙件进行拉结，拉结点宜设置在水平架体上部范围内。见图7.4.2-2和图7.4.2-3：

2）碗扣式满堂脚手架结构搭设要点

（1）脚手架组装之前应编制脚手架专项方案，明确使用荷载，确定脚手架平面、立面布置，列出所需材料及其使用、周转计划等。所有构件必须经验收合格后方可投入使用。脚手架搭设前应清理架体范围内杂物，并根据实际情况，作必要的地基处理。

（2）可调托撑必须有120mm长丝杠插在立杆钢管内，可调底座必须有150mm长丝杆插在立杆钢管内。

（3）满堂脚手架支撑高度 $H=h_1+h_2+h_3+h_4+h_5$

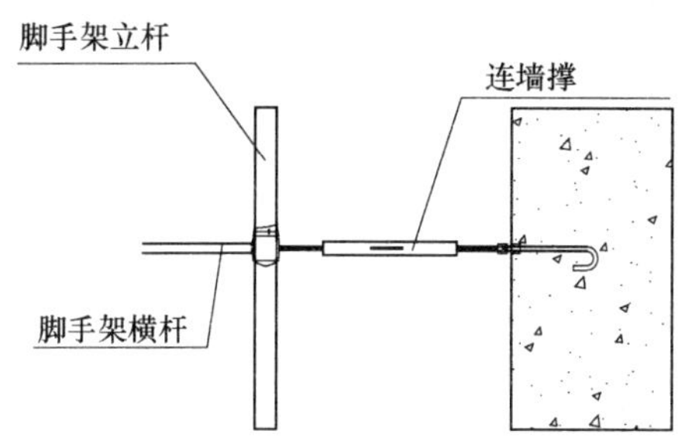

图 7.4.2-2 混凝土结构拉结点示意图

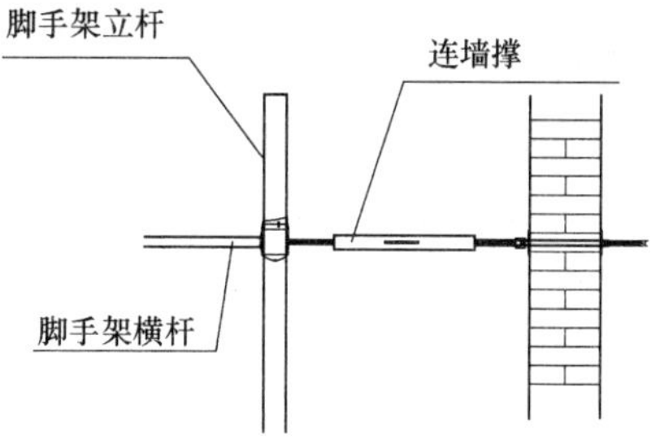

图 7.4.2-3 砌体结构拉结点示意图

h_1 即可调底座长度，最大值为可调底座总长减 150mm，最小值为螺母高度垫板厚度之和一般为 50mm。

h_2 即立杆长度，为 600mm 倍数。

h_3 即顶杆长度，使用带下套管的立杆时，立杆下套管套接长度一般为 110mm，无论多少根立杆接长，该值只加一次。

h_4 即可调托撑长度，其最大值为可调托撑总长减 120mm，最小值为螺母高度和顶托部分高度之和，一般为 70mm。

h_5 即龙骨高度。

（4）横杆步距一般为 1200mm 或 1800mm，承载力越大，取步距越小，或增设斜杆、斜撑、剪刀撑以增强满堂脚手架稳定性，加设横托撑或可调横托撑以加强满堂脚手架侧向约束，扩大底部架以增加受力杆件数量等措施。

横杆的长度一般为 30cm 的模数 7 种规格，但在模板早拆支撑体系中，因留置 5cm 宽的晚拆模板条带，相应的 900mm、1200mm、1500mm、1800mm 四种规格的横杆相应增加 50mm 的长度，即增加了 950mm、1250mm、1550mm、1850mm 四种横杆。

（5）当立杆间距大于 1.5m 时，应在拐角处设置通高专用斜杆，中间每排每列应设置通高剪刀撑或扣件式斜撑混搭。

（6）当模板支撑架高度大于 4.8m 时，顶端和底部必须设置水平剪刀撑，中间水平剪刀撑设置间距应小于或等于 4.8m。

3）室外碗扣式满堂脚手架结构

对于室外用满堂脚手架大致可根据承重要求分为两类，一类是荷载较小荷载在 30kN/m^2 以下的，用普通满堂脚手架布置方式布置即可；一类是荷载较大荷载在 30kN/m^2 以上的，用普通满堂脚手架布置方式布置已经不能满足荷载要求的，我们用满堂支撑柱或者用支撑柱组成的满堂组架来完成支撑架作用的满堂脚手架。

（1）荷载较小荷载在 30kN/m^2 以下的，用普通满堂脚手架布置室内满堂脚手架布置方式布置即可，需要提出的是由于室外工程地质比较复杂，有的可能需要进行通过地面硬化或者铺设枕木、灰土分层夯实等方式加强地基承载力。

（2）对于要求荷载较大，荷载在 30kN/m^2 以上的满堂脚手架，采用支撑柱或者支撑柱组架满堂支撑体系完成支撑。

对于荷载较大的支撑架，首先要进行地基处理，一般采用铺设枕木或者混凝土硬化，然后上铺架板方式来处理地基使其满足荷载承压力要求。

(3) 碗扣式钢管脚手架在桥梁施工中的搭设

由支撑柱组成的满堂支撑体系与普通满堂脚手架结合，可用于特大荷载以及高大桥梁、立交桥、隧洞等大型构件施工当中。

某互通主线桥南北线第 8 联半幅桥面宽度为 18m，底宽为 14m，现浇预应力连续箱梁，第 8 联连续箱梁现浇支架拟采用碗扣支架 ϕ48mm×3.5mm 扣件式钢管支架，支架高度为 14～16m。

由于此桥横跨高速公路，为了保证不中断交通，主要道路采用宽度 3.75m（通道）+1.2m（支架）+3.75m（通道）+2.4m（支架）+3.75m（通道）+1.2m（支架）+3.75m（通道）的门形支架，其他根据主管部门要求和现场实际情况设置通行方式，确保交通畅通。为确保交通安全和对支架的防护，门洞两侧设置防撞墙。支撑采用密集碗扣支架，纵、横间距均为 0.3m，横向设 5 排，支架顶部托架横向放 20a 工字钢梁，工字钢用"U"形螺栓连接，上部纵向放 40a 工字钢，间距 0.4～0.5m，工字钢梁悬挑部位用［16 槽钢连成三角斜撑，工字钢梁上横向布置 15cm×15cm 方木，间距 0.4m，方木上部布置箱梁模板。支架方案见图 7.4.2-4。

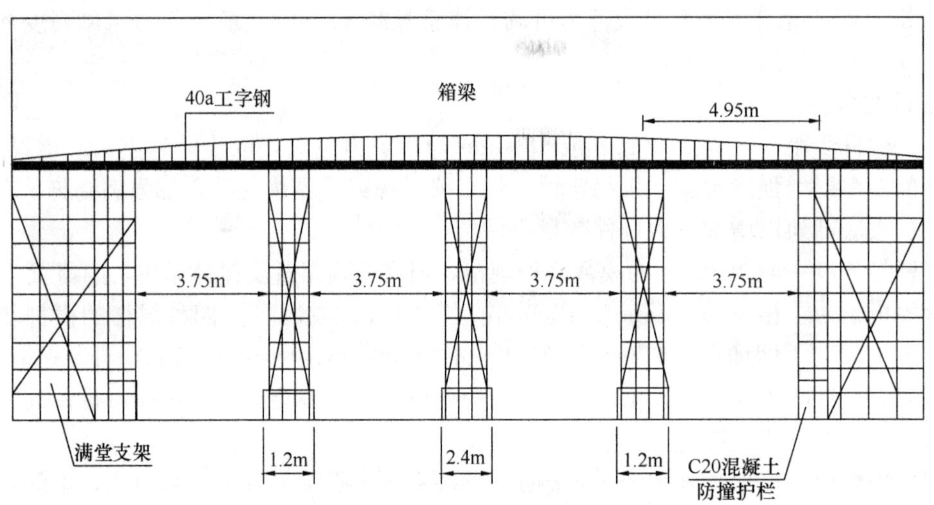

图 7.4.2-4　跨道路箱梁支架简图

为避免在混凝土施工时，支架不均匀下沉，消除支架和地基的塑性变形；准确测出支架和地基的弹性变形量，为预留模板拱度提供依据；为保证施工安全、提高现浇梁质量，事先对支架进行预压。

在支架搭设完毕、梁底模铺好后，对支架进行预压。预压目的一是检验支架及地基的强度及稳定性，消除支架及地基的非弹性变形；二是检验支架的受力情况和弹性变形情况，测量出支架的弹性变形量，得到支架的弹性变形值作为施工预留拱度的依据；三是测出地基沉降，为采用同类型的桥梁施工提供经验数据。

钢管支架搭设好后，为消除支架及地基的非弹性变形，测出支架和地基的弹性变形以及合理设置预拱度，按照设计要求对支架用同量体重量的袋装砂子预压。以每孔为单位，逐孔预压，一孔卸载后，砂袋移至相邻孔，不具备作业条件的吊至地面，运输堆放到合适位置以备下次使用。预压重量为设计荷载（梁自重、内外模板重量及施工荷载之和）的120%。预压使用砂袋静压法，加载时采用吊车将砂袋吊至支架顶，由人工分层摆放稳妥。

堆载预压前一定要仔细检查支架各节是否连接牢固可靠，同时做好观测记录，预压时各点压重要均匀对称，防止出现反常情况。由于混凝土一次性浇筑，预压的荷载为全部重量。故在支架搭设完工后，应以全部重量，采用堆载的方法均布的压于支架上，并设观测点进行观测。预压时要求荷载位置与梁自重荷载分布一致，并按梁自重等荷载进行预压。

加载时按照设计荷载的60%、100%、120%分三级加载，测出各测点加载前后的高程。待沉降稳定后，再分别按加载级别卸载，并分别测出每级荷载下各测点的高程值。

预压时逐日对其进行沉降观测，做好记录，预压时首日每隔6h进行一次沉降观测，直至最后的平均沉降值<1mm并满足24h以上时方可卸载。荷载的持荷时间应不少于1昼夜，如此一方面收集支架、地基的变形数据，观察地基的承载力是否满足要求，另一方面可减少或消除支架的构造变形，以保证浇出的梁身不发生过大的挠度变形和开裂。预压时主要观测的数据有：支架底座沉降一地基沉降；顶板沉降一支架沉降；卸载后顶板可恢复量以及支架的测位移量和垂直度。沉降稳定卸载后算出地面沉降、支架的弹性和非弹性变形数值。根据各点对应的弹性变形数值及设计预拱度调整模板的高程。

7.4.3 碗扣式满堂脚手架施工技术要求

1. 用于支撑的所有杆件，必须经检验合格后方可使用。

2. 碗扣式支架的底层组装最为关键，其组装质量直接影响支架整体质量；在安装完最下两层水平杆后，首先检查并调整水平框架的方正和纵向直顺度；其次应检查水平杆的水平度，并通过调整立杆可调底座使水平杆的水平偏差小于$L/400$（L为水平杆长度）；逐个检查立杆底脚，确保所有立杆下垫实，不得悬空和松动；当底层架子符合搭设要求后，检查所有碗扣接头并锁紧，在搭设过程中随时检查上述内容，并予以调整。

3. 支架搭设严格控制立杆垂直度和水平杆水平度，整架垂直度偏差不得大于$H/500$（H为立杆高度），但最大不超过100mm。

4. 支架顶托逐个顶紧，达到所有立杆均匀受力。

5. 模板和支架、拱架应按施工设计规定的程序安装；安装模板、支架、拱架应由作业组长指挥，作业人员应协调一致。

6. 安装模板应与钢筋工序配合进行，妨碍绑扎钢筋的模板，应待钢筋工序结束后安装。

7. 安设模板、支架、拱架过程中，应及时架设临时支撑，保持模板、支架、拱架的稳固；下班前必须将已安装的模板、支架、拱架固定牢固。

8. 多层支架的立柱应竖直，中心线应一致。

9. 支架立柱应置于平整、坚实的地基上，立柱底部应铺设垫板或混凝土垫块扩散压力。支架地基处应有排水措施，严禁被水浸泡。

10. 支架、拱架安装完成后，应对节点和支撑进行检查，确认符合设计规定，经验收合格，并形成文件后，方可进行下道工序。

11. 可调顶托、底托安装前，应经润滑，确认旋转正常；安装后应采取防止砂浆、水泥浆、泥土等杂物填塞螺栓的措施，并设专人维护。

12. 钢立柱的接头应用卡具或螺栓扣紧，立柱与水平撑、剪刀撑之间应连接牢固。

13. 使用碗扣式钢管支架做模板支架时，施工前应对支架立杆地基进行应力验算，必要时应对地基进行加固处理；支架搭设应符合下列要求：

1）可调底座的调节螺杆伸出长度超过 30cm 时，应采取可靠的固定措施。

2）满堂支架的四边和中间每隔 4 排立杆应设置一道纵向剪刀撑，由底至顶连续设置。

3）高于 4m 的满堂支架，其两端和中间每隔 4 排立杆应从顶层开始向下每隔 2 步设置一道水平剪刀撑。

4）当梁模板支架立杆采用单根立杆时，立杆应设在梁模板中心线处，其偏心距不得大于 2.5cm。

5）立杆的纵、横间距应符合施工设计的规定，每搭完一步支架后，应进行校正；立杆应竖直，2m 高度的垂直偏差不得大于 0.5cm；每搭完一步支架后，应进行校正。

14. 模板、支架跨越道路、公路应符合下列要求：

1）安装时必须设专人疏导交通。

2）施工期间应设专人随时检查支架和防护设施，确认符合方案要求。

3）施工前，应制定模板、支架支设方案和交通疏导方案，并经道路交通管理部门批准。

4）模板、支架的净高、跨度应依道路交通管理部门的要求确定，并设相应的防撞设施和安全标志。

5）位于路面上的支架四周和路面边缘的支架靠路面一侧，必须设防护桩和安全标志，阴暗时和夜间必须设警示灯。

15. 接头搭设：

1）接头是立杆同横杆、斜杆的连接装置，应确保接头锁紧。搭设时，先将上碗扣搁置在限位销上，将横杆、斜杆等接头插人下碗扣，使接头弧面与立杆密贴，待全部接头插入后，将上碗扣套下，并用榔头顺时针沿切线敲击上碗扣凸头，直至上碗扣被限位销卡紧不再转动为止。

2）如发现上碗扣扣不紧，或限位销不能进入上碗扣螺旋面，应检查立杆与横杆是否垂直，相邻的两个碗扣是否在同一水平面上（即横杆水平度是否符合要求）；下碗扣与立杆的同轴度是否符合要求；下碗扣的水平面同立杆轴线的垂直度是否符合要求；横杆接头与横杆是否变形；横杆接头的弧面中心线同横杆轴线是否垂直；下碗扣内有无砂浆等杂物充填等；如是装配原因，则因调整后锁紧；如是杆件本身原因，则应拆除，并送去整修。

16. 杆件搭设顺序：

1）在已处理好的地基或基垫上按设计位置安放立杆垫座或可调座，其上交错安装 3.0m 和 1.8m 长立杆，调整立杆可调座，使同一层立杆接头处于同一水平面内，以便安装横杆。搭设顺序是：立杆底座→立杆→横杆→斜杆→接头锁紧→脚手板→上层立杆→立杆连接销→横杆。

2）脚手架搭设以 3～4 人一小组为宜，其中 1～2 人递料，另外两人共同配合搭设，每人负责一端。搭设时，要求最多 2 层向同一方向，或中间向两边推进，不得从两边向中间合拢搭设，否则中间杆件会因两侧架子刚度太大而难以合拢。

17. 搭设注意事项：

1）所有构件都应按设计及脚手架有关规定设置。

2）在搭设过程中，应注意调整整架的垂直度，一般通过调整连墙撑的长度来实现，要求整架垂直度小于 1/500L，但最大允许偏差为 100mm。

3）连墙撑应随着脚手架的搭设而随时在设计位置设置，并尽量与脚手架和建筑物外表面垂直。

4）在搭设、拆除或改变作业程序时，禁止人员进入危险区域。

5）脚手架应随建筑物升高而随时设置，一般不应超出建筑物 2 步架。

6）单排横杆插入墙体后，应将夹板用榔头击紧，不得浮放。

18. 检验、验收和使用管理

1）碗扣式脚手架构件主要是焊接而成，故检验的关键是焊接质量，要求焊缝饱满，没有咬肉、夹碴、裂纹等缺陷。

2）钢管应无裂缝、凹陷、锈蚀。

3）立杆最大弯曲变形矢高不超过 $L/500$，横杆斜杆变形矢高不超过 $L/250$。

4）可调构件，螺纹部分完好，无滑丝现象，无严重锈蚀，焊缝无脱开现象。

5）脚手板、斜脚手板及梯子等构件，挂钩及面板应无裂纹，无明显变形，焊接牢固。

6）在下列阶段应对脚手架进行检查：

（1）每搭设 10m 高度。

（2）达到设计高度。

（3）遇有 6 级及以上大风和大雨、大雪之后。

（4）停工超过一个月恢复使用前。

7）检验主要内容：

（1）基础是否有不均匀沉陷。

（2）立杆垫座与基础面是否接触良好，有无松动或脱离情况。

（3）检验全部节点的上碗扣是否锁紧。

（4）连墙撑、斜杆及安全网等构件的设置是否达到了设计要求。

（5）荷载是否超过规定。

8）主要技术要求：

（1）地基基础表面要坚实平整，垫板放置牢靠，排水通畅。

（2）不允许立杆有浮地松动现象。

（3）整架垂直度应小于 $L/500$，但最大不超过 100mm。

（4）对于直线布置的脚手架，其纵向直线度应小于 $L/200$。

（5）横杆的水平度，即横杆两端的高度偏差应小于 $L/400$。

（6）所有碗扣接头必须锁紧。

9）使用管理：

（1）脚手架的施工和使用应设专人负责，并设安全监督检查人员，确保脚手架的搭设和使用符合设计和有关规定要求。

（2）在使用过程中，应定期对脚手架进行检查，严禁乱堆乱放，应及时清理各层堆积的杂物。

19. 碗扣式钢管脚手架拆除的安全技术要求

1）当脚手架使用完成后，制定拆除方案。拆除前应对脚手架作一次全面检查，清除所有多余物件，并设立拆除区，禁止无关人员进入。

2）拆除顺序自上而下逐层拆除，不容许上、下两层同时拆除。

3）连墙撑只能在拆到该层时才许拆除，严禁在拆架前先拆连墙撑。

4）拆除的构件应用吊具吊下，或人工递下，严禁抛掷。

5）拆除的构件应及时分类堆放，以便运输、保管。

7.4.4　碗扣式满堂脚手架的拆除

1. 碗扣式满堂脚手架拆除条件

1）拆除前，提出拆模申请，混凝土同条件试块达到设计要求，当设计无特殊要求时，应符合表 7.4.4 条件：

碗扣式满堂脚手架拆除条件　　**表 7.4.4**

构件类型	构件跨度（m）	达到设计的混凝土立方体抗压强度标准值的分率（%）
板	≤2	≥50
	>2，≤8	≥75
	>8	≥100
梁、拱、壳	≤8	≥75
	>8	≥100
悬臂构件	—	≥100

2）对后张法预应力混凝土结构构件，底模支撑架拆除应执行技术方案，当无具体要求时，在底模板支撑架施加预应力以后拆除。

3）模板支撑架的拆除应建立在 3 层支撑的基础上为前提。

4）拆模前应制定专项拆模方案，清除多余物件，并对脚手架进行一次全面检查。

5）在大片架子拆除前应先将预留的斜道、上下平台、通道等，先行加固，以便拆除后能确保其完完整、安全和稳定。

2. 碗扣式满堂脚手架拆除技术措施

1）拆除底模、支架应依据施工技术方案及其结构上部施工荷载及堆料进行严格控制或经验算在结构底部增设临时支撑，悬挑结构按照施工方案加临时支撑。

2）模板拆除时，不应对楼层形成冲击荷载，拆除的模板和支架应分散堆放并及时清运，如果暂时堆放时，堆放应根据材料材质经计算确定，楼板底部应加临时支撑。

3）后浇带模板应保持原支撑，如果因施工需要，也要加临时支撑，支顶后拆模。后浇带梁头支柱要使用双排支柱，并有足够的刚度。

4）遇到 6 级以上大风、大雨、大雪天气停止拆除作业。

5）拆除架子时应由外向里、自上而下进行，部件拆除顺序与安装顺序相反，不允许高空抛落，应分品种、规格捆绑，用垂直吊运设备将其运至指定地点码放整齐，不允许上下两层同时拆除。

拆除顺序应遵循从一端走向另一端，自上而下，先搭后拆的原则。按一步一清的原则依次进行，要严禁上下同时进行拆除作业。

6）用满堂脚手架作支撑的桥梁工程中，落架原则为全孔多点、对称、缓慢、均匀的原则逐渐完成，直至底模与梁底分开。支架落架前，对观测点进行一次全面的观测，落架时每次卸落后，观测相应测点变化情况，落架完成后，对观测点做一次全面观测，检查桥梁线型。拆除支架时，自上而下从梁跨中间向两端均匀拆除，拆除不得死拧硬撬，拆下扣件和杆件不得随地乱抛，并进行整修，集中堆放。

3. 碗扣式满堂脚手架拆除安全措施

1）拆除脚手架前，要明确分工，统一指挥，操作过程中精力要集中，不得东张西望和开玩笑，工具不用时要放入工具袋内。

2）凡参加搭、拆脚手架的操作人员应穿戴好个人防护用品，正确佩戴安全帽、工具袋，脚应穿软底鞋。拆除挑架等危险部位以及悬空、临空危险作业必须佩戴安全带，严禁穿拖鞋、赤脚或硬底鞋上架操作，严禁酒后作业。

3）拆除脚手架前，周围应设围栏或警戒标志，在交通要道设专人监护，禁人入内。要检查桥架上是否有杂物、电线水管等临时设施，必须先清除干净后拆除。

4）严格遵守拆除顺序，由上而下，一步一清，不准上下层同时作业。

5）拆除过程中最好不要中途换人，如必须换人时，应将拆除情况交代清楚。

6）拆架时，拆下材料堆放在架上或平台不得超载，拆除下来的螺栓要放入工具袋，小构件要放入工具袋内，拆下来钢管、桥板、传递人员位置要错开，不允许在同一线上操作，短料、桥板、构件、螺栓等可放入上料笼内降下，停台装料时要打信号降落，严禁从高空抛掷料具落地。附着架上安全网要随架的拆除而逐步拆下，翻桥板要向下外倾，以防止杂物下落打破玻璃，翻板时要有专人负责安全警戒。脚手架拆除完后应将架料分类堆放，堆放地点要平坦，下设支垫排水良好。钢类最好放置室内，堆放在室外应加以遮盖。对扣件、螺栓等零星小构件应用柴油清洗干净装箱、袋分类存放室内以备再用。

7.5 碗扣式模架搭设与拆除

7.5.1 碗扣式模架应用范围与特点

1. 碗扣式模架应用范围

碗扣式模板支撑架主要在房屋建筑施工中作为模板支撑体系，常用于框架结构、现浇顶板结构模板支撑。为了加快碗扣架、顶板模板周转速度，减少支撑架和模板投入量，可设计为早拆模板支撑体系，可大大提高模板以及支撑架的周转率。

2. 碗扣式模架的特点

1）碗扣式模板支架承载力高

由于碗扣是焊在立管上，承插头也是焊接在横杆上，主结构受力无偏心，连接非常可靠，所以其承载力很大。对于只承受竖向荷载的模架体系来讲，远远大于扣件式连接（只是靠摩擦力），通过试验说明，在通常竖向荷载作用下，接点几乎不可能破坏。承载力要求通过施工验算也完全满足荷载要求。

2）支架适应高度变化强

建筑物、构筑物造型各异，断面几何尺寸不规则，高度也变化不一。在重载条件下，一般常用的扣件式钢管脚手架搭设时，由于钢管长度的制约，往往是非长即短，接长会影响架体的承载能力，割短会造成材料浪费，而碗扣式脚手架由基本杆件组成，其水平杆、立杆的长度模数为 300mm，因而其支撑高度、支撑间距可任意选择，再加上上下底撑调节高度达 600mm，所以架体高度对建筑物室内高度适应性强。

3）碗扣式模架周转速度快，周转率高

由于碗扣式模架可设计、搭设成早拆体系模架，可提高模架及模板的周转速度和周转次数，而且模架搭拆快速、投入少，从而大大提高了模架的周转率和使用率。

7.5.2　碗扣式模板支架架体构造

1. 基本构造

对于框架结构顶板、梁模板支撑架，适宜采用碗扣式满堂模板支架，因支撑架立杆在四个方面都装有横杆，而横杆又处于框架平面内，没有偏心，因此在横杆层，立杆在水平方向受横杆限位约束，当整架高宽（最窄边）比小于 2 时，可以认为，整架承载力决定于立杆的局部稳定，即水平横杆步距。用碗扣式脚手架系列构件可以组成不同组架密度、不同组架高度，能承受不同荷载的支撑架。一般由立杆垫座（或立杆可调座）、立杆、顶杆、可调托撑以及横杆和斜杆（或斜撑、剪刀撑）等组成。

1）平面构造

立杆的间距取决于支撑的承载力和所需要支撑的结构形状，使用不同长度的横杆可组成不同立杆间距的支撑架。当所需要的立杆间距与标准横杆长度（或现有横杆长度）不符时，可使用同样长度的横杆组成不同立杆密度的支撑架，其方法是当用长横杆搭设高密度支撑架时，采用两组或多组组架交叉叠合布置，横杆错层连接；当用短横杆搭设低密度支撑架时，采用两组或多组组架分别设置，增大其中间间距的办法实现。

对于支撑面积较大的支撑架，一般不需要把所有立杆都连成一整体搭设，可分成几个支撑架，每个支撑架的高宽比小于 2 即可。

2）立面构造

支撑架立柱由立杆底座、立杆、顶杆、可调托撑组成，可调托撑插在顶杆上，其上可直接安放支撑横梁。

对于楼板等荷载较小的模板支撑，一般不需把所有立杆都连成一整体，高宽（以窄边计）比小于 2 即可，但至少应有 2 跨（即 3 根立杆）连成一体。对于一些重载支撑或支撑高度较高（大于 8m）的支撑架，则需把所有立杆连成一整体，并根据具体情况加设纵向剪刀撑、水平剪刀撑。

支撑架横杆的步距视承载力的大小而定，一般取 1200mm 或 1800mm，步距越小承载力越大。为了提高支撑架的承载力，除减小横杆的步距外，还可采用增设斜杆、斜撑、剪刀撑以增强支撑架的稳定性；加设横托撑或可调横托撑以增强支撑架的侧向约束。

2. 混凝土板类构件碗扣式模架按表 7.5.2-1 选用。

混凝土板类构件碗扣式模架选用表 **表 7.5.2-1**

板厚（mm） 搭设高度（mm）		180 以下	181～ 300	301～ 600	601～ 900	901～ 1200	1201～ 1500
4m 以下	立杆纵横向间距（mm）	1500	1200	900	900	900	600
	立杆步距（mm）	1200	1200	1200	1200	600	600
4～10m	立杆纵横向间距（mm）	1500	900	900	900	600	600
	立杆步距（mm）	1200	1200	1200	600	600	600
10～20m	立杆纵横向间距（mm）	1200	900	900	600	600	600
	立杆步距（mm）	1200	1200	600	600	600	600
20～30m	立杆纵横向间距（mm）	900	900	900	—	—	—
	立杆步距（mm）	1200	600	600	—	—	—

3. 混凝土梁类构件碗扣式模架按表 7.5.2-2 选用。

混凝土梁类构件碗扣式模架选用表 **表 7.5.2-2**

梁高（mm） 搭设高度（mm）		180～ 300	301～ 600	601～ 900	901～ 1500	1501～ 2400	2401～ 3000
4m 以下	立杆纵向间距（mm）	1200	1200	900	900	600	600
	立杆横向间距（mm）	900	900	600	300	300	300
	立杆步距（mm）	1200	1200	1200	1200	600	600
4～10m	立杆纵向间距（mm）	1200	900	900	900	600	600
	立杆横向间距（mm）	900	900	600	300	300	300
	立杆步距（mm）	1200	1200	1200	600	600	600
10～20m	立杆纵向间距（mm）	1200	900	900	900	600	600
	立杆横向间距（mm）	900	900	600	300	300	300
	立杆步距（mm）	1200	1200	600	600	600	600
20～30m	立杆纵向间距（mm）	900	900	900	600	600	600
	立杆横向间距（mm）	900	900	600	300	300	300
	立杆步距（mm）	600	600	600	600	600	600

7.5.3 碗扣式模架搭设

1. 碗扣式模架搭设构造要求

1）模板支撑架应根据所承受的荷载选择立杆的间距和步距，底层纵、横杆作为扫地杆，距地面高度应不大于 350mm，立杆底部应设置可调底座或固定底座；立杆上端包括可调螺杆伸出顶层水平杆的长度不得大于 0.7m。

2）模板支撑架斜杆设置应符合下列要求：

（1）当立杆间距大于 1.5m 时，应在拐角处设置通高专用斜杆，中间每排每列应设置通高八字形斜杆或剪刀撑；

(2) 当立杆间距小于或等于1.5m时，模板支撑架四周从底到顶连续设置竖向剪刀撑；中间纵、横向由底至顶连续设置竖向剪刀撑，其间距纵、横向由底至顶连续设置竖向剪刀撑，其间距应小于或等于4.5m；

(3) 剪刀撑的斜杆与地面夹角应在45°～60°之间，斜杆应每步与立杆扣接。

3) 当模板支撑架高度大于4.8m时，顶端和底部必须设置水平剪刀撑，中间水平剪刀撑设置间距应小于或等于4.8m。

4) 当模板支撑架周围有主体结构时，应设置连墙件。

5) 模板支撑架高宽比应小于或等于2；当高宽比大于2时可采取扩大下部架体尺寸或采取其他构造措施。

6) 模板下方应放置次楞（梁）与主楞（梁），次楞（梁）与主楞（梁）应按受弯杆件设计计算。支架立杆上端应采用U形托撑，支撑应在主楞（梁）底部。

2. 碗扣式模架搭设施工

施工顺序如下：备料并运输→根据施工方案现场放立杆位置线→布置垫木及底座→搭设立杆→搭设横杆→搭设斜撑或剪刀撑→插可调托撑→铺100mm×100mm主龙骨（或50mm×100mm的方木做晚拆条带）。

1) 按施工方案弹线定位，放置可调底座后分别按先立杆后横杆再斜杆的搭设顺序进行。建筑楼板多层连续施工时，应保证上下层支撑立杆在同一轴线上。

每根立杆承载力一般按照30kN计算，为充分发挥碗扣式架承载力大的优点，对于框架结构顶板、梁模板支架的搭设，可以进行梁、板合支、减少支撑架的用量。平面布置一般以开间为单位，一种是以梁为主的布置方式，另一种是以板为主的布置方式。碗扣式脚手架作楼板模板支撑架布置原则如下：立杆间距一般不大于1.5m，底层纵、横向水平杆作扫地杆，距地面高度小于或等于350mm，立杆底部设置可调底座或固定底座，立杆上端包括可调螺杆伸出顶层水平杆的长度不得大于0.7m，水平横杆对于8m以下的满堂架体设置4层能够满足刚性要求；对于高宽比大于2时，横杆间距取1.2m，能够满足刚性要求。

2) 现浇梁、板、后浇带模板支架搭设

对于以梁为主的满堂架体或超过8m的满堂模板支撑架，若因刚度需要立杆间距大于1.5m时，应在拐角处设置通高专用斜杆，中间每排每列设置通高八字形斜杆或剪刀撑。

对于以板为主的满堂脚手架在没有梁或者梁较少的情况下可以采用图7.5.3-1所示以板为主的布置方式板支撑顶部节点图支撑，并合理利用早拆柱头以达到早拆目的。其立杆间距可以通过计算所得，一般立杆间距不大于1.5m设置，拆模只拆早拆模板或者早拆方木，迟拆方木或迟拆模板不动，混凝土顶板强度达到50%即可拆除。对于迟拆模板或者迟拆方木，待混凝土达到混凝土拆模相应条件时拆除，以达到在安全的前提下模板早拆，节省材料，缩短模板周转周期的目的。

(1) 以梁为主的布置方式见图7.5.3-2所示梁节点布置图：

对于对拉螺栓和梁底顶杆设置可根据工程实际梁的大小设定，一般梁宽大于等于600mm的梁设置两排顶杆，梁宽小于600mm的梁在梁底设置单排顶杆，对于梁高大于300mm小于600mm的梁可设置一排对拉螺栓，对于梁高大于600mm的梁，梁高每增加300mm增加一排对拉螺栓。

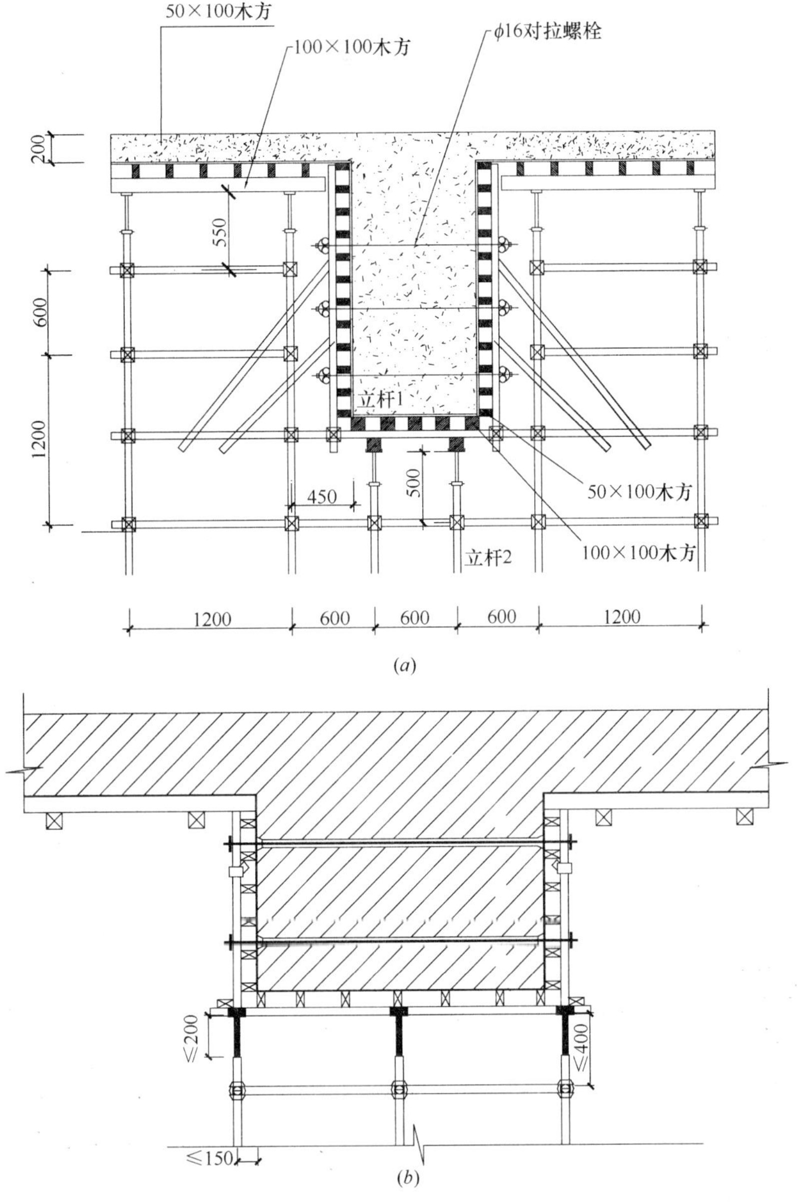

图 7.5.3-1 梁截面宽度大于给定立杆横距时的立杆布置图（mm）

对于超大截面梁的支模方式可参考图 7.5.3-2：

（2）以板为主的布置方式板支撑顶部节点图布置见图 7.5.3-3：

（3）对于后浇带处模板支撑体系，一般在后浇带两侧及后浇带下方分别搭设独立支撑模板块，后浇带底部两侧分别设置 2cm 宽通长木条，这样设置的话可以容易实现在后浇带浇筑前，拆除后浇带下方独立支撑模板块，而后浇带两侧独立支撑模板块不拆，保证结构安全的前提下能很好地完成后浇带剔凿和清理后浇带内杂物。完成后重新支撑后浇带下方独立支撑模板块，经验收合格后进行后浇带混凝土浇筑。

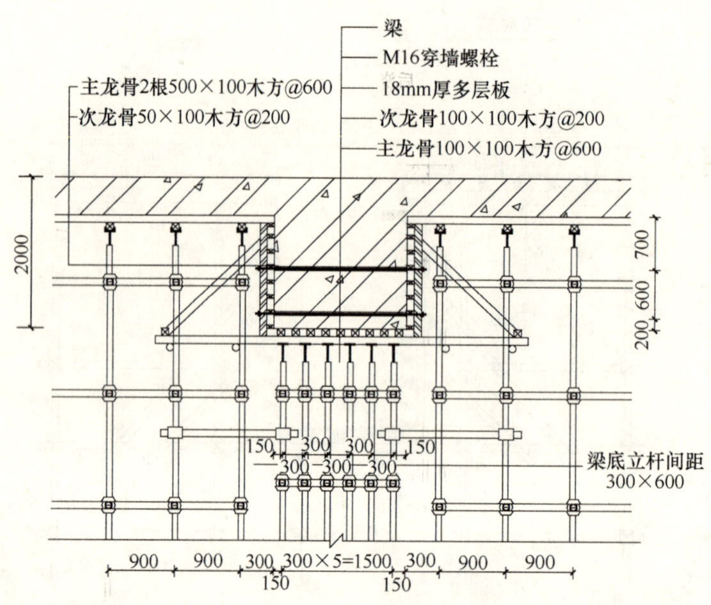

图 7.5.3-2　1800×2000 梁节点模板支设详图（主龙骨为 100×100 木方）(mm)

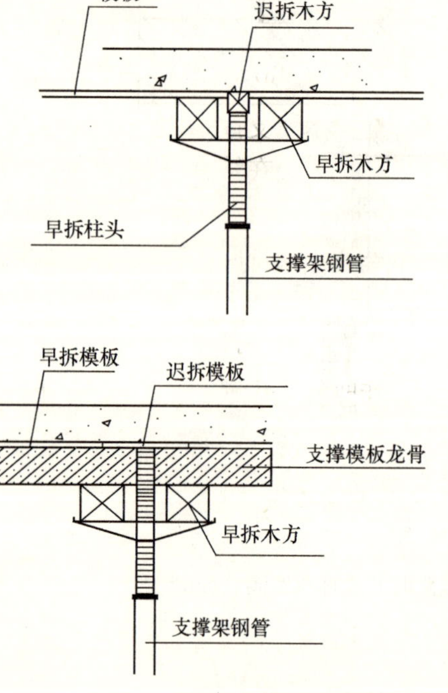

图 7.5.3-3　板支撑顶部节点布置图

后浇带模板及支撑体系应做成单独的支撑体系。详见图 7.5.3-4：

无论哪种布置方式，碗扣式满堂脚手架在模板支撑架体系上特别是无梁体系的大跨度板上，主要体现其“早拆模板、晚拆支撑”的实用技术。因此早拆柱头的安装极为重要。这类早拆柱头类型早拆体系比较适合大跨度厂房和无粘结预应力结构等梁较少的建筑物的模板早拆。

对以板为主支撑顶板节点图 7.5.3-3 所示的使用定型模板实现模板早拆的模板早拆支撑体系，两立杆的中心距为模板宽度（300mm 模数）加早拆头顶部晚拆模板条带的宽度（一般为 50mm），碗扣架横杆长度应为 300mm 模数加 50mm；对于使用主次梁支撑模板的模板支撑体系，其立杆间距根据需要而定，横杆长度随其变化，但要考虑横杆的模数长度。

①配置数量：碗扣式支撑架配备早拆柱头，一般配 3 层，配置 2 层楼所需横杆，配置 1.5 层楼所需模板即可满足施工 3 层楼周转用量。

②通用要求：满堂脚手架高度大于 4.8m 时，底和顶均设置水平剪刀撑，中间水平剪刀撑设置间距应小于或等于 4.8m。对满堂脚手架普通模板支撑架高度 8m 及以上，施工总荷载 15kN/m^2 及以上，集中线荷载 20kN/m^2 及以上的，经复核性审批合格及经专家论证后方可实施。

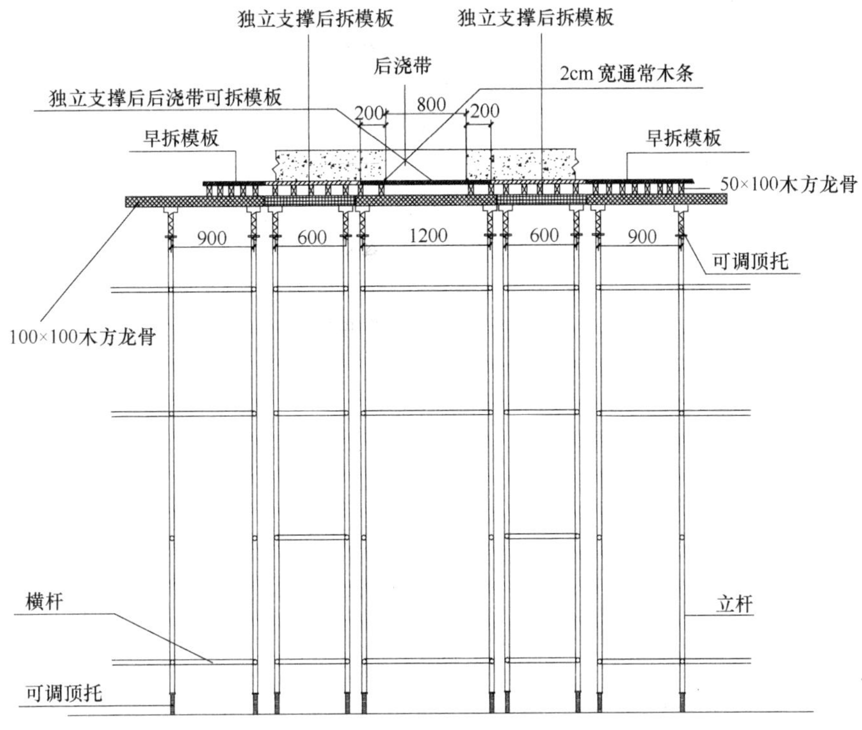

图 7.5.3-4　后浇带处模板支撑体系示意图（mm）

③先搭设主梁模板支架，再搭设次梁及顶板模板支架。模板支撑架搭设应与模板施工相配合，利用可调底座或可调托撑调整底模标高。模板支架搭设在结构的楼板、挑台、悬挑板上时，应对结构承载力进行验算。

④模板在支撑过程中项目部人员应对支撑系统进行检查，发现问题及时整改，模板支设完成后必须经监理和项目部验收后，方可进行下道工序。

⑤支模应按顺序进行，模板及支撑系统在未固定前，严禁利用拉杆上下人，不准在拆除的模板上进行操作。模架搭设人员必须持证上岗，操作时必须正确佩戴安全帽，高处作业时系安全带，穿防滑鞋进行作业。

7.5.4　模板支撑架的拆除

1. 模板支撑架拆除时的混凝土强度，必须符合设计要求和规范的规定；当设计无具体要求时，应符合《混凝土结构工程质量验收规范》GB 50204—2002 的规定。

2. 拆模前工长提出拆模申请，经技术负责人审批后方可拆模。

3. 拆模顺序是先拆除承重小部位的模板及其支架，然后拆除其他部分的模板及其支架。当拆除 4～8m 跨度的梁下立柱时，应先从跨中开始，对称地分别向两端拆除。拆除时，严禁采用连梁底板向旁侧一片拉倒的拆除方法。

4. 当立柱的水平拉杆超出 2 层时，应首先拆除 2 层以上的拉杆。当拆除最后一道水平拉杆时，应和拆除立柱同时进行。

5. 架体拆除前，现场工程技术人员应对在岗操作人员进行有针对性的安全技术交底。

6. 架体拆除时必须划出安全区，设置警戒标志，派专人看管。

7. 拆除时应统一指挥，上下呼应，动作协调，拆除与其他操作人员有关的部分时应先通知对方，防止坠落。

8. 拆除中途不得随意换人，必须更换时应将拆除情况交代清楚后方可换人。

9. 拆除的构配件应分类堆放，以便于运输、维护和保管。

7.6 碗扣式钢管脚手架现场管理措施

碗扣式脚手架作为快拆支撑体系，具有便于现场分类码放管件、运输方便快捷、周转速度快、周转次数多、降低劳动强度、提高劳动效率、空间跨度适应性强、多功能、通用性强等特点。

7.6.1 文明施工及降低噪声措施

1. 按杆件和配件分类码放，做好标识工作。支架所用材料如扣件、钢管、底座、可调顶杆、方木等要分类集中堆放，堆放要整齐，搭设和拆除过程中不可乱扔乱抛，下班前做到活完场清，现场整洁。

2. 杆件和配件进场之后及时刷防锈漆。

3. 搭设、拆除及运输碗扣式脚手架时，必须轻拿轻放避免扰民现象发生，尽可能在6：00～22：00之间施工，避免夜间施工。

4. 教育工人轻拿轻放，昼间施工噪声控制在结构阶段小于等于75dB，装修阶段小于等于65dB，夜间施工小于等于55dB。

5. 现场设置安全施工警示牌和文明施工宣传标志牌，断交路段设置绕行标志。

6. 现场土方整理及砂砾摊铺时，干燥天气应洒水湿润，运输车辆应进行覆盖，防止扬尘。

7.6.2 安全管理措施

1. 用碗扣式脚手架搭设的混凝土模板支撑工程，支撑高度8m及以上，搭设跨度8m及以上，施工总荷载15kN/m^{2}及以上，集中线荷载20kN/m及以上，及双排外脚手架架体高度落地式为50m及以上，悬挑式为20m及以上的架子工程，必须由持有架子工上岗证的架工进行搭设拆除，其方案要在复核型审批合格后经专家论证方可施工。

2. 外脚手架的外表面应满挂阻燃性安全密目网，并与门架竖杆和剪刀撑结构扎牢，每4层及10m位置增设一道水平安全网，顶部设置水平栏杆，并高出作业面1.8m。

3. 拆除外脚手架时设置警戒线，并由安全人员现场旁站监督。

4. 作业面上的施工荷载要与计算的前提相一致，不得超载，不得集中堆放模板、钢筋等杂物。

5. 由安全员牵头，其他相关人员配合对脚手架经常进行检查和维修，发现隐患及时整改，满堂模板支撑体系在浇筑混凝土前要重点检查其与方案的一致性，上部荷载的作业情况。

6. 在脚手架上进行电气焊接作业时，必须有防火措施和专人看守。

7. 架子工作业时，必须正确佩戴合格的安全帽，系好合格的安全带，严禁穿高跟鞋、拖鞋或者硬底带钉易滑的鞋作业。工具放包内，集中思想，相互配合。

8. 平放在横杆上的脚手板必须与脚手架连接牢靠，可适当加设横杆，脚手板探头板长度不应超过 150mm。

9. 高空作业要严格按照规范和安全作业规则配戴安全帽、安全带、设置安全网。严禁酒后登高作业。施工人员所持工具必须用绳挂在工具栏内，防止坠落伤人。

10. 从事支架安拆作业的人员，开工前和施工中定期进行体检，凡患有恐高症等不适应高空作业的人员，严禁从事高空工作。

11. 室外架体拆除时如附近有外电线路，要采取隔离防护或停电措施。严禁架杆碰触电线。

12. 拆除脚手架时，在下层水平杆上铺脚手板操作，严禁站在水平杆上进行作业。

7.6.3 环保、节约材料措施

1. 碗扣式钢管脚手架，钢管应符合现行国家标准《直缝电焊钢管》GB/T T13793—2008、《低压流体输送用焊接钢管》GB/T 3091 中的 Q235A 级普通钢管的要求。其材质性能应符合现行国家标准《碳素结构钢》GB/T 700 的规定。其余管件应符合《碗扣式钢管脚手架构件》GB 24911—2010 中的构配件材料要求之项。

2. 经检验合格的构配件应按照品种、规格分类放置在堆料区内或码放在专用架上，清点好数量备用。脚手架堆放场地排水应畅通，运输应方便、不得有积水。

3. 安全网采用密目式阻燃安全网，必须符合《安全网》GB 5725—2009 国家标准，并进行抽样检查。

4. 对于高大碗扣式脚手架，第一道立杆选用不同长度的杆件，可错开搭接接头，保持架体的稳定性。

5. 立杆间距要综合考虑横杆的标准模数，尽可能杜绝与扣件式钢管混用，以节约构配件材料。

6. 在碗扣式脚手架的搭设方案中要综合考虑工程特点、周边环境的拉结辅助作用，在保证安全的前提下用最经济、最少量的构造措施满足施工荷载的需要，保持架体的稳定性。

7.6.4 使用过程中的注意事项

碗扣式脚手架是国内目前工程施工中受力较好的体系，被施工单位广泛采用；但如果设计不合理、使用不当，将会导致结构变形，甚至出现倒塌的后果。应注意以下几个方面：

1. 对支架体系进行认真分析与计算，明白支架出现的最不利荷载，对支架本身应进行强度核算，还应进行稳定性验算；对存在水平荷载的支架体系还应进行水平方向承载能力的验算。

2. 碗扣接头是非刚性结点，应设置必要的斜撑杆。

3. 对受力很大的支架体系，对支撑点的局部承压能力要进行验算，防止局部破坏而酿成事故。

4. 支架的基础应坚实可靠，除满足地基承载力要求外，还应有防雨排水措施，防止地基浸泡出现下沉。

5. 按碗扣式脚手架技术说明正确使用，认真按安全操作规程进行施工。

6. 碗扣式脚手架的立柱，应置于坚实的地基上，立柱钢管加垫座，用混凝土块或坚实的厚木块垫好。

7. 脚手架的立柱要求垂直，其中转角立柱的垂直误差不得超过 0.5%，其中立柱不得超过 1%。

7.7 检查与验收

7.7.1 检查验收程序

1. 搭设高度在 24m 以下（含 24m）的脚手架或搭设高度在 8m 以下（含 8m）的模板支架，应由项目负责人组织技术、安全及监理人员进行验收。

2. 对于高度超过 24m 的脚手架或高大模板支撑系统（高度超过 8m，或跨度超过 18m，施工总荷载大于 $10kN/m^2$ 或线荷载大于 15kN/m），应由其上级负责人组织架体设计及监理等人员进行检查验收。

7.7.2 构配件进场检查与验收内容

1. 技术资料的检查：

用于碗扣式脚手架的构配件进场后应及时检查生产厂家的营业执照、资质证明、生产许可证、产品合格证、质量检测报告及相关合同等资料。

按照《碗扣式钢管脚手架构件》GB 24911—2010。《建筑施工碗扣式钢管脚手架安全技术规范》JGJ 166—2008 以及其他地方法规相关规定要求，碗扣式钢管脚手架作为模架时应满足以下规定：

钢管应选用符合现行国家标准《直缝电焊钢管》GB/T 13793 或《低压流体输送用焊接钢管》GB/T 3091 中 Q235A 级的普通钢管，其材质性能应符合现行国家标准《碳素结构钢》GB/T 700 的有关规定；上碗扣应采用可锻铸铁或铸钢制造，其材料机械性能应符合现行国家标准《可锻铸铁件》GB/T 9440 中 KTH350-10 及《一般工程用铸造碳钢件》GB/T 11352 中 ZG270-500 的有关规定；下碗扣、横杆接头、斜杆接头应采用碳素铸钢制造，其材料机械性能应符合《一般工程用铸造碳钢件》GB/T 11352 中 ZG270-500 的有关规定；采用钢板热冲压整体成形的下碗扣，钢板应符合《碳素结构钢》GB/T 700 中 Q235A 级钢的规定，板材厚度不得小于 6mm，并经 600～650℃的时效处理，禁止利用废旧锈蚀钢板改制；可调底座及可调托撑螺母应采用可锻铸铁或铸钢制造，其材料机械性能应符合《可锻铸铁件》GB/T 9440 中 KTH330-08 及《一般工程用铸造碳钢件》GB/T 11352 中 ZG230-450 的有关规定。

2. 构配件进场检查

1）检测器具：

钢卷尺：立杆长度、横杆长度。

焊接检验尺：下碗扣与立杆焊缝高度、下套管与立杆焊缝高度、横杆接头与杆件焊缝高度等。

游标卡尺：下碗口与定位销下端间距、上碗扣内圆锥大端直径（圆度）等。

专用量具：杆件直线度、下碗扣内圆锥与立杆同轴度。

2）构配件进场应重点检查以下部位质量：

（1）钢管壁厚、焊接质量、外观质量：钢管规格 ϕ48mm×3.5mm，壁厚最小值不得小于 3.5mm，抽查 3%，采用游标卡尺检查；钢管表面应平直光滑，不得有裂缝、结疤、分层、错位、硬弯、毛刺、压痕、深的滑道及严重锈蚀等缺陷，严禁打孔，钢管焊接前应进行调直除锈，钢管直线度应小于 $1.5L/1000$。

钢管外壁必须涂刷防锈漆，内壁宜涂刷防锈漆，此项要求全数逐根检查；碗扣的铸造件表面应光滑平整，不得有砂眼、缩孔、裂纹、浇冒口残余等缺陷，表面粘砂应清除干净，冲压件不得有毛刺、裂纹、氧化皮等缺陷，碗扣的各焊缝应饱满，不得有未焊透、夹砂、咬肉、裂纹等缺陷，此项目应全数检查。

（2）碗扣立杆连接套管质量：碗扣架的立杆连接套管。其壁厚不应小于 3.5mm，内径不应大于 50mm，套管长度不应小于 160mm，外伸长度不应小于 110mm。采用游标卡尺抽查 3%。

（3）可调底座和可调托撑材质及丝杠直径、与螺母配合间隙：可调底座及可调托撑丝杆与螺母捏合长度不得少于 4～5 扣，丝杆直径不小于 36mm，插入立杆内的长度不得小于 150mm。

（4）脚手板一般采用木质脚手板，木质脚手板厚度不小于 50mm，宽度不小于 200mm，端头用 10 号钢丝包头两道，脚手板不得有影响使用的裂纹、疤痕等缺陷。木垫板要求同木质脚手板。木垫板及木脚手板应采用松木。木垫板及木脚手板的材质应符合《木结构设计规范》GB 50005—2003 中的二级材质的规定，其强度、刚度满足使用要求。木脚手板不得有通透结疤、扭曲变形、劈裂等影响安全使用的缺陷，严禁使用含有表皮腐朽的木脚手板。

（5）安全网：操作层使用水平网，脚手架外侧使用密目网。安全网均须有经国家认证的合格证，安全网绳不得损坏和腐朽，平支安全网宜使用棉纶安全网；密目式安全网除应阻燃外，其网目（2000 目/100cm^2）应满足要求，做耐贯穿试验不穿透，1.6m×1.8m 的单张网重量在 3kg 以上，锁扣间距应控制在 300mm 以内；使用的安全网必须有产品生产许可证和质量合格证，并经工地材料员现场全数目测检验合格。

（6）连墙杆采用同规格的钢架管。连墙件如采用预埋方式，应提前与相关部门协商，按要求预埋。

3）碗扣式脚手架、模架使用过程中的检查

（1）检查基础是否有不均匀沉降，立杆底座与基础面的接触有无松动或悬空情况。

（2）检查杆件的设置和连接，连墙杆、支撑、门洞桁架等的构造是否符合要求。

（3）立杆的沉降与垂直度的偏差是否符合要求。检查立杆垂直度偏差不超过 3%。

（4）安全防护是否符合要求。

（5）遇 6 级以上大风、大雨后，寒冷地区开冻后，或停工超过一个月恢复使用前应对脚手架、模板支架重新进行检查验收。

（6）浇筑混凝土时，应派专人对模板支撑架进行全过程的监督。

7.7.3　验收记录

碗扣式钢管脚手的搭设、拆除质量安全检查记录见附表 7.7.3-1～表 7.7.3-3 所示：

落地式脚手架搭设验收记录表　　　　**表 7.7.3-1**

工程名称：________________　　单位名称：________________

序号	验收项目	搭　设　要　求	检验结果
1	立杆基础	坚实平整、有排水设施，立杆下铺 5cm 厚木板，搭设高度＞24 米，应有基础设计方案	
2	架体与建筑物拉结	拉结点间距、水平、垂直，距离符合要求，拉结材料符合要求，不准采用柔性连接	
3	防护栏杆及网	自第二步起设栏杆扶手，按规定设置围挡封闭，密目符合网要求，操作层及以下 2 步设踢脚板	
4	施工层脚手板满铺	踢脚板与大横杆绑扎点不少于 4 点	
5	剪刀撑设置	不大于 9m 设 1 道剪刀撑，夹角为 45°～60°，自上而下连续设置，高度超过 24m 时，在脚手架拐角及中间沿纵向每隔 60°跨横向平面内搭设斜杆	
6	脚手架材质 脚手架扣件	钢管脚手架外径不得小于 ϕ48mm，壁厚不得低于 3.5mm，无严重锈蚀、裂缝、变形，扣件紧固力矩 45～50N·m	
7	脚手架宽度	按设计宽度（　）m 搭设	
8	立杆间距	立杆垂直偏差不大于全长的 $1/500H$，立杆间纵距按设计（　）m 设置，偏差±50mm	
9	大小横杆	横平竖直、大横杆的固定间距不大于 6m、挠度不大于杆长 1/150	
10	四步一隔离	每隔 4 步设一道隔离措施，第 1 道隔离设在结构的首层	
11	登高设施	应设在脚手架外侧，斜道坡度按设计（ / ）设置并设防滑条，上下爬梯装设稳固	
12	杆件搭设	接头错开，剪刀撑杆件结长不小于 1m，立杆对接必须交叉进行	
13	通道口防护、 重要设施防护棚	按构件高度、搭设通道防护棚：长度（　）m 符合设计方案要求	
14	钢管脚手架接地	四角应设接地保护及避雷装置	

验收意见：	注：
验收意见： 参加验收人员：	注： 1. 验收栏目内有数据的，必须在验收栏内填写实测的数据，无数据用文字说明。 2. 此验收表只能作一次使用，分阶段验收合格后挂牌，每次验收合格后挂一次牌。验收合格牌必须有编号，并注明验收日期。 3. 脚手架在使用过程中，必须要有定期的检查、保养制度

脚手架总高度		验收日期		维修负责人		参加验收人员	
验收时搭设高度		合格牌编号		搭设班组及负责人		工程项目负责人	

模板支撑系统验收记录表 **表 7.7.3-2**

模板工程名称：______________ 施工部位：______________

施 工 单 位：______________ 支撑材料：______________

<table>
<tr><th>序号</th><th>验收项目</th><th>验 收 要 求</th><th>检点记录</th><th>结 果</th></tr>
<tr><td>1</td><td>施工方案</td><td>方案完整，绘有施工详图，指导施工，支撑系统设计计算、审批手续齐全，作业前应进行安全交底，交底资料完整</td><td></td><td></td></tr>
<tr><td>2</td><td>支撑材质</td><td>管子外径不得小于 ϕ48mm×3.5mm 的钢管，无严重锈蚀、裂纹、变形</td><td></td><td></td></tr>
<tr><td rowspan="3">3</td><td rowspan="3">立柱稳定</td><td>立柱底部的垫块材料，应符合施工组织设计要求，不得用砖块垫高</td><td></td><td></td></tr>
<tr><td>按施工组织设计要求，支撑高度为（ ）时，立柱间水平撑设（ ）道水平支撑，纵横向剪刀撑开档间距（ ）m。立柱间距符合设计要求，纵向（ ）mm，横向（ ）mm</td><td></td><td></td></tr>
<tr><td>立柱接长杆件接头应错开，木杆接长按设计要求</td><td></td><td></td></tr>
<tr><td>4</td><td>扣碗</td><td>无严重锈蚀、裂纹、变形</td><td></td><td></td></tr>
<tr><td>5</td><td>作业环境</td><td>2m 以上高处支模作业，操作人员应有可靠的立足点，防护设施完善</td><td></td><td></td></tr>
<tr><td colspan="5">验收意见：

验收人员：

</td></tr>
</table>

支撑排架高度（m）		验收日期		合格牌编号		搭设班组及负责人		技术负责人	

设施拆除申请表（脚手架安全防护设施等）　　　　**表 7.7.3-3**

编号：

<table>
<tr><td>单位名称</td><td></td><td>工程名称</td><td colspan="2"></td><td colspan="2">需拆除安全设施或脚手架杆件名称</td><td></td></tr>
<tr><td colspan="2" rowspan="5">注：
1. 施工现场中凡是需要拆除整体脚手架或安全防护设施，必须有该项目施工负责人提出申请，请项目部主管生产的项目经理审批同意后，方可拆除。
2. 施工过程中，凡是需要拆除脚手架的受力杆件或在脚手架中开门洞、拆除脚手架拉结时，由具体施工班组长提出申请，经该项目施工负责人检查、确定拆除的范围和数量，并采取切实可行的加固措施后，由项目部技术、安全部门派人共同检查验收，合格后，再架子工班组进行拆除</td><td>架体形式</td><td></td><td>架体材质</td><td></td><td>拆除时间</td><td></td></tr>
<tr><td colspan="6">拆除原因：

申请人：</td></tr>
<tr><td colspan="6">加固补救措施：

施工负责人：</td></tr>
<tr><td>拆除班组</td><td colspan="2"></td><td>措施落实人</td><td colspan="2"></td></tr>
<tr><td colspan="6">审批意见：

项目部技术负责人：　　　　　　年　月　日</td></tr>
</table>

第 8 章　碗扣式钢管脚手架安全控制

在建筑施工中，钢管脚手架是为了满足施工现场工人操作并解决垂直和水平运输等施工作业需要而搭设的各种结构架，属于临时设施，用于建筑施工现场中外墙、内部装修或层高较高等无法直接施工的地方，也可作为模板支撑体系使用。其作用主要是：①保证工程作业面连续性施工；满足施工中需要的运料和堆料要求及操作方便；②防护高处作业人员及外围安全网围护与高空安装构件、确保操作功效与工程质量；③满足多层作业、交叉作业、流水作业和多工种之间配合作业的要求。钢管脚手架中又分门式钢管脚手架、扣件式钢管脚手架、碗扣式钢管脚手架和承插式钢管脚手架，还有各式各样的里/外脚手架、挂/挑脚手架以及其他钢管材料脚手架等。

目前建筑施工现场应用最广的是扣件式钢管脚手架。虽然其搭设简易、灵活、方便，且钢管经久耐用，租用费用相对较低，但是运用扣件式钢管支架劳动强度大、功效低，钢管搭设需要扣件连接，钢管支架结构稳定性较差，且螺栓作业靠手工操作，螺栓的松紧直接影响支撑体系的承载能力。加之大量劣质钢管及扣件流入市场，使扣件式支架的安全性日趋下降，人们也不断寻找各种新型脚手架来取而代之，其中更加安全、快捷、规范的碗扣式钢管脚手架就是近几年逐渐兴起、主要用于双排脚手架及模板支撑架的新型架体。为了更好地推广普及碗扣式钢管脚手架，本章从影响碗扣式钢管脚手架安全的各种不利因素分析、安全技术措施控制、安全组织保证及管理措施、搭拆及使用过程中各环节重点控制等四个方面，阐述如何对碗扣式钢管脚手架进行安全控制。

8.1　影响碗扣式钢管脚手架安全的各种不利因素的分析

碗扣式脚手架是在一定长度的直径 48mm×3.5mm 钢管立杆和顶杆上，每隔 600mm 焊下碗扣及限位销，上碗扣则对应套在立杆上并可沿立杆上下滑动。安装时将上碗扣的缺口对准限位销后，即可将上碗扣抬起（沿立杆向上滑动），把横杆接头插入下碗扣圆槽内，随后将上碗扣沿限位销滑下并沿顺时针方向旋转以扣紧横杆接头，与立杆牢固地连接在一起，形成框架结构。每个下碗扣内可同时装 4 个横杆接头，位置任意。碗扣式钢管脚手架与扣件式钢管脚手架相比，虽然存在较多优势，但也有诸多不利因素影响着碗扣架体的安全，须在施工过程中高度重视并认真加以防控。

8.1.1　碗扣式脚手架的优点与缺点及适应性

碗扣式脚手架是一种新型承插式钢管脚手架，独创了带齿碗扣接头，具备的优点是：搭拆迅速、省力、结构稳定可靠；配备完善、通用性强；承载力大、安全可靠；易于加工、不易丢失、便于管理；易于运输；应用广泛等。缺点是：横杆为几种尺寸的定型杆，立杆上碗扣节点按 0.6m 间距设置，使构架尺寸受到限制；U 形连接销易丢，不便于物料堆放管理；价格较贵，一次建筑施工成本较高。适应性包括：构筑各种形式的脚手架、模板和其他支撑架；组装井字架；搭设坡道、工棚、看台及其他临时构筑物；构造强力组合支撑柱；构筑承受横向力作用的支撑架等。

8.1.2　影响碗扣式钢管脚手架安全的各种不利因素

综合碗扣式钢管脚手架自身的优、缺点及其适应性，对影响碗扣式脚手架的各种不利因素进行全面、细致、深入的剖析，以利施工现场对碗扣式脚手架的安装、搭设、使用等过程进行有效的管控，杜绝各类碗扣架体生产安全事故发生。

1. 各相关职责

施工单位、建设单位、设计单位、出租方、监理方等没有认真履行国务院第 393 号令《建设工程安全生产管理条例》所赋予的职责，对碗扣式钢管脚手架施工带来诸多不利因素。

1）施工单位职责

施工单位为了降低工程项目成本费用，冒险违规使用不具备脚手架安拆资质或资质不全或资质不匹配的作业队伍，甚至架子工未取得登高架设特种作业岗位资格操作合格证书，过程中难免出现“三违”现象，一味地盲干、蛮干致使架体整体稳定性受到影响。

2）建设单位职责

建设单位为照顾方方面面的关系，授意施工单位购买、租赁、使用不符合安全施工要求的安全防护用具、碗扣架管材料等。

3）设计单位职责

随着施工技术的不断进步，高大精尖工程越来越多，各种安全防护设施也随之变换更新。设计单位未考虑安全专项方案施工时与建筑物主体相连部位的构造要求。例如，脚手架体（含马道）搭设时，没有对其与建筑物主体拉结点的留设和相互间的距离提出相关要求，特别是规范不允许随意设置脚手眼的剪力墙结构，或者步点赶在主体凸凹、拐角等特殊、重要部位时，设计方也未注明具体的措施及建议。又如，现浇混凝土多层结构在安装上层结构模板及其支撑时，下层结构能否具有承受上层荷载的能力，设计文件中没有相关的荷载计算，或使下层架满足支撑要求的措施建议。

4）出租单位职责

出租单位提供的碗扣架管材料不具备生产（制造）许可证、产品合格证，材质不符合国家相关标准要求。

5）监理单位职责

工程监理单位没有履行监督职责，认真审查碗扣架体专项施工方案是否符合工程建设强制性标准；在实施监理过程中，不能及时发现碗扣架体在搭设、拆除、使用过程中存在的安全事故隐患；对发现的隐患也未按监督规定要求施工单位认真整改。

2. 架体材料性能

1）钢管壁厚变薄

目前，许多钢管生产厂家为了抢占市场，竞相采取低价竞争的手段，所生产的钢管壁厚多为 2.8～3.2mm，以 3.0mm 的居多，而与用户结算时却仍按标准规定的壁厚 3.5mm 的钢管质量计算，致使所供钢管每吨的实际质量仅为 840～920kg。这种钢管的壁厚每减小0.25mm时，其稳定承载力将降低6.5%，其惯性矩损失约为10%，经过多年的施工使用后，因钢管锈蚀使壁厚减薄，其惯性矩更小，轴向抗压能力降低18.7%～13.3%，存在安全隐患，实为不利因素之一。

2）钢管弯曲变形

钢管经过多年使用后，钢管将产生变形和弯曲，而模板支撑系统设计时均按直线钢管来考虑，不考虑其弯曲变形的程度，实际上钢管弯曲后的承载能力大为降低。如某工程碗扣架体发生重大事故后对钢管进行检查，其合格率仅为50%。

3）其他材料缺陷

可调顶托的丝杠偏小，只有ϕ30～ϕ32.7mm，而应为ϕ36mm以上；碗扣节点、下碗扣与立杆等之间的焊接质量不高，存在未焊透、夹渣、裂纹等焊接缺陷；当部分结构需要搭设扣件式脚手架时，由于扣件自身存在的铸造缺陷而达不到规范要求的抗滑承载力要求等。

3. 安全专项方案

1）与实际不吻合

不重视碗扣架体安全专项施工方案设计，编制粗糙，存在严重的设计计算缺陷，对于一些特殊用途的脚手架仍按经验搭设，以致脚手架构造不合理、承载力降低，不能保证施工安全。目前安全专项方案缺乏针对性，不切合实际地套用模板、复制粘贴，使得安全技术措施/安全专项方案与工程项目实际情况脱节，造成“两张皮”现象，起不到指导一线作业人员具体操作的作用。另外，安全专项方案未经上一级主管部门及监理单位审批即施工，相关编制、审核、批准、监理等人员没有签字，未履行各自的安全责任。

2）安全技术交底

在碗扣式钢管脚手架进行搭设、拆除及脚手架施工等环节前，施工管理人员没有结合碗扣式钢管脚手架安全专项方案，对一线操作工人进行有针对性的书面安全技术交底，执行贯彻安全专项施工方案不坚决、不彻底、不到位。

3）专家方案论证

对于超过一定规模的脚手架工程、模板工程及支撑体系等危险性较大的分部分项工程（表8.1.2），没有按照住房和城乡建设部《危险性较大的分部分项工程安全管理办法》（建质［2009］87号）的相关规定，对安全专项方案组织不少于5人的安全专家进行论证审查。

超过一定规模的危险性较大的分部分项工程范围　　表8.1.2

序号	分部分项名称	工程范围	备注
1	模板工程及支撑体系	①混凝土模板支撑工程：搭设高度8m及以上；搭设跨度18m及以上，施工总荷载15kN/m² 及以上；集中线荷载20kN/m及以上	
		②承重支撑体系：用于钢结构安装等满堂红支撑体系，承受单点集中荷载700kg以上	
2	脚手架工程	①搭设高度50m及以上落地式钢管脚手架工程	
		②提升高度150m及以上附着式整体和分片提升脚手架工程	
		③架体高度20m及以上悬挑式脚手架工程	

4）构造设计计算

在编制碗扣式钢管脚手架体安全专项方案时，对涉及架体构造的参数选用有误，或者对作用于架体上的永久荷载（恒载）及可变荷载（活载）考虑不周全，或者漏算下列各项：

（1）架体的整体稳定性计算；

（2）单肢立杆的稳定性计算；

（3）水平杆件的抗弯强度和挠度计算；

（4）连墙件的强度和稳定验算；

（5）抗倾覆验算；

（6）地基、基础和其他支撑结构的验算；

（7）立杆地基承载力计算等。

4. 个人劳保用品

一线操作工人在脚手架体/模板支架安拆过程中，不按相关要求正确佩戴安全帽、安全带、防滑鞋等个人劳动保护用品，极易对操作者本人及他人造成不必要的伤害；劳保用品“三证”（产品合格证、生产许可证、制造证）不齐全，质低价廉的劳保用品本身的质量缺陷也是一个不容忽视的问题。

5. 场地基础处理

脚手架搭设场地未经平整、夯实，且无排水措施；脚手架基础未经硬化处理，达不到专项施工方案所设计的承载力要求，或发生不可抗力或因为自然地质，造成脚手架地基及其周围积水、产生不均匀沉降；碗扣架体地基土松动，造成一部分架体立杆悬空，严重的可能使架体变形，影响碗扣架体安全。另外，顶板基础的混凝土未达到现行国家标准《混凝土结构工程施工质量验收规范》GB 50204—2002 中混凝土的强度即进行施工。

6. 碗扣架体构造

1）纵、横向扫地杆

在双排脚手架或模板支撑架立杆的底层未设置纵、横向扫地杆，或者扫地杆距离地面的高度未按行业标准《建筑施工碗扣式钢管脚手架安全技术规范》JGJ 166—2008 设置，远远超出“距地面高度小于或等于 350mm”的规范要求；当立杆基础不在同一高度上时，没有将高处的纵向扫地杆向低处延长两跨与立杆固定。扫地杆设置过高，就像一个人没有双脚一样，造成根基不稳，极易造成结构坍塌。试验表明设置扫地杆可提高碗扣架体承载能力，不设扫地杆降低碗扣架体承载能力。

2）立杆上端高度

模板支撑架立杆上端即自由端高度（立杆伸出顶层水平杆长度＋可调螺杆伸出顶层水平杆的长度）未按行业标准《建筑施工碗扣式钢管脚手架安全技术规范》JGJ 166—2008 设置，远远超出“不得大于 0.7m”的规范要求。自由端高度过大，就像一根细长的豆芽菜一样，造成架体局部失稳，进而破坏整体稳定性，连锁反应导致架体结构坍塌。

3）连墙杆件设置

碗扣架体的连墙件设置得不到重视，未与主体可靠连接，有的不是刚性结构而呈柔性连接；不同程度地存在与主体拉结点少现象，尤其在建筑立面不规则处连墙件的设置数量不足，每根连墙件覆盖面积也超出规定；未随搭升的架子一起及时设置；或是碗扣架体使用过程中以有碍施工、不方便等理由，将连墙件随意拆除而又不及时恢复，极易造成架体整体失稳；连墙件的竖向间距过大，使架体临界荷载下降［在其他条件相同时，当连墙件的竖向间距由 3.6m 增加到 7.2m 时，临界荷载将降低 33.88%（试验值）及 28.6%（计算值）；而在常遇的连墙件水平间距内（如 8m 内），临界荷载随水平间距的增大其降低幅度不是很大］；连墙件未采用可承受拉力和压力的构造，把架管仅用铁丝与固定在外窗台的膨胀螺栓连接，连墙件只承受拉力不承受压力。

4）专用斜杆设置

（1）双排脚手架体

双排脚手架体的斜杆未设置在纵、横向横杆的碗扣节点上，且未在封圈的脚手架拐角处及一字形脚手架端部设置竖向通高斜杆；斜杆未对称及同步设置。

（2）模板支撑架体

当立杆间距大于 1.5m 时，未在拐角处设置通高专用斜杆，中间每排每列也未设置通高八字形斜杆。

5）剪刀撑的设置

当立杆间距小于或等于 1.5m 时，模板支撑架四周从底到顶未连续设置竖向剪刀撑，中间纵、横向由底至顶也未连续设置竖向剪刀撑，其间距也不符合《建筑施工碗扣式钢管脚手架安全技术规范》JGJ 166—2008 所要求的“小于或等于 4.5m”的规定，且未随搭升的架子一起同步设置。试验表明，不设剪刀撑的立杆比设置了剪刀撑的极限承载能力降低 10%。

6）门洞设置要求

（1）双排脚手架体

双排脚手架体设置门洞时，未在门洞上部架设专用梁，门洞两侧立杆也未加设斜杆。

（2）模板支撑架体

模板支撑架的人行通道上方未架设经过设计计算确定的专用横梁，横梁下的立杆没有加密，也未与架体牢固连接。

7）安全防护设施

碗扣架体外侧未按规定用密目式安全网封闭严密；里、外立杆间未按要求设置首层平/兜网及随层（作业层）平/兜网，也未随建筑物高度每隔 10m 或 3 层设置 1 道安全平/兜网；斜道两侧及平台外围未设置栏杆及挡脚板，栏杆高度不够 1.2m（有 85cm，比较危险），挡脚板高度小于 180mm，内侧也未挂密目式安全网封闭；上下脚手架的梯道、坡道、栈桥、斜梯、爬梯等均未设置扶手、栏杆或其他安全防（围）护措施，且未及时清除通道中的障碍，无法保障人员上下的安全；临街脚手架、架高≥25m 的外脚手架以及在脚手架高空落物影响范围内同时进行其他施工作业或有行人通过的脚手架，未按实际情况采用外立面全封闭、半封闭以及搭设通道防护棚等适合的防护措施。

8）脚手板的铺设

脚手板或其他铺板未按规定垂直于墙面横向铺平铺满并绑扎固定，且离开墙面大于 150mm，存在脚手板搁置不稳、凸凹不平、间隙过大、固定不好以及受载后断裂现象；脚手板采用搭接铺放时，其搭接长度过短（小于 200mm）且在搭接段的中部没有设置支撑横杆；铺板出现端头超出支撑横杆 150mm 以上且未作固定的探头板现象，埋下安全隐患；施工有时在横向水平杆上铺一块脚手板，未固定就施工，也有未铺脚手板就施工的现象。

9）架体钢管搭设

（1）立杆失稳分析

搭设高度较高时，由于钢管长度限制，立杆必需接长，通常采用轴心承插（这种对接方式虽然较扣件对接相比，立杆的稳定性有大幅度提高，但上下立杆轴线也很难在同一中心线上，在理论上还只能认为是一个半刚性、半铰接的节点），而目前规范和理论计算时，不考虑此连接节点存在，是按整个长立杆计算，计算立杆内力时不考虑此连接点的特殊情况，实际上该连接点是立杆中的薄弱环节，只要立杆稍有偏心，导致该点处变形很大，破坏倒塌在此首先发生；搭设高度较高时，模板支撑系统立杆中对接连接节点较多，理论上水平横向或纵向连杆对立杆起到一个侧向支撑作用，计算时是不考虑有侧向变形的，实际上，搭设高度较高时，侧向位移变形不可能不存在，一旦侧向变形较大时，该节点处产生弯曲变形改变原计算力学数学模型，致使立杆钢管应力突然增大，导致整个支撑系统破坏而发生倒塌事故；模板支撑承重架高度较高时，钢管支撑系统往往缺少侧向约束，故侧向稳定条件较差，在外荷作用下，极易发生侧向倒塌事故。

（2）架体搭设质量

碗扣架体搭设质量差，造成架体临界荷载、局部承载力严重下降。碗扣架体的步距过大，使架体临界荷载下降［在其他条件相同时，当步距由1.2m增加到1.8m时，临界荷载将降低26.1%（试验值）及29.6%（计算值）］；碗扣架体的立杆横距过大，使架体临界荷载下降［在其他条件相同时，当立杆横距由1.2m增加到1.5m时，临界荷载将降低11.35%（试验值）及10%（计算值）］；设计横杆漏装，不设横向支撑比加设横向支撑的临界荷载降低15%；当施工荷载偏心作用在碗扣架体上时，其临界荷载降低5.6%（试验值）；不设纵向支撑比加设纵向支撑的临界荷载降低12.49%，起不到纵向支撑增强架体的框架刚度、稳定碗扣架体的作用。

7. 施工安全管理

1）项目安全管理

不少施工现场项目部安全保证体系不健全，专职安全员设置不到位，对脚手架体及模板支撑系统执行规范规定技术要求观念不强，作业人员思想松懈，由于使用临时工较多，未按施工组织设计和安全专项施工方案进行作业；简化操作程序，未进行安全技术交底，未按相关规定的程序进行搭设，未进行严格检查或检查不彻底，致使薄弱环节及安全隐患未能及时发现，检查责任又不到位；现场管理人员更换频繁，建筑现场一线作业人员素质较低，存在安全宣传教育培训不到位现象。

2）企业安全管理

由于施工企业工程项目部点多、面广、线长，施工区域分散不集中，各种安全监督检查很难全面覆盖，特别对于新招劳务工及特种作业人员，“三级安全教育”跟进不及时，致使安全责任制得不到落实，安全措施不到位。

3）安全费用投入

建筑市场竞争激烈，压价情况严重，在招标文件中绝大多数不提及施工安全投入费用单项；施工企业为了提高中标率，只能采用低价投标，施工中不惜挤占安全费用来获取更多的利润，而施工安全投入费用与相关标准相比，差距较大。

4）作业人员管理

碗扣架体安装、拆除人员上岗前未进行体检，一些患有高血压、贫血病、心脏病及其他不宜高空作业者违规进行脚手架操作，且过程中未坚持定期体检；平时疏于管理，使得酗酒人员上架作业，上下随意攀爬架子，施工操作时精力不集中，随便开玩笑和打闹，凌空抛掷杆件、物料及其他物品，使用的工具也不随手放进工具袋内，袖口及裤口也未扎紧，极易造成落物伤人；当遇到突发的自然因素和外来因素时，如6级及以上强风、大雪、大雾、大雨天气与猛烈的机械碰挂等，未及时告知作业人员停止操作。

5）架体使用管理

为了抢工期、赶进度，多层同时作业，未控制施工荷载，集中堆放材料、器具等荷载，再加上人员过多，造成整架严重超载，严重影响架体稳定性；碗扣架体的基本构架杆件、整体性杆件、连接紧固件和连墙件等，未经同意私自拆除；违规将模板支架、泵送混凝土及砂浆的输送管等固定在碗扣架体上，任意悬挂起重设备；没有定期检查碗扣架体，不能及时发现存在的问题及隐患，威胁施工安全；未经允许任意在碗扣架体周围开挖沟槽，造成架体基础荷载不均匀。

6）架体拆除管理

（1）碗扣架体的拆除作业未按确定的拆除顺序进行，连墙件在其上的全部可拆杆件都拆除前就已拆除；架体拆除前，未认真查看施工现场环境，拆除作业时，忽略对架空线路的防范；拆除时各自为战，单人拆除较重杆件，未统一指挥、上下呼应、动作协调，将拆下的材料从高处抛掷，造成落物伤人和物体打击事故。

（2）混凝土构件未达到现行国家标准《混凝土结构工程施工质量验收规范》GB 50204规定的拆除强度，且未履行相关管理程序，没有征得项目技术负责人、监理工程师等人员的允许，任意拆除造成结构性坍塌事故。

7）防雷避雷管理

项目部管理忽略了应对外脚手架、高层的支模脚手架及空阔地带的路桥支模脚手架（即远离高于脚手架的建构筑物避雷针）采取避雷措施的要求；有些碗扣架体的接地、避雷措施不合格，未严格执行现行行业标准《施工现场临时用电安全技术规范》JGJ 46的规定；接地线与避雷线未采用焊接，焊完后没有用接地电阻测试仪测定电阻，忽略检查与其他金属物或埋地电缆之间的安全距离，难免发生电击事故。

8. 架体周边环境

碗扣架体施工作业时，未对周边环境进行充分辨识，将碗扣架体搭设在高压、架空线路的安全距离以内；违规在架体钢管上随意搭挂临时用电线路，施工中将其挤压致使裸皮带电外露，造成人员触电伤亡的事故；搭设在空旷地带的脚手架或高出邻近建筑物的脚手架未装设避雷设施，造成雷击伤亡事故。

9. 消防火灾管理

在碗扣架体上进行焊接、气割等明火作业时，未严格执行动火审批制度，未做好火星、火花和切割物溅落等方面的防范措施；动火时未对周围易燃易爆物品进行清理或有效覆盖隔离，没有按规定设置监护人员；未做到活完场清、确认无火灾危险时即已离开。

10. 交叉作业管理

在碗扣架体安拆、施工时可能会存在交叉作业，即两个以上单位（班组）或分部分项工程在同一作业区域、同一作业时间内进行施工作业，如果各方均对交叉作业疏于管理，没有配合与协作，可能发生高处坠落、物体打击、机械伤害、触电、火灾等事故。

11. 泵车相关设施

没有对混凝土泵车的输送管及布料杆支架安装位置处的碗扣架体所能承受的荷载应进行验算，也未对架体采取局部加固措施，随意以碗扣架体作为泵管或布料杆的支架，难免因振动过大或超载致使碗扣架体倾倒造成事故。

12. 梁、板后浇带

梁、板后浇带处的模板支架未与其两侧的模板支架分开支设，也未制定针对性的固定牢靠措施，且未在碗扣架体专项方案中明确其细部构造；梁、板后浇带所在跨的模板支架拆除没有按施工技术方案执行，在后浇带混凝土合拢前，因模板支架拆除而改变了构件的设计受力状态；后浇带混凝土浇筑后，强度未达到现行国家标准《混凝土结构工程施工质量验收规范》GB 50204 规定的强度，即已拆除。

13. 季节施工影响

1）在雨期来临之前，未对碗扣架体进行全面检查，重点是架体是否按规范要求搭设，立杆是否牢固，是否设置了扫地杆，外用脚手架是否与建筑物主体拉结牢固；碗扣架体下地基是否密实，有无加垫板，排水是否通畅；下雨过后未对碗扣架体基础进行全面检查，未及时处理因基底积水而引起的架体下沉或变形；碗扣架体的防雷避雷装置是否有效；

2）遇有 6 级以上大风、大雾、大雨和大雪天气应暂停脚手架作业，在复工前必须检查无问题后方可继续作业；

3）冬期施工时，未对碗扣架体上的霜雪、浮冰及时清扫，也未采取必要的防滑措施，极易发生高处坠落事故。

8.1.3　碗扣式钢管脚手架存在的危险源及易导致的事故

基于上述影响碗扣式钢管脚手架安全的诸多不利因素，可以找出碗扣式钢管脚手架存在着的重大危险源，如果不对其认真加以防控，就有可能酿成事故。

1. 碗扣式钢管脚手架存在的危险源、事故类型

建筑工程施工现场作业复杂，人、机流动性大，生产条件恶劣，危险源多且不确定。土建项目施工中，由于脚手架施工周期长，具有单件性和复杂性等特点，在施工过程中存在着许多不安全因素，比一般施工过程具有更高的风险。目前，建筑施工企业对脚手架施工管理多属于“经验控制型”和“过程控制型”，重经验，重事后处理，尚未形成较完整的事故预防体系，不能有效地抑制事故的苗头，防范事故的发生。因此，对碗扣架体施工安全风险进行辨识和评价，提出针对性的预控措施，对于安全生产具有积极的现实意义。

由于建筑工程的工期长，施工人员在安全问题上往往会产生麻痹思想，其中脚手架管理更容易被忽视，致使涉及脚手架的安全事故时有发生，在不同程度上造成了人员伤亡、财产损失和对施工工期的影响。近年来，类似事故屡见不鲜：劳务工人或从脚手架上高空坠落身亡，或因碗扣架体坍塌事故造成群死群伤影响恶劣的重特大生产安全事故。据权威部门统计，在我国建筑业每年发生的伤亡事故中，约有 25％～33％的伤亡事故直接或间接地与架体搭设及其使用的问题有关。因此，在碗扣架体的准备、搭设、使用、拆除、运输以及保管、维修等全过程中，必须贯彻“安全第一、预防为主、综合治理”的方针，采取切实有效的措施，防止事故发生。

每一个碗扣架体的危险源可能都存在着个体差异，要结合架体自身周围环境、结构特点、安拆质量、使用维护等方面具体识别与评价。但通过多年的施工经验积累，碗扣架体普遍存在的共性危险源及其易导致的生产安全事故无外乎以下几种，现进行总结汇总（见表 8.1.3），供施工企业参考借鉴。

碗扣架体存在的危险源、事故类型 **表 8.1.3**

序号	主要危险源	导致的不利因素（对应本章 8.1.2 节）	事故类型
1	架体局部/整体失稳	1. 安拆队伍资质； 2. 架体材料性能； 3. 安全专项方案； 4. 碗扣架体构造； 5. 场地基础处理； 6. 施工安全管理	架体垂直倒塌
2	不按规定和标准搭设	1. 安全专项方案； 2. 碗扣架体构造； 3. 场地基础处理； 4. 施工安全管理	脚手架整体向外或向内倾斜，甚至局部坍塌
3	不按要求拆除	1. 安全专项方案； 2. 碗扣架体构造； 3. 施工安全管理	整体垮塌或局部垮架
4	高处作业、 施工组织不当	1. 个人劳保用品； 2. 施工安全管理：作业人员管理； 架体拆除管理； 3. 碗扣架体构造：安全防护设施； 脚手板的铺设； 4. 交叉作业管理	高处坠落、物体打击等
5	周边环境、 违规搭设及使用	1. 架体周边环境； 2. 施工安全管理：作业人员管理； 防雷避雷管理	触电、雷击等
6	消防管理不到位	交叉作业管理	火灾、爆炸等
7	交叉作业	1. 碗扣架体构造：安全防护设施； 2. 施工安全管理：作业人员管理； 架体拆除管理； 3. 交叉作业管理	高处坠落、物体打击、机械伤害、触电、火灾等
8	各种突发因素、 不可抗力	1. 场地基础处理； 2. 施工安全管理：作业人员管理	高处坠落、物体打击、雷击、架体倒塌等

2. 碗扣式钢管脚手架事故原因分析

下面对经常发生在碗扣架体的搭设、使用、拆除等过程中的事故原因进行综合分析，以便制定有针对性的措施认真加以防范。

1）作业人员安全意识淡薄，自我保护能力差，冒险违章作业。

一是架子工从事脚手架搭设与拆除时，未按规定正确佩带安全帽和安全带。许多作业人员自恃“艺高人胆大”，嫌麻烦，认为不戴安全帽或不系安全带，只要小心一些就不会出事，由此导致的高处坠落事故时有发生。二是作业人员危险意识差，对可能遇到或发生的危险估计不足，对施工现场存在的安全防护不到位等问题不能及时发现。

2）碗扣架体搭设不符合规范要求。

住房和城乡建设部行业标准《建筑施工碗扣式钢管脚手架安全技术规范》JGJ 166—2008 已经于 2009 年 7 月 1 日起正式实施。该规范属于强制性标准，在脚手架的设计计算、搭设与拆除、架体结构等方面提出了许多新的要求。但在部分施工现场，碗扣架体搭设不规范的现象仍比较普遍，一是脚手架操作层防护不规范；二是密目网、水平兜网系结不牢固，未按规定设置随层兜网和层间网；三是脚手板设置不规范，存在探头板现象，由此导致了职工伤亡事故的发生。

3）碗扣架体构配件材质不符合要求，使用前未进行必要的检验检测。

多年来，由于种种原因，大量的不合格的安全防护用具及构配件流入施工现场，因安全防护用具及构配件不合格而造成的伤亡事故占有很大比例。

4）碗扣架体搭设与拆除方案不全面，安全技术交底无针对性。

项目部重视施工现场、忽视安全管理资料的现象比较普遍，应当编制专项安全技术方案的分部分项工程，如脚手架搭设与拆除、基坑支护、模板工程、临时用电、塔机拆装等，不编制施工方案，或者不结合施工现场实际情况，照抄标准、规范，应付检查。安全技术交底仍停留在“进入施工现场必须戴安全帽”的层次上，缺乏针对性。工程施工中凭个人经验操作，不可避免地存在事故隐患和违反操作规程、技术规范等问题，甚至引发伤亡事故。

5）安全检查不到位，未能及时发现事故隐患。

在脚手架的搭设与拆除和在脚手架上作业过程中发生的伤亡事故，大都存在违反技术标准和操作规程等问题，但施工现场的项目经理、工长、专职安全员在定期安全检查、平时检查中，均未能及时发现问题，或发现问题后未及时整改和纠正，对事故的发生负有一定责任。

6）各种突发因素及不可抗力的发生。

在碗扣架体的安装、拆除、使用等过程中，突遇 6 级及以上强风、大雪、大雾、大雨天气与猛烈的机械碰挂等自然因素和外来因素，还未来得及从架体上撤下来而发生意外事故。另外发生不可抗力或因为自然地质，造成碗扣架体地基及其周围积水、产生不均匀沉降，致使架体倒塌。

3. 事故案例警示

近年来，碗扣式钢管脚手架在工业与民用建筑、桥梁施工的模板支撑体系中得到广泛应用，但由于管理不完善、材质不合格、设计不合理、搭拆不规范、使用不得当、荷载不控制、维护不到位等诸多原因，模板支撑体系坍塌事故时有发生，不仅造成了人员伤亡，而且经济损失巨大，甚至使企业的资质降级，威胁到企业的生存。下面就将近几年来发生的典型模板支撑坍塌事故罗列如下，希望能带给施工企业以震撼与警示！常提醒时刻不放松安全生产这根弦。见图 8.1.3-1～图 8.1.3-5。

4. 典型事故案例剖析

1）某高速现浇箱梁模板支架垮塌事故剖析

（1）工程简况

图 8.1.3-1 2006 年 5 月 19 日，某学院教学楼工程，在浇筑高中厅顶板混凝土时，发生模板支撑坍塌重大事故，造成施工人员 6 人死亡，18 人受伤

图 8.1.3-2 2007 年 2 月 12 日，某大学图书馆二期工程，在浇筑高中厅顶板混凝土时，发生模板支撑坍塌重大事故，造成施工人员 7 人死亡，7 人受伤

某高速公路匝道桥桥梁上部结构为现浇箱梁结构，包括 33 联钢筋混凝土现浇箱梁，其中预应力钢筋混凝土现浇箱梁 3 联，普通钢筋混凝土箱梁 30 联。每联长 20m。截面形式分为单箱单室等截面和单箱多室变截面两种。单箱单室等截面连续箱梁，梁高 1.3m，箱梁顶板宽 10.5m，底板宽 6m，箱梁顶板厚 0.25m，底板厚为 0.22m ，腹板厚 0.5m，两侧翼缘板悬臂长度均为 2.25m，全桥仅在桥墩支点截面处设置中横梁。箱梁腹板保持垂直，底板横坡同顶板桥面设计横坡，由梁底调平块，梁体横断面与梁高均保持不变；施工时根据桥梁纵坡确定支座组合高度，实现组合高度通过调整垫石高度形成。多箱变截面连续箱梁，桥面宽度逐渐变化，梁高、顶板厚、底板厚、翼缘板悬臂长度等设计同单箱单室等截面相同。

现浇箱梁支架采用满堂红式碗扣支架，碗扣支架上搭设纵横方木，箱梁底模板、侧模

图8.1.3-3　2010年1月3日，某机场配套引桥工程，在浇筑桥箱梁混凝土时，发生模板支撑坍塌重大事故，造成7名施工人员死亡，8人重伤，26人受伤

图8.1.3-4　2010年1月12日，某游乐园二期配送中心工程，在浇筑屋面顶板混凝土时，发生高模板支撑坍塌重大事故，造成8名施工人员死亡，3人受伤

板均采用厚1.5cm的高强度建筑模板，箱室内模采用木模板。箱梁混凝土浇筑采用二次浇筑法，首先浇筑至腹板与翼缘板连接处，然后浇筑顶板，待箱梁混凝土强度达到100%时落架。

（2）现场模板支架搭设情况

模板支架采用了“碗扣式满堂红支架”，钢管规格为ϕ48mm×3.0mm。其结构形式如下：纵横向立杆布置间距为60cm×90cm，步距采用1.2m，最顶层水平杆之上的立杆长度为1.2m（即一个步距），立杆顶部的可调顶托长度0.1m，其上用100mm×100mm和60mm×80mm方木分别作为主楞和次楞，次楞上满铺箱梁底模板，架体总高度为9.7m，宽度11m。

基础处理采用300mm厚3：7灰土，压路机碾压，上部浇筑100mm厚C20混凝土。

图 8.1.3-5 2010 年 3 月 14 日，某会展中心工程，施工中发生高支撑模板坍塌重大事故，造成 9 人死亡，1 人重伤，19 人受伤

剪刀撑设置情况：只在架体横向每隔 4 跨设置了 1 道竖向剪刀撑，其他部位未设置剪刀撑。

最下层水平杆距基础地面的距离为 850mm 左右（包括 250mm 长的可调底托）。可调底托下方用 50mm×100mm 的木板支垫。

采用以上方案共搭设了 6 联，架体搭设完毕后，铺设主次楞，随机选取最边缘一跨进行了加载预压，预压在加密的次楞上进行沙袋堆载。从一端开始，一次性满负荷预压，堆载预压按 1.3t/m^2 超载布置，完成堆载 13h 时，架体开始出现倾斜，随即从一端开始垮塌。进而整跨（20m）全部垮塌，所幸未造成人员伤亡。

（3）原因分析

事故发生后，该标段立即组织专家和技术人员对垮塌原因进行了认真分析。通过现场勘查及稳定性验算，造成架体垮塌的主要原因有以下几个方面：

① 支架方案编制不合理，对架体稳定性验算计算错误。

② 所用碗扣式钢管壁厚不足，经现场测量，实际壁厚为 3.0mm，远小于规范规定的“钢管壁厚不得小于 3.5mm”的规定。将直接导致验算数据错误。

③ 架体顶端的自由端长度过大，大大超出规范规定的数据。

④ 安全技术交底不明确，对架体的预压没有采取分级预压的方法，而是一次性满负荷预压到位。

⑤ 预压前对支撑体系没有组织有关人员进行验收。

⑥ 架体搭设不符合规范中的构造要求。可调底托伸出长度偏高；地面垫板偏窄且偏压；碗扣节点部分上碗扣没有锁紧；纵横向水平杆、剪刀撑、扫地杆均未按规范要求设置；架体与柱子没拉结，周边立杆存在悬空；立杆节点不垂直等。

（4）对支架搭设的构造及稳定性验算分析

该标段模板支架施工之所以出现垮塌事故，概括起来主要还是存在三个方面的因素，一是没有按照构造要求进行搭设；二是稳定性验算引用数据错误，导致结果错误；三是预压程序错误。

① 构造要求

《建筑施工碗扣式钢管脚手架安全技术规范》JGJ 166—2008 规定：

a. 模板支架应根据所承受的荷载选择立杆的间距和步距，底层纵横向水平杆作为扫地杆，距离地面高度应小于或等于 350mm，立杆底部应设置可调底座或固定底座，立杆上端包括可调螺杆伸出顶层水平杆的长度不得大于 0.7m。

本案例中，扫地杆距离地面的距离达到了 850mm，远大于规范中的“350mm”规定。特别是立杆上端包括可调螺杆伸出顶层水平杆的长度达到了 1.3m，这是造成架体失稳的关键因素。

b. 规范规定：当立杆间距小于或等于 1.5m 时，模板支架四周从底到顶连续设置竖向剪刀撑，中间由底至顶连续设置竖向剪刀撑，其间距应小于或等于 4.5m。

当模板支架高度大于 4.8m 时，顶端和底部必须设置水平剪刀撑，设置间距应小于或等于 4.8m。

本例中，除了在架体横向每隔 4 跨（3.6m）设置了 1 道竖向剪刀撑外，其他未设置任何剪刀撑。造成架体整体性薄弱，极易整体失稳。

c. 规范要求：当模板支架周围有建筑物时，应设置连墙件。水平间距不大于 4.5m，应设置在主节点处，距离不大于 150mm。

本例中，模板支架架体并没有和两端的 4 根桥柱进行可靠连接。

d. 规范中还规定上碗扣必须锁紧，但现场检查看到，有相当一部分上碗扣只锁进一半，还有的甚至上碗扣已经缺失，造成架体节点受力不均衡。

e. 其他诸如未进行架体验收、垫板过窄造成偏压、立杆悬空、垂直度偏差过大等，均不符合规范要求。

②稳定性验算错误

该标段没有针对架体顶部自由端高度超标的情况进行立杆稳定性验算，

a. 对自由端高度为 1.3m 的情况，经验算结果如下：

立杆计算长度：

$$L_0 = h + 2a = 1.2 + 2 \times 1.3 = 3.8\text{m}$$

ϕ48mm×3.0mm 脚手架钢管截面回转半径：

$$i=15.95\text{mm}$$

则立杆长细比为：

$$\lambda=L_0/i=3.8\times103/15.95=238.2$$

根据《建筑施工碗扣式钢管脚手架安全技术规范》JGJ 166—2008 第 5.1.4 条基本设计规定中要求，受压杆件长细比不得大于 230，故步距 1.2m，自由端 1.3m 不能满足基本规定。

根据《建筑施工碗扣式钢管脚手架安全技术规范》JGJ 166—2008 查表得知，立杆稳定系数 $\varphi=0.117$

故：立杆允许承载力为：

$$[N]=0.117\times4.24\times102\times206=10.219\text{kN}$$

单根立杆承受的荷载为：

$$Q=39+3.5+8.4+0.16+0.135+0.0675+1.49=52.75\text{kN/m}^2$$

单根立杆承受的集中荷载为：$N=Q\times0.6\times0.9=52.75\times0.6\times0.9=28.49\text{kN}$

$[N]=28.49>[N]$，故不满足要求。

因此，必须降低自由端高度才能满足立杆稳定性要求。

b. 将自由端高度降至0.6m，再行验算如下：

立杆计算长度：

$$L_0=h+2a=0.6+2\times0.6=1.8\text{m}$$

ϕ48mm×3.0mm脚手架钢管截面回转半径：

$i=15.95\text{mm}$。

则立杆长细比为：

$$\lambda=L_0/i=1.8\times103/15.95=112.8$$

根据《建筑施工碗扣式钢管脚手架安全技术规范》JGJ 166—2008查表得知，立杆稳定系数$\varphi=0.452$

$$[N]=0.452\times4.24\times102\times2.06\times105=39.48\text{kN}$$

立杆承受的荷载组为：$Q=39+3.5+8.4+0.16+0.135+0.0675+1.49=52.75\text{kN/m}^2$

单根立杆承受的集中荷载为：$N=N\times0.6\times0.9=52.75\times0.6\times0.9=28.49\text{kN}$

$$N=28.49\text{kN}<[N]=39.48\text{kN}$$

因此，自由端高度满足受力要求。

③架体预压程序错误

架体搭设好经验收后才可进行堆载预压。

预压采取逐步加载的方法，总荷载按照实际荷载的120%进行布置，并按照：加载30%→架体检查、观测→60%→架体检查、观测→100%→架体检查、观测→120%→架体检查、观测→卸载的程序进行。每次加载时应均匀，荷载满铺。

2）某大学剧院高大模板支撑坍塌事故剖析

（1）事故简介

×年×月×日，某大学新校区的剧院工程，在施工中发生模板坍塌事故，造成4人死亡，20人受伤。

（2）事故发生经过

某大学新校区一标段工程建筑面积39000m^2，由A区（综合楼）、B区（学生活动中心）和连廊组成。B区由B1、B2、B3组成，B3区为一幢剧院建筑，框架结构，平面为东西长70m，南北长47.5m，呈椭圆形，屋面系双曲椭圆形钢筋混凝土梁板结构，板厚110mm，屋面标高最高处为27.9m，最低处为22.8m。

由于支模板的木工班组不具备搭设钢管碗扣式支架的专业知识，在搭设过程中立杆间距过大、剪刀撑数量极少等不符合国家安全规范和施工方案要求，浇筑混凝土前模板支架又未经检查验收，且租用的钢管、碗扣节点及扣件质量不符合要求。从7月24日开始浇筑B3区屋面混凝土，到7月25日凌晨发生坍塌事故，作业的24人坠落，其中4人死亡，

20 人受伤。

（3）事故原因分析

①技术方面

屋面模板施工前虽然施工单位编制了简单的支模施工方案，但施工班组未按要求搭设，项目经理也没有认真按方案进行检查，明知搭设不符合方案要求，却同意浇筑混凝土。

对于高度 27m 的满堂脚手架，不仅要求计算立杆的间距使荷载均布，还应控制立杆的步距，以减小立杆的长细比，另外，还应特别注意竖向及水平剪刀撑的设置，以确保支架的整体稳定性，而此模板支架不仅间距、剪刀撑等搭设存在严重问题，且钢管、碗扣节点及扣件材料质量不合格，施工单位也未经检验就使用。

以上情况说明，施工单位项目负责人严重不负责任，施工管理混乱，未经检查确认合格便盲目使用，以致造成重大伤亡事故。

②管理方面

建设单位及监理公司失职。该屋面模板方案由施工单位报监理审批，自 5 月份开始搭设，到 7 月 24 日浇筑混凝土止，始终未获监理审批。但自开始浇筑混凝土直到发生事故时，监理人员始终在施工现场，既没提出模板支架不合格需进行整改，也没对模板支架方案未经监理审批就浇筑混凝土进行制止，且对现场租用钢管、碗扣节点及扣件材质不合格也未进行检查，建设单位及监理公司未尽管理及监督责任。

没有事先对施工班组资质进行了解。混凝土模板虽然应由木工制作安装，但其支架采用了钢管、碗扣件材料，且高度达 27m，实质上等于搭设一满堂钢管碗扣式脚手架，必须由具有登高架设资质的班组搭设，并应按《建筑施工碗扣式钢管脚手架安全技术规范》JGJ 166—2008 规定进行检查验收。而该工程自建设单位、监理单位到施工单位完全忽视了这一重要环节，此次事故直观表现在班组操作不合格，实质上是由于整个管理混乱和不负责任造成。

（4）事故结论与教训

①事故的主要原因

此次事故发生的主要原因完全是由于管理混乱造成的。首先，施工单位对班组搭设的模板不符合要求之处未加改正便浇筑混凝土，是造成事故的主要原因。其次是支架材料质量不合格，也影响了模板支架的整体稳定性。第三，建设单位及监理公司严重失职，没有及时制止错误，进行整改，导致事故发生。

②事故性质

本次事故属责任事故，是因各级管理责任制失职造成的事故。

③主要责任

项目经理部对施工班组支模工程未按规定交底，搭设后未检查验收即浇筑混凝土，因此造成模板坍塌，应负违章指挥责任。

项目经理部所属的某建设集团公司主要负责人，应对企业安全管理失误负有全面管理不到位的责任。

（5）事故的预防对策

①提高管理人员的素质

高架支模与一般模板不同，因立杆长细比大、稳定性差，需要经过计算确认，并制定专项施工方案，施工前应向班组交底，搭设后应经验收确认符合要求方可浇筑混凝土。根据工程结构形式，制定混凝土浇筑程序及注意事项，在混凝土浇筑过程中设专人巡视，发现问题及时加固。

目前一些工程施工的模板支架采用了钢管、碗扣件材料，而一些施工人员并不熟悉碗扣式钢管脚手架安全技术规范的相关规定和计算要求，对钢管、碗扣节点及扣件材料的质量标准也不清楚，以致仍按一般的经验进行管理，支架验收也掌握不住关键问题，因此影响了支架的整体稳定性。应该组织有关人员对规范进行学习，提高管理素质。

②严格管理程序

按规定，模板施工前应编制专项施工方案，有设计计算，并经审批，否则不准施工。

班组施工之前，应由施工管理人员进行交底，包括搭设要求及间距、碗扣节点限位销锁紧状况、扣件紧固程度及连墙措施等。

模板使用前，应由施工负责人及监理按方案进行验收，必须经各方确认合格签字后，方可浇筑混凝土。

本次事故，第一，虽有施工方案，但未经监理审批确认；第二，虽有方案，但未向班组交底，致使搭设严重不符合要求；第三，虽有方案，但在浇筑混凝土之前，未经各方验收、确认模板搭设合格后再使用，由于严重违反管理程序，在模板支架的承载力不足、稳定性不够的情况下浇筑混凝土，导致了坍塌事故。

（6）经验教训

目前，一些建筑工程虽不属高层建筑或建筑物的总高度不高，但由于有些局部建筑部位如舞台屋面、大厅天井屋面净高（层高）高度大，给建筑施工带来了难点，有的施工企业在遇高架支模工程时，不能掌握施工关键，不能认识施工的危险性，对模板支架不进行设计计算，对模板支架施工方案不会编制，以致作业人员操作时无所遵从。支架搭设后，检查验收又抓不住关键问题，因此在企业承包工程施工管理中形成了盲点。今后在施工过程中，对高支模部分，要求必须编制专项施工方案，并组织不少于5人的专家进行安全论证审查，同时加强对碗扣架体日常的监督管理检查工作。

8.2 安全技术措施控制

针对上节所分析的碗扣式钢管脚手架存在的不利因素、重大危险源以及可能导致的不良后果，要制定切实可行的防范措施来加以控制，以减少和杜绝碗扣式钢管脚手架生产安全事故发生。而制定极具针对性的技术先进、经济合理、安全适用、确保质量的安全技术措施或专项方案，以技术支撑安全保障，是提升碗扣式钢管脚手架本质安全水平的关键所在。

8.2.1 编制安全专项施工方案

建筑安装工程施工组织设计/安全专项方案是规定施工现场如何进行安全施工的文件，所以必须根据施工现场的实际情况，针对现场的施工环境、施工方法及人员配备等情况进行编制，按照标准、规范的规定，确定切实有效的防护措施，经有关技术负责人审核审批，报经总监理工程师签字后认真落实到工程项目的实际工作中。

1. 安全专项施工方案编制要求

建筑安装工程施工组织设计、施工方案及生产工艺加工任务书中，要编制具有针对性的安全技术措施。根据住房和城乡建设部《危险性较大的分部分项工程安全管理办法》建质［2009］87 号有关规定，在危险性较大的脚手架工程、模板工程及支撑体系等分部分项工程施工前应单独编制专项方案/安全技术措施，并应有设计计（验）算和详图。

2. 安全专项施工方案专家论证审查要求

对于超过一定规模的脚手架工程、模板工程及支撑体系等危险性较大的分部分项工程（见表 8.1.2），施工单位应当组织专家对安全专项方案进行论证。专家论证审查应当组织不少于 5 人的专家组，按照有关规定对安全专项方案进行论证审查，提出书面论证审查报告。有关技术人员应根据论证审查报告内容进行完善，并按程序审核审批后，方可实施；专家组书面论证审查报告应作为安全专项施工方案的附件，在施工过程中认真组织落实。

3. 安全专项施工方案审批与变更程序

碗扣架体安全专项施工方案应重点依据《建筑施工碗扣式钢管脚手架安全技术规范》JGJ 166—2008、《建筑施工安全检查标准》JGJ 59—2011 等标准规范的有关要求，结合施工现场实际情况，由该项目技术人员编写，报施工单位技术负责人审批，最后由监理单位审查施工组织设计中的安全技术措施或者专项施工方案是否符合工程建设强制标准，并经单位工程总监理工程师审批签字后，方可施工。严格审批程序，必须按照公司编制的权限规定，依照各部门、各人员的职责，编制、审核、审批安全技术措施，未经审批的不准施工或安装。施工方案应与施工现场搭设的碗扣架体类型相符，当现场因故改变碗扣架体类型时，必须重新修改碗扣架体方案并经审批后，方可施工。安全专项方案或者安全技术措施，经审核、审批后，必须严格遵照执行，不得随意修改或拒不执行。如发现有问题，应及时反馈；如遇特殊情况，需要变更时应由编制人出具变更通知单，必须经过原审核、审批部门的批准，否则，因变更措施方案而造成事故，其决定变更措施方案的负责人负行政、技术和刑事责任。

4. 碗扣架体安全专项施工方案的主要内容

1）工程概况

工程概况应简洁明了，把与本方案有关的内容说明清楚，并应根据工程概况（建筑面积、高度、基本结构形式、地质情况、工期）、结构特点（框架、剪力墙、箱形基础、桥梁或者高耸的结构形式等）、工艺流程、作业条件、周边环境及异形拐角、预留洞口、特殊部位等方面，说明本方案的总体思路和碗扣架体选型，选择合理的计算方法和数据、安全系数、各种调整系数等，必要时还应进行选型比较，在保证安全的前提下，尽量选用经济合理、安全适用的碗扣架体类型。

2）编制依据

使用或参考的编制依据与国家通用标准不一致时，应重点说明，并不低于国家现行的标准。主要内容包括：

(1)《建筑施工碗扣式钢管脚手架安全技术规范》JGJ 166—2008；

(2)《建筑施工扣件式钢管脚手架安全技术规范》JGJ 130—2011；

(3)《建筑施工安全检查标准》JGJ 59—2011；

(4) 本工程设计图纸、勘察文件及报告等；

(5)《建筑结构荷载规范》GB 50009—2001、《钢结构设计规范》GB 50017—2003、《冷弯薄壁型钢结构技术规范》GB 50018—2002；

(6)《混凝土结构设计规范》等其他所依据的标准规范。

3) 施工组织

施工组织在保证安全的基础上，应能够满足施工进度要求，并明确组织机构和相关责任人职责。主要内容包括：

(1) 组织领导机构及职责；

(2) 碗扣架体搭设拆除施工的劳动力准备情况；

(3) 作业负责人、操作人员须经培训合格持证上岗；

(4) 搭拆施工流程等。

4) 设计及计算

(1) 碗扣架体设计

碗扣架体设计应有针对性，施工荷载和结构尺寸、杆件相对位置、杆件连接等必须清晰说明。当出入通道设在门洞口处时，应详细说明通道搭设做法。主要内容包括：

①确定碗扣架体架管及脚手板材料、施工荷载；

②确定碗扣架体基本结构尺寸、搭设高度及基础处理要求；

③确定碗扣架体步距、立杆横距，杆件相对位置；

④剪刀撑的搭设布置要求；

⑤明确连墙件材料、连接方式、布置间距；

⑥上、下施工作业面通道设置方式；

⑦出入通道设置方式。

(2) 碗扣架体计算

只有敞开式碗扣架体（未用密目网封闭），且基本风压不大于0.35kN/m^{2}时，50m以下的双排落地式脚手架构造符合规范要求，才可以不进行部分杆件的验算。设计计算主要内容包括：

①纵向、横向水平杆等受弯构件的强度和连接扣件抗滑承载力计算；

②立杆的稳定性计算；

③连墙件的强度、稳定性和连接强度的计算；

④立杆地基承载力计算。

5) 质量要求和管理

明确安全防护做法、质量要求及各环节的验收要求等，验收标准可直接引用规范，也可将规范所列验收内容进行逐项说明。主要内容包括：

(1) 材料准备：对架管、碗扣节点、扣件、安全网按规定进行验收；

(2) 基础验收，立杆定位放线；

(3) 搭设进度控制（配合施工进度一次搭设高度不应超过相邻连墙件以上2步）；

(4) 搭设质量要求：立杆、水平杆搭设要求，杆件搭接要求，扣件拧紧力矩要求，扣件位置要求，脚手板安装固定要求等；

（5）安全防护的做法：密目式安全网全封闭做法，水平兜网做法，作业层和通道两侧栏杆做法，挡脚板做法等；

（6）按照搭设进度，分阶段对脚手架各杆件搭设质量进行验收。

6）安全技术要求、安全操作规程

应重点针对搭拆、使用阶段，明确安全文明施工各项技术措施和安全注意事项。主要内容包括：

（1）搭设、拆除作业安全技术措施和操作人员安全操作规程和防护用品配备措施；

（2）搭设、拆除及碗扣架体上施工前安全教育和技术交底措施；

（3）高处作业人员操作规程和防护用品配备措施；

（4）安全注意事项，如：不得将模板支架、缆风绳、混凝土输送管等固定在碗扣架体上，6 级以上大风和大雨、雪、雾天气停止搭设和拆除作业等；

（5）碗扣架体脚手架使用期间安全技术措施；

（6）碗扣架体上作业防火措施；

（7）碗扣架体日常维护和管理要求；

（8）文明施工措施。

7）施工详图、大样图

（1）对碗扣架体整体结构绘制施工详图，对各重要节点绘制大样图。

（2）后浇带等处的模板与支架应制定针对性的固定牢靠措施，并应在模板安装方案中明确其细部构造。

8）验收及检查程序

（1）必须严格按施工组织设计（施工方案）中明确的安全技术措施组织施工，组织落实，组织检查，并对其实施情况负责。

（2）各项安全技术措施落实后，必须由主管领导、技术负责人组织工长、项目安全员、施工安装负责人共同验收，确认符合安全技术措施（安全技术交底）、标准、规范等要求后，认真填写验收单，履行签字手续后，方可投入使用。

（3）在验收过程中，如发现与安全技术措施（安全技术交底）、标准、规范等不符的，要填写事故隐患通知书，按照“三定”（定时间、定措施、定人员）的原则，限期解决，整改完毕后，再重新进行验收。

9）应急救援

对碗扣架体的搭拆、使用和日常维护等情况进行危险源识别，确定日常监控重点和可能发生的事故类型，确定现场应急处置预案。

10）卸料平台设计

悬挑式卸料平台，是建筑工程垂直运输的一种重要的转运平台，在框架及框剪等结构工程施工过程中常常使用，一方面作为周转材料的中转站，另一方面作为砌体、粉刷等材料的转运工作面。一般情况下，卸料平台多与碗扣架体一起进行设计，并不得与碗扣架体连接。

卸料平台分为落地式和悬挑钢平台两种，落地式卸料平台参照落地式脚手架设计计算验算各杆件稳定性和地基承载力是否符合要求。悬挑钢平台应按照设计荷载限额，重点进行主、次梁、铺板、吊环与钢平台和主体结构连接方式以及后部锚固钢筋设计，并验算其强度或稳定性。

8.2.2 严格执行安全技术交底制度

1. 安全技术交底总体要求

安全技术交底工作，是施工技术负责人向作业人员进行职责落实的法律要求，要严肃认真的进行，不能流于形式。安全技术交底在正式作业前进行，不但口头讲解，同时应有书面文字材料，并履行签字手续，施工负责人、生产班组、现场安全员各留一份。安全技术交底主要包括三个方面的内容：一是在施工方案的基础上进行的，按照施工方案的要求，对施工方案进行细化和补充；二是要将操作者的安全注意事项讲明，保证操作者的人身安全。交底内容不能过于简单，千篇一律口号化。应按分部分项工程和针对作业条件的变化具体进行；三是安全技术交底的内容，应符合施工、安装和生产的具体情况，交底内容要全面，要有针对性和可操作性。

2. 安全技术交底层次

1）各级主管领导、技术负责人、工长在布置施工安装和生产任务的同时，要根据审批的施工组织设计（施工方案）中的安全技术措施、施工及生产任务的具体情况以及现场环境、机具设备的情况，做好分部分项安全技术交底（书面），交接双方必须履行签字手续。

2）各施工、安装、生产班组长，应当按照安全技术交底、施工安装和生产工序的实际情况，并针对当天的工作任务、作业条件和作业环境，就作业要求和施工中应注意的安全事项向具体作业人员进行交底，并将参加交底中的人员名单和交底内容记录在班组活动记录中。

3）各级主管领导、技术人员、工长、班组长，应对各自施工安装、生产任务的安全技术交底负责，对安全技术措施的实施情况负责。各级安全检查员要根据安全技术交底的内容监督检查落实情况。

3. 碗扣架体搭设安装交底

碗扣架体搭设安装前，项目工程技术负责人依据碗扣架体搭设方案要求向作业班组交底（作业班组不光指班组长，而是包括作业班组的所有操作人员），交底后履行签字手续，本人必须签字。

安全技术交底的主要内容包括：

1）碗扣架体搭设施工方案；

2）碗扣架体搭设安全技术操作规程；

3）施工作业中的安全防护要求；

4）具体操作岗位存在的不利因素及危险源与环境因素；

5）险情出现后的逃生自救方法及应急救援措施；

6）增强安全意识，学会预辨风险的方法，提高防范能力。

安全技术交底根据工程特点环境现场的实际情况，注重针对性、实用性和可操作性。

4. 碗扣架体拆除交底

碗扣架体在经过长期使用后个别部件易发生材质老化，所以，在架体拆除前，项目工程技术负责人依据碗扣架体拆除方案编制书面交底，向作业班组交底后方可进行。交底要履行签字手续，必须由班组长及作业班组的所有操作人员本人亲自签字。

安全技术交底的主要内容包括：

1）碗扣架体拆除施工方案；

2）碗扣架体拆除安全技术操作规程；

3）拆除作业中的安全防护要求；

4）具体操作岗位存在的不利因素及危险源与环境因素；

5）险情出现后的逃生自救方法及应急救援措施；

6）增强安全意识，学会预辨风险的方法，提高防范能力。

安全技术交底根据工程特点环境现场的实际情况，注重针对性、实用性和可操性。

8.2.3 脚手架管、立杆的碗扣节点、脚手板等产品质量证明

质量证明文件包括购物发票复印件/扫描件、材料质量说明、证明书、产品标识、产品质量合格证及检测资料等。供应商配套提供的管材、零件、铸件、冲压件等材质、产品性能检验报告。脚手架管、立杆的碗扣节点、脚手板等产品质量证明文件由材料员及时交安全员或资料员保存，作为产品质量符合性的证据。

碗扣式钢管脚手架用钢管应符合现行国家标准《直缝电焊钢管》GB/T 13793、《低压流体输送用焊接管》GB/T 3091 中的 Q235A 级普通钢管的要求，其材质性能应符合现行国家标准《碳素结构钢》GB/T 700 的规定。

立杆的碗扣节点应包括上碗扣、下碗扣、横杆接头和上碗扣限位销等零部件。上碗扣、可调底座及可调托撑螺母应采用可锻铸铁或铸钢制造，其材料机械性能应符合现行国家标准《可锻铸铁件》GB/T 9440 中 KTH330-08 及《一般工程用铸造碳钢件》GB/T 11352 中 ZG270-500 的规定。下碗扣、横杆接头、斜杆接头应采用碳素铸钢制造，其材料机械性能应符合现行国家标准《一般工程用铸造碳钢件》GB/T 11352 中 ZG230-450 的规定。采用钢板热冲压整体成形的下碗扣，钢板应符合现行国家标准《碳素结构钢》GB/T 700 中 Q235A 级钢的要求，板材厚度不得小于 6mm，并应经 600～650℃的时效处理。严禁利用废旧锈蚀钢板改制。

脚手架管、立杆的碗扣节点、脚手板等主要构配件种类、规格及质量应符合《建筑施工碗扣式钢管脚手架安全技术规范》JGJ 166—2008 中表 3.2.5 的规定。

8.2.4 劳务队伍要求

1. 劳务单位资质

碗扣架体的施工队伍必须具有安全生产许可证、安装与拆除等施工资质，所承担的施工任务与资质匹配，保证施工安全。

2. 人员资格要求

1）项目经理、专职安全员

项目经理、专职安全员必须通过上级主管部门的安全培训考核合格，取得建筑施工企业“三类人员”安全生产考核合格证书，方能持证上岗。

2）专业架子工

脚手架搭设、拆除人员等专业架子工属特殊工种作业人员，必须经过按现行国家标准

《特种作业人员安全技术培训考核管理规则》（国家安监总局令第30号）与《建筑施工特种作业人员管理规定》（建质［2008］75号）考核合格，取得岗位资格操作证书后，方可持证上岗。

3. 员工培训教育

登高架设特种作业人员必须每年接受不少于8个规定学时的安全培训教育，提高安全意识，增强自我保护能力，杜绝违章作业。安全生产教育培训是实现安全生产的重要基础工作。企业要完善内部教育培训制度，通过对职工进行三级教育、定期培训，开展班组班前活动，利用黑板报、宣传栏、事故案例剖析等多种形式，加强对一线作业人员，尤其是农民工的培训教育，增强安全意识，掌握安全知识，提高职工搞好安全生产的自觉性、积极性和创造性，使各项安全生产规章制度得以贯彻执行。

4. 劳务人员管理

上岗人员应定期体检，合格者方可持证上岗。《建筑安装工人安全技术操作规程》（建质［2008］75号）规定，进入施工现场必须戴安全帽，禁止穿拖鞋或光脚。在没有防护设施的高空、悬崖和陡坡施工，必须系安全带。正确使用个人安全防护用品是防止职工因工伤亡事故的第一道防线，是作业人员的“护身符”。

8.2.5　加强脚手架构配件材质的检查，按规定进行检验检测

由于目前市场上脚手架构配件的材质参差不齐，施工企业必须从进货的关口把住产品质量关，保证进入施工现场的产品必须是合格产品，同时在使用过程中，要按规定进行检验检测，达不到使用要求的构配件不得使用。

1. 材料规格及要求

1）碗扣式钢管脚手架钢管规格应为ϕ48mm×3.5mm，钢管壁厚应为$3.5^{+0.25}_{0}$mm。

2）立杆连接处外套管与立杆间隙应小于或等于2mm，外套管长度不得小于160mm，外伸长度不得小于110mm。

3）主要构配件的检查项目及形位公差要求，应符合《建筑施工碗扣式钢管脚手架安全技术规范》JGJ 166—2008中附录A的规定。

2. 构配件的外观检验应符合有关要求

1）旧钢管使用前要对钢管的表面锈蚀深度、弯曲变形程度进行检查；

2）旧碗扣节点使用前应进行质量检查，有裂缝、变形的严禁使用；

3）在使用前应检查碗扣与杆件的焊接质量、杆件的变形情况，凡是变形的钢管应调直，达到规定后方可使用；过度变形和严重磨损的杆件不得使用；

4）钢管应平直光滑、无裂纹、无锈蚀无分层、无结疤、无毛刺等，不得采用横断面接长的钢管；

5）铸造件表面应光整，不得有砂眼、缩孔、裂纹、浇冒口残余等缺陷，表面粘砂应清除干净；

6）冲压件不得有毛刺、裂纹、氧化皮等缺陷；

7）各焊缝应饱满，焊药清除干净，不得有未焊透、夹砂、咬肉、裂纹等缺陷；

8）构配件防锈漆涂层均匀、牢固；

9）主要构配件上的生产厂标识应清晰。

3. 架体组装质量应符合相关要求

1）立杆上的上碗扣应能上下串动、转动灵活，不得有卡滞现象；

2）立杆与立杆的连接孔处应能插入 ϕ10mm 连接销；

3）碗扣节点上应在安装 1～4 个横杆时，上碗扣均应能锁紧；

4）当搭设不少于二步三跨 1.8m×1.8m×1.2m（步距×纵距×横距）的整体脚手架时，每一框架内横杆与立杆的垂直度偏差应小于 5mm。

4. 可调底座及可调托撑相关要求

1）可调底座底板的钢板厚度不得小于 6 mm，可调托撑钢板厚度不得小于 5 mm。

2）可调底座及可调托撑丝杆与调节螺母啮合长度不得少于 6 扣，插入立杆内的长度不得小于 150mm。

5. 主要构配件性能指标应符合有关要求

1）上碗扣抗拉强度不小于 30kN；

2）下碗扣组焊后剪切强度不小于 60kN；

3）横杆接头剪切强度不小于 50kN；

4）横杆接头焊接剪切强度不小于 25kN；

5）底座抗压强度不小于 100kN。

6. 属下列情况之一的应进行型式检验

1）新产品或老产品转厂生产的试制定型鉴定；

2）正式生产后如结构、材料、工艺有较大改变可能影响性能时；

3）产品长期停产，恢复生产时；

4）出厂检验与上次型式检验有较大差异时；

5）省、市、国家质量监督机构或行业管理部门提出进行型式检验要求时。

8.2.6　碗扣架体的设计计算与构造要求

1. 碗扣架体的设计计算

碗扣架体的设计计算请参考本书第 6 章有关内容，确保满足安全使用要求。其中碗扣架体的安全防护设施与脚手板铺设应符合下述规定。

1）安全防护设施

碗扣架体外侧应按规定用密目式安全网封闭严密；里、外立杆间按要求设置首层平网及随层（作业层）平网，应随建筑物高度每隔 10m 且不大于 3 层设置 1 道安全平网；斜道两侧及平台外围应设置栏杆及踢脚板，内侧挂密目式安全网封闭；上下脚手架的梯道、坡道、栈桥、斜梯、爬梯等均应设置扶手、栏杆或其他安全防（围）护措施，且及时清除通道中的障碍，保障人员上下的安全；临街脚手架、架高≥25m 的外脚手架以及在脚手架高空落物影响范围内同时进行其他施工作业或有行人通过的脚手架，按实际情况采用外立面全封闭、半封闭以及搭设通道防护棚等适合的防护措施。

2）脚手板的铺设

脚手板或其他铺板应按规定垂直于墙面横向铺平铺满并绑扎固定板与板之间紧靠，离开墙面 120～150mm；当作业层脚手板与建筑物之间缝隙大于 150mm 时，应采取防护措施。脚手板一般应至少 2 层，上层为作业层，下层为防护层。只设一层脚手板时，应在脚手板下设随层兜网。自顶层作业层的脚手板向下宜每隔 10m 满铺一层脚手板。脚手板采用搭接铺放时，其搭接长度应大于 200mm，且在搭接段的中部设置支撑横杆；铺板不得出现端头超出支撑横杆 150mm 以上且未作固定的探头板现象。

2. 碗扣架体的构造要求

碗扣架体的构造应满足本书第 5 章有关要求。需说明的是，碗扣架体的设计计算，借鉴了国外近似“几何不可变杆系结构”力学模型的计算方法，但由于我国现行相关标准对碗扣架体的构造要求没有国外标准那样严格，加上碗扣钢管的安装质量受人为因素的影响较大，使得按传统习惯搭设的碗扣架体不易达到“几何不可变杆系结构”的力学要求。因此，若按现行规范设计计算支撑架，还必须通过构造手段来提高架体的整体刚度，以保证架体的使用安全。

1）设置纵横向扫地杆和梁下纵横向水平杆

根据有关试验，如不设置这两项杆件，立杆的极限承载能力将下降 11.1%。为保证立杆的整体稳定，还必须在安装立杆的同时设置纵横向水平杆。

2）步距以 0.9～1.5m 为宜，且最大不能超 1.8m

因为碗扣架体步距的大小与立杆的极限承载力之间存在近似反比的线性关系，当施工荷载较大时，适当缩小纵横向水平杆的步距，以减小立杆的长细比，则可充分发挥钢管的强度，使其更为经济合理。根据测算，杆件的计算长度增大一倍则其极限承载力将降低 50%～70%。

3）立杆应优先使用对接接长的方式

立杆接长的方式有对接和搭接两种，根据有关测试，对接的最大承载力是搭接的 3 倍多。

4）结合实际应对不利因素

（1）设计时应考虑各种不利因素，如现场钢管已使用多年的实际情况，将 ϕ48mm×3.5mm 钢管作为 ϕ48mm×3.0mm 来考虑进行计算。

（2）在设计房屋建筑工程采用满堂支架施工的 20m 以上的高大模板支架时，在支架中间区域设置少量的或用塔吊标准节安装的桁架柱，或用加密的钢管立杆、水平杆及斜杆搭设成塔架等高承载力的临时柱，形成防止突发性模板支架整体坍塌的两道防线证明是行之有效的措施。

5）泵车布料杆支架处荷载验算及加固

应对混凝土泵的输送管及布料杆支架安装位置处的碗扣架体所能承受的荷载应进行验算，必要时对架体采取局部加固措施，避免因振动过大或超载致使碗扣架体倾倒造成事故。

8.2.7 碗扣架体的搭设与拆除安全技术要求

1. 碗扣架体的搭设安全技术要求

1）底座和垫板应准确地放置在定位线上；垫板宜采用长度不少于 2 跨、厚度不小于 50mm 的木板；底座的轴心线应与地面垂直。

2）双排脚手架搭设应按立杆、横杆、斜杆、连墙件的顺序逐层搭设，每次上升高度不大于 3m。底层水平框架的纵向直线度偏差应小于 1/200 架体长度；横杆间水平度偏差应小于 1/400 架体长度。

3）双排脚手架的搭设应分阶段进行，每段搭设后必须经检查验收合格后，方可投入使用。

4）双排脚手架的搭设应与建筑物的施工同步上升，并应高于作业面 1.5m。

5）当双排脚手架高度 H 小于或等于 30m 时，垂直偏差应小于或等于 $H/500$；当高度 H 大于 30m 时，垂直偏差应小于或等于 $H/1000$。

6）当双排脚手架内外侧加挑梁时，在一跨挑梁范围内不得超过一名施工人员操作，严禁堆放物料。

7）连墙件必须随双排脚手架升高及时在规定的位置处设置，严禁任意拆除。

8）模板支撑架的搭设应按专项施工方案，在专人指挥下，统一进行。

9）应按施工方案弹线定位，放置底座后应分别按先立杆后横杆再斜杆的搭设顺序进行。

10）在多层楼板上连续设置模板支撑架时，应保证上下层支撑立杆在同一轴线上。

11）梁、板后浇带处的模板及支架应与其两侧的模板及支架分开支设，并应制定针对性的固定牢靠措施。

2. 碗扣架体的拆除安全技术要求

1）拆除前的准备工作。全面检查碗扣节点的连接、连墙件、支撑体系是否符合构造要求；根据检查结果补充完善施工方案中的拆除顺序和措施，经主管部门批准后实施；由工程施工负责人进行拆除安全技术交底；清除脚手架上杂物及地面障碍物。

2）拆除时的要求。拆除作业必须由上而下逐层进行，严禁上下同时作业；连墙件必须随脚手架逐层拆除，严禁先将连墙件整层或数层拆除后再拆脚手架，分段拆除高差不应大于 2 步，如大于 2 步应增设连墙件加固；当脚手架拆至下部最后一根长立杆的高度时，应先在适当位置搭设临时抛撑加固后，再拆除连墙件；当脚手架分段、分立面拆除时，对不拆除的脚手架两端，应按照规范要求设置连墙件和横向斜撑加固；后浇带两侧的模板支撑架应予保留两排立杆，拆除大跨度梁的支撑架，先从跨中开始向两端对称进行，模板支撑架要随拆随运出，严禁集中堆积和随意抛掷；高空悬挑架拆除作业时，应设置警戒线和明显标志，并派人监管。

3）连墙件必须在双排脚手架拆到该层时方可拆除，严禁提前拆除。

4）拆除的构配件应采用起重设备吊运或人工传递到地面，严禁抛掷。

5）当双排脚手架采取分段、分立面拆除时，必须事先确定分界处的技术处理方案。

6）拆除的构配件应分类堆放，以便于运输、维护和保管。

7）模板支撑架拆除应符合国家现行规范《混凝土结构工程施工质量验收规范》GB 50204 中混凝土强度的有关规定。

8）架体拆除应按施工方案设计的拆除顺序进行。

9）梁、板后浇带所在跨的模板及支架拆除应按施工技术方案执行。在后浇带混凝土合拢前，不应因模板及支架拆除而改变构件的设计受力状态；后浇带混凝土浇筑后，强度达到现行国家标准《混凝土结构工程施工质量验收规范》GB 50204 的规定强度后，方可拆除。

8.2.8　落实安全生产责任制，强化安全检查

1. 安全生产责任制度是建筑企业最基本的安全管理制度。建立并严格落实安全生产

责任制，是搞好安全生产的最有效的措施之一。安全生产责任制要将企业各级管理人员，各职能机构及其工作人员和各岗位生产工人在安全生产方面应做的工作及应负的责任加以明确规定。工程项目经理部的管理人员和专职安全员，要根据自身工作特点和职责分工，严格执行定期安全检查制度，并经常进行不定期的、随机的检查，对于发现的问题和事故隐患，要按照“定人、定时间、定措施”的原则进行及时整改，并进行复查，消除事故隐患，防止职工伤亡事故的发生。

2. 碗扣架体的检查、验收应根据技术规范、施工组织设计及变更文件和技术交底文件进行。在基础完工后及脚手架搭设前、作业层上施加荷载前、首段高度达 6m 时、达到设计高度后、遇有 6 级大风与大雨后、寒冷地区开冻后、停用超过一个月后，均要组织检查与验收。

3. 脚手架使用中，应定期检查下列项目：杆件的设置和连接，连墙件、支撑、门洞桁架等的构造是否符合要求；地基是否积水，底座是否松动，立杆是否悬空；立杆的沉降与垂直度的偏差是否符合规范规定；安全防护措施是否符合要求；是否超载。碗扣架体在使用过程中，应采取有效监测手段，特别是处于大风时期，必须及时进行检查和监视，一旦发现变形超过允许范围，必须停止使用，经检查和修复后方可重新使用；精心设计混凝土浇筑方案，确保模板支撑架均衡受载，并优先考虑从中部开始向四周扩展的浇筑方法，在混凝土浇筑过程中，应派专业技术人员观测模板、支撑系统的应力、变形情况，发现异常应立即停工排险。

4. 构配件进场应重点检查以下部位质量：

1）钢管管壁厚度，焊接质量，外观质量；

2）可调底座和可调托撑材质及丝杆直径、与螺母配合间隙等。

5. 脚手架搭设质量应按阶段进行检验：

1）首段高度为 6m 时进行第一阶段（撂底阶段）的检查与验收；

2）第二阶段架体随施工进度应定期进行的检查；

3）第三阶段为达到设计高度后进行全面的检查与验收；

4）遇 6 级以上大风、大雨、大雪后特殊情况的检查；

5）停工超过一个月恢复使用前。

6. 对整体脚手架应重点检查以下内容：

1）保证架体几何不变性的斜杆、连墙件等设置是否完善；

2）基础是否有不均匀沉降，立杆底座与基础面的接触有无松动或悬空情况；

3）立杆上碗扣是否可靠锁紧；

4）立杆连接销是否安装，斜杆扣接点是否符合要求，扣件拧紧程度。

7. 搭设高度小于或等于 20m 的脚手架，应由项目负责人组织技术、安全及监理人员进行验收；对于高度大于 20m 的脚手架及高度大于或等于 4m 的模板支撑架，应由其上一级安全生产主管部门负责人组织有关人员进行检查验收。

8. 脚手架验收时，应具备下列技术文件：

1）施工组织设计及变更文件；

2）高度大于 20m 的脚手架的专项施工设计方案；

3）周转使用的脚手架构配件使用前的复验合格记录；

4）搭设的施工记录和质量检查记录。

9. 模板支撑架的检查与验收与模板施工配合进行。

10. 模板支撑架浇筑混凝土时应派专人全过程监护。

8.2.9　碗扣架体的安全使用与管理

1. 作业层上的施工荷载应符合设计要求，不得超载，不得在脚手架上集中堆放模板、钢筋等物料。

2. 混凝土输送管、布料杆及塔架拉结缆风绳不得固定在脚手架上。

3. 遇 6 级及以上大风、雨雪、大雾天气时应停止脚手架的搭设与拆除作业。

4. 脚手架使用期间，严禁擅自拆除架体结构杆件；如需拆除必须经修改施工方案并报请原方案审批人批准，确定补救措施后方可实施。

5. 严禁在脚手架基础及邻近处进行挖掘作业。

6. 脚手架应与输电线路保持安全距离，施工现场临时用电线路架设及脚手架接地防雷措施等应按国家现行标准《施工现场临时用电安全技术规范》JGJ 46 的有关规定执行。

7. 混凝土输送管及其支架在使用中应经常检查、维护，确保安全输送混凝土。

8.2.10　加强消防安全管理

在脚手架架体上进行电气焊等明火作业时，应严格执行动火审批制度，做好消防预案。动火周围应清除易燃易爆物品或进行有效覆盖隔离，在动火证、操作证、消防器材齐全并按规定设置监护人员的条件下方准进行。作业完成后必须确认无火灾危险时方可离开。

8.2.11　其他注意事项

1. 外脚手架应与施工建筑物主体连接，以提高外脚手架的整体稳定性；

2. 应重视模板支撑架的整体性要求，可采用剪刀撑并与主体连接方法来提高稳定性；

3. 钢管转料平台应控制搭设高度，必须先进行严密的力学计算，经严格审批后，方可实施；

4. 严禁在碗扣架体上集中堆放建筑材料；

5. 支模架和脚手架拆除应作好充分准备，混凝土强度是否达到施工方案提出的要求；

6. 设计的机构要能保证其承载能力；

7. 基础要能保证承担所加的载荷；

8. 脚手架结构元件的质量及保养情况良好；

9. 脚手架的安装是由有资格的人或者是在其主持下完成的，其安装与设计相一致、设计与要求的负载相一致，符合有关标准；

10. 所有的工作平台应铺设完整的脚手板，在平台的边缘应有扶手、防护网或者其他防止坠落的保护措施，防止人员或物料从平台上落下；

11. 对于已完成的结构，未经允许不应改动。

8.2.12 碗扣架体应急预案

对碗扣架体重点防范部位必须编制事故应急救援预案。

1. 碗扣架体倒塌/坍塌重点防范部位一般包括

1）支撑高度大于4.5m或者高宽比≥6的模板支撑架；

2）社会影响较大工程。如市区中心、市民密集区、重大公共设施项目等；

3）特殊结构工程如大跨度、大截面框架梁、大截面悬挑梁板、大跨度大面积浇筑的梁板结构等；

4）作业环境恶劣、施工人员集中、施救困难的工程。

2. 碗扣架体倒塌/坍塌事故预案编制的基本内容和要求

1）预案的基本内容

（1）重点防范部位概况

①重点防范部位所处的区域位置、周围环境、施工通道。

②重点防范部位作业性质、作业人数、使用工具、作业方法等。

（2）重点防范部位施工顺序

详细列出每项作业操作程序以及所涉及的工种。

（3）重点防范部位施工过程中的隐患

①施工过程中每一行为可能造成的不良后果，以及可能引发的事故类型。

②事故可能波及的范围。

（4）控制措施及责任人

针对隐患进行安全分析，制定出对应的控制措施以确保作业安全。为保证控制措施的落实，还须明确相应的责任人。

（5）施救措施

①针对不同的施工行为、人员数量和事发类型、部位，制定出相应的施救方法。

②对事发后可能出现的各种情况制定出预防事态扩大的措施。

③针对事故发生的不同阶段可能出现的各种情况制定出预防事态恶化的措施。

④确定施救和疏散人员、物资的办法和路线，以及紧急联络与通讯方法。

⑤施救过程中应注意的事项。

2）预案的基本要求

（1）要有针对性和实用性

要针对不同的工程特点、不同的施工方法、不同的施工机具、不同的作业性质和不同的施工环境。预案要贯穿施工全过程，力求细致全面、具体。措施要简单易行，具有较强的操作性和实用性。

（2）确定最不利状态，进行科学的计算和分析。

在广泛调研的基础上，确定重点防范部位，以假设的最不利状态对模板支撑架进行强度计算和稳定性分析。并对可能出现的事故危害作出科学的评价，为施救措施的制定提供准确的依据。

（3）绘制预案实施网络图

根据假设的事故情况，确定所采取的预防手段，并以此绘制出预案实施网络图，以便操作和实施。预案制订后要进行审核，合格后才能投入应用。

（4）应随施工情况的变化而及时修订

预案经审定投入应用后若施工情况发生变化，要及时进行修订，以适应新情况下的安全需要。

8.3　安全组织保证及管理措施

8.3.1　制定安全管理目标

由于脚手架工程是特殊工种作业，操作不当或质量不过关极易造成群死群伤，是施工单位安全管理中的重中之重。施工单位应制定安全管理目标，其中应包括以下内容：

1. 伤亡事故控制目标：应分出死亡、重伤和轻伤的事故控制频率。

2. 应符合《建筑施工特种作业人员管理规定》（建质［2008］75 号）中对特种作业的定义、范围、人员条件和培训、考核、管理的规定。施工现场安全达标目标：达到《建筑施工安全检查标准》JGJ 59 的合格标准要求。

8.3.2　建立安全保障体系

1. 施工单位建立安全保障体系（见图 8.3.2），贯彻执行安全生产的方针，切实加强管理，保证职工在生产（工作）过程中的安全与健康。事故猛于虎，放纵会伤人，把安全生产工作列入重要议事日程，坚持贯彻“安全第一，预防为主”的方针，加强对安全生产的领导，尊重科学，严格管理，定期召开专业会议，研究安全生产工作问题，总结经验教训，改进安全生产工作。

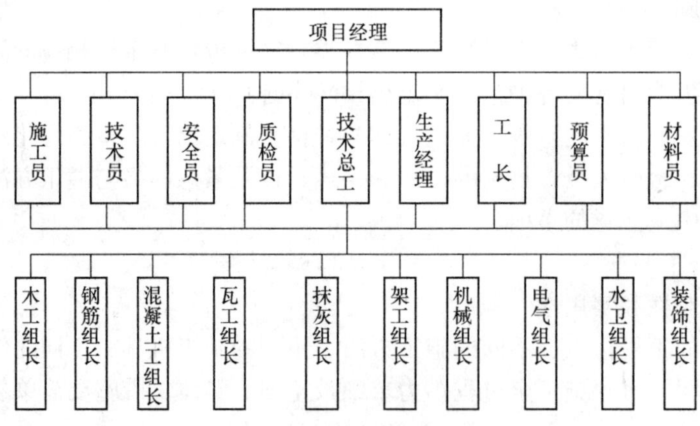

图 8.3.2　项目部安全保证体系图

2. 制定安全生产责任制，将安全生产责任落实到每个人，对各级管理人员进行安全责任考核，切实保证制度落实，树立以人为本，安全责任重于泰山的思想，依法行使工程建设中安全生产管理的主体义务。

3. 建立健全项目部安全保障体系。项目负责人是负责项目安全生产的第一责任人，对项目的安全生产全面负责。

4. 所有施工人员进入施工现场后，在保险公司办理施工现场作业人员意外伤害保险以切实保障施工人员权益。

8.3.3 脚手架施工安全管理制度

1. 安全教育制度

1）在架工班组进入工地后正式上岗作业前，项目部必须对班组职工进行“三级安全教育”（班组教育、项目部教育、企业安全管理教育），并建立教育记录档卡；如果由于安全技术交底不清楚、不全面，职工发生工伤事故，必须追究教育或交底人的责任。

2）安全教育具有针对性，对待脚手架施工的各个部位不可千篇一律，应付差事。

3）项目部要经常组织干部学习有关安全生产的法律、法规，学习规范和标准，学习脚手架安全技术操作规程等，通过学习达到熟练掌握和运用的目的。

4）要坚持开展每周星期一安全活动日活动，每次活动要有组织、有内容、有目的、有要求，一般可小结上周安全工作情况，根据本周工作情况提出和强调搞好安全工作的措施，同时也有针对性的选学一些安全操作规程；安全活动的目的、内容及具体安排，由项目部专职安全员负责，项目经理或其他管理人员不得占用安全活动日时间召开其他会议和进行其他工作。

5）对新入场的职工在分配工作之前，必须进行“三级安全教育”，项目部进行专业安全技术规程及规章制度的教育，班组进行具体的安全教育工作。

6）脚手架搭设人员必须是经过按现行国家标准《特种作业人员安全技术培训考核管理规则》（国家安监总局令第30号）考核合格的专业架子工，上岗人员应定期体检，合格者方可持证上岗。上岗前仍应进行安全教育和安全技术交底。

7）施工当中采用新技术、新机具、新设备和新工艺方法时，项目部应对操作人员进行操作技术培训和安全技术教育，经考核合格后方可作业。

2. 安全检查制度

安全检查的目的就是消除事故隐患，预防事故，保证安全生产的重要手段和措施。为了不断改善生产条件和作业环境，使作业环境达到最佳状态。从而采取有效对策，消除不安全因素，保障安全生产，应制定安全检查制度。

1）安全检查的内容

按照住房和城乡建筑部颁发的《建筑施工碗扣式钢管脚手架安全技术规范》JGJ 166—2008，对照检查执行情况。

（1）主要构配件的材质是否符合设计要求及规范要求。

（2）脚手架是否按施工方案搭设。

（3）脚手架上荷载是否超出设计要求荷载。

（4）搭设和拆除时是否有专职安全员进行监督指导。

（5）所有搭设脚手架人员是否持证上岗。

（6）搭设脚手架人员是否正确佩戴安全帽、系安全带、穿防滑鞋。

2）安全检查的方法

定期检查、突击性检查、专业性检查、季节性和节假日前后的检查和经常性检查。

（1）定期检查：项目部施工工地每周检查一次，由项目经理组织；各施工队每天检查，由施工负责人组织，架工班组对所处环境的工作程序要坚持每日进行自检，随时消除不安全隐患。

（2）突击检查：同行业或兄弟单位发生重大伤亡事故、设备事故、交通、火灾事故，为了吸取教训，采取预防措施，根据事故性质、特点，组织突击检查。

（3）专业性检查：针对施工中存在的重点问题，如：受力集中部位、超高部位等，组织单项检查，进行专项治理。

（4）季节性和节假日前后检查：针对气候特点，如冬季、夏季、雨期可能给施工带来危害，提前做好冬季四防，夏季防暑降温，雨期防汛；针对重大节假日前后，防止职工纪律松懈，思想麻痹，要认真搞好安全教育，落实安全防范措施。

（5）经常性检查：安全职能人员和项目经理部、安全值班人员，应经常深入施工现场，进行预防检查，及时发现隐患，消除隐患，标准施工正常进行。

（6）对检查出的事故隐患的处理：各种类型的检查，必须认真细致，不留死角，查出的事故隐患要建立事故隐患台账，重大事故隐患要填写事故隐患指令书，落实专人限期整改。

3. 安全技术交底制度

严格进行安全技术交底，认真执行安全技术措施，是贯彻安全生产方针、减少工伤事故、实现安全生产的重要保证。为了确保安全生产，把安全贯穿于生产的全过程，根据企业实际情况，应制定安全技术交底制度。

1）脚手架工程开工前，由施工负责人和技术负责人组织有关人员根据所处地理环境和施工方法制定细的脚手架施工方案，报上级有关技术、安全部门批准。批准的脚手架方案必须认真贯彻执行。

2）工程开工时，由总工程师和技术负责人向组织施工的项目经理、安全员、班组长进行详细的安全技术交底，使执行者了解其道理，为安全技术措施的落实打下基础，并以书面形式下达班组。

3）施工员根据单项工程安全技术措施的安全设施、设备及安全注意事项的实施填写《脚手架技术交底》，责任人落实到班组、个人，履行签字验收制度。

4）施工现场的生产组织者，不得对安全技术措施方案私自变更，如有合理的建议，应书面报总工程师批准，未批之前，仍按原方案贯彻执行。

5）安全职能部门要以脚手架施工安全技术措施为依据，以安全法规和各项安全规章制度为准则，经常性的对工地实施情况进行检查，并监督各项安全技术措施的落实。

4. 班前安全活动制度

1）在脚手架施工人员进入工地后正式作业前，项目部必须对班组职工进行“三级安全教育”并建立教育记录档卡。

2）项目部必须同各作业班组长和职工签订安全生产责任合同，并进行有针对性的书面安全技术交底，交底双方必须履行签字手续。

3）每天上班前，作业班组长必须对工人进行全面而又有针对性的安全教育活动，主要强调当天作业的安全注意事项，检查职工的安全防护用品佩带情况，观察和了解职工当天的情绪和心理状态。

4）凡班前酗酒者，一律不准进入施工现场；凡是不具备上岗作业条件者，一律不得上岗作业。

5）项目部班前安全活动必须有书面记录，由项目安全员签字确认，企业安全管理科进行监督检查。

5. 安全值班制度

为了加强脚手架施工安全管理，消除安装过程中的不安全因素和安全管理中的薄弱环节，把安全工作落到实处，结合项目部的实际情况，应制定安全生产值班制度。

1）项目经理部安全值班制度：项目经理部成员，都必须轮流坚持安全值班。在值班期间，尽职尽责作好安全管理工作详细检查作业面的安全施工情况，发现事故隐患，立即采取果断措施整改。对进入现场不戴安全帽，高处悬空作业不系安全带，穿拖鞋等情况，按处罚规定给予处理。值班期间，上下清查人数，凡工地有加班加点搭设脚手架的人作业，值班人不得离开现场。参加值班期内发生的工伤事故调查、分析、做好值班记录，按时交接班。

2）各级值班人员，必须尽职尽责，作好安全值班工作，在值班期间，擅离岗位，不负责任，导致发生事故，追究值班人员的直接安全责任。

6. 制定脚手架施工安全禁令

1）严禁穿木屐、拖鞋、高跟鞋及不戴安全帽进行脚手架施工作业。

2）严禁一切人员在提升架、吊篮及提升架井口和吊物下操作、站立、行走。

3）严禁非专业人员登攀脚手架。

4）严禁在操作现场玩耍、吵闹和从高处抛掷材料、工具、砖石、砂泥及一切物体。

5）严禁在脚手架施工面随意放置施工用具。

6）严禁在没有正确佩戴安全带的情况下开始安装作业。

7）严禁在未设安全措施的同一部位同时进行上下交叉作业。

7. 安全生产奖罚制度

有生产，就存在安全，安全生产是一个永恒的主题。为了强化安全管理，制定奖惩措施，对违反禁令人员进行教育，情节严重的罚款直至开除；对严格遵守劳动安全纪律的且全年无工伤事故、重大未遂事故要进行奖励。

8.3.4 碗扣式脚手架现场保证措施

1. 施工流程

碗扣式脚手架施工应按图 8.3.4 流程进行。

2. 施工方案保证措施

碗扣式脚手架的设计必须满足工程的需要，并表明其用途、最大净荷载、最大动荷载及水平受力等，具体请参见本章第 8.1.2 节第 3 条安全专项方案。

3. 材料

严把材料入场关，对不合格或无材质证明的碗扣件及管件坚决弃用，所有构配件应有使用材料质量说明、证明书及产品

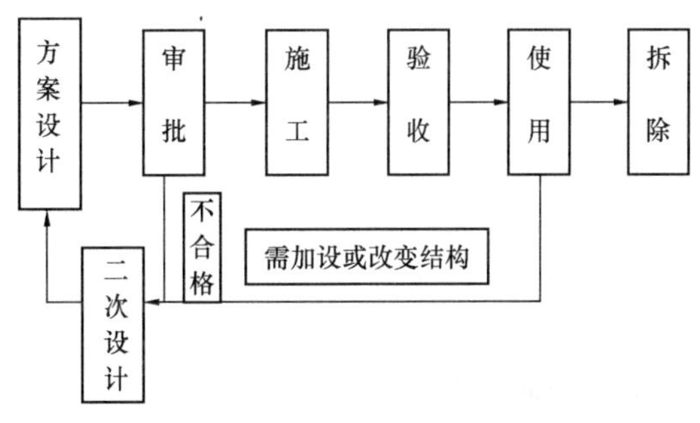

图 8.3.4 碗扣式脚手架施工流程

合格证。具体要求请参考本章第 8.2.3 节及第 8.2.5 节的有关要求。

4. 施工人员

1）宣传：利用各种宣传工具采用多种教育形式，使职工树立安全第一的思想，不断强化安全意识，使安全管理制度化，安全教育经常化。

2）规范农民工的招收录用管理：在招收农民工时，应严把年龄关，被录用人员应符合法定年龄要求，保证劳务合同的合法性。由于脚手架工程是特种作业工程，对操作人员的体质有较强的要求，健康的体魄是每个农民工施工安全的基本保证，所以对架子工的常规体检不可忽视，对带有传染性疾病及患有不适应高空作业的人员不得录用，对符合录用条件的需建立个人健康档案并及时办理人身保险。

5. 搭设保证措施

1）搭设前的准备

（1）设计人员（部门、人员）必须在现场对脚手架搭设及现场管理人员进行技术、安全交底。

（2）对钢管、扣件、脚手板、爬梯、安全网等材料的质量、数量进行清点、检查、验收，确保满足设计要求，不合格的构配件不得使用，材料不齐时不得搭设，不同材质、不同规格的材料、构配件不得在同一脚手架上使用。

（3）清除搭设场地的杂物，在高边坡下搭设时，应先检查边坡的稳定情况，对边坡上的危石进行处理，并设专人警戒。

（4）根据脚手架的搭设高度、搭设场地地基情况，对脚手架基础进行处理，确认合格后按设计要求放线定位。

（5）对参与脚手架搭设和现场管理人员的身体情况进行确认，凡有不适合从事高处作业的人员不得从事脚手架的搭设和现场管理工作。

2）搭设要求

（1）脚手架的搭设必须按照经过审批的设计、施工方案和现场交底的要求进行，严禁偷工减料，严格遵守搭设施工工艺，不得将变形或校正过的材料作为立杆。

（2）脚手架搭设过程中，现场须有熟练的工人带班指导，并有安全员跟班检查监督。

（3）脚手架搭设过程中严禁上下交叉作业，要采取切实措施保证材料配件工具传递和使用安全，并根据现场情况在交通道口、作业部位上下方设安全哨监护。

（4）脚手架必须配合施工进度搭设，不得高于施工顶部 2 步架。

（5）脚手架搭设中，脚手板、护栏、连墙件、安全网等都必须同时跟进。

3）技术要求

（1）脚手架在满足使用要求的构架尺寸的同时，应满足以下安装要求：

①构架结构稳定，构架单元不缺基本的稳定构造杆部件；整体按规定设置斜杆、剪刀撑、连墙件或撑、拉、提件；在通道、洞口以及其他需要加大尺寸（高度、跨度）或承受超规定荷载的部位，根据需要设置加强杆件或构造。

②连接节点可靠，杆件相交位置符合节点构造规定；连接件的安装和紧固力符合要求。

（2）地面基础

①脚手架立杆的基础应平整夯实，具有足够的承载力和稳定性，设于坑边上或台上

时，立杆距坑、台的边缘不得小于1m，且边坡的坡度不得大于土的自然安息角（即土自然堆积，经沉落稳定后的表面与地平面所形成的夹角），否则应做边坡的保护和加固处理。

②脚手架立杆之下不平整、坚实或为斜面时，需设置垫板。

（3）安全防护：脚手架上的安全防护设施应能有效地提供安全防护，防止架上的物件发生滚落、滑落，防止发生人员坠落、滑倒、物体打击等。

①作业现场应设安全围护和警示标志，禁止无关人员进入施工区域；对尚未形成或已失去稳定结构的脚手架部位加设临时支撑或其他可靠安全措施；在无可靠的安全带扣挂物时，应设安全带母线或挂设安全网；设置防止材料提上或掉下的设施。

②脚手架的作业面的脚手板必须铺满并绑扎牢固，不得留有空隙和探头板，脚手板与墙面间的距离一般不大于20cm，作业面的外侧立面的防护设施根据具体情况确定，可采用立网、护栏、跳板防护。

③脚手架外侧临空面根据具体情况采用安全立网、竹跳板、篷布等完全封闭，临空面视具体情况设置安全通道，并搭设防护棚。

④贴近或穿过脚手架的人行和运输通道必须设置防护棚；上下脚手架有高度差的出入口应设踏步和护栏。

6. 验收

1）脚手架验收应当随施工进度进行，实行工序验收制度。脚手架的搭设分单元进行的，单元中每道工序完工后，必须经过现场施工技术人员检查验收，合格后方可进入下道工序和下一单元施工。

2）脚手架按设计搭设完成后，施工队应进行全面自检，在自检的基础上，由使用单位（项目部）施工技术部门牵头，按验收要求组织施工、质量、安全、监理等部门进行联合验收，验收人员对验收结论要签字认可。

3）脚手架验收以设计和相关规定为依据，验收内容主要有：

（1）脚手架的材料、构配件等是否符合设计和规范要求。

（2）脚手架的布置，立杆、横杆、剪刀撑、斜撑、间距、立杆垂直度等的偏差是否满足设计、规范要求。

（3）各杆件搭接和结构固定部分是否牢固，是否满足安全可靠要求。

（4）大型脚手架的避雷、接地等安全防护、保险装置是否有效。

（5）脚手架基础处理是否正确和安全可靠。

（6）安全防护措施是否符合要求。

4）脚手架的检查验收的方法应按逐层、逐流水段进行，并根据验收的主要内容编制检查验收表，对照检查验收表逐项检查。

7. 使用

1）脚手架搭设完成后，未经检查验收或检查验收后发现问题的没有整改完毕或安全防护设施不完善的，不得投入使用。

2）在脚手架醒目的位置应挂告示牌，注明脚手架通过验收时间、使用期限、一次允许在脚手架上作业人数、最大承受荷载。

3）脚手架在使用过程中，应定期检查和班前检查。

（1）脚手架定期安全检查一般每周一次，并应根据具体检查对象编写安全检查表，对照安全检查表的内容逐项进行检查，对于靠近爆破地点的脚手架，每次爆破后应进行检查。

(2) 每班作业前，班长应对脚手架进行检查，确认安全后方可上脚手架作业。

(3) 如遇大风、大雨、撞击等特殊情况时，要对脚手架的强度、稳定性、基础等进行专门检查，发现问题及时报告处理。

4) 使用单位应根据脚手架的设计要求，合理使用。

(1) 作业层上的施工荷载，包括脚手板、人员、工具和材料，当设计未规定时，应按规范的规定值控制。

(2) 垂直运输设施与脚手架之间的转运平台的铺板层数和荷载控制应按设计的规定执行，不得任意增加铺板层的数量和在转运平台上超载堆放材料。

(3) 架面荷载应力求均匀分布，避免荷载集中于一侧。

(4) 各种材料、机具等要随运随装或随拆随运，不得存放在脚手架上。

(5) 脚手架上材料、机具等放置不得影响交通。

5) 较重的施工设备不得放置在脚手架上，不得将模板支架、缆风绳、混凝土泵车的输送管等固定在脚手架上，严禁在脚手架上悬挂起重设备。

6) 脚手架在试用期间，严禁拆除主节点处的纵、横向水平杆，纵、横向扫地杆、连墙件及撑、拉、提、吊设施，未经主管部门同意，不得任意改变脚手架的结构、用途或拆除构件，如必须改变排架结构，应征得原设计同意，重新修改设计，必须加固或改善后，方可上脚手架作业。

7) 在施工中，若发现脚手架有异常情况，应及时报告脚手架的设计部门和安全部门，由设计部门和安全部门对脚手架进行检查鉴定，确认脚手架的安全稳定性后方可使用。

8) 在脚手架上进行电、气焊或在有脚手架的部位从事吊装作业时，必须采取防电、防火和防撞击脚手架的措施，并派专人监护。

9) 脚手架上作业的安全注意事项：

(1) 作业时应注意随时清理落在架面上的材料，保持架面的规整清洁，不要乱堆材料、工具，以免影响安全作业或发生掉物伤人。

(2) 在进行撬、拉、推等操作时，要注意采取正确的姿势，系好安全带，谨防身体失稳发生坠落、摔倒或把东西甩出。在脚手架上拆除模板时，应采取必要的支托措施，以防拆下的材料掉落架外。

(3) 当架面高度不够、需要垫高时，一定要采取稳定可靠的办法，且垫高不得超过50cm，同时加高安全防护措施；超过50cm时须按程序重新设计审批。

(4) 在架面上运送材料经过正在作业的人员时，要及时发出信号提醒他人注意，材料要轻搁稳放，不许采取倾倒、猛磕或其他匆忙卸料方式。

(5) 禁止在脚手架上打闹嬉戏、睡觉或坐在横杆上休息，不得抢行和跑跳，相互避让时要保持身体平衡。

8. 拆除保证措施

1) 拆除前的准备工作

(1) 全面检查脚手架的扣件连接、连墙件、支撑体系是否符合安全要求。

(2) 根据检查结果，补充完善施工设计中的拆除程序，并经批准后实施。

(3) 施工单位技术负责人编制拆除脚手架安全技术交底，并以书面形式交底到每一名作业人员手中，签字确认。

(4) 清除脚手架上的材料、杂物及地面障碍物，并将受其影响的机电设备及其他管线等拆除或加以保护。

2) 拆除脚手架的安全要求

(1) 拆除顺序应逐层从上而下进行，严禁上下同时作业。

(2) 所有连墙件应随脚手架逐层拆除，严禁先将连墙件整层或数层拆除后再拆脚手架；分层拆除高差不应大于2步，如高差大于2步应增设连墙件加固。

(3) 当脚手架拆至下部最后一根长钢管的高度时，根据现场需要先在适当位置搭临时支撑加固，后拆连墙件。

(4) 当脚手架采取分段分立面拆除时，对不拆除的脚手架两端应先设置连墙件和横向支撑加固。

(5) 各构配件必须及时分段集中运至地面，严禁抛扔；脚手架拆除后，必须做到工完场清，材料堆放整齐、安全稳定，并及时转运。

(6) 运至地面的构配件应按规定的要求及时检查整修与保养，并按品种规格随时堆码存放，置于干燥通风处，防止锈蚀。

9. 脚手架施工基本安全要求

1) 脚手架的设计、搭设、使用应严格执行现行行业标准《建筑施工安全检查标准》JGJ 59、《建筑施工高处作业安全技术规范》JGJ 80、《建筑施工碗扣式钢管脚手架安全技术规范》JGJ 166—2008等标准的规定。

2) 脚手架的搭设、维护、拆除等作业，在2m以上的均为高处作业，应严格执行高处作业安全规定。

3) 从事脚手架的搭设、维护、拆除的工作人员，必须熟悉有关脚手架的基本技术知识，并持证上岗。

4) 脚手架的搭设、维护、拆除等工作，应尽量避免在夜间进行，如确需在夜间作业的，现场应有足够的照明，且夜间搭设脚手架的高度不得超过二级高处作业标准（15m）。

5) 当有6级以上大风和大雨、雪、雾天气时，应停止脚手架搭设和拆除工作。

6) 脚手架搭设、拆除时，地面应设围栏和警戒标志，并派专人警戒，严禁非作业人员入内。

7) 不得在脚手架基础及其临近处进行挖掘作业。

8) 凡在脚手架上作业的人员必须戴好安全帽、系好安全带、穿好防滑鞋，严禁酒后作业。

9) 根据现场具体环境，在脚手架外侧及顶部设醒目的安全标志、信号旗或信号灯，以防过往车辆运行中碰撞脚手架。

8.4 搭拆及使用过程中各环节重点控制

根据影响碗扣式钢管脚手架安全的各种不利因素，在搭设和拆除碗扣式钢管脚手架过程中各环节应重点控制以下内容：

8.4.1　碗扣式脚手架搭设控制重点

1. 安拆队伍资质必须符合国家有关规定。

2. 碗扣式钢管脚手架在搭设前要根据《建筑施工碗扣式钢管脚手架安全技术规范》JGJ 166—2008 有关内容对进场原材料进行检验和验收，重点检验钢管的壁厚、钢管是否弯曲变形、可调顶托丝杠是否符合要求，检验合格后方可使用。

3. 按照要求是否编制了安全专项方案和有针对性的安全技术交底，对于超过一定规模的脚手架工程、模板工程及支撑体系等危险性较大的分部分项工程是否按照要求进行了专家论证。

4. 对所要搭设脚手架的地基基础按照施工组织设计或专项安全施工方案要求进行检查验收。

5. 在搭设过程中检查监督是否按照方案要求和交底内容进行搭设，特别是架体结构尺寸要重点控制。

6. 搭设人员要符合特种作业人员有关要求并持证上岗，对搭设人员进行三级教育、班前教育、安全技术交底及作业过程中应注意的事项和应急措施。

7. 搭设完成后按照要求会同有关部门进行联合验收。

8. 在使用过程中或在混凝土浇筑开始到初凝前要有专人监测。

8.4.2　碗扣式脚手架拆除控制重点

1. 碗扣式钢管脚手架在拆除前混凝土强度必须达到拆模要求并有经过项目总监理工程师审批的拆模申请。

2. 按照碗扣式钢管脚手架拆除方案和安全技术交底要求进行拆除。

3. 拆除完成后的堆放整齐并及时运输。

8.4.3　碗扣式钢管脚手架搭设具体要求

1. 安拆队伍必须要有资质

搭设和拆除碗扣式脚手架的作业队伍必须要有符合国家现行有关规定的资质，作业人员取得登高架设特种作业岗位资格操作合格证书且在有效期范围内；严禁使用无资质、无特种作业人员合格岗位证书的作业队伍。

2. 碗扣式钢管脚手架原材料进场验收

原材料进场验收请参考本章第 8.3.4 节第 3 条材料的内容。

3. 编制专项安全施工方案要符合有关规定

碗扣架体专项安全施工方案请参考本章第 8.2.1 节的内容。

4. 碗扣式脚手架用钢管搭设的地基基础要符合规定

碗扣式脚手架搭设分为建筑物周围和建筑物内部（模板支撑体系）搭设。

1）碗扣式脚手架搭设的地基基础必须按照经过审批或经过专家论证的施工组织设计或专项安全施工方案要求进行施工。

2）碗扣式脚手架搭设在建筑物周围的要充分考虑季节性施工措施，如：雨期施工要有排水措施，设置排水沟、集水坑等；还要充分考虑碗扣式脚手架搭设的基础周围环境，如周围是否有地下管网（上下水管道）、集水井、雨水井等，而且是否有渗水现象，如有要采取相应措施以消除对碗扣式脚手架搭设的基础造成的影响。

3）碗扣式脚手架搭设在建筑物内部分为直接坐落在平整的自然地坪上和地下部分混凝土顶板（或其他结构）上等。

(1) 坐落在平整的自然地坪上必须满足碗扣式脚手架体体系荷载要求，而且要验算地基基础承载力是否满足碗扣式脚手架体体系荷载要求。

(2) 坐落在地下部分混凝土顶板（或其他结构）上，必须要验算地下部分混凝土顶板（或其他结构）承载能力是否满足碗扣式脚手架体系荷载要求；地下部分顶板混凝土强度要达到一定要求且地下部分顶板支撑体系不能拆除；如果不能达到要求应采取其他加强措施以满足承载力的要求。

5. 搭设过程中重点控制杆件的搭设尺寸

1）在双排脚手架或者模板支撑体系立杆纵横向扫地杆必须设置，在实际应用中很多项目不设置或少设置扫地杆，要么只设置纵向或横向的要么干脆不设置，造成重大安全事故隐患；在实际应用中不但要设置纵横向扫地杆而且要保证“距地面高度小于或等于350mm”的规范要求。

2）模板支撑架立杆上端即自由端高度设置应满足“不得大于0.7m”的规范要求。

6. 碗扣式钢管脚手架搭设人员要求

脚手架搭设人员要做到持证上岗，做到人证相符。施工现场建立健全特种作业人员名单，项目管理人员应积极做好对特种作业人员的动态管理，及时更新特种作业人员的登记台账，其特种作业操作证撤出后应留有复印件，确保现场的实际操作人员的动态管理。对入场新员工项目经理应组织有关人员分批分工种地进行入场教育，旨在提高操作人员的安全操作意识，消除工作中的安全隐患。

1）新员工入场教育

从建筑工地普遍遇见的问题进行书面考答，加深建筑工地操作人员的在日常工作生活中对险情的处置，对身临其境的操作工人以更真实、案例性的书面材料进行教育。如建筑“三宝”：安全帽的正确佩戴方法，下颌带的系法；安全带的高挂低用，绳长不得大于1.5m；安全网的临边防护，平网的搭设原则及起的作用。建筑的四口临边防护作业：对于施工过程的洞口防护及临边的注意事项，使大家有一种说教教科书的环境，有一种有理论实际结合教育的素材，能更好地收到效果。施工机具的使用及注意事项，涉及切身利益的宿舍管理及注意事项，宿舍内的照明取暖及房屋高度，宿舍内的居住人数的数量。建筑工地施工中的安全意识：做到三不伤害，确保安全生产工作的顺利进行，禁止违章行为，从新工人入厂时起就植入到大家的思想意识中去，使遵章守纪成为一种自觉的行为，从日常表现做到规范行为。通过一次小小的书面试卷考试，引起大家对安全行为及安全环境的深思，最大限度地触动员工内心深处那种对家眷恋，为家人及自己幸福而提醒自己日常可能伤及自己安全以及对自己可能造成安全隐患的地方多加一些小心，安全生产，意识先行。

2）三级教育通过公司、项目、班组的逐步深入的教育，使工人们提升对安全的重视程度。

(1) 公司级岗前安全培训教育包括：国家、省市及有关部门制定的安全生产主针、政策、法规、标准、规程；本单位安全生产情况及安全生产基本知识；本单位安全生产规章制度和劳动纪律；从业人员安全生产权利和义务；有关事故案例等。培训时间每年不少于15h。

(2) 项目级安全教育的主要内容：工作环境、工程特点及危险因素；所从事工种可能遭受的职业伤害和伤亡事故；所从事工种的安全职责、操作技能及强制性标准；自救互救、急救方法、疏散和现场紧急情况的处理、发生安全生产事故的应急处理措施；安全设备设施、个人防护用品的使用和维护；本项目的安全生产状况；预防事故和职业危害的措施及应注意的安全事项；有关事故案例；其他需要培训的内容。培训时间每年不少于15h。

(3) 班组级安全教育的内容：岗位安全操作规程；岗位之间工作衔接配合的安全与职业卫生事项；本工种的安全技术操作规程、劳动纪律、岗位责任、主要工作内容、本工种发生过的案例分析；其他需要培训的内容。培训时间每年不少于20h。

三级教育培训结束后，进行考核，合格者才进入操作岗位从事本工种作业，不合格者需要再次进行教育，直到合格方可进入操作面进行岗位操作。

3) 碗扣式钢管脚手架属于新材料、新技术施工，项目管理人员及班组长应对操作人员进行有针对性的安全教育。对安全生产管理有重大影响的重要、关键岗位人员（班组长、待班人员、技术人员、管理人员等）进行具有针对性的专业技能和岗位教育。

班前教育生产班组必须认真执行班组安全活动制度。班组长作为项目的兼职安全员，为班组安全管理工作的第一责任人，应积极做好班组班前教育工作。在班前要对所有机具、设备、防护用品及作业环境进行安全检查，发现问题立即采取措施加以解决。班组长负责组织班前安全活动，针对专业特点，当天施工任务和生产条件，召开班前安全生产会。班组安全活动每天进行，每天记录，尤其是变换工作内容或工作地点的时候要组织所有人员进行安全教育。由班组长兼职安全员填写并保存相关记录，记录不能太繁，力求精练、主题明确、内容齐全。不得以布置生产工作替代安全生产教育。

4) 安全技术交底

安全技术交底要有针对性，具体请参考本章第8.2.2节的有关内容。

5) 脚手架作业注意事项

脚手架作业人员应从以下几方面注重自身所处危险环境并自觉保护自身安全。

(1) 脚手架施工前对操作人员进行安全技术交底，加强职工安全意识教育，增强职工自我保护能力，并做好记录。检查操作环境是否安全可靠，严禁带隐患操作。

(2) 上架作业人员必须持证上岗、戴安全帽、系安全带、穿防滑鞋。无证人员禁止上架操作。严禁酒后作业，严禁打架斗殴。

(3) 脚手架施工范围内设隔离区，任何人不得进入，隔离区有明显标志，并设专人看护。

(4) 禁止单人进行较重杆件的作业，施工过程中人员相互配合，协调动作。下班前及中途停歇将杆配件加固牢固，防止误扶误靠发生危险。

(5) 使用的工具、材料、杆配件相互传递，严禁抛掷。施工完后将余料清理干净，运至指定地点存放。

(6) 严格执行本工种安全操作规程，严禁违章指挥，违章作业。施工现场的脚手架、防护设施、安全标牌，不得擅自拆动。

(7) 正确使用和爱护个人防护用品，遵守安全防护措施，安全保护用品及安全防护设施要定期检查，不符合要求的严禁使用。

(8) 遇有恶劣气候（如风力6级以上）影响施工安全时，禁止进行露天高空作业。

(9) 暴雨大风前后，要检查工地临时设施、脚手架，发现倾斜、变形、下沉、应及时修理加固，有严重危险的，立即排除。

6) 应急措施

脚手架施工过程中可能发生的安全事故有：高处坠落、物体打击、触电事故、坍塌事故以及火灾等。

(1) 脚手架作业发生高处坠落的应急措施

重点做好施工现场的“外防护、内封闭”各项防护设施的设置，加强“四口”、“五临边”的防护，并正确使用“三宝”。高处坠落可能造成的伤害有：颅脑损伤、胸部创伤（如肋骨骨折）、胸腔储器损伤、腹部创伤等。当发生物体打击事件和有人自高处坠落摔伤时，应注意保护摔伤及骨折部位，避免因不正确的抬运使骨折错位造成二次伤害，并及时向工地负责人报告，拨打急救电话“120”或送医院救治，送医院途中不要乱转伤者，伤者的头部略抬高一些，昏迷病人取昏迷体位，防止呕吐物吸入肺内。

(2) 脚手架作业发生触电事故的应急措施

必须执行三级配电两级保护，各种机械设备必须做到“一机、一闸、一箱、一漏”，做好用电防护。严禁乱拉乱搭电线及各种照明灯具，经常检查施工用电设施，及时处理事故隐患。

①有人触电时，抢救者首先要立刻断开近处电源（拉闸、拔插头），如触电距开关太远，用电工绝缘钳或干燥木柄铁锹等切断电线断开电源，或用绝缘物如木板、木棍等不导电材料拉开触电者或者挑开电线，使之脱离电源，切忌直接用手或金属材料及潮湿物件直接去拉电线和触电的人，以防止解救的人再次触电。

②触电人脱离电源后，如果触电人神志清醒，但有些心慌、四肢麻木、全身无力；或者触电人在触电过程中曾一度昏迷，但已清醒过来，应使触电人安静休息，不要走动，严密观察，必要时送医院诊治。

③触电人已失去知觉，但心脏还在跳动，还有呼吸，应使触电人在空气清新的地方舒适、安静地平躺，解开妨碍呼吸的衣扣、腰带，若天气寒冷要注意保持体温，并迅速请医生（或拨打120急救电话）到现场诊治。

④如果触电人已失去知觉、呼吸停止，但心脏还在跳动，尽快把他仰面放平进行人工呼吸。

⑤如果触电人呼吸和心脏跳动完全停止，应立即进行人工呼吸和心脏胸外按压急救。

(3) 脚手架作业发生火灾的应急措施

建筑工地上火灾按照可燃物类别，一般分为可燃气体火灾、固体可燃物火灾、电器火灾。电器火灾，不能用水扑灭。具体应急措施为：

①发现者立即向周围的人发出警报。

②在安全的情况下设法灭火和抢救伤员。要及时疏散被火围困人员，并对受伤人员进行必要的抢救。控制火势蔓延：建筑物起火，一端向另一端蔓延，应从中间控制；中间起

火，两侧控制；楼层着火，上下控制，以上层为主。

③火势严重的应立即拨打119火警电话，报警时应说明：起火场所的详细地址，火势大小，着火物品，有无爆炸危险，是否有人被困，报警用的电话号码和报警人的姓名。

④派人到主要路口迎接消防车。

⑤尽快与上级部门及医疗部门取得联系，以便迅速、妥善地得到后续治疗。

（4）脚手架作业发生坍塌事故的应急措施

坍塌事故往往受伤人员多，后果严重，多为重大或特大人身伤亡事故。脚手架发生的坍塌事故的应急措施，一方面立即扒挖，抢救伤员并密切注意伤员情况，防止二次受伤；另一方面对伤员上部的土体（模板、构件）采取临时支撑措施，防止因二次塌方伤及抢救者或加重事故后果。排险和抢救应由有经验的人指挥进行。

7. 搭设过程中检查监督

1）在搭设过程中检查监督是否按照方案要求和交底内容进行搭设。

2）检查监督作业人员是否持证上岗。

3）检查监督作业人员是否佩戴符合要求的个人劳动防护用品，如安全帽、安全带、防滑鞋等。

4）在搭设过程中要组织作业人员、班组长、技术负责人、工长、安全员等分段或分片验收，检验是否符合要求，发现问题及时整改，使搭设过程顺利进行，确保安全生产。

5）在搭设到一定高度时要搭设水平兜网，防止高处坠落；同时要考虑周围环境是否有交叉作业和高压线路等，如有，要采取防护措施或减少交叉作业；构配件的垂直运输和水平运输，不管是塔吊还是人工传递都要符合操作规程，以防坠物伤人，作业面要有安全可靠的操作平台和临时性材料堆物箱。

6）在搭设到一定高度时要有安全可靠的上人通道，禁止操作人员利用架体上下攀爬。

8. 搭设完成后按照要求会同有关部门进行联合验收

1）碗扣式脚手架体搭设完成后施工单位项目负责人（项目经理）组织项目部技术负责人、安装负责人、施工员、安全员、分包单位负责人（如有）进行验收，发现问题及时整改完毕。验收时要有量化内容；如：横、立杆之间距数值，立杆的垂直度，横杆的平整度等都应详细记载在验收记录当中。不能简单地用“符合要求”来代替。

2）施工单位项目经理部自检合格完成后，报项目总监，并会同甲方、监理单位、施工单位、设计单位（如有必要）进行联合验收；如有问题提出整改意见限期整改完毕，验收合格几方签字后，方可进行下道工序。

9. 在使用过程中或在混凝土浇筑开始到初凝前要有专人监测

1）严格按照项目部技术交底混凝土浇筑顺序进行浇筑，浇筑过程要派专人进行监控：是否有支撑体系变形前兆、地基基础是否变形等并及时采取措施，停止施工并尽快疏散作业人员。

2）在碗扣式钢管脚手架基础部分适当位置布置监控点，利用经纬仪、水准仪等检测设备对架体体系进行监控，根据监控数据了解架体体系动态，出现危险情况及时做出处理，防止坍塌和倾覆。

3）桥梁工程碗扣式钢管脚手架搭设完成后还要按照规定经过预压试验。

8.4.4 碗扣式钢管脚手架拆除

1. 碗扣式钢管脚手架在拆除前要有混凝土强度报告和拆模申请

1）碗扣式钢管脚手架在拆除前要有同条件养护试块试验报告并符合拆模要求。

2）碗扣式钢管脚手架在拆除前要有经过项目总监理工程师审批的拆模申请。

2. 按照碗扣式钢管脚手架拆除方案和安全技术交底要求进行拆除

1）拆除前要对作业班组进行口头和书面进行安全技术交底，双方签字认可。

2）班前要对作业人员进行班前教育：佩戴好个人劳动安全防护用品、按照交底内容先拆哪一部分后拆哪一部分，严格按要求顺序拆除；严禁从高处抛扔碗扣式钢管脚手架构配件，小的构配件用容器盛装吊运，大的构配件按要求进行垂直运输或吊运。

3）拆除前在拆除部分周围适当位置设置警戒线并有专人监控，以防无关人员误入拆除区域掉物伤人。

3. 拆除完成后的堆放和运输

1）在施工现场寻找比较平整的场地，夯实平整场地并设置排水措施。

2）拆除完成后按照碗扣式钢管脚手架不同品种和类型归类存放，并码放整齐，标识牌标识清晰，码放高度不许超过规定高度。

3）施工现场如没有场地或外租构配件，宜边拆边运输，装卸时要轻拿轻放，严禁向上向下抛扔，人员装卸要配合默契以防伤手，运输时严格按照道路交通法执行。

本 章 参 考 文 献

[1] 建筑施工碗扣式钢管脚手架安全技术规范. JGJ 166—2008[S]. 北京：中国建筑工业出版社，2008.

[2] 邢建兴. 建筑施工企业管理人员安全生产考核实用教程[M]. 石家庄：河北人民出版社，2007.

[3] 孙冬至. 建设工程安全技术与管理[M]. 石家庄：花山文艺出版社，2008.

[4] 刘群. 脚手架及模板支架技术应用专题讲座讲义[R]. 2007.

[5] 建筑施工安全检查标准. JGJ 59—99[S]. 北京：中国建筑工业出版社，1999.

[6] 国家安全生产监督管理总局第 30 号令，《特种作业人员安全技术培训考核管理规定》；发布日期：2010 年 5 月 24 日.

[7] 住房和城乡建设部，《危险性较大的分部分项工程安全管理办法》(建质[2009]87 号)；发布日期：2009 年 5 月 13 日.

第9章 碗扣式钢管脚手架典型工程实例及方案精选

碗扣式钢管脚手架是一种新型的脚手架应用技术，碗扣式脚手架的立杆、横杆均为采用 ϕ48mm×3.5mm 焊管制成的定长杆配件，横杆与立杆连接采用独特的碗扣接头。由下碗扣承接横杆插头，上碗扣锁紧横杆插头；碗扣式脚手架搭设的基本尺寸都为定尺模数尺寸，步高以 600mm 为模数，纵、横向柱距以 300mm 为模数；与立杆可调底座、可调托座以及连墙件等多种辅助件配套使用。

碗扣式脚手架安全可靠，碗扣接头传力可靠，搭设时不用拧螺栓，不受人为因素影响。立杆连接为同轴心承插，各杆件轴心交于一点。用作模板支架时，顶部插入可调托座，架体受力以轴心受压为主，因而承载力高，不易发生失稳坍塌。

碗扣式脚手架高功效，易管理。横杆与立杆连接时，工人用一把铁锤敲击辅助完成，速度快，高功效。全部杆件系列标准化，便于实施仓储、运输、现场堆放的现代化管理。

这种脚手架已广泛应用于直接搭设高度为 50m 以下的外脚手架；作为房屋建筑、市政、桥梁混凝土水平构件的模板承重支架；作为钢结构施工现场拼装的承重胎架。

脚手架搭设前，要先编制脚手架施工组织设计，明确使用荷载，确定脚手架平面、立面布置，列出构件用量表，制订构件供应和周转计划等，根据建筑施工的要求选择合理的构架形式，并制定搭设、拆除作业的程序和安全措施，当搭设高度超过免计算仅构造要求的搭设高度时，必须按规定进行设计计算。

9.1 碗扣式外脚手架工程应用实例及方案精选

9.1.1 实例1：××住宅楼工程脚手架施工方案

1. 工程概况

本工程为××住宅楼工程，砖混结构，建筑面积为 6240m^2，主体 6 层，建筑总高为 18.15m，平面形状为矩形，建筑物总长 64m，宽度为 16m，外脚手架采用碗扣式钢管脚手架。

2. 方案设计

1）方案选型分析

(1) 本工程为多层住宅楼外脚手架的搭设，可供选择的架体体系有碗扣式钢管脚手架、扣件式钢管脚手架、门式架、桥式架、外挂架等。

(2) 考虑到本工程为一般工程，而且架体的搭设高度也不高，参考本地脚手架租赁市场的具体情况及本项目现有条件，方案选型在碗扣式钢管脚手架和扣件式钢管脚手架之间选择。

(3) 相比于扣件式钢管脚手架，碗扣式钢管脚手架有如下的优点：

多功能：能根据具体施工要求，组成不同组架尺寸、形状和承载能力的单、双排脚手架，支撑架，支撑柱，物料提升架，爬升脚手架，悬挑架等多种功能的施工装备。也可用于搭设施工棚、料棚、灯塔等构筑物。特别适合于搭设曲面脚手架和重载支撑架。

高功效：常用杆件中最长为 3130mm，重 17.07kg。整架拼拆速度比常规快 3～5 倍，拼拆快速省力，工人用一把铁锤即可完成全部作业，避免了螺栓操作带来的诸多不便。

通用性强：主构件均采用普通的扣件式钢管脚手架之钢管，可用扣件同普通钢管连接，通用性强。

承载力大：立杆连接是同轴心承插，横杆同立杆靠碗扣接头连接，接头具有可靠的抗弯、抗剪、抗扭力学性能。而且各杆件轴心线交于一点，节点在框架平面内，因此，结构稳固可靠，承载力大（整架承载力提高，约比同等情况的扣件式钢管脚手架提高 15%以上）。

（4）方案最终选定用碗扣式钢管脚手架。

2）施工准备

（1）材料准备

本工程脚手架采用 WDG 型碗扣式钢管脚手架，钢管规格均为 ϕ48mm×3.5mm，木脚手板，外挂密目式立网封闭，所用材料均有产品合格证，且检验报告齐全。

（2）碗扣式外脚手架设计

本工程碗扣式脚手架组架方式采用 0.9m×1.8m×1.5m 的双排外脚手架，沿建筑物四周搭设，搭设高度为 18.75m。本工程是典型的矩形结构，且脚手架搭设高度在 24m 以下，故可以按构造要求搭设。

（3）设计所用数据及参数

步距 h=1.8m，立杆纵距 L_a=1.5m，横距 L_b=0.9m，连墙件按二步三跨，隔层设木脚手板，架高 H=18.75m。连墙件水平间距 H_1=4.5m，连墙件竖向间距 L_1=3.6m。

3）操作工艺

（1）立杆基础

① 将建筑物周边脚手架下面土挖到设计室外地坪下 20cm，每边比脚手架宽度大 30cm，浇筑 10cm 厚 C20 混凝土，脚手架的立杆支撑在该混凝土带上。

② 为了防止雨水浸泡脚手架基础，在混凝土带外边设一排水沟。排水沟与场区内雨水沟相连。

（2）脚手架搭设

① 杆件搭设顺序

立杆底座→立杆→横杆→斜杆→连墙件→接头锁紧→脚手板→上层立杆→立杆连接销→横杆。

② 在已处理好的地基或基础垫层上按本工程确定的组架尺寸，安放立杆垫座或可调底座，为使立杆按长缝错开，将第一步框架的立杆分别用 1.2m 和 2.4m 交错布置，中间全部用长 2.4m 立杆拼装，顶部再用 1.2m 长立杆补齐。

底层组架时分别用拉线方法、直角尺、水平尺、控制水平框架纵向直线度，直角度及水平度。

③ 横杆在每步脚手架立杆的 1.2m 处、1.8m 处各设一道。

④ 斜杆

在脚手架外侧，每隔 5 跨设置一组竖向通高斜杆，斜杆与地面夹角为 45°～60°，斜杆应设置在有纵、横杆的碗扣节点上。

脚手架端部节间及拐角处，应沿全高设置斜杆。

⑤ 连墙件

连墙件是保证脚手架与建筑物牢固连接的重要技术措施，对提高脚手架的整体刚度及承载能力有非常重要作用，因此连墙件必须按规范要求设置。

本工程连接的方法采用钢管与结构连接。

建筑物与架体的刚性连接，从底层一层圈梁开始设连墙件。连墙件设在阴阳角转角处，且每层的连墙件应在同一平面上。

⑥ 作业层设置

作业层必须保证操作方便及人身安全。因此必须满铺脚手板，外侧设挡脚板及护身栏杆，作业层相邻两根廊道横杆间应加设间横杆，脚手板探头长度应小于或等于 150mm。

护身栏杆可用横杆在立杆的 0.6m 高碗扣接头处加设一道横杆。

⑦ 密目网

外脚手架全部用密目网作立体防护，密目网尺寸为 1.8m×6m，相互之间进行搭接。

⑧ 脚手架搭设以 3～4 人为一小组为宜，其中 1～2 人递料，另外两人共同配合搭设，每人负责一端。搭设时，要求至多 2 层向同一方向，或中间向两边推进，不得从两边向中间合拢搭设，否则中间杆件会因两俱架子刚度太大而难以安装。

⑨ 脚手架的垂直度必须严格控制，以免影响整体稳定性。

脚手架应与建筑物的施工高度同步上升，并应高于作业面积 1.5m，不应大于一个楼层，且不应铺脚手板。

⑩ 脚手架的安装及拆除应符合相关标准的规定，还应符合安全文明及环境保护的要求。

9.1.2　实例 2：××办公楼工程脚手架施工方案

1.　工程概况

本工程建筑面积 13935.04m^2，结构类型为框架结构，建筑层数：地下 1 层、地上 10 层，总高 37.4m，层高：地下 4.8m，1 层 4.82m，2～8 层层高 3.7m，9 层、10 层 3.93m。室内±0.000 相当于绝对标高 18.1m，室外自然地坪标高约为 15.8m。北侧及东侧 C 轴以北脚手架搭设在车库顶板上，车库顶板施工时搭设与装修架体位置相同的双立杆架体，搭设在车库顶板上的架体受力通过车库内的架体传至底板，再传向桩基；脚手架搭设高度 37.4+1.85=39.25m，其他脚手架搭设在回填土上，搭设高度 37.4+(18.1−15.8)=39.7m。由于本工程建筑外形比较特殊，外架体搭设 3 排脚手架，第 1 排距墙 400mm，第 2 排距第 1 排 1200mm（外装饰挑梁挑出长度 1200mm），第 3 排距第 2 排 900mm，第 3 排距挑梁外皮 400mm。计算时按外边两排计算。

2. 方案设计

1）架体选型分析及组织机构

（1）架体选型分析

本工程为框架结构的外脚手架搭设，架体选型分析时主要从两个方面进行了考虑和比较，一是用普通的扣件式钢管脚手架，二是用比较新型的碗扣式钢管脚手架。

普通的扣件式钢管脚手架又称为架子管装拆方便、搭设灵活、高度高、坚固耐用、周转次数多；加工简单、一次投资费用低、比较经济，故在建筑工程施工中使用最为广泛。它除用作搭设脚手架外，还可用以搭设井架、上料平台和栈桥等。但也存在着扣件（尤以其中的螺杆、螺母）易丢易损、螺栓上紧程度差异较大、节点在力作用线之间有偏心或交汇距离等缺点。

适用搭设高度为20m，当高度超过20m时，可采用两种解决方案：一是底部采用双立杆，可使搭设高度提高到40～50m；另一方案是按高度分段，分段高度为20m，分段处采用工字钢挑梁，可不受高度限制。

碗扣式钢管脚手架是我国参考国外经验自行研制的一种多功能脚手架，其杆件节点处采用碗扣连接，由于碗扣是固定在钢管上的，构件全部轴向连接，力学性能好，其连接可靠，组成的脚手架整体性好，不存在扣件丢失问题。碗扣式钢管脚手架由钢管立杆、横杆、碗扣接头等组成。其基本构造和搭设要求与扣件式钢管脚手架类似，不同之处主要在于碗扣接头。

碗扣式钢管脚手架的一次搭设高度可以达50m。

考虑到本工程架体的搭设高度达到了40m，经分析，项目部决定采用碗扣式钢管脚手架。

（2）组织机构

外架搭设由外架组长负责组织实施，其他人员配合。外架所需材料、劳动力计划均由外架组长负责编制，材料员负责组织进场。技术交底由项目技术负责人负责，施工前按要求向架子工做好技术交底。

2）施工总体思路

根据工程的具体情况，地下室回填完后，从地上一层开始搭设双排脚手架来满足施工防护封闭的需要，横杆步距1.8m，立杆纵距1.5m，立杆横距0.9m，脚手架搭设高度为39.7m。根据本工程的实际情况，在楼北侧设两个卸料平台（3.5m×2m），随工程进度逐层周转使用，主要用于输出拆下的模板和架管。

3）劳动力的准备

搭设阶段共需架子工25名，维护阶段需架子工15名，所有架子工均需持证上岗，在搭设阶段安排2名放线工配合。

4）材料准备

本工程外架所用的钢管扣件均由租赁公司提供，其他材料由项目部自行采购；所需材料根据工程实际进度分阶段组织进场，材料经检验合格后方准使用。脚手架构配件的质量标准：

（1）钢管：①钢管采用外径为48mm，壁厚3.5mm的Q235焊接钢管，应有产品质量合格证和检验报告。②钢管表面应平直光滑，不应有裂缝、结疤、分层、错位、硬弯、毛刺、压痕和深的划道，有严重锈蚀、弯曲、压扁、损伤和裂纹的不得使用。③钢管涂防锈漆。每根钢管的最大质量不应大于25kg。钢管上严禁打孔。

（2）底座：采用焊接底座，尺寸为150mm×150mm，厚度为8mm。

（3）脚手板：脚手板为木脚手板，用50mm厚的杉木或松木制成，板长3～6m，宽度 200～300mm。两端 80mm 处应各用直径为 4mm 的镀锌钢丝箍 2 道，每块板重量不应大于 30kg。凡是腐朽、扭曲、斜纹、破裂和大横透节者不得使用。

3. 脚手架的搭设施工工艺、方法及要求

1）脚手架的架体形式

本工程采用封闭型落地式外脚手架。脚手架外边两排立杆之间的横距为 $b=0.9$m，立杆纵距为 $a=1.5$m，横杆的步距为 $h=1.8$m。脚手架的设计参数为：立杆截面 $A=4.89cm^2$，立杆的截面模量 $W=5.08cm^3$，立杆回转半径 $i=1.58$cm。

2）脚手架的搭设施工工艺

（1）架子基础与底座安放

① 2∶8 灰土夯实后，上面浇筑 15cm 厚 C15 钢筋混凝土垫层，钢筋采用 ϕ6@200 双向设置。

② 按脚手架的纵距、横距要求进行放线、定位。

③ 铺设垫板和安放底座，垫板、底座应准确地放在定位线上；垫板采用 50mm 厚通长木垫板（至少支撑 3 根立杆），必须铺放平稳；双管立杆应采用双管底座。

④ 排水措施：在距脚手架外排立杆外侧 0.5m 处设排水沟，排水沟最低点设集水坑，水流入集水坑后用水泵将水抽出，排水沟上口宽为 300mm，下口宽为 200mm，深为 200mm。

（2）脚手架的搭设顺序

放置纵向扫地杆→自建筑物角部起向两边逐根树立立杆，随即与纵向扫地杆扣紧→装设横向扫地杆并与立杆扣紧→每边竖起 3～4 根立杆后，安装第 1 步纵向横杆（注意与各立杆扣紧）→安装第 1 步横向横杆（与纵向横杆扣紧）→安装连墙件→安装第 2 步纵向横杆→安装第 2 步横向横杆→第 3、4 步纵向横杆和横向横杆→在相应位置加设连墙杆→接各立杆（长度均为 6m）→加设横向斜撑→满铺脚手板和作业层防护栏杆、挡脚板→张挂安全网（包括平网和立网）。

（3）脚手架搭设注意事项

① 固定立杆底端前，应吊线确保立杆垂直。

② 校正立杆垂直和横杆水平，使其符合要求后，拧紧扣件螺栓，形成架体的起始段，按上述搭设顺序依次向前延伸搭设，直至第一步架交圈完成。每搭完一步脚手架，校正步距、纵距、横距及立杆垂直度，确保符合要求后，设置连墙件，搭设上一步。

③ 脚手架必须配合施工进度搭设，一次搭设高度不应超过相邻连墙件以上 2 步。

（4）连墙件设置

① 构造形式：拉结点用钢管扣件围箍在混凝土柱上，拉结杆必须设置在立杆上，同时拉住里外杆。拉结杆件呈水平布置，当不能水平布置时，与脚手架连接的一端应下斜连接，不得上斜。如图 9.1.2-1 所示。

② 布置要求：连墙件竖向间隔 2 步（1.8m×2= 3.6m），水平方向与所有框架柱拉结，且水平方向拉结点间距不大于 4.5m。脚手架必须同建筑物主体拉结牢固。

（5）外斜杆设置

① 脚手架拐角处、一字形脚手架端部设置竖向通高斜杆，且在中间每隔 3 跨设置一组竖向通高斜杆，斜杆应对称设置。

② 斜杆应设置在有纵、横向横杆的碗扣节点上。

(6) 脚手板的铺设

① 脚手板应铺满、铺严、铺稳，距离墙面 120～150mm。

② 铺设方法：脚手板宜采用平铺，两端应与横杆绑牢，作业层相邻两根廊道横杆间应加设间横杆，拐角处的脚手板必须交叉搭铺。脚手板探头用镀锌钢丝固定在横杆上。在拐角、斜道平台口处的脚手板，应与横杆可靠连接，防止滑动。

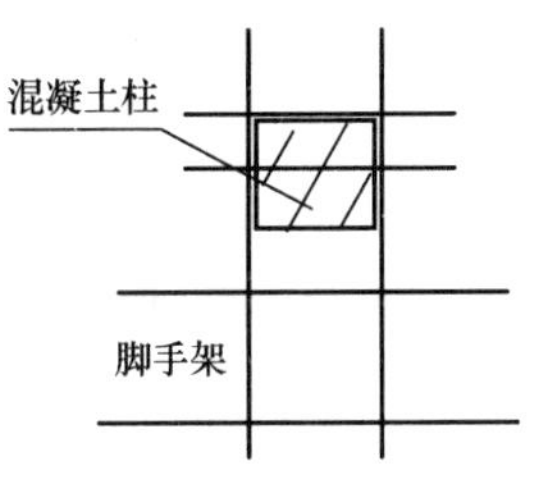

图 9.1.2-1　连墙件拉结点设置

(7) 脚手架架体防护

① 垂直封闭：在脚手架的外排立杆的里面设置密目网作垂直封闭。

密目网的质量要求：密目网要四证齐全，要有阻燃性能，每 10cm×10cm＝100cm² 面积上有 2000 个以上网目。

密目网进场后，在现场做贯穿试验及冲击试验，合格后方许使用。

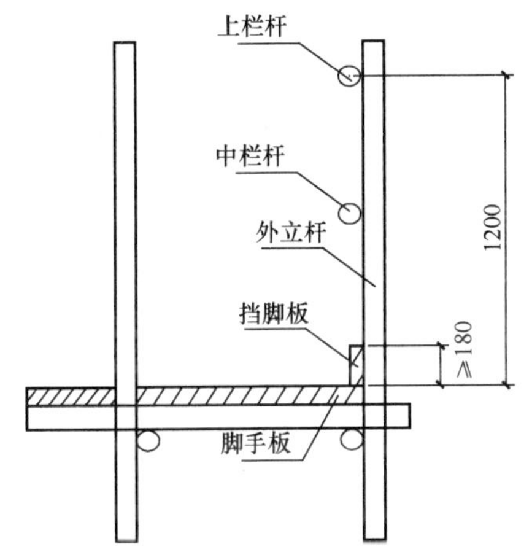

图 9.1.2-2　栏杆与挡脚板构造示意图（mm）

密目网的绑扎方法：用 12 号钢丝将密目网绑扎至立杆或大横杆上，每一环扣必须绑扎，不得出现漏绑，使网与架体牢固的连接在一起。

② 水平防护

脚手板一般应铺设至少 2 层，上层为作业层，下层为防护层。当脚手板下无防护层时，应尽量靠近作业层处挂一层平网做防护层，并向下每隔 10m 设一道防护平网。当作业层脚手板与建筑物之间缝隙大于 15cm，已构成落物、落人的危险时，也应采取防护措施。脚手架应高出檐口上皮 1.5m。

(8) 作业层的防护

栏杆和挡脚板均应搭设在外立杆的内侧；上栏杆上皮高度应为 1.2m；挡脚板高度不应小于 180mm；中栏杆应居中设。如图 9.1.2-2 所示。

4. 脚手架计算参数选择

本办公楼工程属于框架结构；地上 10 层，地下 1 层；建筑高度：37.4m；标准层层高：3.7m ；总建筑面积：13935.04m²。

1) 脚手架设计参数

(1) 脚手架设计

双排脚手架搭设高度为 39.7m，30m 以下采用双管立杆，30m 以上采用单管立杆；采用的钢管类型为 ϕ48mm×3.5mm。

搭设尺寸为：横距 L_b 为 0.9m，纵距 L_a 为 1.5m，步距 h 为 1.8m；内排架距离墙长度为 0.40m。

连墙件采用两步三跨，竖向间距 3.6m，水平间距 4.5m。

(2) 活荷载参数

脚手架用途：装修脚手架；施工均布活荷载标准值：2.000kN/m²；同时施工层数：1 层。

（3）风荷载参数

本工程地处河北省××市，基本风压 0.37kN/m²；风压高度变化系数 μ_z，计算连墙件强度时取 0.92，计算立杆稳定性时取 0.74，风荷载体型系数 μ_s 为 0.214；$\mu_s=1.3$，$\phi_0=1.04$（安全网挡风系数，这里近似取 0.8）。

（4）静荷载参数

每米立杆承受的结构自重标准值：0.1248kN/m（查《建筑施工扣件式钢管脚手架安全技术规范》JGJ 130—2011 附录 A-1）；

脚手板自重标准值：0.35kN/m²；栏杆挡脚板自重标准值：0.14kN/m²；安全设施与安全网：0.01kN/m²；

脚手板类别：木脚手板；栏杆挡板类别：木脚手板挡板；

每米脚手架钢管自重标准值(kN/m)：0.038；

脚手板铺设总层数：2；

单立杆脚手板铺设层数：1。

（5）地基参数

地基土类型：素回填土；地基承载力标准值：$f=120$kPa；

立杆基础底面面积：0.18m²；地基承载力调整系数：1.00。

2）脚手架计算内容及步骤

由于此脚手架仅用于外装修，故纵、横向水平杆可不进行验算，仅对脚手架立杆稳定性、连墙杆件及允许搭设的总高度进行验算。落地脚手架侧立图见图 9.1.2-3。

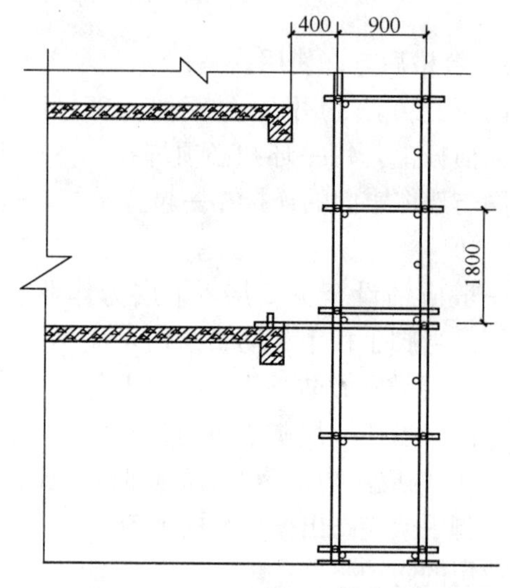

图 9.1.2-3 落地脚手架侧立面图

（1）根据工程实际确定计算参数汇总如表 9.1.2 所示：

工程实际计算参数汇总表 表 9.1.2

序 号	参数名称	符 号	单 位	参数值
1	拟搭设的架体高度	H	m	39.7
2	装修施工活荷载	Q	kN/m²	2
3	装修作业同时操作层数	n_c	层	1
4	立杆步距	h	m	1.8
5	立杆纵距	l_a	m	1.5
6	立杆横距	l_b	m	0.9
7	脚手板层数	m	层	2
8	内立杆距建筑物距离	a	m	0.4
9	脚手板自重标准值	g_2	kN/m²	0.35
10	栏杆挡脚板自重标准值	g_3	kN/m	0.14
11	基本风压	ω_0	kN/m²	0.37

续表

序　号	参数名称	符　号	单　位	参数值
12	连墙件竖向间距	L_1	m	3.6
13	连墙件横向间距	H_1	m	4.5

（2）立杆稳定性验算

① 计算风荷载标准值 ω_k：

$$\omega_k = 0.7\mu_z\mu_s\omega_0$$

μ_z 详见《建筑施工碗扣式脚手架安全技术规范》JGJ 166—2008（以下简称《规范》）附录D表

$$\mu_s = 1.3\phi_0，\phi_0 \text{ 近似取 } 0.8，$$

$$M_\omega = 1.4\omega_k l_a l_0{}^2/8 - P_r l_0/4$$

$P_r = 5(1.4\omega_k l_a l_0)/16$　l_0 取 $l_0 = 0.85L_1$ 进行初步设计。

② 每步脚手架自重计算（内外立杆间不设廊道斜杆）：

$$N_{g1} = ht_1 + 0.5t_2 + t_3 + 0.5t_4 + 0.5t_5$$

③ 脚手板、挡脚板、防护栏杆及外挂密目式安全网等产生的轴向力：

$$N_{G2} = m(g_2 l_a l_b/2 + 0.14l_a) + 0.01l_a H$$

④ 施工荷载：施工荷载 N_{Q1}

$$N_{Q1} = n_c Q l_a l_b/2$$

⑤立杆的轴向力：

$$N = 1.2\times(N_{G1} + N_{G2}) + 1.4\times N_{Q1}$$

$$N_{G1} = HN_{g1}/h$$

⑥ 当不组合风荷载时，立杆稳定应满足下式：

$$N \leqslant \varphi Af$$

⑦ 当组合风荷载时，立杆的轴向力：

$$N_w = 1.2\times(N_{G1} + N_{G2}) + 0.9\times 1.4\times N_{Q1}$$

$$N_{G1} = HN_{g1}/h$$

⑧ 当组合风荷载时，立杆稳定应满足下式：

$$N_w/\varphi A + 0.9M_w/W \leqslant f$$

（3）外墙脚手架搭设高度计算

① 不组合风荷载时搭设高度计算

$$H \leqslant \frac{[\varphi Af - (1.2N_{G2} + 1.4N_{Q1})]h}{1.4N_{g1}}$$

② 组合风荷载时搭设高度计算

$$H \leqslant \frac{[N_w - (1.2N_{G2} + 0.9 \times 1.4N_{Q1})]h}{1.4N_{g1}}$$

（4）立网封闭双排脚手架连墙杆件计算

① 风荷载产生的连墙杆轴向力 N_s

根据下式计算由风荷载产生的连墙杆轴向力 N_w：

$$N_s = 1.4 \times \omega_k H_1 \times L_1$$

② 连墙杆件稳定承载力验算

$$N_s + N_0 \leqslant \varphi A f$$

③ 连墙件抗滑移验算：

$$Q_c = 8\text{kN} > N_s + N_0$$

式中　$N_s + N_0$——连墙件在风荷载作用下所受的水平力；

Q_c——规范规定直角扣件抗滑设计允许承载力。

（5）立杆地基承载力计算

立杆基底面积应按下式计算 $N/A_g \leqslant k f_g$ 验算地耐力是否满足于要求，如不满足增加附加基础。

9.2　砖混结构顶板工程应用实例及方案精选

碗扣式脚手架应用在砖混结构工程中，主要是作为顶板模板的承重支架。

9.2.1　工程概况

本工程为××指挥学院3栋宿舍楼工程，建筑总面积为13451m²。3栋宿舍楼均为地下1层，地上6层，其中1号楼层高2.8m，其余2栋层高为2.7m，半地下室层高2.2m。室内外高差0.45m，建筑总高17.7m。

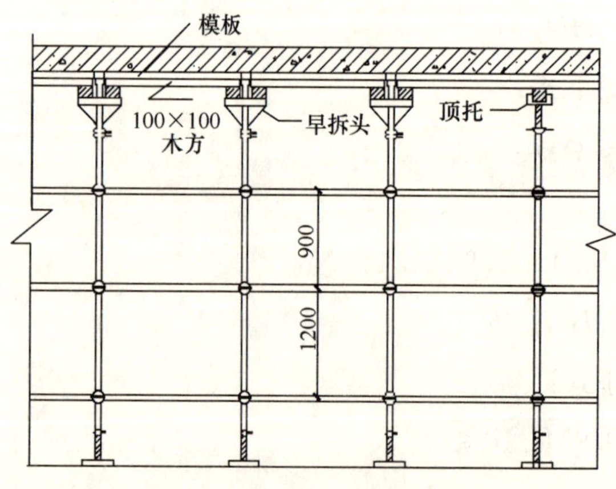

图9.2.1　模板支撑体系图

本工程为砖混结构，基础采用钢筋混凝土条基，120mm厚现浇钢筋混凝土顶板。梁板为现浇混凝土结构，梁采用组合钢模板，现浇板采用竹胶模板，支撑架子采用碗扣式钢管脚手架支撑体系，如图9.2.1所示。

9.2.2　架体的方案设计及基本参数

1. 架体的方案设计

考虑到建筑物本身是一般的砖混结构，再加上现场的条件，项目决定在扣件式钢管脚手架和碗扣式钢管脚手架之间选择。

1）扣件式钢管脚手架的优、缺点如下：

优点：

(1) 承载力较大。当脚手架的几何尺寸及构造符合规范的有关要求时，一般情况下，脚手架的单管立柱的承载力可达 15～35kN（1.5～3.5f_t，设计值）。

(2) 装拆方便，搭设灵活。由于钢管长度易于调整，扣件连接简便，因而可适应各种平面、立面的建筑物与构筑物用脚手架。

(3) 比较经济。加工简单，一次投资费用较低；如果精心设计脚手架几何尺寸，注意提高钢管周转使用率，则材料用量也可取得较好的经济效果。扣件钢管架折合每平方米建筑用钢量约 15kg。

缺点：

(1) 扣件（特别是它的螺杆）容易丢失；

(2) 节点处的杆件为偏心连接，靠抗滑力传递荷载和内力，因而降低了其承载能力；

(3) 扣件节点的连接质量受扣件本身质量和工人操作的影响显著。

适应性：

(1) 构筑各种形式的脚手架、模板和其他支撑架；

(2) 组装井字架；

(3) 搭设坡道、工棚、看台及其他临时构筑物；

(4) 作其他种脚手架的辅助，加强杆件。

2) 碗扣式钢管脚手架的优、缺点如下：

优点：

(1) 多功能：能根据具体施工要求，组成不同组架尺寸、形状和承载能力的单、双排脚手架，支撑架，支撑柱，物料提升架，爬升脚手架，悬挑架等多种功能的施工装备。也可用于搭设施工棚、料棚等构筑物。特别适合于搭设曲面脚手架和重载支撑架。

(2) 高功效：常用杆件中最长为 3130mm。整架拼拆速度比常规快 3～5 倍，拼拆快速省力，工人用一把铁锤即可完成全部作业，避免了螺栓操作带来的诸多不便。

(3) 通用性强：主构件均采用普通的扣件式钢管脚手架之钢管，可用扣件同普通钢管连接，通用性强。

(4) 承载力大：立杆连接是同轴心承插，横杆同立杆靠碗扣接头连接，接头具有可靠的抗弯、抗剪、抗扭力学性能。而且各杆件轴心线交于一点，节点在框架平面内，因此，结构稳固可靠，承载力大（整架承载力提高，约比同等情况的扣件式钢管脚手架提高 15%以上）。

(5) 安全可靠：接头设计时，考虑到上碗扣螺旋摩擦力和自重力作用，使接头具有可靠的自锁能力。作用于横杆上的荷载通过下碗扣传递给立杆，下碗扣具有很强的抗剪能力（最大为 199kN）。上碗扣即使没被压紧，横杆接头也不致脱出而造成事故。同时配备有安全网支架、间横杆、脚手板、挡脚板、架梯、挑梁、连墙撑等杆配件，使用安全可靠。

(6) 易于加工：主构件用 ϕ48mm×3.5mm 的 Q235 焊接钢管，制造工艺简单，成本适中，可直接对现有扣件式脚手架进行加工改造，不需要复杂的加工设备。

(7) 不易丢失：该脚手架无零散易丢失扣件，把构件丢失减少到最低程度。

(8) 维修少：该脚手架构件消除了螺栓连接，构件经碰耐磕，一般锈蚀不影响拼拆作业，不需特殊养护、维修。

(9) 便于管理：构件系列标准化，构件外表涂以橘黄色。美观大方，构件堆放整齐，便于现场材料管理，满足文明施工要求。

(10) 易于运输：该脚手架最长构件 3130mm，最重构件 17.07kg，便于搬运和运输。

缺点：

(1) 横杆为几种尺寸的定型杆，立杆上碗扣节点按 0.6m 间距设置，使构架尺寸受到限制；

(2) U 形连接销易丢；

(3) 价格较贵。

适应性：

(1) 构筑各种形式的脚手架、模板和其他支撑架；

(2) 组装井字架；

(3) 搭设坡道、工棚、看台及其他临时构筑物；

(4) 构造强力组合支撑柱；

(5) 构筑承受横向力作用的支撑架。

经综合考虑分析，本工程作为一般砖混结构，平面尺寸及开关变化不大，层高也不高，在架体选择上主要是考虑在保证质量的前提下，通过架体支、拆的高功效来达到提高施工速度，降低工程成本的目的，从而决定在本工程上使用碗扣式钢管脚手架。

2. 架体的基本参数

钢管类型为 ϕ48mm×3.5mm；梁顶托采用 100mm×100mm 木方；模板支架搭设高度为 2.565m；现浇板模板支撑架体立杆下垫通长脚手板，首层架体土层应夯实、压平。

搭设尺寸设计为：立杆的纵距 $L_a=1.20$m，立杆的横距 $L_b=1.20$m，立杆的步距 $h=1.20$m。

9.2.3 脚手架计算

1. 立杆的稳定性计算荷载标准值

静荷载标准值包括以下内容：

1) 模板的自重（kN）：Q_{G1}

2) 脚手架钢管的自重（kN）：Q_{G2}

3) 钢筋混凝土楼板自重标准值（kN）：Q_2

活荷载为施工荷载标准值与振捣混凝土时产生的荷载。

2. 单肢立杆轴向力

立杆的轴向压力设计值计算公式：$N=1.2(Q_1+Q_2)+1.4(Q_3+Q_4)L_XL_Y$

3. 立杆的稳定性计算

立杆的稳定性计算公式 $N\leqslant \varphi Af$

4. 立杆地基承载力计算

立杆基底面积应按下式计算 $N/A_g\leqslant kf_g$

9.3 框架（框剪）结构工程梁板脚手架应用实例及方案精选

碗扣式脚手架应用在框架（框剪）结构工程中，主要是作为梁、顶板模板的承重支架。工程应用实例：××大学教学楼工程。

9.3.1 工程概况

本工程为××大学教学楼工程，建筑面积 26818.4m^2，总长 88.88m，总宽 39.05m，总高度 60.9m，地下 1 层，地上 14 层，局部 16 层，层高为 3m，立面左右对称；本工程为框架-剪力墙结构，筏板基础，附楼基础为独立基础和条形基础。

9.3.2 梁板模板及架体方案选型设计

1. 现浇顶板采用 70 系列钢框竹胶模板。

2. 本工程作为梁板施工过程中承重结构的支架体系，按一般的选择有普通钢管脚手架和碗扣式钢管脚手架两种。

考虑到这两种架体在本地的租赁市场都有充足的供应，而且实际市场租赁价格相差不多，所以从租赁单价的角度来说，没什么区别。

从施工的角度考虑，本工程业主方要求工期比较紧，而相对于普通钢管架体，碗扣式架体明显有以下优势特点：

1）承载力大：杆件轴线交于一点，节点在框架平面内，接头具有可靠的抗弯、抗剪、抗扭力学性能，结构稳固可靠。

2）易改造：可对现有的扣件式钢管式脚手架进行改造。

3）多功能：能组成单、双排脚手架、模板支撑架、支撑柱、物料提升架、爬升脚手架、悬挑脚手架等。

4）安全可靠：接头自锁能力强，构件系列标准化，使用安全可靠。

5）高功效：避免了螺栓作业，拼拆快速省力，整架拼装速度比扣件式快 3～5 倍。

6）便于管理：无零散易丢构件，堆放整齐，便于现场材料管理。

综上所述，碗扣式架体能加快施工进度，同时采用早拆支撑，加快架体和模板的周转，节省费用。顶板、梁模板支设如图 9.3.2 所示。

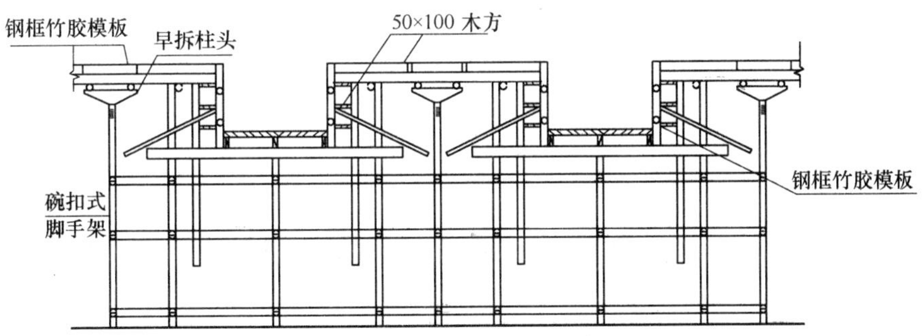

图 9.3.2 顶板、梁模板支设示意图

9.3.3 方案设计基本参数

钢管类型为 ϕ48mm×3.5mm；梁顶托采用 50mm×100mm 方木；模板支架搭设高度为 2.815m；现浇板模板支撑架体立杆下垫通长脚手板，首层架体土层应夯实、压平。

搭设尺寸设计为：立杆的纵距 L_a＝1.20m，立杆的横距 L_b＝1.20m，立杆的步距 h

=1.20m。

计算参数：

模板支架搭设高度为 2.815m；

梁截面 $B\times D$=500mm×600mm，立杆的纵距（梁跨度方向）L_Y=0.50m；

梁底模面板厚度 15mm，剪切强度 1.4N/mm²，抗弯强度 15.0N/mm²，弹性模量 6000.0N/mm⁴；

木方 50mm×100mm，梁底支撑木方长度 0.8m，间距 0.2m；梁顶托采用 2 根 100mm×100mm 方木；梁底按照均匀布置承重杆 3 根计算。

模板自重 0.5kN/m²，混凝土钢筋自重 25.0kN/m³，施工活荷载 3.0kN/m²。

梁两侧的楼板厚度 0.12m，梁两侧的楼板计算长度 0.50m。

计算中考虑梁两侧部分楼板混凝土荷载以集中力方式向下传递。

9.3.4　脚手架计算

1. 梁底模板面板计算

梁底模面板为受弯结构，需要验算其抗弯强度和刚度。梁底模板面板按照 3 跨连续梁计算。

1）抗弯强度计算

$$f = M/W < [f]$$

2）抗剪计算

$$T = 3Q/2bh < [T]$$

3）挠度计算 $v = 0.677ql^4/100EI < [v]$

2. 梁底支撑木方的计算

1）梁底木方抗弯、抗剪、挠度计算应满足相关要求。

2）梁底顶托梁按照集中与均布荷载下多跨连续梁计算。

3）立杆的稳定性计算：

$$\sigma = \frac{N}{\phi A} \leqslant [f]$$

4）立杆地基承载力计算：

立杆基底面积应按下式计算 $N/A_g \leqslant kf_g$，不满足要求时增加附加基础。

9.4　桥梁结构工程脚手架应用实例及方案精选

9.4.1　工程概况

××客运专线（河北段），线路全长 202.68km。

本桥斜交正做，结构形式为 16m+22m+22m+16m 钢筋混凝土刚构连续梁，中间桥墩与梁部刚结，桥台与梁部用活动支座连接。

主要技术标准：

设计行车速度：350km/h；

轨道标准：铺设无缝线路，钢轨 60kg/m；

线路情况：双线、缓和曲线，线间距 5.0m；

桥面总宽：12.0m。

9.4.2　支撑架设计方案

本工程支架搭设采用碗扣式组合支架满堂搭设，由于架体为承重结构，因此碗扣式架体的外观质量和内在质量必须得到保证，其强度、刚度、稳定性和搭设质量必须符合相关规定和施工组织设计要求。

本工程承重支架搭设为满堂搭设，搭设宽度为 14m。两端跨（16m 跨）支架高 4.4m；中间两跨（22m 跨）支架高 4m。长度沿桥长方向分跨搭设。

支架搭设完成后进行支架预压和沉降观测，消除非弹性变形。

9.4.3　支架施工

钢筋混凝土刚构连续梁采用整体支架一次浇筑成型。待墩台浇筑完毕混凝土强度达到 90%以上，方可进行支架现浇连续梁的施工。

梁体上部宽度为 12m，下部宽 10m，翼缘板宽两侧各 1m；跨中断面梁高 1.35m，跨端截面梁高 2.05m，刚构连续梁采用满堂支架现浇施工。根据架梁工期要求，采取分孔搭设支架，分孔预压、分孔进行钢筋绑扎，纵向一次浇筑混凝土成型的方法。

1. 地基处理

支架地基处理方法为：沿桥梁纵向至桥台后 1m，横桥向为 15.0m 宽范围内，开挖表层土 50cm，原有旧路面也一并挖除，翻松耙平，调整好最佳含水率，用压路机碾压密实，控制压实度不小于 90%，平整度不大于 10mm，并设置 1%范围内单向横坡。然后其上回填 70cm 厚的砂砾垫层，并分层碾压密实。因承台基坑内回填材料已为天然砂砾，故此部位砂砾不必挖除，直接在上面再铺筑 70cm 砂砾，为避免产生不均匀沉降，应整体碾压。边角部位用小型打夯机夯实。对过路光缆基槽采取填筑级配碎石进行保护。为了防止流水软化支架的地基，增加地基整体刚度和承载力，在整平压实的砂砾垫层上浇筑 20cm 厚 C15 混凝土作持力层和封闭层，设置 1%单向横坡。同时在支架四周的边缘开挖底宽 50cm 的排水沟引至场外排水系统内，以防地基被雨水浸泡，为防止由于沟内水流掏空基础砂砾垫层而造成边缘持力层薄弱，排水沟内壁用同样的混凝土进行浇筑，厚度 6cm，排水沟根据现场情况设置好排水坡度，确保地基基础不受雨水浸泡。

对处于现有路面上的地基，为防止因地基土质密实度不均匀而导致产生不均匀沉降，将原有路面面层和基层挖除同样厚度，然后按照上述方法进行地基处理。

连续梁施工完毕后，混凝土持力层及砂砾垫层根据旧路面恢复要求进行挖除处理。

架体基础混凝土浇筑应平整，做好养护工作，待强度达到要求后，方可进行架体搭设。

2. 满堂支架

在混凝土硬化好的基础顶面放置 10cm×15cm 方木作垫木，其上安设立杆可调底座，在已放置好的底座上搭设 WDJ 型碗扣式多功能钢支架。

底板立杆按 0.6m×0.9m 进行布置，即立杆纵向间距 0.6m，横向间距 0.9m，步距 1.2m。

支架顶用顶托支撑横向布置的大横梁，大横梁采用 10cm×15cm 的方木。大横梁上纵向（垂直大横梁方向）布置小横梁，间距为 0.2m，小横梁采用 10cm×7.5cm 的方木，小横梁上布置钢模板。

根据施工组织设计中的计算结果，此搭设方案满足上部结构在施工过程中的荷载作用下的刚度、强度和稳定性要求。

搭设时要保证搭设质量，扣件扭力矩不可过大，松紧适宜。架体垂直度应符合有关规定，可调顶托应挂线按照标高进行调整、调平。大小木方横梁之间必须固定，大横梁与顶托之间也要固定牢固，防止发生横向错动。

为增大体系稳定，支架外围四周设剪刀撑，内部沿桥梁纵向每 4 排立杆搭设一排横向剪刀撑，横向剪刀撑间距不大于 5m，支架高度通过可调托座和可调底座调节。

9.4.4　支架预压及观测

1. 支架预压目的

为避免在混凝土施工时，支架不均匀下沉，消除支架和地基的塑性变形，准确测出支架和地基的弹性变形量，为预留模板拱度提供依据，为保证施工安全、提高现浇梁质量，事先对支架进行预压。

在支架搭设完毕、梁底模铺好后，对支架进行预压。预压目的一是检验支架及地基的强度及稳定性，消除支架及地基的非弹性变形；二是检验支架的受力情况和弹性变形情况，测量出支架的弹性变形量，得到支架的弹性变形值作为施工预留拱度的依据；三是测出地基沉降，为采用同类型的桥梁施工提供经验数据。

2. 支架预压方法

钢管支架搭设好后，为消除支架及地基的非弹性变形，测出支架和地基的弹性变形以及合理设置预拱度，按照设计要求对支架用同量体重量的袋装砂子预压。以每孔为单位，逐孔预压，一孔卸载后，砂袋移至相邻孔，不具备作业条件的吊至地面，运输堆放到合适位置以备下次使用。预压重量为设计荷载（梁自重、内外模板重量及施工荷载之和）的 120%，即翼缘板处布置 1.0t/m^2，梁底处布置 3.6t/m^2，刚壁墩梗肋处布置 5.0t/m^2 荷载。经计算边跨布置总荷载为 657t（其中翼板 28t，梗肋 125t，跨中 504t）；中跨布置总荷载为 870.4t（其中翼板 41.6t，梗肋 250t，跨中 578.8t）。

预压使用砂袋静压法，加载时采用吊车将砂袋吊至支架顶，由人工分层摆放稳妥。

堆载预压前一定要仔细检查支架各节是否连接牢固可靠，同时做好观测记录，预压时各点压重要均匀对称，防止出现反常情况。由于混凝土一次性浇筑，预压的荷载为全部重量。故在支架搭设完工后，应以全部重量，采用堆载的方法均布的压于支架上，并设观测点进行观测。预压时要求荷载位置与梁自重荷载分布一致，并按梁自重等荷载进行预压。

加载时按照设计荷载的 60%、100%、120%分三级加载，测出各测点加载前后的高程。待沉降稳定后，再分别按加载级别卸载，并分别测出每级荷载下各测点的高程值。

3. 布置观测点及观测

为准确测出整跨的沉降情况，本工程预压前在每跨台墩之间的支架上及相应支架底部布设测点，布置情况为：

1）两边跨（16m 跨）每跨选取 3 个断面，分别位于距墩或台 2m 处及跨中；每个断面布设 3 个点；

2）中跨（22m 跨）每跨选取 5 个断面，分别位于距墩或台 2m 处、1/3 跨径处及跨中；每个断面布设 3 个点；

3）在底板上每个断面布设 1 个点，布点位置示意如图 9.4.4 所示：

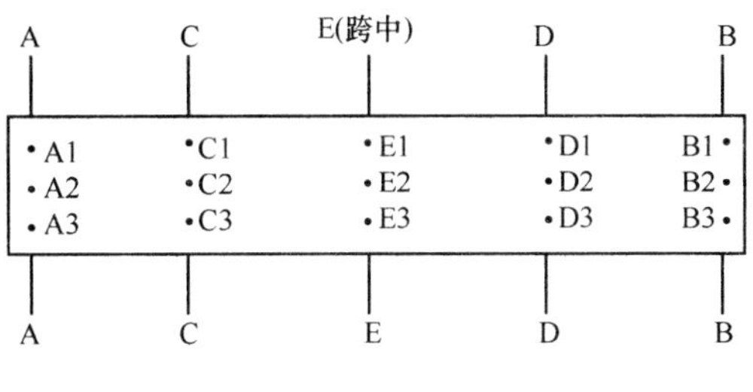

图 9.4.4 观测点示意图

照上图布好点并进行编号。

4. 沉降观测

1）预压前对支架进行全面检查，对所有点进行观测记录；

2）加载时按照设计荷载的 60%、100%、120%分三级加载，每级加载完成后，均观测各点下沉量，在最后一次加载完成后观测一次；

3）以后每 6h 观测一次，一直观测到各点每天下沉量均小于 1mm 时为止。

预压时逐日对其进行沉降观测，做好记录，预压时首日每隔 6h 进行一次沉降观测，直至最后的平均沉降值<1mm 并满足 24h 以上时方可卸载。荷载的持荷时间应不少于 1 昼夜，如此一方面收集支架、地基的变形数据，观察地基的承载力是否满足要求，另一方面可减少或消除支架的构造变形，以保证浇出的梁身不发生过大的挠度变形和开裂。预压时主要观测的数据有：支架底座沉降—地基沉降；顶板沉降—支架沉降；卸载后顶板可恢复量以及支架的测位移量和垂直度。沉降稳定卸载后算出地面沉降、支架的弹性和非弹性变形数值。根据各点对应的弹性变形数值及设计预拱度调整模板的高程。预拱度计算公式为 $f=f_1+f_2+f_3$，其中 f_1：地基弹性变形，f_2：支架弹性变形，f_3：梁体挠度（设计提供，$f_3=4.8$mm）。

5. 绘制沉降曲线

卸载后，按测得的沉降量及设计标高，以时间为横轴，以沉降量为纵轴，画出每点的沉降曲线。根据测得数据进行计算，得出各对应情况下的数值并和计算值进行对照、分析，并据之对立模标高进行调整，以保证混凝土施工后，底模仍保持其设计标高。

9.4.5 底模标高调整

1. 预压后架体在预压荷载作用下基本消除了地基塑性变形和支架竖向各杆件的间隙即非弹性变形，并通过预压得出了支架弹性变形值。根据这些实测的数据，结合设计标高和梁底预拱度值，确定和调整梁底立模标高＝设计梁底标高＋支架弹性变形值。

2. 本工程中，因梁体自重、桥面二期恒荷、混凝土收缩及净活载的一半产生的中跨跨中挠度仅为 4.8mm，故设计要求不需设置梁体自身预拱度。

3. 在预压结束，模板调整完成后，再次检查支架和模板的扣件是否牢固，地基是否下陷，脚手架是否有明显变形等，发现问题及时处理。根据预压得出的弹性变形量，调出底板的预拱度。

9.4.6　支架计算（以第二跨为例）

1. 计算参数选择

新浇混凝土自重（混凝土密度用 25kN/m³，系数为 1.2）

$$P_1=25\text{kN/m}^3\times1.35\times1.2=40.5\text{kN/m}^2$$

1）施工人员及机械设备荷载（分项系数为 1.4）

模板计算：$P_2=2.5\text{kN/m}^3\times1.4=3.5\text{kN/m}^2$

支架立杆：$P_3=1.0\text{kN/m}^3\times1.4=1.4\text{kN/m}^2$

2）振捣混凝土时产生的荷载（分项系数 1.4）

水平布置模板：$P_4=2.0\text{kN/m}^2\times1.4=2.8\text{kN/m}^2$

垂直布置模板：$P_5=k\times r\times h=1.2\times2.4\text{kN/m}^2\times2.5=7.2\text{kN/m}^2$

3）新浇混凝土对侧模

压力值：$P_6=4.6V^{\frac{1}{4}}=4.6\times4^{\frac{1}{4}}=6.5\text{kN/m}^2$

4）倾倒混凝土荷载标准值：$P_7=6.0\text{kN/m}^2\times1.4=8.4\text{kN/m}^2$

5）模板自重（模板容重 9.0kN/m²，分项系数 1.2）

$$P_8=9.0\text{kN/m}^3\times0.015\text{m}^2\div1.0\text{m}\times1.2=0.16\text{kN/m}^2$$

6）方木自重（落叶松容重 7.5kN/m²，分项系数 1.2）

10cm×15cm 的方木：$P_9=7.5\text{kN/m}^3\times0.015\text{m}^2\div1.0\text{m}\times1.2=0.135\text{kN/m}^2$

7.5cm×10cm 的方木：$P_{10}=7.5\text{kN/m}^3\times0.0075\text{m}^2\div1.0\text{m}\times1.2=0.0675\text{kN/m}^2$

7）支架自重（最大支撑高度 7m 算，碗扣支架以 50N/m 计，布置方式为：横桥向×顺桥向×水平杆，分项系数 1.2）

底部分：0.9m×0.6m×1.2m（22m 跨：横向 10 排，纵向 39 排，水平 6 排）

$$P_{11}=50\text{N/m}\times(10\times39\times7\text{m}+10\times22\times4\text{m}+39\times10\times6)\times1.2\div(24\text{m}\times10)=1.49\text{kN/m}^2$$

2. 模板计算

底模采用组合钢模板，尺寸为 122cm×244cm×2.5cm，纵向布置。

底模支撑在小横梁上，小横梁采用横向布置，纵向间距为 0.2m，小横梁尺寸为 7.5cm×10cm 方木，小横梁支撑在大横梁上。大横梁纵向布置，横向间距为 0.9m，其尺寸为 10cm×15cm。

1）模板上承受的荷载组合为：

$$P=P_1+P_2+P_4+P_7+P_8$$

弯矩：
$$M=\frac{gL^2}{10}$$

截面模量：
$$W=\frac{I}{\frac{h}{2}}=\frac{\frac{1}{12}bh^3}{\frac{h}{2}}=\frac{1}{6}bh^2$$

承压应力：
$$\delta=\frac{M}{W}<[\delta]$$

承压挠度：$$f=\frac{gL^4}{128EI}$$

弯曲剪应力：$$\tau=\frac{Q}{A}$$

2）小横梁计算：

小横梁断面尺寸：7.5cm×10cm，跨度为 90cm，间距为 0.2m。

小横梁承受的荷载组合为：$P=P_1+P_3+P_5+P_8+P_9+P_{11}$

弯矩：$$M=\frac{gL^2}{10}$$

截面模量：$$W=\frac{I}{\frac{h}{2}}=\frac{\frac{1}{12}bh^3}{\frac{h}{2}}=\frac{1}{6}bh^2$$

承压应力：$$\delta=\frac{M}{W}<[\delta]$$

弯曲剪应力：$$\tau=\frac{Q}{A}<[\tau]$$

承压挠度：$$f=\frac{gL^4}{128EI}<[f]$$

验算小横梁截面尺寸是否符合要求。

3）大横梁计算：

大横梁断面尺寸：10cm×15cm，跨度为 60cm，间距为 0.9m。

大横梁承受小横梁传递的集中荷载。

用小横梁传过来的最大反力计算值，在最不利荷载布置下计算其最大弯矩，大横梁按单跨梁计算。

弯矩最大处为跨中点：$M=2P\times\frac{1}{2}L-P\times\frac{1}{2}L-P\times\frac{1}{6}L$

截面模量为：$$W=\frac{I}{\frac{h}{2}}=\frac{\frac{1}{12}bh^3}{\frac{h}{2}}=\frac{1}{6}bh^2$$

承压应力为：$$\delta=\frac{M}{W}<[\delta]$$

剪力最大处为梁端处：$$Q=2P-P=P$$

截面剪应力：$$\tau=\frac{Q}{A}<[\tau]$$

承压应力为：$$f=\frac{PL^3}{77EI}<[f]$$

验算大横梁截面尺寸是否符合要求。

4）立杆计算

本桥采用满堂碗扣支架，宽度 10m，长度 20.8m，在立柱两侧，高度 4m，不用进行整体稳定性计算，只对单杆进行强度、刚度检算。

承压应力为：
$$\delta=\frac{p}{A}<[\delta]$$

立柱稳定性计算：
$$p<[N]$$

验算立杆是否满足施工使用需求。

5）地基承载力计算：

下铺的方木尺寸为 20×10（cm^2），横向布置。

$$\delta_{地}=\frac{F}{S}<[\delta]=f_k\times k_b$$

验算地基承载力计算是否满足施工使用需求。

9.5　大重量、大跨度结构脚手架工程应用实例及方案精选

××图书馆大跨度悬挑梁板支撑架工程方案

9.5.1　悬挑梁板结构概况

××图书馆建筑总面积 4 万 m^2，该工程主楼主体 13 层及 14 层 8～34 轴/D～E 轴的现浇梁板系悬挑结构的悬臂构件（8～34 轴/D～E 轴于 2 层至 12 层为大空间），17、20、23、26 轴处设悬挑钢—混凝土组合梁结构的主梁，且上下梁端于轴 D 处各设一根钢柱，钢柱与钢梁之间螺栓连接。

9.5.2　方案确定

该悬挑梁板结构的模板支架搭设为施工的重点、难点，选择模板支架的搭设方法是关键。支架方法选择主要从悬挑梁板结构特点、施工条件、工期及技术经济指标等方面综合比较后确定。

选择悬挑式支架的搭设方法，支架具有负弯矩大、自重大、施工难度大、工期长、成本高等特点；选择吊架的搭设方法，吊架的吊点无法保证；选择碗扣式钢管模板支架的搭设方法，工期短（支架搭设与结构施工可穿插进行），安全可靠，经济合理。经过详细周密的研究分析，最后选择碗扣式钢管模板支架作为该悬挑梁板结构施工的支撑系统。

9.5.3　施工方法

碗扣式钢管模板支架由标高 4.670m（相对于±0.000）现浇梁板面上搭设至标高 48.770m 现浇梁板下，搭设高度为 44.100m。架体搭设长度最大为 60.3m，最小为 30.6m，宽度为 9.9m，架体搭设总体结构为立杆间距 900mm，立杆步距为 1200mm，内设纵横剪刀撑拉杆的满堂桁架体系。该架体的总体稳定依靠 8 根框架柱，通过水平拉杆进行固定形成空间铰接结构。

1. 按图示要求 8～34 轴/D～E 轴范围搭设架体，立杆间距 900mm，立杆步距 1200mm。

2. 每 3 步架体搭设形成基本构架后，须搭设 4 类桁架，以加强每根杆件。17、20、

23、26 轴处设桁架①，架体东西两边设桁架②，E 轴处设桁架④，其余为桁架③。桁架上下间距为 3.6m。

3. 上述每 3 步架体形成后，必须按每 5.4m 宽（6 个立杆间距）搭设斜长为 12m 的剪刀撑，剪刀撑每个方向设 4 根，即交叉剪刀撑左右各两道 12m 的剪刀撑钢管，同时纵向与横向剪刀撑错开 2.7m 设置，即纵横相交半槎。整个架体的水平剪刀撑的竖向间距不大于 3.6m（该架体高度达 44m，主要考虑架体的任何角度的失稳因素）。

所有立杆横杆进行吊垂线检查，垂直度及平整度不超过 20mm。总高度范围内立杆垂直度不允许超过 50mm。

混凝土浇捣严格按照先浇捣梁，后浇捣板，且对称平衡的顺序进行。

9.5.4 施工顺序

1. 拆除该架体范围内的所有障碍物，检查所有使用材料。

2. 在 4.670m 标高处（二层楼面）弹线布设架体搭设的水平网格位置。

3. 先搭设碗扣钢管架体（最多不超过 3 步），再搭设 17、20、23、26 轴梁下加密区立杆（间距 450mm）及纵横两向的剪刀撑，即搭设每步架体必须形成完整的空间桁架结构；架体与框架柱交叉处，将用钢管及扣件在柱边进行补设。

4. 检查上述 3 步架体内的架体搭设质量，重点检查杆件及附件、扣件的紧固情况及材质情况。

5. 继续按照上述第 3、4 条的内容搭设架体至 28.770m 标高处。

6. 检查 28.770m 标高处以上架体所使用的材料，同时进行拆除该处以上外防护架；一层楼板面处弹线，布设架体的水平网格位置（弹线位置完全与二层楼面上下重合）。

7. 二层梁板（一层顶板）下搭设支承架体，架体为立杆间距 900mm（梁下加密为 450mm），立杆步距为 1200mm。保证 4.670m 板上下的架体立杆在同一垂直线上。

8. ±0.000 板（地下一层顶板）下支架搭设步骤及方法完全同上述内容中支架搭设。

9. 上部架体搭设至 48.770m 处，同时搭设架体的轴 D 处的外防护架。

10. 检查整个架体搭设质量情况，报监理验收。

11. 搭设方木间距不大于 150mm，方木竖向截面高度不小于 100mm，宽度不小于 80mm（80mm×100mm 方木）。

12. 待 13 层梁板混凝土强度大于 1.2N/mm^2 时，搭设 13 层架体。

13. 搭设 13 层架体，架体立杆间距 900mm，步距 1200mm。

14. 待 53.970m 处混凝土养护不少于 28d 后，拆除架体最上层，从上往下依次拆除模板架体。拆除时，设安全警戒范围，派专人看守。

9.6 大空间满堂脚手架工程应用实例及方案精选

9.6.1 工程概况

某培训中心屋盖呈近似椭球形形状，主体结构由中部的网壳和外围拱架组成，跨度最大约 70m，最高处标高 32.4m，中部网壳为双层，以四角锥网格为主，周边为配合建筑造型局部布置三角锥网格。网壳采用螺栓球节点，整个网架投影面积约为 $4300m^2$，网架重量约为 123t。

9.6.2 脚手架设计总体思路

由于本工程外观形态为球曲面形状，网架结构高度不一样，加上主体结构成台阶状分部，以及现场施工条件限制，为此我们对屋面网壳施工采用搭设满堂碗扣脚手架及在钢平台角钢框架高空散件安装的方法，一般脚手架搭设高度比下弦球节点标高低 100～200mm 为宜。工程搭设示意见图 9.6.2-1～图 9.6.2-5。

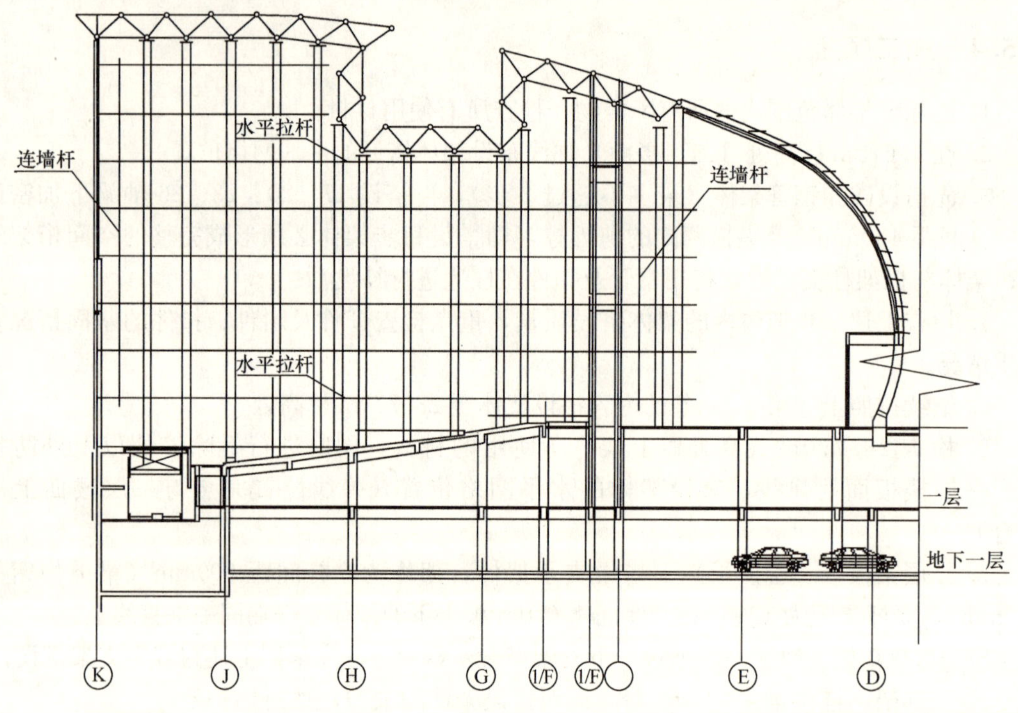

图 9.6.2-1　看台区域立面图

脚手架的底部位置根据建筑结构的楼层布置，高低不同；网壳中心的矩形设备上方为 25.3m 标高的钢栅顶平台；看台部分为最底部，此处脚手架搭设高度最大约 25m；其余大部分在 21m 的结构层上搭起。设计提供楼面最大受力荷载标准值为 $3kN/m^2$，需要进行顶板承载验算（此处脚手架最高 25m）。

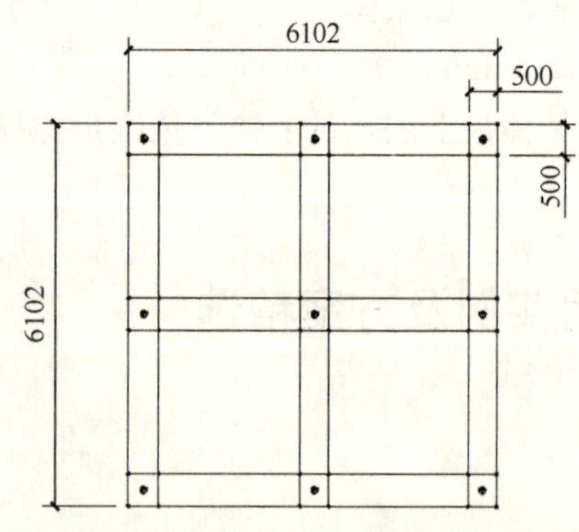

图 9.6.2-2　看台区域标准方块脚手架图

1. 满堂脚手架构造选择

碗扣式钢管脚手架由钢管立杆、横杆、碗扣接头等组成。其基本构造和搭设要求与扣件式钢管脚手架类似，不同之处主要在于碗扣接头。

碗扣接头是由上碗扣、下碗扣、横杆接头和上碗扣的限位销等组成。在立杆上焊接下碗扣和上碗扣的限位销，将上碗扣套入立杆内。在横杆和斜杆上

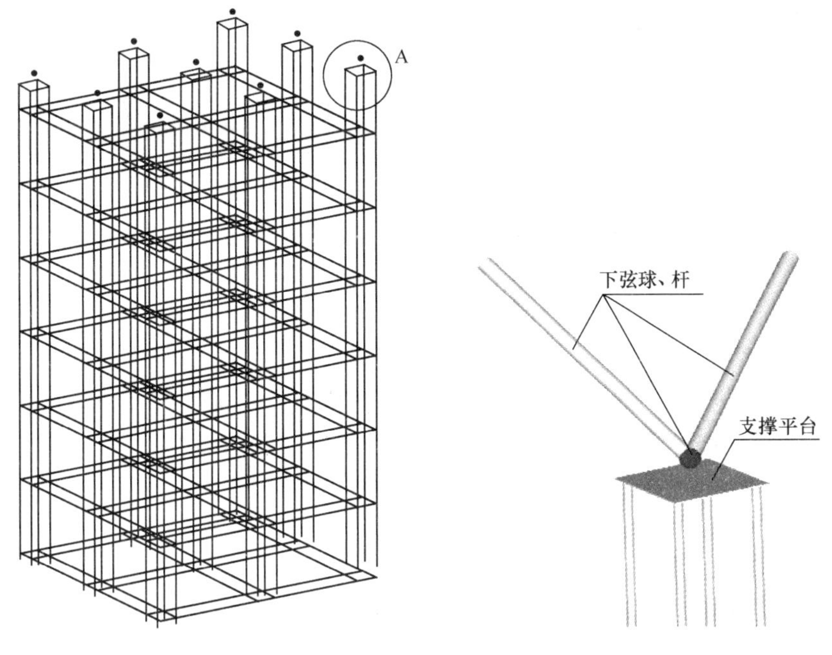

图 9.6.2-3 看台区域标准方块脚手架轴测图　　　　图 9.6.2-4 A 详图

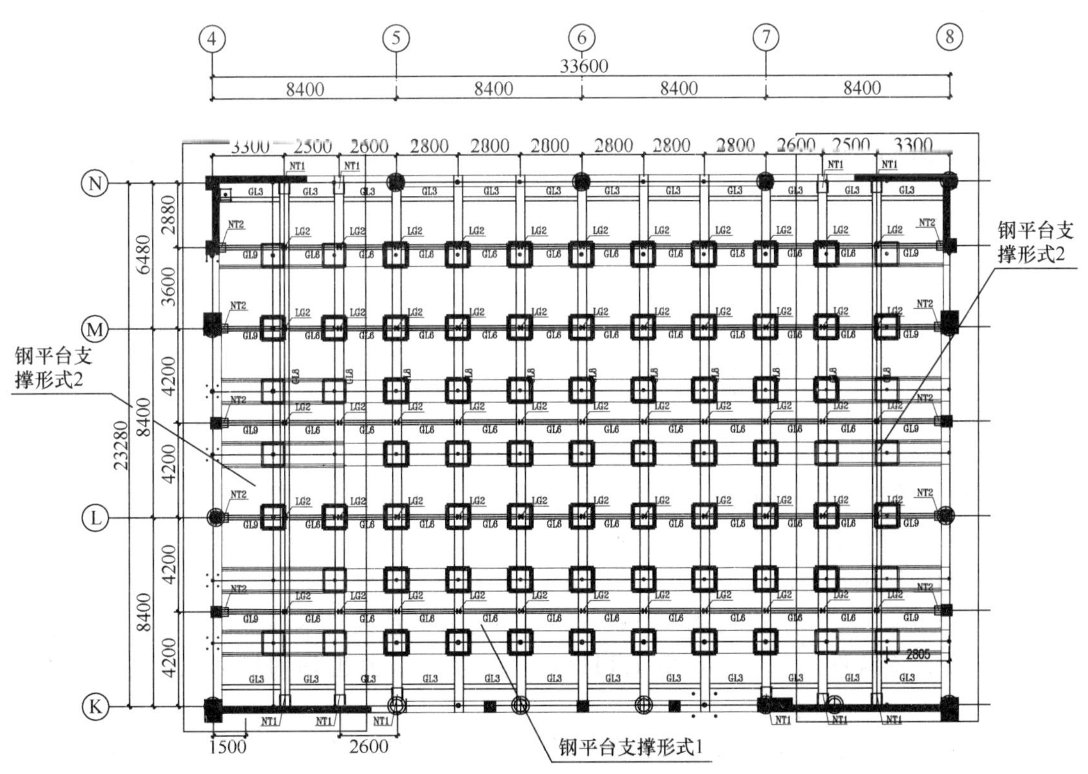

图 9.6.2-5 钢栅顶平台区域脚手架平面布置图

焊接插头。组装时，将横杆和斜杆插入下碗扣内，压紧和旋转上碗扣，利用限位销固定上碗扣。

碗扣式钢管脚手架立柱横距为 1.2m，纵距根据脚手架荷载可为 1.2m、1.5m、1.8m、2.4m，步距为 1.8m、2.4m。搭设时立杆的接长缝应错开，第一层立杆应用长 1.8m 和 3.0m 的立杆错开布置，往上均用 3.0m 长杆，至顶层再用 1.8m 和 3.0m 两种长度找平。高 30m 以下脚手架垂直度偏差应控制在 1/200 以内，高 30m 以上脚手架应控制在 1/400～1/600，总高垂直度偏差应不大于 100mm。

2. 荷载

1）永久荷载

脚手板自重标准值（kN/m²）：0.350；栏杆挡脚板自重标准值（kN/m）：0.140；

安全设施与安全网（kN/m²）：0.005；脚手板铺设层数：1 层。

脚手板类别：木脚手板；栏杆挡板类别：栏杆、竹夹板挡板；

每米脚手架钢管自重标准值（kN/m²）：0.033。

2）活荷载

钢结构均布施工荷载 Q_k：1.7kN/m²

Q_k 的取值如右表 9.6.2 所示：其中钢网架荷载 Q_{k1} 是按：网架总用钢量/总面积＝1200/4400（投影面积）＝0.27kN/m²，考虑 1.1 安全裕度，取 0.30kN/m²。

钢结构均布施工荷载 Q_k 取值　　**表 9.6.2**

荷载类别	数值（kN/m²）	荷载类别	数值（kN/m²）
钢网架荷载 Q_{k1}	0.30	构配件荷载 Q_{k4}	0.4
安装人员荷载 Q_{k2}	0.8	合　计	1.7
机具堆放荷载 Q_{k3}	0.2		

9.6.3　搭设前的施工准备工作

1. 基础

施工做法：将建筑物外围清理干净，脚手架搭设前应在楼板上先弹出钢管立杆位置线，采用架 50mm 厚板铺设在钢筋混凝土顶板上。

2. 材料

1）碗扣式脚手架用钢管应采用符合现行国家标准《直缝电焊钢管》GB/T 13793—92 或《低压流体输送用焊接钢管》GB/T 3092 中的 Q235A 级普通钢管，其材质性能应符合现行国家标准《碳素结构钢》GB/T 700 的规定。

2）碗扣架用钢管规格为 ϕ48mm×3.5mm，钢管壁厚不得小于 $3.5^{+0.25}$mm。

3）上碗扣、可调底座及可调托撑螺母应采用可锻铸铁或铸钢制造，其材料机械性能应符合《可锻铸铁件》GB 9440 中 KTH330—08 及《一般工程用铸造碳钢件》GB/T 11352 中 ZG270—500 的规定。

4）下碗扣、横杆接头、斜杆接头应采用碳素铸钢制造，其材料机械性能应符合《一般工程用铸造碳钢件》GB/T 11352 中 ZG230—450 的规定。

5）采用钢板热冲压整体成形的下碗扣，钢板应符合《碳素结构钢》GB/T 700 标准中 Q235A 级钢的要求，板材厚度不得小于 6mm。并经 600～650℃的时效处理。严禁利用废旧锈蚀钢板改制。

6）立杆连接外套管壁厚不得小于 $3.5^{+0.25}$mm，内径不大于 50mm，外套管长度不得小于 160mm，外伸长度不小于 110mm。

7）杆件的焊接应在专用工装上进行，各焊接部位应牢固可靠，焊缝高度不小于 3.5mm，其组焊的形位公差应符合表 9.6.3 的要求：

脚手架杆件组焊形位公差要求 **表 9.6.3**

序 号	项 目	允许偏差（mm）
1	杆件管口平面与钢管轴线垂直度	0.5
2	立杆下碗扣间距	±1
3	下碗扣碗口平面与钢管轴线垂直度	≤1
4	接头的接触弧面与横杆轴心垂直度	≤1
5	横杆两接头接触弧面的轴心线平行度	≤1

8）立杆上的上碗扣应能上下串动和灵活转动，不得有卡滞现象；杆件最上端应有防止上碗扣脱落的措施。

9）立杆与立杆连接的连接孔处应能插入 ϕ12mm 连接销。

10）在碗扣节点上同时安装 1～4 个横杆，上碗扣均应能锁紧。

11）构配件外观质量要求

（1）钢管应无裂纹、凹陷、锈蚀，不得采用接长钢管；

（2）铸造件表面应光整，不得有砂眼、缩孔、裂纹、浇冒口残余等缺陷，表面粘砂应清除干净；

（3）冲压件不得有毛刺、裂纹、氧化皮等缺陷；

（4）各焊缝应饱满，焊药清除干净，不得有未焊透、夹砂、咬肉、裂纹等缺陷；

（5）构配件防锈漆涂层均匀、牢固；

（6）主要构、配件上的生产厂标识应清晰。

12）可调底座及可调托撑丝杆与螺母捏合长度不得少于 5 扣，插入立杆内的长度不得小于 150mm。

3. 施工人员

设专业质量检查员负责脚手架搭设的具体操作和安全管理，材料有材料员负责购买，架子工均经过上岗培训获得上岗操作证书，持证上岗。

4. 交底

脚手架搭设前，对所有脚手架施工人员进行技术和安全交底，进行安全教育并做好记录。

9.6.4 满堂脚手架的搭设

1. 碗扣式钢管满堂脚手架的搭设工艺流程

测量放线→安放垫板→安放底座→竖立杆并同时安横管组成方框→纵向装方框加立管至需要长度→安装斜撑→铺脚手板→搭挡脚板和栏杆→设连接节点。

2. 碗扣式钢管脚手架的构造要求及技术措施

1）立杆基础

本工程脚手架直接在钢筋混凝土结构楼面上搭设。立杆底部必须设置设置木垫板或底座，垫板面积不宜小于 0.1m²，宽度不宜小于 20cm，厚度不小于 5cm，垫板布设必须平稳，不得悬空，以确保底板均匀受力。

2）立杆

碗扣式钢管脚手架立柱横距为 1.2m，纵距根据脚手架荷载可为 1.2m、1.5m、1.8m、2.4m，步距为 1.8m、2.4m。搭设时立杆的接长缝应错开，第一层立杆应用长 1.8m 和 3.0m 的立杆错开布置，往上均用 3.0m 长杆，至顶层再用 1.8m 和 3.0m 两种长度找平。高 30m 以下脚手架垂直度应在 1/200 以内，高 30m 以上脚手架垂直度应控制在 1/400～1/600，总高垂直度偏差应不大于 100mm。

3）碗扣接头是该脚手架系统的核心部件，它由上碗扣、下碗扣、横杆接头和上碗扣的限位销等组成。

上碗扣、上碗扣和限位销按 60cm 间距设置在钢管立杆之上，其中下碗扣和限位销则直接焊在立杆上。组装时，将上碗扣的缺口对准限位销后，把横杆接头插入下碗扣内，压紧和旋转上碗扣，利用限位销固定上碗扣。碗扣接头可同时连接 4 根横杆，可以互相垂直或偏转一定角度。碗扣接头示意见图 9.6.4-1。

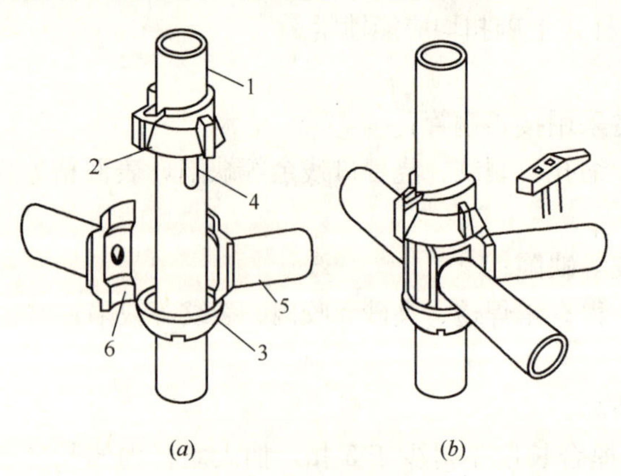

图 9.6.4-1　碗扣接头

（*a*）连接前；（*b*）连接后

1—立杆；2—上碗扣；3—下碗扣；4—限位销；5—横杆；6—横杆接头

4）脚手板

脚手板设置在 3 根横向水平杆上，并在两端 8cm 处用直径 1.2mm 的镀锌钢丝箍绕 2～3 圈固定。

当脚手板长度小于 2m 时，可采用 2 根横向水平杆支承，但应将脚手板两端与其可靠固定，严防倾翻。

在作业层下部架设一道安全平网。在操作层四周应设置防护栏杆。

脚手板应平铺、满铺、铺稳，接缝中设 2 根小横杆，各杆距接缝的距离均不大于 15cm。避免出现探头及空挡现象。

5）连墙件

脚手架两端必须采用箍柱式拉杆与框架柱拉结牢固。拉杆采用刚性连接，并沿架高方向每 3.6m 设置一道，且上下设置不少于 2 道。底部第一根横杆就开始布置连墙杆，靠近框架柱的横杆可直接作连墙杆用。

6）防护设施

脚手架外围底部要满挂密目安全网，以防止人员随便进入。密目网采用 1.8m×6.0m 的规格，用缆风绳绑扎在模杆外立杆里侧。作业层外围设两道防护栏杆，高度分别为 0.6m 和 1.2m，栏杆根部设挡脚板，高度不小于 18cm。作业层下步架处设一道水平网。在架内高度 3.0m 处设首层平网，往上每隔 5 步设隔层平网，施工层应设随层网。

7）接头搭设

接头是立杆同横杆、斜杆的连接装置，应确保接头锁紧。搭设时，先将上碗扣搁置在限位销上，将横杆、斜杆等接头插入下碗扣，使接头弧面与立杆密贴，待全部接头插入后，将上碗扣套下，并用榔头顺时针沿切线敲击上碗扣凸头，直至上碗扣被限位销卡紧不再转动为止。

如发现上碗扣扣不紧，或限位销不能进入上碗扣螺旋面，应检查立杆与横杆是否垂直，相邻的两个碗扣是否在同一水平面上（即横杆水平度是否符合要求）；下碗扣与立杆的同轴度是否符合要求；下碗扣的水平面同立杆轴线的垂直度是否符合要求；横杆接头与横杆是否变形；横杆接头的弧面中心线同横杆轴线是否垂直；下碗扣内有无砂浆等杂物充填等；如是装配原因，则因调整后锁紧；如是杆件本身原因，则应拆除，并送去整修。

8）脚手架搭设以3～4人为一小组为宜，其中1～2人递料，另外两人共同配合搭设，每人负责一端。搭设时，要求至多2层向同一方向，或中间向两边推进，不得从两边向中间合拢搭设，否则中间杆件会因两俱架子刚度太大而难以安装。

9）搭设注意事项

所有构件都应按设计及脚手架有关规定设置。

在搭设过程中，应注意调整整架的垂直度，一般通过调整连墙撑的长度来实现，要求整架垂直度小于1/500L，但最大允许偏差为100mm。

连墙撑应随着脚手架的搭设而随时在设计位置设置，并尽量与脚手架和建筑物外表面垂直。

在搭设、拆除或改变作业程序时，禁止人员进入危险区域。

脚手架应随建筑物升高而随时设置，一般不应超出建筑物2步架。

单排横杆插入墙体后，应将夹板用榔头击紧，不得浮放。

10）检验、验收和使用管理

(1) 碗扣式脚手架构件主要是焊接而成，故检验的关键是焊接质量，要求焊缝饱满，没有咬肉、夹碴、裂纹等缺陷。

(2) 钢管应无裂缝、凹陷、锈蚀。

(3) 立杆最大弯曲变形矢高不超过$L/500$，横杆斜杆变形矢高不超过$L/250$。

(4) 调构件，螺纹部分完好，无滑丝现象，无严重锈蚀，焊缝无脱开现象。

(5) 脚手板、斜脚手板及梯子等构件，挂钩及面板应无裂纹，无明显变形，焊接牢固。

(6) 在下列阶段应对脚手架进行检查：

①每搭设10m高度。

② 达到设计高度。

③ 遇有6级及以上大风和大雨、大雪之后；冻结地区解冻后。

④ 停工超过一个月恢复使用前。

⑤ 作业层上施加荷载前。

(7) 检验主要内容：

① 基础是否有不均匀沉陷；

② 立杆垫座与基础面是否接触良好，有无松动或脱离情况；

③ 检验全部节点的上碗扣是否锁紧；

连墙撑、斜杆及安全网等构件的设置是否达到了设计要求；

④ 荷载是否超过规定。

(8) 主要技术要求：

① 地基基础表面要坚实平整，垫板放置牢靠，排水通畅。

② 不允许立杆有浮地松动现象。

③ 整架垂直度应小于 $L/500$，但最大不超过 100mm。

④ 对于直线布置的脚手架，其纵向直线度应小于 $L/200$。

⑤ 横杆的水平度，即横杆两端的高度偏差应小于 $L/400$。

⑥ 所有碗扣接头必须锁紧。

11) 使用管理

脚手架的施工和使用应设专人负责，并设安全监督检查人员，确保脚手架的搭设和使用符合设计和有关规定要求。

在使用过程中，应定期对脚手架进行检查，严禁乱堆乱放，应及时清理各层堆积的杂物。

9.6.5　脚手架的拆除

碗扣式钢管脚手架拆除的安全技术要求：

1. 当脚手架使用完成后，制订拆除方案。拆除前应对脚手架作一次全面检查，清除所有多余物件，并设立拆除区，禁止无关人员进入。

2. 拆除顺序自上而下逐层拆除，不容许上、下两层同时拆除。

3. 连墙撑只能在拆到该层时才许拆除，严禁在拆架前先拆连墙撑。

4. 拆除的构件应用吊具吊下，或人工递下，严禁抛掷。

5. 拆除的构件应及时分类堆放，以便运输、保管。

9.6.6　劳动力及材料、机具配备

1. 劳动力配备计划表（见表 9.6.6-1）

劳动力配备计划表　　**表 9.6.6-1**

工　种	人　数	任　务
架子工	20	负责架子搭设及拆除
测量放线工	2	负责脚手架垂直度控制

2. 材料配备计划表（见表 9.6.6-2）

材料配备计划表　　**表 9.6.6-2**

名　称	数　量	规　格
立杆	26000m（暂定）	
横杆	35000（m）	
脚手板	3500m^3	厚 5cm、宽 25cm
密目安全网	450m^2	1.8m×6.0m
水平安全网	2000m^2	
镀锌钢丝	4500m	直径 1.2mm

9.6.7 质量保证措施

1. 脚手架的材质在保证可焊性的条件下，应符合现行国家标准《碳素结构钢》GB/T 700 中 Q235A 级钢规定，且新进材料应附上产品出厂合格证以备查。

2. 严禁使用有硬伤（硬弯、砸扁等）及严重锈蚀的钢管脚手架。

3. 脚手架的搭设场地应进行清理，保证表面干净平整。

4. 立杆的位置，要求先在验收合格后的基础上弹出立杆的位置线，保证垫板、底座安放位置准确。

5. 扫地杆、水平杆、斜撑必须随脚手架搭设同步进行。

6. 严格按设计及规范要求拆除模板。

7. 脚手架安装施工完成后，组织安排脚手架自检。保证每一底座完全传力到位。

9.6.8 文明施工要求

根据脚手架工的特殊性，结合职业安全卫生的惯标精神，要求施工时做到如下：

1. 进入施工现场的人员戴好安全帽，高空作业系好安全带，穿好防滑鞋等，现场严禁吸烟。

2. 进入施工现场的人员应保护场内的各种绿化设施和标示牌，不得践踏草坪、损坏花草树木、随意拆除和移动标示牌。

3. 严禁酗酒人员上架作业，施工操作时要求精力集中、禁止开玩笑和打闹。

4. 脚手架搭设人员必须是经考试合格的专业架子工，上岗人员定期体检，体检合格者方可发上岗证，凡患有高血压、贫血病、心脏病及其他不适于高空作业者，一律不得上脚手架操作。

5. 上架子作业人员上下均应走人行梯道，不准攀爬架子。

6. 护身栏、脚手板、挡脚板、密目安全网等影响作业班组支模时，如需拆改时，应由架子工完成，任何人不得任意拆改。

7. 脚手架验收合格后任何人不得擅自拆改，如需做局部拆改时，须经技术部同意后在架子工操作。

8. 不准利用脚手架吊运重物；作业人员不准攀登架子上下作业面；不准推车在架子上跑动；塔吊起吊物体时不能碰撞和拖动脚手架。

9. 在架子上的作业人员不得随意拆动脚手架的所有拉结点和脚手板，以及扣件绑扎扣等所有架子部件。

10. 拆除架子而使用电焊气割时，派专职人员做好防火工作，配备料斗，防止火星和切割物溅落。

11. 脚手架使用时间较长，因此在使用过程中需要进行检查，发现杆件变形严重、防护不全、拉接松动问题要及时解决。

12. 在保证脚手架体的整体性，不得与井架、升降机一并拉结，不得截断架体。

13. 施工人员严禁凌空投掷杆件、物料、扣件及其他物品，材料、工具用滑轮和绳索运输，不得乱扔。

14. 使用的工具要放在工具袋内，防止掉落伤人；登高要空防滑鞋，袖口及裤口要扎紧。

15. 脚手架堆放场做到整洁、摆放合理、专人保管，并建立严格领退料手续。

16. 施工人员做到活完料净脚下清，确保脚手架施工材料不浪费。

17. 运至地面的材料应按指定地点随拆随运，分类堆放，当天拆当天清，拆下的配件和钢丝要集中回收处理。应随时整理、检查，按品种、分规格堆放整齐，妥善保管。

18. 6级以上大风、大雪、大雾、大雨天气停止脚手架作业。在冬期、雨期要经常检查脚手板、斜道板、跳板上有无积雪、积水等物。若有则应随时清扫，并要采取防滑措施。

本章参考文献

［1］ 江正荣，朱国梁. 简明施工计算手册(第三版)［M］. 北京：中国建筑工业出版社，2005.

［2］《建筑施工手册》编写委员会. 建筑施工手册(第四版)［M］. 北京：中国建筑工业出版社，2003.

第10章　碗扣式钢管脚手架在施工现场常见问题及处理方法

碗扣式钢管脚手架有其优点，但由于其杆件的特点和受施工条件的限制，实际施工中也有很多缺点。诸如：①计算模型和理论还不够完善；②一次建筑施工成本较高；③横杆为定型杆，碗扣节点间距按0.6m模数设置，使构架尺寸受到限制；④支架杆件多，安装差异大等。正是基于这些缺点，在施工现场从方案编制、荷载计算、审核、审批，到脚手架基础、搭设、使用和维护，直至最后拆除的全过程中也就存在着各种问题。

本章重点从碗扣式钢管脚手架在施工现场常见的问题入手，列出一些相应的处理方法和技巧，仅供各位同仁参考。

10.1　碗扣式钢管脚手架施工方案中常见的问题分析及处理方法

施工方案是我们根据有关的施工现场情况、荷载资料、相关的规范规程和施工经验编制的、在施工过程中作为指导性的文件。碗扣式钢管脚手架是施工现场相对比较危险的一项工程，根据中华人民共和国住房和城乡建设部关于《关于印发“危险性较大的分部分项工程安全管理办法”的通知（建质［2009］87号）》有关规定应在施工前编制相应的专项施工方案。合理可行的专项施工方案会为我们在施工过程中的安全保驾护航，也会为我们节省施工过程中的材料浪费。下面就碗扣式钢管脚手架施工方案中存在的问题和处理方法作一些分析和论述。

10.1.1　方案设计荷载考虑不周全，计算不准确

施工技术人员在编制碗扣式钢管脚手架施工方案时荷载考虑不周全，单纯参考《施工手册》、《建筑施工碗扣式钢管脚手架安全技术规范》JGJ 166—2008或其他参考资料给定的荷载参数进行计算，而没有仔细地去计算工程结构本身究竟有多大荷载、有哪些荷载以及在施工过程中的动荷载考虑不全面等。这就造成了所做的荷载计算数据不准确，为在方案编制中脚手架材料的选择和相关尺寸数据的选择提供了不准确的信息。另外，选择的荷载计算数据过大会造成脚手架材料的浪费，数据太小会使脚手架存在很大的安全隐患，一旦发生事故，造成不良的社会影响和无法估计的经济损失。

为使方案的编制更加科学、数据更加准确，技术人员在编制碗扣式脚手架施工方案时应充分学习《建筑施工碗扣式钢管脚手架安全技术规范》JGJ 166—2008，并结合工程自身的特点（工业与民用建筑、市政设施、公路、铁路、桥梁等）、结合工程的结构形式（框架、剪力墙、箱形基础、桥梁或者高耸的结构形式等）选择合理的计算方法（采用现行国家行业标准要求的以概率理论为基础的极限状态设计法）和数据、安全系数、各种调整系数等，为碗扣式脚手架计算出合理的搭设间距、步距、高度等，从而满足方案的经济

合理性、可行性、安全性等。

施工方案荷载计算时应考虑体系受力最不利处作为选择计算的结构单元，同时其最大荷载应作为计算荷载，这样才能使脚手架方案更合理，更准确。

计算脚手架构件受力情况时应根据现场材料的具体情况作为计算的依据：规范规定脚手架用 ϕ48mm 钢管，壁厚为 $3.5^{+0.25}$mm，而市场上钢管的壁厚多为 3.0mm，远低于 3.5mm 的标准厚度，故在荷载计算选择杆件时应充分考虑现场及脚手架市场材质情况。

方案编制和结构设计计算时应当考虑结构达到静定条件的计算。脚手架的结构设计应保证整体结构形成几何不变体系，以“结构计算简图”为依据进行结构计算。脚手架立、横、斜杆组成的节点视为“铰接”。因此斜杆的考虑是完全必要的。下面是几种构成结构几何不变体系的条件：

1. 脚手架立、横杆构成网格体系几何不变条件应保证（满足）网格的每层有一根斜杆。

2. 模板支撑架（满堂架）几何不变条件应保证（是）沿立杆轴线（包括平面 x、y 两个方向）的每行每列网格结构竖向每层有一根斜杆，也可采用侧面增加链杆与结构柱、墙相连或采用格构柱法。

3. 双排脚手架沿纵轴 x 方向形成两片网格结构的几何不变条件可采用每层设一根斜杆，在 y 轴方向应与连墙件支撑作用共同分析：

1）当两立杆间无斜杆时，立杆的计算长度 L_0 等于连墙件间垂直距离；

2）当两立杆间增设斜杆则其立杆计算长度 L_0 等于立杆节点间的距离；

3）无连墙件立杆应在拉墙件标高处增设水平斜杆，使内外大横杆间形成水平桁架。

脚手架方案在计算时应充分考虑各种情况，使计算更准确、合理。

10.1.2　方案对重点部位失去控制作用

方案中对碗扣式脚手架细部位置搭设考虑不全面，脱离工程和施工实际情况，失去对施工重点部位的控制作用。

这些情况如：门洞口设置对脚手架的影响、四口防护及支设问题、安全通道的设置、卸料平台、防雷问题、电梯井、物料提升机或外用电梯、塔吊等的位置、不同结构尺寸、厚度等构件的支模体系、脚手架窄边高宽比过大问题、抗力降低因素随架高增加形成的不利积累、脚手架搭设的环境是否有诸如基坑、高低压线路、配电箱及基础错台等不利因素，碗扣式钢管脚手架搭设方案中缺乏对斜向支撑体系的设置要求等。

随着网络技术的不断应用，不论是施工组织设计或是各种专项施工方案，更多的编制者在套用成型的施工组织设计或施工方案时不加考虑，直接修改名称后即成。碗扣式脚手架专项施工方案也不例外，存在着套用其他工程脚手架方案的情况，这就造成在套用别人的施工方案的同时也就套用了别人思路的现象。受其影响，很容易使所编制的施工方案内容不全面、不具体，或者在方案中无中生有，没有针对性，缺少相关的内容。比如有些方案中缺少四口防护支设的问题；有些方案缺少对电梯井内的脚手架荷载及搭设方式的考虑；结构跨度变化了，结构厚度变化了，而脚手架搭设的荷载和杆件间距没有调整；脚手架搭设的位置是在地面上还是楼面上，是临边还是中间，是梁柱周边还是墙体周边；是露天还是室内等。

如果方案中对脚手架的搭设考虑不全面的话，那么我们在操作时就会有所疏漏，对我们的安全防范就会产生漏洞。从而使我们的脚手架可能产生缺陷，导致坍塌或失稳等。这就要求我们在编制碗扣式脚手架方案时认真学习图纸，和项目经理及主管工长多沟通，参考《施工手册》、《建筑施工碗扣式钢管脚手架安全技术规范》JGJ 166—2008 和有关技术标准规程有针对性的编写。对于工程本身根本用不到的工艺和数据决不能出现，对于工程需要的工艺、数据也决不能少，而且还要准确。在编制碗扣式钢管脚手架搭设施工方案时，除了要有科学的施工工艺和准确的数据外，还应全面考虑脚手架的细部构造，把每一个细部做法明确。具体需要明确的细部做法，如：①门洞口设置对脚手架的影响如何避开；②如何进行四口防护及支设问题；③设置安全合理的安全通道；④卸料平台的搭设和使用；⑤如何对脚手架进行防雷问题；⑥电梯井脚手架如何搭设；⑦物料提升机或外用电梯、塔吊等位置的脚手架怎么搭设；⑧不同结构尺寸、厚度等构件的支模体系脚手架怎么处理；⑨脚手架搭设的环境是否有诸如基坑、高低压线路、配电箱及基础错台等不利因素及如何处理；⑩基础地面标高不一致及建筑物外形变化时，脚手架如何搭设；⑪架体窄边高宽比过大，如何避免或采取处理措施；⑫抗力降低因素随架高增加形成的不利积累，如何在方案中体现和采取处理措施；⑬方案中是否考虑到了脚手架搭设好后对支架进行预压和相应的标高预留值等。

在编制方案时，一定要结合工程实际情况充分考虑脚手架细部的节点构造，可以说细部构造的处理好坏直接影响脚手架搭设的安全性和可操作性，要使方案有针对性的指导碗扣式钢管脚手架施工。

10.1.3 方案内容不全面、存在原则性错误和违规

方案内容不全面、存在原则性错误和违规问题主要表现为以下几个方面：①违反规范强制性标准和规定的突出问题；②存在引发支架坍塌事故的不当设计和错误的施工做法；③设计计算中存在影响安全的重要疏漏和缺陷；④对缺少可靠依据的关键事项未做试验和论证，草率决定；⑤没有全面明确提出技术安全限控要求，使得施工未能进行相应的控制；⑥对改变调整方案措施的处置不当，招致新的问题出现；⑦缺少相关的技术工艺要求或者质量、安全要求及应急措施；⑧对脚手架周边环境的调查不清，是否存在高低压线路及如何防护的问题等。

作为项目总工要从提高自身的业务水平和工作能力方面全方位考虑问题。在编制碗扣式钢管脚手架施工方案时，一定要从规范强制性标准和相关规定入手，以更多的脚手架坍塌事故的不当设计和错误施工做法案例为借鉴，对没有可靠依据的关键事项要经过试验、论证后给出结论。荷载和设计计算时全面考虑存在影响安全的因素，明确提出相应可靠的安全限控要求。编制碗扣式钢管脚手架搭设专项施工方案时，应从工程概况、施工准备和施工部署、材料要求、工艺要求、技术措施、质量要求、安全要求、应急响应措施、环保要求等全面考虑，使施工方案内容全面而充实。

10.1.4 碗扣式钢管脚手架施工方案未经审批直接使用

脚手架方案不经审批就应用于工程施工中，会存在很多安全经济等方面的不确定性，

比如是否安全可靠、是否存在材料浪费、是否考虑周全等。同样方案的审批过程不只是专家和领导提出问题和把关的过程，对于编制方案和实施方案的人员来说更是一个学习和提高的过程，是我们集思广益、不断改进的过程。审批过程中对领导提出的问题诸如方案格式、语言文字的应用、计算数据和结果的准确性、内容是否全面、材料的选择、技术方法的应用、安全隐患的处理、应急措施、环保措施等应一一审核并认真修改使方案更合理、更科学。碗扣式钢管脚手架施工方案不论作为技术方案，还是作为安全方案，它都属于专项施工方案的范畴，这就要求我们严格按照专项施工方案的要求进行审批报验方可实施。

10.1.5　大型脚手架方案未经专家论证

依据中华人民共和国住房和城乡建设部《关于印发“危险性较大的分部分项工程安全管理办法”的通知（建质【2009】87 号）》，施工单位应当在危险性较大的分部分项工程施工前编制专项施工方案，对于超过一定规模的危险性较大的分部分项工程，施工单位应当组织专家对专项方案进行论证。以下是与碗扣式脚手架有关的超过一定规模的危险性较大的分部分项工程施工方案需要进行专家论证：①工具式模板工程如滑模、爬模、飞模；②混凝土构件模板支撑工程，包括：搭设高度 8m 及以上；搭设跨度 18m 及以上；施工总荷载 15kN/m^2 及以上；集中线荷载 20kN/m 及以上；③用于钢结构安装等满堂支撑体系，承受单点集中荷载 700kg 以上的承重支撑体系；④搭设高度 50m 及以上落地式钢管脚手架工程；⑤提升高度 150m 及以上附着式整体和分片提升脚手架工程；⑥架体高度 20m 及以上悬挑式脚手架工程。

碗扣式钢管脚手架在工业与民用建筑工程中多用于较大型的建筑结构模板支撑系统中，更多的应用是在公路和铁路桥梁模板支撑时使用，因此碗扣式钢管脚手架多属于危险性较大脚手架。作为达到一定规模的危险性较大脚手架施工方案如果没有经专家论证，没有从更深层次的角度，更加全面发现方案中存在的问题，会给施工过程中带来很多问题。比如：①专项方案内容是否完整、可行；②专项方案计算书和验算依据是否符合有关标准规范；③安全施工的基本条件是否满足现场的实际情况。所以碗扣式脚手架应严格按照中华人民共和国住房和城乡建设部《关于印发“危险性较大的分部分项工程安全管理办法”的通知（建质【2009】87 号）》的要求进行专家论证。通过专家论证，多方把关，使方案更加严密、科学、合理。

10.1.6　施工方案修改后未经再审批或论证

施工方案如因设计、结构、外部环境等因素发生变化确需修改的，而脚手架方案未作变更并且未经再次审批或论证，使得原有脚手架搭设施工方案对脚手架搭设操作和使用失去了指导性和约束性，对脚手架搭设的安全性无法从方案中找出可靠的依据。

因此当设计、结构、环境条件发生变化时，或者脚手架搭设工艺改变，或者搭设材料变化，我们都应对原有施工方案进行相应的审核、按照改变后的体系进行重新计算构件受力和尺寸等，并对施工方案进行改写。经改编后的施工方案应按照审核、审批、论证的程序再次进行报批备案。

根据中华人民共和国住房和城乡建设部《危险性较大的分部分项工程安全管理办法》（建质【2009】87 号）文件内容和要求，绘出如图 10.1.6 所示的危险性较大分部分项工程管理程序图。

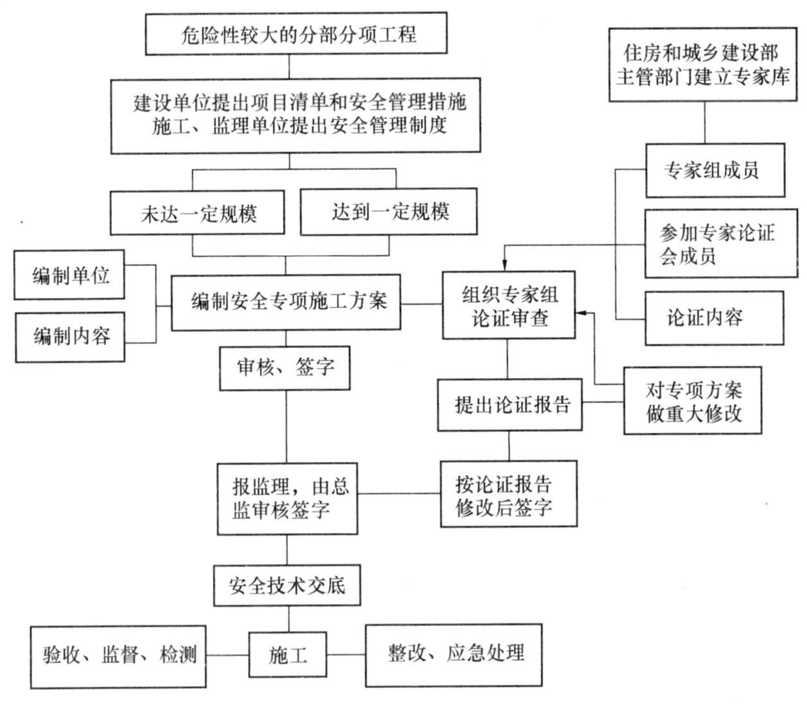

图 10.1.6 危险性较大分部分项工程管理程序图

10.2 碗扣式钢管脚手架技术交底中存在的问题分析及处理方法

有了合理可行的施工方案，就有了施工管理的依据，但是还不能直接用于指导施工生产。在实际操作时，还应根据具体的部位编制相应的有针对性的文字技术交底，使之成为工人能够理解的操作工艺、方法。在技术交底中存在的有关问题及处理方法技巧如下。

10.2.1 交底未按照相关规范、工艺标准和已经经过审批的方案要求进行

在施工中常常存在安全交底或者安全技术交底参照有关的资料软件直接套用的现象。软件中现成的交底和我们编制的施工方案内容不符，不能指导施工，也没有可靠的依据。造成了施工的盲目，给施工带来更多的麻烦。因此编制施工技术交底要做到依据经过审批后的施工方案和图纸，多查阅《施工手册》、施工现场相关的规范、施工工艺标准、材料设备的使用说明等资料。对于没有国家统一规范标准的新材料、新工艺看是否有相应的行业标准或企业标准，经有关权威部门认可的文档资料等，不可盲目的套用资料软件中的交底资料。

10.2.2 交底不全面，没有针对性

交底不全面主要表现在交底内容缺少相应的机具准备要求、材料要求、工艺措施及要求、安全措施及要求、质量控制措施及要求、环保要求等。资料软件给出的交底内容都是普遍适用的，没有针对工程任务进行编制，当然也就没有了针对性。在实际操作时我们除

了要做好方案外，还应由专业人员根据不同施工部位、施工内容等进行相应的交底，把需要交底的东西进行分解就会使人更加清楚明白。比如：把电梯井的脚手架搭设交底以图文的形式表述出来，把临边和洞口防护的交底用不同的图面和文字描述出来，再把支模脚手架的交底根据梁柱和墙体分别描述出来，在不同作业时，分别给相应的操作者进行交底。这样把资料软件中没有的东西发掘出来，图文并茂的描述清楚要操作的内容，使工人理解我们的交底，并按照交底内容实施。

作为脚手架搭设的安全技术交底不应只对操作方法和操作过程进行交底，对一些规范性的东西不能简单说明参照某某规范要求，还应将对脚手架搭设的质量要求进行详细的交底，比如对脚手架的间距、排距、步距、立杆垂直度偏差、水平杆的搭接要求、剪刀撑的扣件搭设要求，杆件端部外伸长度要求等均应明确。

10.2.3　交底文字繁杂，细部构造不详细

交底文字繁杂，细部构造不详细，不能具体下达到每一个现场操作人手里。

施工现场交底工作做得不少，有时交底只是为了完善资料要求，文字很繁杂，但不实用。或者交底到了班组长一级，不再继续向下进行。班组长认为交底没有实质性的内容，没有仔细阅读交底的内容，从而不再给工人进行交底。交底应该讲究方法，文字交底应该有可操作性和通俗易懂的特点，应采用能让工人理解和明白的语言来进行交底。口头交底可采用夜校、班组班前活动讲话的形式进行。交底应有记录并坚决落实交底签字手续。碗扣式钢管脚手架交底应将脚手架搭设前的人员、机具数量和要求，搭设过程中的搭设方法和技术要求，脚手架的搭设质量要求，安全要求、细部构造等以文字和图形的方式描述清楚，用以指导施工。

10.3　施工现场脚手架材料存在的问题及处理方法

10.3.1　材料自身的问题

随着建筑市场的改革和日益发展，一些人为了获得更大的利益，从而生产出了各种低于国家标准的材料。碗扣式脚手架材料也不例外，出现了劣质、减料的杆件和连接件等。如：管壁和扣件厚度、强度不足，顶托和底托钢板太薄（顶托钢板厚度不应小于 5mm，底托钢板厚度不应小于 6mm），丝杠过细（直径小于 36mm），脚手板厚度不足，安全网的强度不足等。很多关于脚手架的安全问题，不只是方案编制或搭设、维护的问题，也是材料自身不合格问题产生的。比如：在方案中计算脚手架钢管的壁厚一般为 3.5mm，但实际低于 3.5mm 甚至为 3.0mm，而我们在计算时却没有考虑这些偏差，这就使我们的计算结果和实际产生了很大的偏差，这些偏低的钢管拧紧力矩为 30N·m，比标准管件的拧紧力矩 50N·m 低 20N·m，承载力降低值约 40%；不同厂家生产的扣件壁厚不一致，其承载能力也就不会一样，我们往往按照经验搭设脚手架，对扣件的紧固力要求一致的基础上忽略了扣件壁厚对脚手架的影响。

还有就是碗扣式脚手架构件主要是焊接而成，焊接质量问题诸如焊缝不饱满，存在咬肉、夹渣、裂纹等缺陷，也易导致脚手架杆件因为构件焊接不牢固而松动，从而失稳造成

脚手架整体坍塌等问题。

处理这些关于碗扣式钢管脚手架材料的问题时，我们一般应从材料租赁或材料供应渠道考虑。在脚手架材料进场时，除索取材料的合格证明资料外，检查材料的外观并按照方案和规范要求的壁厚用卡尺进行相应的测量，严格控制材料的质量。如果材料质量不能控制，那么我们就要根据材料的实际情况进一步对脚手架搭设结构体系进行重新验算，以确定材料是否能满足要求，并形成正式的文件。如果经验算该材料能满足要求，方可使用，否则，我们应坚决禁止使用该架体材料，并清除出场，做好清除出场纪录。

碗扣式钢管脚手架材料质量应符合下列规定，以供我们在检查验收时参考：

1. 碗扣式脚手架用钢管应采用符合现行国家标准《直缝电焊钢管》GB/T 13793—92或《低压流体输送用焊接钢管》GB/T 3092 中的 Q235A 级普通钢管，其材质性能应符合现行国家标准《碳素结构钢》GB/T 700 的规定。

2. 碗扣架用钢管规格为 ϕ48mm×3.5mm，钢管壁厚应满足 $3.5^{+0.25}_{0}$mm。

3. 上碗扣、可调底座及可调托撑螺母应采用可锻铸铁或铸钢制造，其材料机械性能应符合《可锻铸铁件》GB 9440 中 KTH330-08 及《一般工程用铸造碳钢件》中 ZG270—500 的规定。

4. 下碗扣、横杆接头、斜杆接头应采用碳素铸钢制造，其材料机械性能应符合《一般工程用铸造碳钢件》中 ZG230—450 的规定。

5. 采用钢板热冲压整体成形的下碗扣，钢板应符合《碳素结构钢》GB/T 700 标准中 Q235A 级钢的要求，板材厚度不得小于 6mm。并经 600～650℃的时效处理。严禁利用废旧锈蚀钢板改制。

6. 立杆连接外套管与立杆间隙应小于或等于 2mm，外套管长度不得小于 160mm，外伸长度不小于 110mm。

7. 杆件的焊接应在专用工装上进行，各焊接部位应牢固可靠，焊缝高度不小于 3.5mm，其组焊的形位公差应符合表 10.3.1 的要求：

脚手架杆件组焊的形位公差 **表 10.3.1**

序号	项目	允许偏差（mm）
1	杆件管口平面与钢管轴线垂直度	0.5
2	立杆下碗扣间距	±1
3	下碗扣碗口平面与钢管轴线垂直度	≤1
4	接头的接触弧面与横杆轴心垂直度	≤1
5	横杆两接头接触弧面的轴心线平行度	≤1

8. 立杆上的上碗扣应能上下串动和灵活转动，不得有卡滞现象；杆件最上端应有防止上碗扣脱落的措施。

9. 立杆与立杆连接的连接孔处应能插入 ϕ12mm 连接销。

10. 在碗扣节点上同时安装 1～4 个横杆，上碗扣均应能锁紧。

11. 构配件外观质量要求：

1）钢管应无裂纹、凹陷、锈蚀，不得采用接长钢管。

2）铸造件表面应光整，不得有砂眼、缩孔、裂纹、浇冒口残余等缺陷，表面粘砂应清除干净。

3）冲压件不得有毛刺、裂纹、氧化皮等缺陷。

4）焊缝应饱满，焊药清除干净，不得有未焊透、夹砂、咬肉、裂纹等缺陷。

5）构配件防锈漆涂层均匀、牢固。

6）主要构、配件上的生产厂标识应清晰。

12. 可调底座及可调托撑丝杆与螺母捏合长度不得少于 4～5 扣，插入立杆内的长度不得小于 150mm。

10.3.2　脚手架钢管材料受人为因素影响的问题

在施工现场，脚手架钢管经过多次弯曲调直后或有纵向裂缝等仍然重复使用；或者短管焊接接长，表面经过处理后不露裂痕等痕迹；还有就是杆件或连接件磨损严重，但仍用于脚手架搭设。这些材料的质量隐患多数会引起脚手架局部突然失稳而造成整体坍塌。处理这类问题除了从租赁商和材料供应商处着手外，还要靠现场安全管理人员和工人共同检查，对检查出的横向焊接钢管或带裂纹的钢管选出后全部做好标识，退回租赁商或供应商。

10.3.3　脚手架材料的日常管理维护问题

1. 碗扣式钢管脚手架材料在使用前应检查其外观质量和相应的壁厚、强度等，钢管应无裂缝、凹陷、锈蚀。对于弯曲的或有裂缝的杆件应进行相应的修复后进行使用，一般锈蚀的杆件应除锈后重新涂刷防锈漆，对于凹陷或锈蚀严重的管件及其他不能使用的杆件应单独码放在一起并做好标识。

2. 碗扣缺失或碗扣内存有水泥浆等杂物。

对于碗扣缺失的杆件应进行补焊，补焊时应注意焊缝高度、长度及其焊接质量、碗扣位置及与钢管的中心线是否对应。碗扣内存有水泥浆等杂物时应清除干净，以便操作时水平杆件的钢销能方便插入碗扣内。

3. 碗扣脚手架的可调构件，应检查其螺纹部分是否完好，有无滑丝现象，有无严重锈蚀，焊缝是否有脱开现象，顶托和底座钢板是否完好无损等。

对螺纹丝扣不完整的情况，应用丝套试着进行上下旋转，如果不能旋转滑动、滑丝或锈蚀严重时，则选出后码放在不合格品堆放处，标识清楚。对焊缝脱开或顶托受损的情况，应进行相应的焊接修复后使用，焊接修复时注意焊缝等的焊接质量。

4. 对于木质脚手板应在使用前，对其两边和中间进行加固，防止其产生裂纹，并应无明显变形。所有拆卸后的钢制脚手架材料应清除表面的水泥浮浆，进行除锈，然后涂刷防锈漆晾干后统一码放至现场指定地点覆盖。

木质脚手板应在拆卸后清除水泥浮浆，码放整齐备用，对已经损坏的视情况进行加固。

5. 密目网、安全平网等进场均需要有相应的合格证明和检测报告等，并根据各地不同要求，检查其是否有相应的市场准用证等资格。从架体上拆除的密目网和安全平网则应统一回收，没有破损的叠好码垛覆盖存放备用；已经破损的回收后交由有关垃圾处理部门统一销毁处理。

10.4　施工操作过程中存在的问题及处理方法

10.4.1　脚手架基础问题

脚手架基础常见问题有基础地基承载力不足（表现为没有进行地基处理，杂填土地基或软土地基等），地基承载力不均匀，脚手架地基不平整，脚手架地基滑坡，脚手架地基边坡坍塌，脚手架地基没有设置有效的排水坡度和排水沟，脚手架基础没有设置木垫板和钢垫板等。这些问题产生的原因主要是管理的原因，比如：对脚手架地基基础的承载能力和重要性认识不足，为了节省人工节省材料而不对地基进行相应的处理，对脚手架的使用季节性措施考虑不周全，方案或交底对地基的处理没有明确要求等等。其中未设置木垫板和钢垫板也可能是由于工人操作上的认识不清或偷工减料所造成的。

针对以上问题的处理措施和方法如下：

1. 针对地基承载力不足或地基承载力不均匀的情况，应根据基础情况进行相应的补填夯实或换填土夯实处理。如：如果地基土为素土时可采用分层回填夯实平整即可；但如果地基土为杂填土时，应将杂填土挖除后，分层回填夯实平整，直至达到脚手架搭设的基底标高；脚手架基础部位若为散水或房间内地面时，可以一并考虑在搭设脚手架前进行相应的回填处理至满足工程地基承载力要求。

2. 对于地基基础不平整的情况，应对脚手架地基进行平整，低洼处回填平整，然后夯实，至满足脚手架搭设的要求。

3. 为防止脚手架地基滑坡、坍塌等，脚手架地基边缘应有足够的宽度和采取防止滑坡、坍塌的措施，设置挡土墙、做好排水措施（较大型基坑边坡支护支护方案中要考虑脚手架的荷载，并且要有专项方案和相应的专家论证意见）等。

4. 脚手架地基基础应根据季节性要求比自然地面高出 100mm。同时，找 2%的排水坡度，要求里高外低。在距脚手架外缘适当距离以外位置（一般 500mm 位置）设置排水沟，有条件时还可以对脚手架基础和排水沟进行相应的硬化处理。

5. 为了减少脚手架在使用过程中的不均匀沉降，在脚手架站杆的底部应按要求设置宽度不小于 300mm，长度不小于 2 根站杆，厚 50mm 的木垫板，木垫板上站杆下设置 2mm 厚 100mm 见方的钢垫板。满堂脚手架的垫板采用通长木脚手板铺设在地面。

10.4.2　碗扣式钢管脚手架搭设过程中出现的问题及处理方法技巧

碗扣式钢管脚手架搭设前应注意视察一下现场的情况，除了地基基础处理是否到位、建筑物外形情况等因素之外，在脚手架搭设安全距离范围内是否存在架空高低压线路和方案中未考虑到的其他安全隐患。如果存在，则需及时和项目管理人员进行沟通，按照有关安全防护要求及时采取防护措施，必要时应编制补充方案再进行搭设，防止在搭设过程中发生安全事故。

脚手架搭设时，经常出现的问题如表 10.4.2-1 所示。

脚手架搭设时，经常出现的问题　　表 10.4.2-1

序号	脚手架搭设所发生的问题
1	模板、方木薄弱或有明显缺陷
2	直接承载 ϕ48mm 钢管横杆的跨度大于 1.2m
3	立杆伸出长度 $a>0.5\mu_h$ 或 550mm，顶部立杆自由长度太大
4	步距过大，或设计横杆漏装
5	未按要求拉通双向横杆
6	未设置扫地杆，或扫地杆设置太高
7	使用了劣质、减料、变形、有损伤的杆件和连接件
8	构架节点和杆件连接不合格或紧固力不够
9	立杆接头处于步距中部，或者未错开布置
10	未按规定设置竖向和横向剪刀撑（斜撑杆），连接不符合要求
11	立杆同横杆斜杆的连接不正确，造成横杆端部销扣与碗扣无法套下锁紧
12	安装时上下碗扣扣不紧，或限位销不能进入上碗扣螺旋面
13	采用不安全的搭设程序
14	脚手架拉结点设置随意或数量不足，拐角处缺少拉结，拉结方式不正确
15	脚手架的固定位置不牢固
16	脚手架搭设不到位，标高不准确，施工没有足够的工作面等
17	脚手架高低跨处理不合理
18	混用互不配套的不同架体材料
19	架体及立杆垂直度、平直度偏差过大
20	梁下与板下支架或混合支架各部位架体的立杆间距和步距不配套，横杆不能按设计要求拉通，使构架的整体刚度降低
21	支模脚手架和外围护脚手架共用
22	当架体高度超过 24m 时，最先发生平面外变形的是无连墙件立杆的部位
23	可调底座与调节螺母配件啮合长度不够（不得少于 6 扣），插入立管内的长度不够（不得小于 150mm）
24	脚手架未按规定设置架体顶部加强层和扫地杆加强层
25	未设置专门承传水平泵送管道及其他水平、斜向力的构造
26	搭设过程中的其他有关问题

表中所示的问题一般都不是施工方案或技术交底中能反应的问题，多数属于现场监督不到位或工人操作的问题，或者存在工人凭经验搭设脚手架的问题。比如：木方有明显的缺陷，设计横杆漏装，连接点设置不足，连接方式不正确，扫地杆设置太高，节点紧固力不够，搭设程序不安全、固定位置不牢固，搭设不到位等等。就是这些看似很小的问题，也会造成无法估量的事故和损失。因为不论任何一个小问题都可能会引起脚手架局部突然失稳，进而引起脚手架的整体失稳，酿成事故。

针对上表中的出现的问题，具体处理措施如下：

1. 模板、木方薄弱或有明显缺陷。对此我们除了对材料进场进行质量控制外，在现场使用时还应进一步认真挑选。对于有明显缺陷的物料应去除缺陷，量材而用。

2. 直接承载 ϕ48mm 钢管横杆的跨度大于 1.2m。对于承载跨度大于 1.2m 的横向钢管，应调整脚手架的站杆排距或间距，使之满足安全要求。

3. 当立杆伸出长度 $a>0.5\mu_h$ 或 550mm，顶部立杆自由长度太大时，适当在顶部纵横方向增加连接杆件，给顶部立杆的顶端增加约束，使之与架体其他部位形成整体。

4. 步距过大，或设计横杆漏装。脚手架从起步时应该做一个定距尺，按照定距尺的长度要求工人搭设脚手架。对于已经搭设完成的脚手架，局部步距过大或者横杆漏装时，可以在验收使用前进行调整或增加横杆。

5. 未按要求拉通双向横杆。这种情况多见于满堂脚手架搭设时，工人单凭经验搭设，对横杆的作用认识不清，认为不直接承受重力荷载，不是重要杆件。所以，搭设满堂脚手架时，经常出现横杆数量明显少于方案和技术交底要求的数量。正是这种侥幸心理作怪，才发生了一起又一起的整体脚手架坍塌的安全事故。对此除了做好施工方案和技术交底外，在搭设脚手架时一定要给工人讲明白，脚手架每一杆件的重要作用，再在相关人员的监督下严格按照方案和交底进行搭设脚手架。对于已经搭设完成的脚手架，在增加荷载前，进行必要的补救，并经安全技术人员认可后方可使用和增加荷载。

6. 未设置扫地杆，或扫地杆设置太高；不设扫地杆或扫地杆设置太高，会使脚手架立杆底部的自由端过长，从而影响脚手架的整体稳定性，很容易就造成脚手架失稳坍塌事故的。因此不论外脚手架还是室内满堂脚手架或者路桥用脚手架均应设置纵横双向扫地杆。扫地杆设置太高时，底部应再加一步扫地杆。

7. 使用了劣质、减料、变形、有损伤的杆件和连接件。对于这种情况，如果能替换的，在安全管理人员的监督下，应全部换掉。不能替换时，可对脚手架搭设方案按照实际情况进行结构受力验算，适当进行调整。对脚手架结构验算和调整后，搭设的脚手架仍不满足要求，则将脚手架整体拆除从新搭设。

8. 构架节点和杆件连接不合格或紧固力不够。构架搭设完成后须经过有关人员验收合格后方可施加荷载或进行其他工序。如果验收时发现个别节点或杆件连接不合格、紧固力不够，则应立即要求脚手架搭设人员进行整改，拧紧螺栓。

9. 立杆接头处于步距中部，或者未错开布置。这种情况多见于外脚手架个别区域。因此在搭设前应选择好站杆的长度和位置的搭配。搭设时，底部立杆采用 3.0m 和 1.8m 两种不同长度的立杆相互交错、参差布置，中间各层均采用 3.0m 长立杆接长，顶部再采用 1.8m 立杆找齐，以避免立杆接头位置处于同一水平面上。在装立杆起步时，应及时设置扫地杆，将所装立杆连成一整体，以保证立杆的整体稳定性。立杆的接长是靠焊于立杆端部的连接套管承插而成，插好立杆后，使上部立杆底端连接孔同下部立杆顶端连接孔对齐，插入立杆连接销并锁定。如果碗扣式钢管脚手架已经搭设完成，对个别立杆接头位置不对的情况，应视情况能更换更换，不能更换时，可增加站杆在接头位置处的端部约束，即在接头处增加短横杆约束。

10. 未按规定设置竖向和横向剪刀撑（斜撑杆），连接不符合要求。

脚手架的竖向和横向剪刀撑应在编制方案时考虑位置、间距、数量及设置方式。交底时明确剪刀撑的搭设方式和要求。对于未按规定设置剪刀撑或连接不符合要求的，应及时补设或增加剪刀撑，以增加脚手架的整体稳定性。斜杆有节点斜杆和非节点斜杆，斜杆可使脚手架的稳定强度提高 2 倍以上，是非常重要的杆件。一般节点斜杆比非节点斜杆的抗侧能力高，但两者的应用范围截然不同，节点斜杆只能用于边跨，而非节点斜杆可用于任何位置。斜撑杆对于加强脚手架支撑的整体刚度和承载力的关系很大，应按要求设置，不应随意拆去，因工作需要暂时拆除时，应通过项目管理人员的同意，并控制根数及时装上。脚手架底部的斜撑杆在施工期不允许拆除。具体碗扣式钢管脚手架的斜撑杆（剪刀撑）设置应符合下列规定：

1）碗扣式钢管脚手架专用斜杆设置应符合下列规定：

一般情况下根据荷载情况，高度在 30m 以下的脚手架，设置斜撑的面积为整架立面面积的 1/2～1/5；高度超过 30m 的高层脚手架，设置斜撑的框架面积要不小于整架面积的 1/2。

（1）斜杆应设置在有纵向及廊道横杆的碗扣节点上；

（2）脚手架拐角处及端部必须设置竖向通高斜杆，中间应均匀间隔布置；

（3）脚手架高度≤24m 时，每隔 5 跨设置一组竖向通高斜杆；脚手架高度大于 24m 时，每隔 3 跨设置一组竖向通高斜杆；斜杆必须对称设置；

（4）斜杆临时拆除时，应调整斜杆位置，并严格控制同时拆除的根数；

（5）模板支撑架高度超过 4m 时，应在四周拐角处设置专用斜杆或四面设置八字斜杆，并在每排每列设置一组通高十字撑或专用斜杆；

（6）对于 30m 以上的高层脚手架，应每隔 3～5 步架设一层连续的闭合的纵向水平剪刀撑。

2）碗扣式钢管脚手架当采用钢管扣件做斜杆时应符合下列规定：

（1）斜杆应每步与立杆扣接，扣接点距碗扣节点的距离宜 ≤150mm；当出现不能与立杆扣接的情况时亦可采取与横杆扣接，扣接点应牢固；

（2）斜杆宜设置成八字形，斜杆水平倾角宜在 45°～60° 之间，纵向斜杆间距可间隔 1～2 跨；

（3）脚手架高度超过 20m 时，斜杆应在内外排对称设置。

11. 立杆同横杆斜杆的连接不正确，造成横杆端部销扣与碗扣无法套下锁紧。处理方法：组装时先将上碗扣搁置在限位销上，再将横杆、斜横杆等端部接头插入下碗扣，使接头弧面与立杆紧密相贴，待全部接头插入后，将上碗扣套下，并用锤头等顺时针沿切线敲击上碗扣凸头，直至上碗扣被限位销卡紧不再转动为止。

12. 安装时上碗扣扣不紧，或限位销不能进入上碗扣螺旋面。当发生类似问题时应检查立杆与横杆是否垂直，相邻的两下碗扣是否在同一水平面上，下碗扣的水平面同立杆的轴线是否垂直，横竖杆件是否变形，横接头的弧面中心线是否垂直，下碗扣内是否存在砂浆等杂物。然后根据检查的情况进行相应的调整，使立杆竖直，横杆水平，相邻立杆的下碗扣在同一水平面上，碗扣内没有水泥浆等杂物；下碗扣的水平面与立杆的轴线不垂直或变形严重的杆件及时更换，切不可凑合了事。

13. 采用不安全的搭设程序，具体包括起步搭设时，不设抛撑；单片脚手架一次到顶后再进行另外的单片脚手架搭设。建筑物外脚手架四周应同时搭设，步差不大于 2 步。

14. 脚手架拉结点设置随意或数量不足，拐角处缺少拉结，拉结方式不正确。

有些工地设置连墙撑时随意性较大，主要表现为连墙撑在建筑结构便于设置的地方多设，不便于设置的地方少设或不设，造成局部连墙撑偏少，致使这部分立杆变形，留下安全隐患；连墙撑拆除时比同层架体拆除的要早，给架体的整体性造成隐患。

拉结点设置数量不足多见于跨度较大的框架结构或脚手架转角部位。随结构搭设的脚手架，由于柱距太大，即使每柱均设拉结点，拉结点数量依然不能保证。对此可在柱与柱之间的楼板上增加预埋件，和外脚手架通过扣件或焊接方式连接，增加脚手架与主体的拉结，或者在每个柱上设置两道拉结点；对脚手架转角部位，应双向设置拉结点来拉结建筑物转角两个面的脚手架，以保证架体不会因为拉结点设置问题导致失稳坍塌。

具体拉结系统连墙杆的设置应符合下列规定：

1）连墙件设置位置要合理，不得在作业中随意设置。连墙杆与脚手架立面及墙体应保持垂直，每层连墙杆应在同一平面。一般情况下，对于高度在 30m 以下的脚手架，可四跨三步设置一个；对于高层及重载脚手架，则要适当加密，30～50m 以下的脚手架至少应三跨三步布置一个；50m 以上的脚手架至少应三跨二步布置一个。

2）连墙杆应设置在有廊道横杆的碗扣节点（靠近主节点，最好采用菱形布置）处，采用钢管扣件做连墙杆时，连墙杆应采用直角扣件与立杆连接，连接点距碗扣节点距离应≤150mm。

3）连墙杆必须采用可承受拉、压荷载的刚性结构。

4）当连墙件竖向间距大于 4m 时，连墙件内外立杆之间必须设置廊道斜杆或十字撑。

5）当脚手架高度超过 20m 时，上部 20m 以上的连墙杆水平处必须设置水平斜杆。

6）连墙撑应随建筑物及架子的升高及时设置，设置时要注意调整间隔，使脚手架竖向平面保持垂直。碗扣式连墙撑同脚手架连结与横杆同立杆连结相同。

15. 脚手架的固定位置不牢固。固定脚手架的拉杆或位置松动容易使脚手架产生晃动而失稳，但一般仅为个别现象，多为使用过程中人为破坏造成。实际操作时，尽量避免将脚手架固定在其他杆件上或者一些活动构件上，而应直接固定于建筑物的框架柱或梁上。

16. 脚手架搭设不到位，标高不准确，施工没有足够的工作面。对于木工支模用的脚手架常常由于考虑结构尺寸不周，导致搭设的脚手架不能满足支模使用，需要进行二次拆改。外墙脚手架则由于搭设时未考虑装修阶段的做法，从而在主体完成后，需要拆除一次脚手架，然后再进行二次搭设装修脚手架。这不仅造成了人力浪费，而且还影响了工期目标的实现。

模板支撑架搭设应与模板施工相配合，楼层放线完成后，对照放线情况测量出结构构件的外缘尺寸，根据结构构件的位置、外形尺寸和做法留出足够的支模用操作空间和作业平台，利用可调底座或可调托撑调整底模标高。

模板支撑架高宽比应小于或等于 2；当高宽比大于 2 时，应采取扩大下部架体尺寸，或者按有关规定验算采取设置缆风绳等加固措施。

17. 脚手架高低跨处理不合理。对于地面有高差而又不能处理的情况，则需按照脚手架搭设要求，在施工方案或技术交底中体现高处脚手架如何与低处脚手架跨接。高低差太大时，脚手架应分体搭设，以避免由于高低差过大造成沉降不均匀现象。

18. 混用互不配套的不同架体材料。这种情况一般比较少见，但在实践中也可能出现，比如钢木混合脚手架。在实际施工中，严禁使用不同直径的钢管搭设脚手架，严禁使用钢木混合脚手架，一经发现应将木脚手架拆除，然后用钢管脚手架搭设。

19. 架体及立杆垂直度、平直度偏差过大。脚手架架体偏差太大情况多发生于外墙脚手架，因为外墙脚手架比较高，工人操作时，由于工人个人素质条件不同，或者稍不小心就会造成外脚手架偏移或倾斜，特别是对于高大的外脚手架情况更加严重。所以在搭设外脚手架起步时，应由放线员在建筑物的每个转角的两个方向用经纬仪控制垂直度，用水准仪对脚手架基础进行相应的测量，基础标高偏差不超过 20mm。

碗扣式脚手架的底层组架最为关键，其组装的质量直接影响到整架的质量，因此要严格控制搭设质量。当组装完两层横杆后，首先应检查并调整水平框架的直角度和纵向直线度；其次应检查横杆的水平度，并通过调整立杆可调座使横杆间的水平偏差小于 $1/400L$；同时应逐个检查立杆底脚，并确保所有立杆不浮地松动。当底层架子符合搭设要求后，检查所有碗扣接头，并锁紧。

在搭设过程中纵向挂线由两端控制中间，使脚手架杆件横平竖直，并严格控制脚手架的步距，使不同高度的水平杆的步距一致，立杆间距一致。

整架垂直度应小于 $L/500$，但最大不超过 100mm。

对于直线布置的脚手架，其纵向直线度应小于 $L/200$。

横杆的水平度，即横杆两端的高度偏差应小于 $L/400$。

20. 梁下与板下支架或混合支架各部位架体的立杆间距和步距不配合，横杆不能按设计要求拉通，使构架的整体刚度降低。木工在搭设梁板模板支架时，应统一考虑协调步距。按照梁底高度设置水平拉杆，控制水平拉杆的竖向间距，在板底适当增加水平横向拉杆，使板底立杆的顶端自由高度不超过 500mm。

房屋建筑模板支撑架可采用立杆支撑楼板、横杆支撑梁的梁板合支方法。当梁的荷载超过横杆的设计承载力时，可采取独立支撑的方法，并与楼板支撑连成一体。

21. 支模脚手架和外围护脚手架共用现象是工程实践中比较严重的现象。木工为了减少搭设支模脚手架的数量，往往在外围直接采用围护脚手架代替支模脚手架的站杆。围护脚手架本身不是承重脚手架，在搭设完脚手架后施加荷载很容易失稳造成整体坍塌，不仅给企业带来巨大的经济损失，还给人民生命财产安全带来很大的危害。因此，这种现象是国家和各地方有关安全管理法规严禁出现的情况。实际施工时，我们一旦发现应及时改正，这里不再多加赘述。

22. 当架体高度超过 24m 时，最先发生平面外变形（直至坍塌）的是无连墙件立杆的部位。解决这类问题的方法：采用增加水平斜杆和剪刀撑，使脚手架体系形成桁架构造，增加脚手架的整体稳定性和安全性。

23. 可调底座或顶托与调节螺母配件啮合长度不够（不得少于 6 扣），插入立管内的长度不够（不得小于 150mm）。

对于可调底座或顶托丝杠与调节螺母配件的啮合长度不够的情况，应根据材料要求更换调节螺母，看调节螺母的内丝是否有足够的丝扣（不少于 6 扣）满足使用要求。

对丝杠插入管内的长度不足 150mm 的情况，一般多属于立杆的长度和设计结构的高度不能配套应用。当立杆上下端丝杠插入管内均不足 150mm 时在施工中应更换较长立杆；当有一端丝杠插入管内不足 150mm 时，可通过调整丝杠的配套螺母位置即可。

24. 脚手架未按规定设置架体顶部加强层和扫地杆加强层。脚手架架体应根据要求在顶部和扫地杆位置设置加强层，加强脚手架和结构之间的连接以及脚手架自身的抵抗水平外荷载的能力。

25. 未设置专门承传水平泵送管道及其他水平、斜向力的构造。浇筑混凝土用的泵送管道和其他设备设施及管道等，不应与脚手架有直接或间接的联系，如果管道和设备设施必须穿过脚手架或在脚手架内时，应单独搭设相应的架体，并采取措施与主体结构拉结牢固。

26. 搭设过程中的其他有关问题：

1）建筑楼板多层连续施工时，上下层支撑立杆不在同一轴线上，使脚手架的整体稳定性和安全性降低。为确保上下层支撑立杆在同一轴线上，在上下层的模板支撑架立杆的位置应距离建筑轴线或墙体的位置一致，且上下层立杆的间距保持一致。

2）模板支撑架搭设时不符合现行国家标准《混凝土结构工程施工质量验收规范》GB 50204 中混凝土强度的有关规定。

由于建设单位过度追求工程建设的工期效益，无条件压缩合理工期，使工程建设工期不再科学合理，为此施工单位不得不减少相关工序的合理技术间歇时间，使本应认真细致完成的工序变成粗制滥造。比如在混凝土还没有达到强度就进行后续的作业——上人操作、堆积物料和拆模等，不仅降低了工程质量的安全可靠性，也给施工过程带来了很大的安全隐患。因此，在已完成浇筑作业的混凝土楼面上进行脚手架搭设作业，必须在混凝土强度达到相应的施工操作要求后方可操作，以减少对混凝土的扰动，保证混凝土的强度。同时保证上层脚手架搭设时不再因基础较软而下沉影响上层模板的标高。并为后期下层脚手架拆除时，混凝土能够较早的达到强度要求提供可靠的保障。

3）在大型桥梁、箱梁和比较高大的连续梁的梁底模铺置以后，要对脚手架支架进行等重量预压（所加荷载不得小于梁重的 80%），由于受到预加荷载的作用，底模、支架和地基之间都会产生变形，使底模标高下降。所以，在大型桥梁和箱梁、连续梁等底模时施工应进行对模板及支架进行预压，并将预压后模板及支架的沉降值加到梁的设计标高作为梁的施工标高。以保证梁竣工的标高符合桥梁、箱梁和连续梁的设计标高值。

根据施工经验，大型桥梁、箱梁和高大连续梁支模的预留沉降值如表 10.4.2-2 所示，仅供行业内人士参考。

大型桥梁、箱梁和高大连续梁支模的预留沉降值 **表 10.4.2-2**

构件名称	沉降值（cm）	构件名称	沉降值（cm）
底面板与 6cm×6cm 木方	0.3	碗扣式钢管脚手架立杆底座与枕木	0.2
6cm×6cm 木方与 10cm×10cm 木方	0.3	脚手架枕木与地基	0.5
10cm×10cm 木方与横梁	0.2	合　计	1.8
碗扣式钢管脚手架立杆的弹性压缩	0.3		

按照表内经验数据施工，梁的几何尺寸和竣工标高满足设计和相关规范要求。

4）脚手板设置应符合下列规定：

（1）钢脚手板的挂钩必须完全落在廊道横杆上，并带有自锁装置，严禁浮放；

（2）平放在横杆上的脚手板，必须与脚手架连接牢靠，可适当加设间横杆，脚手板探头长度应小于 150mm；

（3）作业层的脚手板框架外侧应设挡脚板及防护栏，护栏应采用 2 道横杆，高度 1.2m。

5）脚手架的梯架设置

(1) 人行坡道坡度可为1∶3，并在坡道脚手板下增设横杆，坡道可折线上升。

(2) 人行梯架应设置在尺寸为1.8m×1.8m的脚手架框架内，梯子宽度为廊道宽度的1/2，梯架可在一个框架高度内折线上升。梯架拐弯处应设置脚手板及扶手。

6）脚手架上的扩展作业平台挑梁宜设置在靠建筑物一侧，按脚手架离建筑物间距及荷载选用窄挑梁或宽挑梁。宽挑梁可铺设两块脚手板，宽挑梁上的立杆应通过横杆与脚手架连接。

10.4.3　碗扣式钢管脚手架使用过程中的问题

碗扣式钢管脚手架使用过程中主要可能发生问题的因素综合为荷载不确定因素、人为破坏因素、日常维护不到位因素等（日常维护不到位因素留在日常维护管理中详细描述）。其中荷载不确定因素和人为破坏因素均比较严重，发生问题后的危害和影响均比较严重，下面分别荷载不确定因素和人为破坏因素造成的常见问题和处理方法进行介绍。

1. 荷载不确定因素。在脚手架使用过程中荷载不确定因素主要表现在施工荷载考虑不全面，施工过程中产生了动荷载和比较大的集中荷载。比如在木工支完模板后，在模板表面集中堆积了大量的钢筋；或者在堆积钢筋时塔吊落钩的瞬间产生了瞬间的动荷载；浇筑混凝土过程中由于泵送混凝土的下落瞬间荷载和随着浇筑混凝土荷载的不均匀增加或荷载的加载路径与设计计算不同，外加振动器的振动荷载对支模体系脚手架造成瞬间失稳，从而造成脚手架的坍塌。

还有在一部分工程中为了减少搭设卸料平台的相应费用，工人将楼层拆下的各种物料杆件堆积在结构楼板和外脚手架上，用塔吊从外脚手架直接将物料吊下。给外脚手架随意增加上吨甚至几吨重的集中荷载，这种现象很容易造成外脚手架突然坍塌。

落地式碗扣脚手架卸料平台上没有限载标识或者有限载标识，但是堆料随意，没有任何的限制措施和要求，极易导致脚手架突然坍塌。

以上这些现象是我们在施工过程中最为常见的，同时也是相对最为严重的问题，不仅给企业带来了很大的经济损失，还给企业造成很大的不良社会影响，甚至造成人员的伤亡。为控制施工荷载，保证规范使用各部位脚手架，首先应从以下几个方面进行处理：

1）交底方面明确支模脚手架上严禁集中堆放钢筋和其他物料，严禁使用外脚手架作为卸料平台或承重架，对卸料平台应明确相应的限载等限制性要求。

2）在浇筑混凝土时在满足施工需要的前提下，让工人尽量分散开。

3）对于塔吊起落物料应尽量轻起轻落，避免快速下落，给脚手架带来瞬间的冲击荷载。

4）振捣混凝土时振动器应避免直接振捣模板，以免导致杆件接头松动而酿成坍塌事故。

5）场馆等大跨度梁混凝土浇筑时，应沿长度方向对称浇筑。若从一个方向浇筑跨度较大梁或其他构件的混凝土，对模板侧压力很大，会使梁板侧模产生巨大的压力变形，从而造成架体失稳。在大梁侧面水平方向支撑较弱，由于混凝土浇筑荷载增大，混凝土振捣时动载加大，使水平支撑局部荷载非常集中，造成破坏。

6）混凝土浇筑施工时，严禁随意改变混凝土的浇筑方式、浇筑顺序，如果必须改变方式和浇筑顺序时，须对方案进行相应的荷载计算、脚手架搭设方案及混凝土，浇筑方式和顺序的调整，并经审批通过后实施，当变化较大时，需要再次通过专家论证。

7）施工时，加强监督检查，严禁任何班组和个人将物料放置在结构边缘与外维护脚手架上做临时平台使用。

8）卸料平台除设置相应的限载标识外，还要控制物料堆放的方式。散料应盛放在具体的容器中再调运至作业面。模板、架管等物料应打捆后吊运，每次只限一钩物料。并且在下班时应进行清理，不得在脚手架上存放。

2. 在使用脚手架过程中，人为因素破坏脚手架等问题。使用过程中的脚手架人为因素造成的破坏主要表现在：任意拆除脚手架杆件或拉杆，不能按照施工现场“三清六好”要求进行脚手架管理，蓄意破坏脚手架，对脚手架维护不到位等。处理这些人为因素造成的脚手架问题，应从对脚手架使用和维护的人员进行教育培训，用制度落实。对使用中不得不临时拆除的个别杆件或拉杆，需经过项目技术人员的同意，并及时恢复。在脚手架上进行作业，每天下班后要及时清理脚手板上的物料，以减轻脚手架的外荷载。对蓄意破坏脚手架的人员，一经发现应按照施工现场有关规定进行处罚。脚手架使用过程中应由专人进行日常的巡视、检查，并对脚手架进行相应的监测。

3. 其他使用过程中易发生的问题：

1）架体窄边高宽比过大或者抗力降低因素随架高增加形成的不利积累，二者均容易造成脚手架整体失稳、坍塌。处理这两个问题，首先应从施工方案中对其进行相应的论述，尽量避免脚手架窄边高宽比过大的现象存在，或者采取措施（增加横向支撑、剪刀撑等）增加脚手架窄边的刚度；其次在施工方案中应考虑抗力降低因素随架高增加形成的不利积累，在实际操作时，在架高方向增加水平约束，或架体的竖向刚度，比如增加水平拉结杆件和架体的撑拉体系。

2）立杆最大弯曲变形矢高不超过 $L/500$，横杆斜杆变形矢高不超过 $L/250$。基础不均匀沉降、杆件松动、垫板缺失、个别杆件变形过大、拉结杆件缺失或松动等问题在脚手架的日常维护管理问题中再详细描述。

10.4.4 拆除过程中出现的问题及处理方法

各种脚手架在拆除时可能出现的问题有：

①脚手架不用了，忽略了进行相应的拆除安全技术交底工作；②拆除程序不对，违反了“先支后拆，后支先拆”的原则；③拆除作业人员没有持证上岗；④拆除作业人员违反施工现场安全管理规定和要求等进行作业，比如：酒后上岗、穿拖鞋作业、嬉戏打闹、高空作业不系安全带等；⑤拆除时未设定危险作业警戒区；⑥拆除前，未做好清理脚手架上器具、物料等工作，没有在拆除前对脚手架进行全面系统的检查，检查脚手架支撑、拉结系统是否安全可靠等；⑦拆除的脚手架相邻立面不在同一高度上，高差超过了2步架高度；⑧满堂脚手架拆除时不注意拆除顺序，先从底部拆除各种拉结体系后再进行大面积拆除；⑨先拆拉结体系再拆除架体；⑩拆除梁板等承重混凝土构件的模板时，没有相应的同条件试块试压结果，单凭施工经验的擅自决定混凝土的拆除时间。

针对以上诸多问题，应重点从以下几方面着手进行处理和解决：

1. 首先应从思想上重视拆除脚手架的过程，不要有脚手架已经完成其使命了，不论怎样只要把架体拆除了就行的懒惰思想。要从“安全第一，预防为主”的角度引起重视。

2. 其次我们应加强脚手架拆除前的各种准备工作，具体工作分别如下：

1）做好对脚手架的拆除前的检查和现场勘察，熟悉好拆除环境，脚手架拆除前应检查好脚手架的支撑体系和拉结体系是否安全可靠，如果存在构件缺失等安全隐患时，应先采取措施进行相应的完善加固，然后再进行上人操作；

2）做好拆除前的文字交底工作和对拆除作业人员的相关技术和安全交底工作；

3）加强对拆除作业班组全体工人的安全教育和培训工作；

4）对于脚手架搭拆作业人员进行相应的体检，有不适宜脚手架搭拆作业病症的人员，严禁上岗作业；

5）检查脚手架搭拆作业人员的特殊工种作业岗位证书，脚手架拆除作业人员必须持证上岗；

6）准备好各种拆除用安全防护用品用具，如安全带、防滑鞋、工具袋、扳手等；

7）划定警戒区，并用安全警示条幅进行围护；

8）安排好拆除时的现场安全监督人员，且安全监督人员必须由至少一名专职安全员组成；

9）对梁板等各种相关的承重混凝土构件模板及碗扣式脚手架支撑体系的拆除，在拆除前必须对混凝土同条件试块进行试压，试压结果满足构件的相应要求，报经项目经理和监理工程师批准后方可拆除相应的模板及脚手架体系；

10）拆除脚手架原则上应在四个立面同时同步进行，对不能同时同步拆除的脚手架，应在拆除前的拆除方案中做好分段分立面拆除的技术处理方案，将拆除脚手架的分界处进行相应的加固处理后，再进行相应的作业。

3. 还有在我们拆除过程中，应严格按照拆除交底和拆除前的安全教育培训要求进行操作，具体应做到以下几点：

1）拆除作业人员，必须按“先支后拆，后支先拆”的原则拆除模板及其碗扣式钢管脚手架支撑体系；

2）拆除现场的安全防护监督人员严禁脱岗，必须按要求，分布在拆除警戒线周边；

3）每日上岗前，由班组长再次进行相应的口头安全交底和要求；

4）拆除脚手架的物料严禁随意乱扔，严禁从高处直接抛扔至地面或楼面，拆除的构配件应成捆（扣件等散料盛放在密闭结实的容器中）用起重设备吊运或人工传递到地面；

5）拆除作业人员，严禁酒后上岗，严禁穿拖鞋作业，登高作业和上脚手架操作必须穿好防滑鞋上岗，严格遵守施工现场的安全管理规定和安全管理责任制度等；

6）作业人员严禁在作业现场追逐嬉闹；

7）拆除梁板等承重构件底模及支撑体系时，要注意防止拆除的松动杆件从脚手架上自由滑落，以免滑落后造成物体打击伤害事故；

8）高于2m的高处作业和楼层临边作业必须系挂好安全带，将安全带系挂在牢固的架体或结构构件上，高挂低用；

9）每日拆除作业完成后，必须对现场进行整理，将已经拆卸到地面的架体材料运至现场指定地点分类码放整齐，以便于运输、维护和保管。

10.5 施工现场对脚手架的日常维护管理方面存在的问题

脚手架在施工现场搭设需要经过编制施工方案、技术交底、各种相关材料组织进场验收、铺设脚手架基础，直至搭设完成和验收工序，哪一道都不能少。但是，最难的要数对脚手架使用过程中的维护了，碗扣式脚手架也不例外，需要经常检查和维护，以确保脚手架的任何杆件不受扰动，保证脚手架体系整体的安全。下面就施工现场对碗扣式脚手架的日常维护工作过程中可能出现的问题及处理方法进行一些分析。

10.5.1 脚手架没有按有关安全管理规定和要求进行各类相关检查

搭设、使用和拆除碗扣式钢管脚手架过程中，没有按有关安全管理规定和要求进行各类相关检查。比如：脚手架搭设前对地基基础的检查；脚手架搭设完成后的验收检查；施加荷载前的检查；使用过程中每日班前的检查和遇 6 级以上大风、大雨、大雪后特殊情况的检查；停工超过一个月恢复使用前的检查；各种假期（各类节日假期或农忙季节假期）结束后，使用脚手架前的验收；使用过程中的各类例行性检查，包括月份检查和季度检查等。

这些日常检查或验收要根据检查的时间和重点分别进行，并根据检查时间阶段的不同，检查的侧重点也应有所改变。比如：基础检查时，我们要检查的内容则为地基基础是否夯实平整，地基基础是否高于自然地面 100mm，是否有 2%的排水坡度，是否设置了排水沟等季节性措施，地基基础是否存在不均匀沉降或受雨水冲刷的沟渠等；搭设完成后的检查，除检查基础是否有所变动外，则主要检查脚手架的杆件间距、步距、排距、垂直度、高度和水平杆件的平直度，垫板的设置，剪刀撑、扫地杆、大小横杆、杆件连接位置、拉结点设置等是否符合施工方案要求，安全网、脚手板搭设是否到位等；作业前或施加荷载前的检查，则应重点检查脚手架拉结点是否有拆卸现象，各类安全防护是否到位，如完全网（立网和平网）的挂设、脚手板的铺设、作业层是否设置了拦腰杆等，扫地杆和各类拉结杆件是否到位，杆件或螺栓是否有松动；暴风雨和大雪、地震过后的特殊检查和各类例行性、季节性检查则应从基础到架体、再到安全防护、拉结等对脚手架进行全面检查，如基础是否有雨水冲刷的沟渠，是否有杆件因刮风或积雪产生变形等等。不论是那种检查，均应在检查完成时，写出书面的检查记录和相应的整改通知单。整改通知单内容要具体明确，符合要求，落实到人并给出整改的时限要求。

1. 对脚手架基础检查提出的问题，我们要根据具体的检查内容和结果，按照脚手架基础施工方案进行整改。将地基基础夯实平整，并高于自然地面 100mm，设置不小于 2%的排水坡度，并在脚手架外设置排水沟等。地基基础如果存在不均匀沉降或受雨水冲刷的沟渠等，则应及时补填脚手架基础的回填土并夯实，必要时，根据方案要求进行适当的硬化。

2. 碗扣式钢管脚手架搭设完成后应根据脚手架搭设施工方案，逐项进行检查和验收。并根据检查情况列出问题，按照方案要求进行相应的整改，使脚手架满足结构整体稳定性和安全使用要求。

3. 作业前或施加荷载前的检查，是一项需要长期坚持和认真对待的工作。这项工作需要由作业班组和架体搭设班组的人员每天班前和下班后进行，主要对脚手架上的作业环境进行检查，检查脚手架作业层各种安全防护是否到位，扫地杆及拉结系统是否有被拆卸现象，作业平台的脚手板是否有探头板或虚铺情况等。这些问题一旦发现应及时整改，不得存有侥幸心理。

4. 暴风雨、大雪、地震等自然灾害过后应检查脚手架整体体系是否变形、拉结系统是否松动和移位，脚手架基础是否存在不均匀沉降和雨水冲刷的痕迹等。自然灾害过后的脚手架存在的问题一般比较严重，需要有项目管理人员配合检查后，根据具体情况给出具体的整改方案。整改方案要在原方案的基础上考虑到整改加固的可操作性和安全性，整改方案要先进行相应的加固，然后再进行整改，以防止发生次生灾害。

5. 其他例行检查和季节性检查和整改应结合检查的实际情况做到全面有效，对检查出的问题依据碗扣式钢管脚手架专项施工方案和有关规范、工艺标准有针对性地进行整改。

10.5.2 安全检查不认真

现场巡视检查过程中，巡视检查多流于形式，检查不到位、检查内容不全面；检查后没有整改通知；或有整改通知，没有督促落实整改措施等。

这些问题的产生是由于管理上的缺陷造成的，多属于管理人员的责任心的问题。为此需要从提高管理人员的积极性和责任心入手，完善项目管理制度，积极落实，加强项目管理。借助公司管理平台，加强对项目管理人员的继续教育和培训学习，提高项目管理人员的技术水平和业务素质。每次检查后，将检查的问题和相应的整改措施以整改通知单的形式下发到班组，限期整改完毕，派专人监督落实。

10.5.3 碗扣式钢管脚手架没有按照要求进行沉降观测

对于高大脚手架或者危险性较大的脚手架在使用维护过程中，没有对其进行相应的沉降观测，只是泛泛的对架体按照安全检查要求进行一些常规的安全检查。由于单凭视觉检查，很难看出脚手架的沉降和一些细微的变形等，在使用过程中很容易造成由于沉降不均匀，致使脚手架整体坍塌。为此，我们在脚手架搭设方案中应对危险性较大的脚手架或高大脚手架编制施工方案，在搭设及使用维护过程中进行必要的沉降观测；还应在实际维护过程中派放线员配合架子安装工进行脚手架的沉降观测，具体沉降观测时间应根据脚手架安全管理要求进行。在搭设过程中、搭设完成后和使用前、使用过程中进行。具体需要沉降观测的部位应根据搭设方案的要求，在脚手架的四角和高低跨位置设置沉降观测点。

10.5.4 碗扣式钢管脚手架的日常使用管理和维护时的常见问题及处理方法

1. 应注意脚手架上的荷载是否符合设计要求，是否存在超载现象，如是否存在集中堆放模板、钢筋或大模板等物料的现象和是否存在在架面上进行支顶或校正等其他荷载加大因素。

如果存在上述超载现象，应督促相应班组及时分散模板、钢筋等荷载，大模板严禁直接放置在脚手板上，以避免脚手架局部受荷过大失稳。对于浇筑混凝土时，作业面上不应集中人员、浇筑和振捣设备，应视现场情况安排人员设备等，并且在浇筑混凝土时严禁擅自改变混凝土的浇筑顺序和浇筑方式等，以减少脚手架荷载由于荷载的变化造成的坍塌事故。对于工程构件进行相应的支顶或校正时，尽量不在已支搭好的或未支搭好的脚手架上进行，如果必须使用脚手架进行相应的校正或支顶，必须通过项目管理人员进行相应的荷载计算，出具相应的支顶和校正方案后，对脚手架进行加固或处理方可实施。

2. 脚手架的拉结系统和各种连接系统是否存在松动不牢固现象，脚手架基底是否夯实、垫板是否缺失等。这些看似不起眼的毛病，在发生危险时很容易使架体局部失稳，因此需要经常性的派人员进行检查巡视并及时整改。同时也对脚手架进行相应的监督，预防有人在不知情的情况下进行拆卸或破坏。对于有些杆件可能由于影响了其他作业需要拆除，但是在拆除前必须通知技术人员确认后，并给出拆改方案或意见后，方可按要求进行拆改，不得擅自拆改。

3. 混凝土输送管、布料杆及塔架等拉结缆风绳，现场消防及给水管道等是否存在固定于脚手架上的问题，即在脚手架受力最薄弱的环节是否存在外加荷载。如果存在，要立即整改，由相关管理人员指定位置，使之固定于结构主体，严禁各类管道、设备设施及其缆风绳等固定于脚手架上。

4. 检查脚手架基础及邻近是否有挖掘现象，如果邻近脚手架有挖掘作业，是否有支护和可靠的安全距离等。严禁在脚手架基础及邻近的安全距离以内进行挖掘土方作业。

5. 检查脚手架垫板等是否与基础地面接触良好或缺失。如果垫板出现了悬空、松动以及立杆脱空等现象，应及时采取措施，将垫板垫设牢固，在垫板下补填土并砸实。如果垫板缺失了，则需要取来新垫板补垫牢固。

6. 检验全部节点的上碗扣是否锁紧，对少数没有锁紧的碗扣用工具使之锁紧牢固。

7. 检查连墙撑、剪刀撑、斜杆及安全网等构件的设置是否达到了设计和安全规程要求。对不达要求的构件应进行补加构件，补加构件需由技术人员和安全管理人员给出具体的措施后进行，切不可由作业人员擅自补加。

8. 工地临时用电线路架设是否跨越脚手架，是否与脚手架保持了安全距离并有可靠的安全防护措施，脚手架的防雷接地措施是否保持良好等。施工时，临时用电线路严禁架设在脚手架上，当必须跨越脚手架时，应采取穿管保护措施或埋地措施，保证线路通电安全和脚手架作业安全。

9. 拆除后的脚手架杆件及配件需清除表面灰浆，对已经弯曲的杆件进行调直处理，除锈后表面涂刷防锈漆，码放在指定地点以备下次使用。

10.6 其 他 问 题

10.6.1 碗扣式钢管脚手架避雷问题及处理方法

由于缺乏对避雷的了解，存在对避雷的误解或由于脚手架的使用期限较短，往往忽略了外脚手架、高层的支模脚手架及空阔地带的路桥支模脚手架（即远离高于脚手架的建构筑物避雷针）应采取避雷措施的要求。具体处理措施如下：

1. 对脚手架的防雷措施首先应在脚手架搭设方案中体现出脚手架防雷接地的具体布置和设置，在技术交底时一并考虑。

2. 防雷接地必须在现场持证的电工的指导下由专业架子工配合完成安装。

3. 避雷针应根据施工现场机具设备或临时设施的防雷接地要求选择合适规格、尺寸的镀锌圆钢制作，避雷针应设在脚手架的 4 个外角立杆上，高度应高出脚手架立杆顶端 1m，并将所有最上层的大横杆用 ϕ10 镀锌圆钢连通，形成避雷网。

4. 接地极采用镀锌钢管或扁钢制作，按脚手架外围几何长度尺寸，每 50m 设置一个，接地极埋入地下深度应不小于 500mm，埋设接地极时，应将新填土夯填密实。

5. 避雷针、接地线和接地极之间均采用焊接连接，保证其可靠接触，焊缝长度应大于接地线直径的 6 倍（圆钢双面焊为 $6d$，单面焊为 $12d$）。

6. 脚手架接地装置完成后，要用电阻表进行测试电阻是否符合要求，接地极应设置在人们不易走动的地方，避免和减少跨步电压的危害和防止接地线机械损伤。

7. 靠近配电箱或电源线搭设脚手架时，必须切断电源或将电线迁移，临时供电线路必须跨越脚手架时，要采取穿管防护措施或埋地敷设。

8. 脚手架搭设完成后，验收脚手架时，其防雷设施也需按要求进行相应的检查验收，并由电气专业人员进行相应的检测。

10.6.2　违规行为、不当决策和以项目经理为载体的安全工作隐患问题

详见表 10.6.2。

违规行为、不当决策和以项目经理为载体的安全工作隐患问题　　表 10.6.2

问题方面	常见问题表现
违规行为	1）违反现行法规、标准和规章；2）违规承包、转包和以包代管；3）没有施工方案、措施或未经审查、论证、批准；4）违章施工、违章指挥和违章作业；5）不按规定提供和使用安全防护用品；6）不按安全规定进行交底、培训和教育；7）不按规定严格进行材料和施工的检查验收工作；8）不按规定严格进行生产安全隐患检查和整改工作；9）不认真配合或以各种方法影响工程监理单位的监控工作；10）没有安全应急预案
不当的施工决策和安排	1）降低安全要求投标和承包；2）使用不具有相应资质的施工队伍和人员；3）降低方案措施的安全保证要求；4）削减安全工作投入；5）使用不合格、带病的材料和机具；6）不顾安全的强令赶工、抢工和交叉施工；7）随意改变施工的方案和安排；8）对异常情况和突发事态做出错误处置
其他经理工作隐患	1）忽视或没有重视安全工作，“讲起来重要，做起来次要，忙起来不要”；2）存在侥幸思想、经验作怪，自认为“不会出事”；3）狠抓进度和效益，而忽视相应的安全要求；4）对技术安全和设计计算工作生疏，听不进坚持安全要求的意见

违规行为是滋生生产安全事故的温床，而不当决策是引发事故的直接、主要或重要原因，也是以项目经理为载体的安全工作隐患。为此，企业在成立项目经理部，聘任项目经理时不仅要看一个项目经理的业务水平，还要从他的政治思想、品德行为、工作态度等方面综合考虑。在培养项目经理时应从以上几方面综合培养，同时也应做好对项目经理的继续再教育工作，杜绝违规行为和不当决策现象的发生，使企业有能胜任项目经理岗位的人选。

10.6.3 抓好对项目总工的继续教育和培训工作，杜绝以项目总工为载体的安全隐患

项目总工是项目技术安全工作的总管，肩负着工程项目施工方案决策和技术安全掌管的责任，应当把主要精力放在掌管好工程施工的技术安全和努力推动技术进步工作上；并且应当有职有权，确保达到各项工作要求。当收到施工安排和经济考虑的冲击时，也能坚持住起码的安全保证要求，确保不出技术安全事故的底线。

项目总工由于知识能力和实践经验问题未能将技术安全工作掌管到位的情况比较普遍，主要表现为工作上的粗和浮，考虑不全面、研究不深入、规定不细致、保障不到位。出于种种原因，项目总工较多难以坐下来、并静下心来研究技术的安全保证问题和仔细审查方案的设计计算，且大多也缺少按需要进行专项试验和课题研究的相应条件，难以在推进技术改善、进步和创新方面施展才干。而在一定程度上缺少相应的技术能力和经验，对设计计算工作生疏、甚至不会计算，看（查）不出问题、拿不起工作的也不鲜见。这些情况就导致了模板支架方案措施的编制质量不高，不能为脚手架搭设提供可靠的技术安全保证和其他技术安全管理不到位的问题，最终造成了以项目总工为载体的安全工作隐患。

在新形势下，为了提高项目总工和全体工作人员的业务水平和工作能力，减少由于水平差和工作能力低造成的安全工作隐患，需要从招收的新员工，特别是刚刚毕业的学生工作者开始入手进行派驻基层的锻炼和学习。让新毕业的学生和刚刚加入到企业队伍的工作人员，抽出足够的时间到基层全面了解和掌握各个岗位和工序的工作流程和操作方法，并加强培训工作，用实践来验证他们的理论，加深他们对理论的理解。经过现场的实践操作实习后，再对规范标准进行有针对性的集中培训和学习，从而提高企业管理人员的业务素质和技术水平，提高他们的工作能力，更好地为企业和项目安全生产管理服务。

10.6.4 施工现场不执行安全管理规定

施工现场搭拆碗扣式钢管脚手架作业不遵守施工现场的安全文明管理的有关制度，不能按照文明施工要求进行作业。

对于施工现场作业人员不遵守规章制度和文明施工要求的作业，属于管理上的松懈和以项目经理为首的安全管理隐患。为此在施工现场除应有对作业人员的安全规章制度外，还应建立安全管理的责任制和各种相应的奖罚制度。有针对性地对各种违规指挥、违章操作和不文明行为进行约束。具体的安全生产、文明施工要求有以下方面仅供参考：

1. 进入施工现场的人员必须戴好安全帽，高空作业系好安全带，穿好防滑鞋等，现场严禁吸烟。

2. 进入施工现场的人员要爱护场内的各种绿化设施和标示牌，不得践踏草坪、损坏花草树木、随意拆除和移动标示牌。

3. 严禁酗酒人员上架作业，施工操作时要求精力集中，禁止开玩笑和打闹。

4. 脚手架搭设人员必须是经考试合格的专业架子工，上岗人员定期体检，体检合格者方可发上岗证，凡患有高血压、贫血病、心脏病及其他不适于高空作业者，一律不得进

行脚手架操作。

5. 上架子作业人员上下均应走人行梯道，不准攀爬架子。

6. 护身栏、脚手板、挡脚板、密目安全网等影响作业班组支模时，如需拆改时，应由架子工来完成，任何人不得任意拆改。

7. 脚手架验收合格后任何人不得擅自拆改。如需做局部拆改时，须经技术部同意后由架子工操作。

8. 不准利用脚手架吊运重物；作业人员不准攀登架子上下作业面；不准推车在架子上跑动；塔吊起吊物体时不能碰撞和拖动脚手架。

9. 不得将模板支撑、缆风绳、泵送混凝土及砂浆的输送管等固定在脚手架上，严禁任意悬挂起重设备。

10. 在架子上的作业人员不得随意拆动脚手架的所有拉结点和脚手板，以及扣件绑扎扣等所有架子部件。

11. 拆除架子而使用电焊气割时，派专职人员做好防火工作，配备料斗，防止火星和切割物溅落。

12. 脚手架使用时间较长，因此在使用过程中需要进行检查，发现基础下沉、杆件变形严重、防护不全、拉接松动等问题要及时解决。

13. 要保证脚手架体的整体性，不要与井架、升降机一并拉结，不得截断架体。

14. 施工人员严禁凌空投掷杆件、物料、扣件及其他物品，材料、工具用滑轮和绳索运输，不得乱扔。

15. 使用的工具要放在工具袋内，防止掉落伤人；登高要穿防滑鞋，袖口及裤口要扎紧。

16. 脚手架堆放场做到整洁、摆放合理、专人保管，并建立严格领退料手续。

17. 施工人员做到活完料净脚下清，确保脚手架施工材料不浪费。

18. 运至地面的材料应按指定地点随拆随运，分类堆放，当天拆当天清，拆下的扣件和铁丝要集中回收处理。应随时整理、检查，按品种、分规格堆放整齐，妥善保管。

19. 6 级以上大风、大雪、大雾、大雨天气停止脚手架作业。在冬季、雨季要经常检查脚手板、斜道板、跳板上有无积雪、积水等物。若有则应随时清扫，并要采取防滑措施。

10.6.5　提升碗扣式钢管脚手架的环保要求，成立专业化的脚手架承包公司等

碗扣式钢管脚手架作为脚手架，其有很多的优点，但是一样存在损坏、锈蚀、材料浪费等现象的。比如：使用过程中的卡件破坏丢失，管道由于操作失误、维护不好多次弯曲，管壁塌陷、管道锈蚀等现象，从而减少其正常的使用寿命。作为施工单位为减少脚手架材料的一次性投入过大，且自有材料维护费用过高，因此多采取租赁的方式。但是这种方式还是不能完全解决脚手架作业的失误带来的浪费现象，如果条件允许的话，由专业的脚手架承包公司从提供材料、编制方案、搭设、维护脚手架，一直到拆除，全过程以更加专业的服务对脚手架进行相应的全方位管理，从而减少脚手架材料及人工等各方面的浪费。

10.7　某高速现浇箱梁模板支架垮塌事故技术分析报告

10.7.1　工程简况

某高速公路匝道桥桥梁上部结构为现浇箱梁结构，包括33联钢筋混凝土现浇箱梁，其中预应力钢筋混凝土现浇箱梁3联，普通钢筋混凝土箱梁30联。每联长20m。截面形式分为单箱单室等截面或单箱多室变截面两种。单箱单室等截面连续箱梁，梁高1.3m，箱梁顶板宽10.5m，底板宽6m，箱梁顶板厚0.25m、底板厚为0.22m，腹板厚0.5m，两侧翼缘板悬臂长度均为2.25m，全桥仅在桥墩支点截面处设置端、中横梁。箱梁腹板保持垂直，底板横坡同顶板桥面设计横坡，由梁底调平块，梁体横断面与梁高均保持不变；施工时根据桥梁纵坡确定支座组合高度，实现组合高度通过调整垫石高度形成。多箱变截面连续箱梁，桥面宽度逐渐变化，梁高、顶板厚、底板厚、翼缘板悬臂长度等设计同单箱单室等截面相同。

现浇箱梁支架采用满堂式碗扣支架，碗扣支架上搭设纵横方木，箱梁底模板、侧模板均采用厚1.5cm的高强度建筑模板，箱室内模采用木模板。箱梁混凝土浇筑采用二次浇筑法，首先浇筑至腹板与翼缘板连接处，然后浇筑顶板，待箱梁混凝土强度达到100%时落架。

10.7.2　现场模板支架搭设情况

模板支架采用了碗扣式满堂支架，钢管规格为ϕ48mm×3.0mm。其结构形式如下：纵横向立杆布置间距为60cm×90cm，步距采用1.2m，最顶层水平杆之上的立杆长度为1.2m（即一个步距），立杆顶部的可调顶托长度0.1m，其上用100mm×100mm和60mm×80mm方木分别作为主楞和次楞，次楞上满铺箱梁底模板，架体总高度为9.7m，宽度11m。

基础处理采用了300mm厚3∶7灰土，压路机碾压，上部浇筑100mm厚C20混凝土。

剪刀撑设置情况：只在架体横向每隔4跨设置了一道竖向剪刀撑，其他部位剪刀撑未设置。

最下层水平杆距基础地面的距离为850mm左右（包括250mm长的可调底托）。可调底托下方用50mm×100mm的木板支垫。

采用以上方案共搭设了6联，架体搭设完毕后，铺设主次楞，随机选取最边缘一跨进行了加载预压，预压在加密的次楞上进行沙袋堆载。从一端开始，一次性满负荷预压，堆载预压按1.3t/m^{2}超载布置，完成堆载13h后，架体开始出现倾斜，随即从一端开始垮塌，整跨（20m）全部垮塌，所幸未造成人员伤亡。

10.7.3　原因分析

事故发生后，该标段立即组织专家和技术人员对垮塌原因进行了认真分析。通过现场勘查及稳定性验算，造成架体垮塌的主要原因有以下几个方面：

1. 支架方案编制不合理，对架体稳定性验算计算错误。

2. 所用碗扣式钢管壁厚不足，经现场测量，实际壁厚为3.0mm，远小于规范规定的“钢管壁厚不得小于3.5mm”的规定，将直接导致验算数据错误。

3. 架体顶端的自由端长度过大，大大超出规范规定的数据。

4. 安全技术交底不明确，对架体的预压没有采取分级预压的方法，而是一次性满负荷预压到位。

5. 预压前对支撑体系没有组织有关人员进行验收。

6. 架体搭设不符合规范中的构造要求。可调底托伸出长度偏高；地面垫板偏窄且偏压；碗扣节点部分上碗扣没有锁紧；纵横向水平杆、剪刀撑、扫地杆均未按规范要求设置；架体与柱子没拉结，周边立杆存在悬空；立杆节点不垂直等。

10.7.4　对支架搭设的构造及稳定性验算分析

该标段模板支架施工之所以出现垮塌事故，概括起来主要还是存在三个方面的因素，一是没有按照构造要求进行搭设，二是稳定性验算引用数据错误，导致结果错误，三是预压程序错误。

1. 构造要求

《碗扣式钢管脚手架安全技术操作规范》JGJ 166—2008规定：

1）模板支架应根据所承受的荷载选择立杆的间距和步距，底层纵横向水平杆作为扫地杆，距离地面高度应小于或等于350mm，立杆底部应设置可调底座或固定底座，立杆上端包括可调螺杆伸出顶层水平杆的长度不得大于0.7m。

本案中，扫地杆距离地面的距离达到了850mm，远大于规范中的“350mm”规定。特别是立杆上端包括可调螺杆伸出顶层水平杆的长度达到了1.3m，这是造成架体失稳的关键因素。

2）规范规定：当立杆间距小于或等于1.5m时，模板支架四周从底到顶连续设置竖向剪刀撑，中间由底至顶连续设置竖向剪刀撑，其间距应小于或等于4.5m。

当模板支架高度大于4.8m时，顶端和底部必须设置水平剪刀撑，设置间距应小于或等于4.8m。

本例中，除了在架体横向每隔4跨（3.6m）设置了1道竖向剪刀撑外，其他未设置任何剪刀撑。造成架体整体性薄弱，极易整体失稳。

3）规范要求：当模板支架周围有建筑物时，应设置连墙件。水平间距不大于4.5m。应设置在主节点处，距离不大于150mm。

本例中，模板支架架体并没有和两端的4根桥柱进行可靠连接。

4）规范中还规定上碗扣必须锁紧，但现场检查看到，有相当一部分上碗扣只锁进一半，还有的甚至上碗扣已经缺失，造成架体节点受力不均衡。

5）其他诸如未进行架体验收、垫板过窄造成偏压、立杆悬空、垂直度偏差过大等，均不符合规范要求。

2. 稳定性验算错误

该标段没有针对架体顶端自由端高度超标的情况进行立杆稳定性验算。

1）对自由端高度为1.3m的情况，经验算结果如下：

立杆计算长度：

$$L_0=h+2a=1.2+2\times1.3=3.8\text{m}$$

ϕ48mm×3.0mm 脚手架钢管截面回转半径：

$$i=15.95\text{mm}$$

则立杆长细比为：

$$\lambda= L_0/i=3.8\times103/15.95=238.2$$

根据《建筑施工碗扣式钢管脚手架安全技术规范》JGJ 166—2008 第 5.1.4 条基本设计规定中要求，受压杆件长细比不得大于 230，故步距 1.2m、自由端 1.3m 不能满足基本规定。

根据《建筑施工碗扣式钢管脚手架安全技术规范》JGJ 166—2008 查表，立杆稳定系数 $\varphi=0.117$

故：立杆允许承载力为：

$$[N]=0.117\times4.24\times102\times206=10.219\text{kN}$$

立杆实际承载的荷载组合为：

$$Q=39+3.5+8.4+0.16+0.135+0.0675+1.49=52.75\text{kN/m}^2$$

单根立杆承受的集中荷载为：

$$N=N\times0.6\text{m}\times0.9\text{m}=52.75\times0.6\times0.9=28.49\text{kN}$$

$N>[N]$，故不满足要求。

因此，必须降低自由端高度才能满足立杆稳定性要求。

2）将自由端高度降至 0.6m，再进行验算如下：

立杆计算长度：

$$L_0=h+2a=0.6+2\times0.6=1.8\text{m}$$

ϕ48mm×3.0mm 脚手架钢管截面回转半径：

$$i=15.95\text{mm}$$

则立杆长细比为：

$$\lambda= L_0/i=1.8\times103/15.95=112.8$$

根据《建筑施工碗扣式钢管脚手架安全技术规范》JGJ 166—2008 查表，立杆稳定系数 $\varphi=0.452$

$$[N]=0.452\times4.24\times102\times2.06\times105=39.48\text{kN}$$

立杆承受的荷载组合为：$Q=39+3.5+8.4+0.16+0.135+0.0675+1.49=52.75\text{kN/m}^2$

单根立杆承受的集中荷载为：$Q=Q\times0.6\text{m}\times0.9\text{m}=52.75\times0.6\times0.9=28.49\text{kN}$

$$N=28.49\text{kN}<[N]=39.48\text{kN}$$

因此，自由端高度满足受力要求。

3. 架体预压程序错误

架体搭设好经验收后才可进行堆载预压。

预压采取逐步加载的方法，总荷载按照实际荷载的 120%进行布置，并按照：加载 30%→架体检查、观测→加载 60%→架体检查、观测→加载 100%→架体检查、观测→

120%→架体检查、观测→卸载的程序进行。每次加载时应均匀，荷载满铺。

10.8　碗扣式钢管脚手架搭设常见问题图例

碗扣式钢管脚手架搭设常见问题图例见图 10.8-1～图 10.8-17。

图 10.8-1　支架外侧无剪刀撑和斜撑

图 10.8-2　支架底托变形、垫板尺寸偏小、支垫位置偏移

图 10.8-3 上碗扣未锁紧

图 10.8-4 支架基础宽度不足，悬挑采用薄木板或石块支承

图 10.8-5 上碗扣未锁住

图 10.8-6　上碗扣缺失

图 10.8-7　下碗扣未锁住

图 10.8-8　架体四周、纵向、水平方向剪刀撑缺失

图 10.8-9　架体四周、纵向、水平方向剪刀撑缺失

图 10.8-10 架体与构造物之间缺乏可靠固定和连接

图 10.8-11 架体承受侧向土方挤推力

图 10.8-12 架体承受侧向土方挤推力

图 10.8-13 架管锈蚀

图 10.8-14 无任何搭接，摇摇欲坠

图10.8-15 拆架管无序

图10.8-16 乱搭电线

图10.8-17 乱搭电线

第 11 章　碗扣式钢管脚手架计算案例

11.1　外装饰脚手架计算案例

本案例为密目网封闭双排钢管脚手架，拟搭设高度 28m，选用木脚手板，当脚手架用于外墙装饰（修）操作时，考虑一层作业，施工均布荷载取 $Q=2kN/m^2$；工程所在地为建筑群密集的大城市，基本风压取 $w_0=0.45kN/m^2$，立网密目网 $100cm^2$ 面积内目数为 2300 目，自重取 $0.01kN/m^2$。由于此脚手架仅用于外装修适用，施工均布荷载不超过 $2kN/m^2$，故纵向、横向水平杆可不进行验算，下面仅对脚手架立杆稳定性、连墙杆件及允许搭设的总高度进行验算。

11.1.1　根据工程实际确定计算参数

计　算　参　数　　　　表 11.1.1

序号	参数名称	符号	单位	参数值
1	拟搭设的架体高度	H	m	28
2	装修施工活荷载	Q	kN/m^2	2
3	装修作业同时操作层数	n_c	层	1
4	立杆步距	h	m	1.8
5	立杆纵距	l_a	m	1.8
6	立杆横距	l_b	m	1.2
7	脚手板层数	m	层	2
8	内立杆距建筑物距离	a	m	0.25
9	脚手板自重标准值	g_2	kN/m^2	0.35
10	栏杆挡脚板自重标准值	g_3	kN/m	0.14
11	基本风压	ω_0	kN/m^2	0.4
12	连墙件竖向间距	L_1	m	3.6
13	连墙件横向间距	H_1	m	3.6

11.1.2　立杆稳定性验算

1. 计算风荷载标准值 ω_k

$$\omega_k=0.7\mu_z\cdot\mu_s\cdot\omega_0$$

式中　ω_k——风荷载标准值（kN/m^2）；

μ_z——风压高度变化系数，按现行国家标准《建筑结构荷载规范》GB 50009 规定采用，见附录 A 表 A；

μ_s——风荷载体型系数，按现行国家标准《建筑结构荷载规范》GB 50009 规定的竖直面取 0.8；

ω_0——基本风压（kN/m^2），按现行国家标准《建筑结构荷载规范》GB 50009 规定采用，见附录 A 图 A。

脚手架顶部风荷载相对底部较大，但由于结构自重产生的轴力较小，综合考虑，立杆整体稳定性仍然由底部稳定控制，因此验算仍应计算底部。

本案例地处建筑群密集的大城市，故查表取 $\mu_z=0.74$；

$\mu_s=1.3\varphi_0$，φ_0 近似取 0.8，则 $\mu_s=1.3$，$\varphi_0=1.04$；

$$\omega_0=0.45;$$

$$\omega_k=0.7\mu_z\cdot\mu_s\cdot\omega_0=0.7\times0.74\times1.04\times0.45=0.2424kN/m^2;$$

2. 计算单肢立杆风荷载弯矩

$$M_\omega=1.4\omega_k l_a l_0{}^2/8-P_r l_0/4$$

$$P_r=5(1.4\omega_k l_a l_0)/16$$

式中　P_r——风荷载作用下内外排立杆间横杆的支撑力（kN）；

M_ω——单肢立杆风荷载弯矩（kN·m）；

l_a——立杆纵矩（m）；

ω_k——风荷载标准值（kN/m^2）；

l_0——立杆计算长度（m）。

拉结点按两步两跨设置，连墙件内外立杆间不设置廊道斜杆，根据《建筑施工碗扣式钢管脚手架安全技术规范》JGJ 166—2008 第 5.3.2 条第 1、2 款及第 6.1.8 条，计算长度 l_0 取 $0.85L_1$ 进行初步设计。

$$l_0=0.85L_1=0.85\times3.6=3.06m$$

$$M_\omega=1.4\omega_k l_a l_0^2/8-5\ (1.4\omega_k l_a l_0^2)\ /64=2.1\omega_k\ l_a l_0^2/32=0.268kN\cdot m$$

3. 每步脚手架自重计算（内外立杆间不设廊道斜杆）

$$N_{g1}=ht_1+0.5t_2+t_3+0.5t_4+0.5t_5$$

式中　h——步距（m）；

t_1——立杆每米重量（kN）；

t_2——横向（小）横杆单件重量（kN）；

t_3——纵向横杆单件重量（kN）；

t_4——内外立杆间斜杆或十字撑重量（kN）；内外立杆间不设廊道斜杆，故 $t_4=0$；

t_5——水平斜杆及扣件等单件重量（kN）。

计算结果：

$$N_{g1}=1.8\times0.0553+0.5\times0.04684+0.5\times0.06938+0.5\times0+0.5\times0.08487=0.1575kN$$

4. 脚手板、挡脚板、防护栏杆及外挂密目式安全网等产生的轴向力：

$$N_{G2}=m(g_2 l_a l_b/2+0.14l_a)+0.01l_a H$$

式中　m——脚手板层数，取 2 层；

g_2——脚手板自重，取 0.35（kN/m^2）。

计算结果：

$$N_{G2}=2\ (0.35\times1.8\times1.2/2+0.14\times1.8)\ +0.11\times1.8\times30$$
$$=7.2\text{kN}$$

5. 施工荷载：N_{Q1}

$$N_{Q1}=n_c Q l_a l_b/2$$

式中 n_c——操作层数；

Q——操作层均布施工荷载标准值（kN/m^2）。

计算结果：$N_{Q1}=1\times2\times1.8\times1.2/2=2.16\text{kN}$

6. 当不组合风荷载时，单肢立杆的轴向力：

$$N=1.2(N_{G1}+N_{G2})+1.4\Sigma N_{Qi}$$

式中 N_{G1}——脚手架结构自重标准值产生的轴向力（kN/m^2）；

N_{G2}——脚手板及构配件自重标准值产生的轴向力（kN/m^2）；

ΣN_{Qi}——施工荷载产生的轴向力总和，分双排脚手架与模板支撑架两种情况（kN/m^2）。

$$N_{G1}=HN_{g1}/h=28\times0.1575/1.8=2.45\text{kN}$$

$$N=1.2(N_{G1}+N_{G2})+1.4N_{Q1}=1.2\times(2.45+7.2)+1.4\times2.16=14.604\text{kN}$$

7. 当不组合风荷载时，立杆稳定应满足下式：

$$N\leqslant\varphi Af$$

式中 A——立杆横截面积；

φ——轴心受压杆件稳定系数，由规范《建筑施工碗扣式钢管脚手架安全技术规范》JGJ 166—2008 查得 $\varphi=0.192$；

f——钢材强度设计值，$f=205\text{N/mm}^2$。

$$\varphi Af=0.192\times4.89\times10^2\times0.205=19.25\text{kN}$$
$$N=14.604\text{kN}<\varphi Af=19.25\text{kN}$$

当不组合风荷载时，立杆稳定性满足要求。

8. 当组合风荷载时，立杆的轴向力：

$$N_w=1.2(N_{G1}+N_{G2})+0.9\times1.4\Sigma N_{Qi}$$
$$N_{G1}=HN_{g1}/h=28\times0.1575/1.8=2.45\text{kN}$$
$$N_\omega=1.2\times(2.45+7.2)+0.9\times1.4\times2.16=14.30\text{kN}$$

9. 当组合风荷载时，立杆稳定应满足下式：

$$\frac{N_\omega}{\varphi A}+\frac{M_\omega}{W}\leqslant f$$

式中 W——立杆截面模量 508mm^3。

计算结果：$N_\omega/\varphi A+0.9M_\omega/W$

$$=14.30\times10^3/(0.192\times489)+0.9\times0.268\times10^6/5080$$
$$=199.80\text{N/mm}^2$$
$$N_\omega/\varphi A+0.9M_\omega/W=199.80\text{N/mm}^2<f=205\text{N/mm}^2$$

当组合风荷载时，立杆稳定性满足要求。

11.1.3 外墙脚手架搭设高度计算

1. 不组合风荷载时搭设高度计算

$$H=\frac{N_s-1.2N_{Q2k}-1.4N_{Qk}}{1.2N_{Q1}}h$$

式中　N_s——单肢立杆承载力，$N_s=\varphi Af$。

计算结果：

$$[\varphi Af-(1.2N_{G2}+1.4N_{Q1})]h/1.2\ N_{g1}$$
$$=[0.192\times489\times0.205-(1.2\times7.2+1.4\times2.16)]\times1.8/1.4\times0.1575$$
$$=72.2\text{m}$$

当不组合风荷载时，立杆搭设高度计算值 72.2m≥28m 允许搭设的高度满足要求。

2. 组合风荷载时搭设高度计算

$$\frac{N_\omega}{\varphi A}+\frac{0.9\beta M_\omega}{\gamma W\left(1-0.8\dfrac{N_\omega}{N_E}\right)}\leqslant f$$

式中　β——有效弯矩系数，采用 1.0；

γ——截面塑性发展系数，钢管截面为 1.15；

W——立杆截面模量；

N_E——欧拉临界力，$N_E=\pi^2EA/\lambda^2$（E 为材料弹性模量，λ 为压杆长细比）。

经计算，当组合风荷载时，立杆搭设高度计算值≥28m，允许搭设的高度满足要求。

11.1.4　立网封闭双排脚手架连墙杆件计算

1. 风荷载产生的连墙杆轴向力 N_s

连墙杆件按水平间距 $L_1=3.6$m；竖向间距 $H_1=3.6$m；

根据下式计算由风荷载产生的连墙杆轴向力 N_s：

$$N_s=1.4w_kL_1H_1$$

式中　N_s——风荷载作用下连墙件轴向力设计值（kN）；

L_1、H_1——分别为连墙件竖向间距及水平间距（m）。

$$N_s=1.4\times\omega_kH_1\times L_1=1.4\times0.0829\times3.6\times3.6=1.504\text{kN}$$

连墙杆轴向力设计值 $N_s+N_0=1.504+3=4.504$kN；式中 N_0 为连墙杆约束脚手架平面外变形所产生的轴向力，双排架取 3kN。

2. 连墙杆件稳定承载力验算

连墙杆件使用 ϕ48mm×3.5mm 钢管，其计算长度取脚手架的离墙距离 300 mm，因此长细比 $\lambda=L_H/i=30/1.58=18.99$，则 $\varphi=0.950$，钢管截面积 $A=4.89\text{cm}^2$，抗压强度设计值 $f=205\text{N/mm}^2$。

$$N_s+N_0=4.504\text{kN}\leqslant\varphi Af=0.950\times4.89\times10^2\times205\times10^{-3}=95.23\text{kN}$$

故连墙杆件使用 ϕ48mm×3.5mm 钢管时，其稳定承载能力满足要求。

3. 连墙件抗滑移验算

连墙件用扣件与脚手架连接的抗滑移验算：

连墙件在风荷载作用下所受的水平力为：$N_s+N_0=4.504$kN；

规范规定直角扣件抗滑设计允许承载力 $Q_c=8\text{kN}>N_s+N_0=4.504$kN；

故抗滑移承载力满足要求。

11.1.5 立杆地基承载力计算

立杆基底面积应按下式计算：

$$N/A_g \leqslant kf_g$$

式中 A_g——为立杆基础底面积（m^2）计算时可按以下情况确定：

1）仅有立杆支座（支座直接放于地面上）时，A_g 取支座板的底面积；

2）在支座下设厚度为 50～60mm 的木垫板（或木脚手板），则 $A_g=ab$（a 和 b 为垫板的两个边长，且不小于 200mm），当 A_g 的计算值大于 0.25m^2 时，则取 0.25m^2 计算；

3）在支座下采用枕木作垫木时，A_g 按枕木的面积计算；

4）当一块垫板或垫木上支承 2 根以上立杆时 $A_g=ab/n$（n 为立杆数）且用木垫板时应符合（2）的要求；

f_g——为地基承载力标准值（kPa），k 为地基承载力调整系数，计算时可按以下情况确定：对碎石土、砂土、回填土应取 0.4；对黏性土应取 0.5；对岩石、混凝土应取 1.0。

计算时可按表 11.1.5-1 所示的情况确定：

压实填土地基承载力标准值　　表 11.1.5-1

压实填土地基承载力标准值		
填土类型	压实系数 λ	承载力标准值 f_g（kPa）
碎石、卵石	0.94～0.97	200～300
砂夹石（其中碎石、卵石占全重 30%～50%）		200～250
土夹石（其中碎石、卵石占全重 30%～50%）		150～200
粉质黏土、黏土（$8<I_p<14$）		130～180
灰土	0.93～0.95	200～250

本案例中 N（单肢立杆的轴向力）设计值：

$N=1.2(N_{G1}+N_{G2})+1.4N_{Q1}=1.2\times(4.986+8.586)+1.4\times4.32=22.33\text{kN}$

现场地基为回填土，土质为粉质黏土($8<I_p<14$)，地基承载力为 $f_g=150\text{kPa}$

立杆下设厚度为 50～60mm 的木垫板：

木垫板宽度 $a=0.2\text{m}$；

木垫板长度取 0.5m；

木垫板面积取 $A_g=0.2\times0.5=0.1\text{m}^2$。

$$N/A_g=22.33/0.1=223.3\text{kPa}$$

$$kf_g=0.4\times f_g=0.4\times150=60\text{kPa}$$

$N/A_g>kf_g$，地耐力不满足于要求。

附加基础计算：

附加基础宽度为：$B=300\text{mm}$；脚手板宽为：$a=200\text{mm}$；

基底压应力：$\sigma=N/(B/a)=22.33/1.5=14.88\text{kPa}$

$$kf_g=0.4\times f_g=0.4\times150=60\ \text{kPa}$$

$\sigma<kf_g$，附加基础宽度 0.3m 满足要求。

刚性基础台阶高宽比的允许值（kPa）　　**表 11.1.5-2**

刚性基础台阶高宽比的允许值（kPa）			
基础材料	台阶高宽比允许值		
	基底应力<100	100<基底应力<200	200<基底应力<300
混凝土基础	1∶1	1∶1.1	1∶1.25
砖基础	1∶1.5	1∶1.5	
灰土基础	1∶1.25	1∶1.5	

假定采用灰土基础，根据基底应力范围按表 11.1.5-2 确定：

基础台阶高宽比选择为 1∶1=1，则计算附加基础厚度 $h=(B-a)/(2\times1)=50$mm

附加基础采用混凝土基础，宽度 300mm，厚度 50mm，满足要求。

11.2　现浇钢筋混凝土梁模板高支撑架计算案例

11.2.1　计算参数

模板支架搭设高度为 9.80m；

梁截面 $B\times D=500\text{mm}\times1800\text{mm}$，立杆的纵距（梁跨度方向）$L_y=0.50$m；

假定梁底设置 3 道承重立杆，横向间距 400mm，即 $L_x=0.40$m；

立杆的步距 $h=1.20$m；

梁底模面板厚度 18mm，剪切强度 1.4N/mm²，抗弯强度 15.0N/mm²，弹性模量 6000.0N/mm⁴；

木方 80mm × 80mm，剪切强度 1.3N/mm²，抗弯强度 13.0N/mm²，弹性模量 9500.0N/mm⁴；

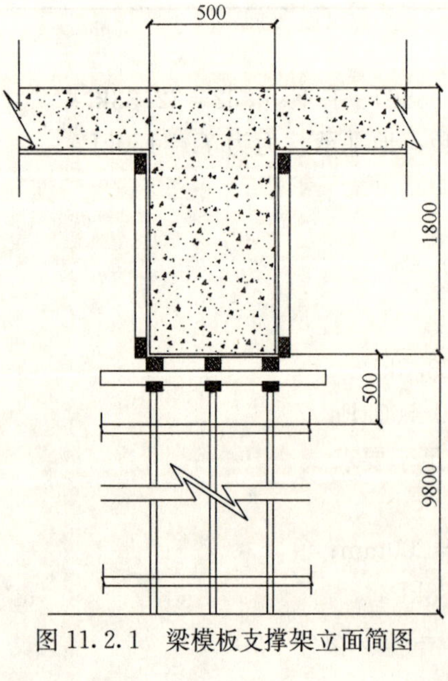

梁底支撑木方长度 0.8m，间距 0.2m；

梁顶托采用 2 根 80mm×80mm 木方；

梁底按照均匀布置承重杆 3 根计算。

模板自重 0.5kN/m²，混凝土钢筋自重 25.0kN/m³，施工活荷载 3.0kN/m²；

梁两侧的楼板厚度 0.12m，梁两侧的楼板计算长度 0.50m；

计算中考虑梁两侧部分楼板混凝土荷载以集中力方式向下传递；

集中力大小为 $F=1.20\times25.000\times0.120\times0.500\times0.200=0.360$kN。

立杆采用碗扣架，横杆采用的钢管类型为 $\phi48\text{mm}\times3.5\text{mm}$，以扣件连接。梁模板支撑架立面简图如图 11.2.1 所示。

图 11.2.1　梁模板支撑架立面简图

11.2.2　梁底模板面板计算

梁底模面板为受弯结构，需要验算其抗弯强度和刚度。梁底模板面板按照 3 跨连续梁计算。

恒荷载标准值：$q_1=25.00\times1.800\times0.50+0.50\times0.50=22.75\text{kN/m}$

活荷载标准值：$q_2=(2.00+1.00)\times0.50=1.50\text{kN/m}$

面板的截面惯性矩 I 和截面抵抗矩 W 分别为：

$$W=bh^2/6=50.0\times1.80^2/6=27.00\text{cm}^3;$$

$$I=bh^3/12=50.0\times1.80^3/12=24.3\text{cm}^4。$$

1. 抗弯强度计算

$$\sigma_j=\frac{M_{max}}{W_j}\leqslant f_{jm}$$

式中　σ——面板的抗弯强度计算值（N/mm^2）；

M_{max}——最不利弯矩设计值，取均布荷载与集中荷载分别作用时计算结果的大值；

W_j——胶合板毛截面抵抗矩；

f_{jm}——面板的抗弯强度设计值，取 15.0N/mm^2。

$$M=0.10ql^2$$

式中　q——荷载设计值（kN/m）。

经计算得到 $M=0.10\times(1.20\times22.75+1.4\times1.50)\times0.20^2=0.118\text{kN}\cdot\text{m}$

经计算得到面板抗弯强度计算值：

$$f=0.118\times1000\times1000/27000=4.356\text{N/mm}^2$$

梁底模面板的抗弯强度验算 $f<[f]=15.0\text{N/mm}^2$，满足要求。

2. 抗剪计算（可以不计算）

$$T=3Q/2bh<[T]$$

其中最大剪力：

$$Q=0.60ql=0.60\times(1.20\times22.750+1.4\times1.50)\times0.20=3.528\text{kN}$$

截面抗剪强度计算值：$T=3\times3528.0/(2\times500.000\times18.000)=0.588\text{N/mm}^2$

截面抗剪强度设计值：$[T]=1.40\text{N/mm}^2$

抗剪强度验算 $T<[T]=1.40\text{N/mm}^2$，满足要求。

3. 挠度计算

$$v=\frac{5q_gL^4}{384EI_x}\leqslant[v]$$

式中　q_g——恒荷载均布线荷载标准值（kN/m）；

L——面板计算跨度（mm）；

$[v]$——容许挠度，根据《建筑施工模板安全技术规范》JGJ 162—2008 第 4.4.1 条，取 $L/250$。

面板最大挠度计算值：

$$v=5\times22.75\times200^4/(384\times6000\times243000)=0.325\text{mm}$$

面板的最大挠度小于 200.0/250，满足要求。

11.2.3　梁底支撑木方的计算

1. 梁底木方计算

作用荷载包括梁与模板自重荷载，施工活荷载等。

1）荷载的计算：

（1）钢筋混凝土梁自重（kN/m）：

$$q_1=25.000\times1.80\times0.20=9.00\text{kN/m}$$

（2）模板的自重线荷载（kN/m）：

$$q_2=0.50\times0.20\times(2\times1.80+0.50)/0.50=0.82\text{kN/m}$$

（3）活荷载为施工荷载标准值与振捣混凝土时产生的荷载（kN）：

经计算得到，活荷载标准值 $P_1=1.2\times(1.00+2.00)\times0.50\times0.20=0.42\text{kN}$

均布荷载 $q=1.20\times(9.00+0.82)=11.78\text{kN/m}$

集中荷载 $P=1.20\times0.30=0.36\text{kN}$

梁底木方计算简图，弯矩图、剪力图如图 11.2.3-1～图 11.2.3-3 所示。

注：为便于查表计算可以假定均布荷载满布于梁跨，这样更偏于安全，也可以将立杆横距设置为 250mm，这样的计算模型更简单，计算方法同上面的梁底模板面板计算。

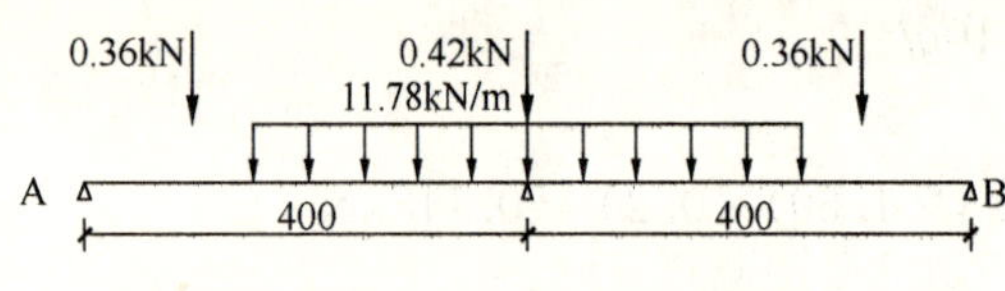

图 11.2.3-1　木方计算简图

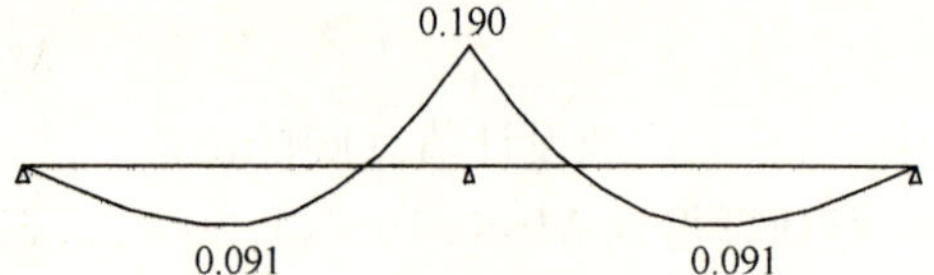

图 11.2.3-2　木方弯矩图（kN·m）

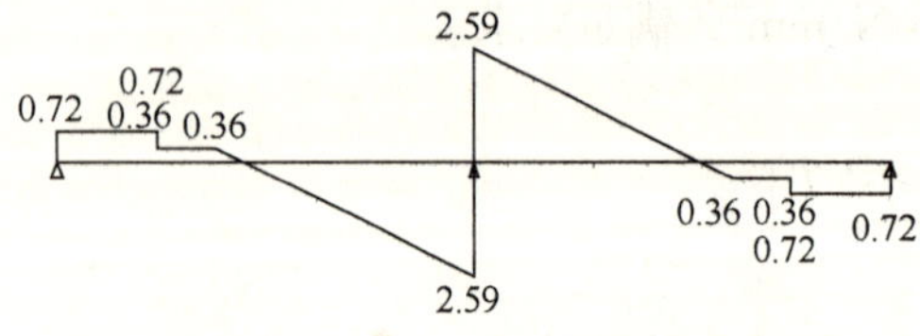

图 11.2.3-3　木方剪力图（kN）

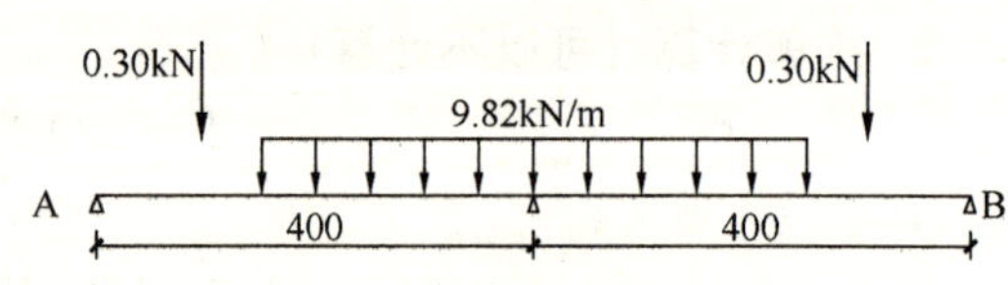

图 11.2.3-4　变形计算受力图

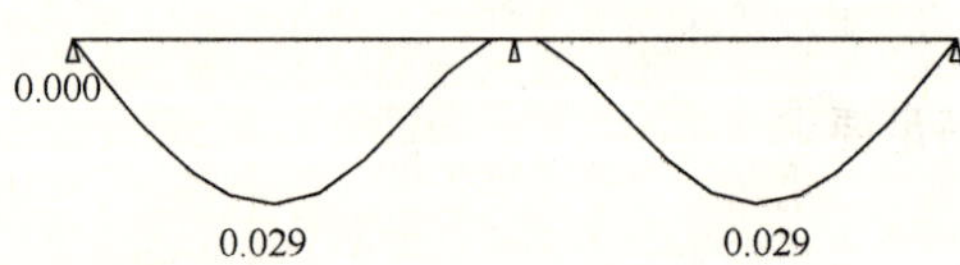

图 11.2.3-5　木方变形图（mm）

变形的计算按照规范要求采用静荷载标准值，受力图与计算结果如图 11.2.3-4～图 11.2.3-5 所示：

经过计算得到从左到右各支座反力分别为：$N_1=0.72\text{kN}$；$N_2=2.59\text{kN}$；

$$N_3=0.72\text{kN}$$

经过计算得到最大弯矩 $M=0.19\text{kN}\cdot\text{m}$

经过计算得到最大支座反力 $F=2.59\text{kN}$

经过计算得到最大变形值 $v=0.029\text{mm}$

2）木方的计算：

本算例中，木方的截面惯性矩 I 和截面抵抗矩 W 分别为：

$$W=bh^2/6=8.00\times8.00^2/6=85.33\text{cm}^3$$

$$I=bh^3/12=8.00\times8.00^3/12=341.33\text{cm}^4$$

（1）木方抗弯强度计算

抗弯计算强度 $f=0.19\times1000\times1000/85333.3=2.23\text{N/mm}^2$

木方的抗弯计算强度小于 13.0N/mm^2，满足要求。

（2）木方抗剪计算（可以不计算）

截面抗剪强度必须满足：$T=3Q/2bh<[T]$

截面抗剪强度计算值：$T=3\times2.59/(2\times80\times80)=0.606\text{N/mm}^2$

截面抗剪强度设计值：$[T]=1.30\text{N/mm}^2$

木方的抗剪强度计算满足要求。

（3）木方挠度计算

最大变形：$v=0.029\text{mm}$

木方的最大挠度小于 400.0/250，满足要求。

2. 梁底顶托梁计算

托梁按照集中与均布荷载下多跨连续梁计算。

均布荷载取托梁的自重 $q=0.123\text{kN/m}$。

托梁计算简图和弯矩图如图 11.2.3-6、图 11.2.3-7 所示。

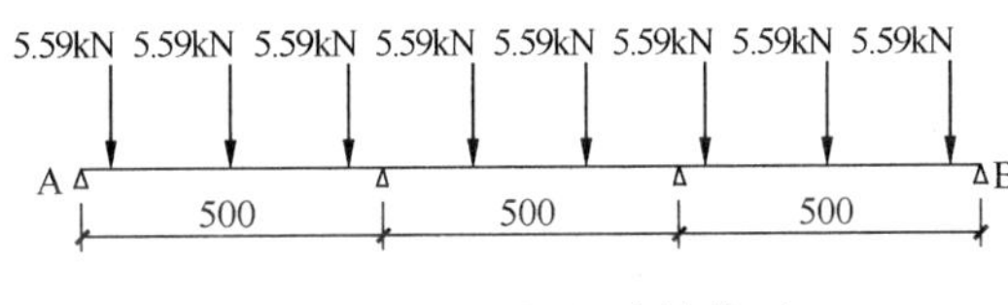

图 11.2.3-6　托梁计算简图

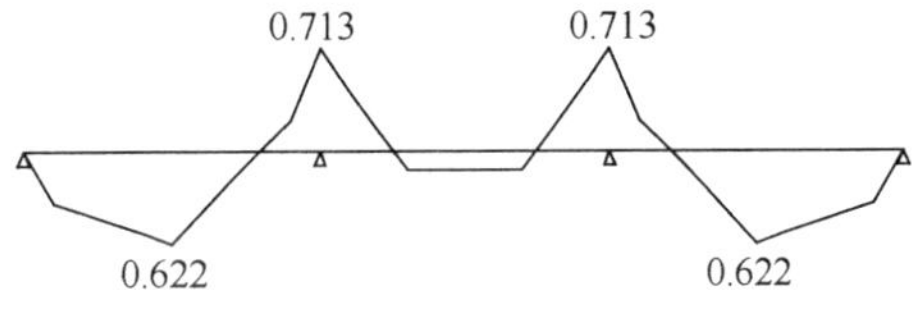

图 11.2.3-7　托梁弯矩图（kN·m）

变形的计算按照规范要求采用静荷载标准值，受力图与计算结果如图 11.2.3-8、图 11.2.3-9 所示：

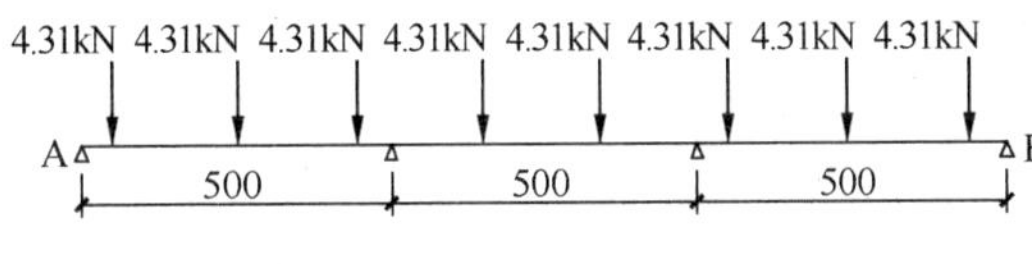

图 11.2.3-8　托梁变形计算受力图

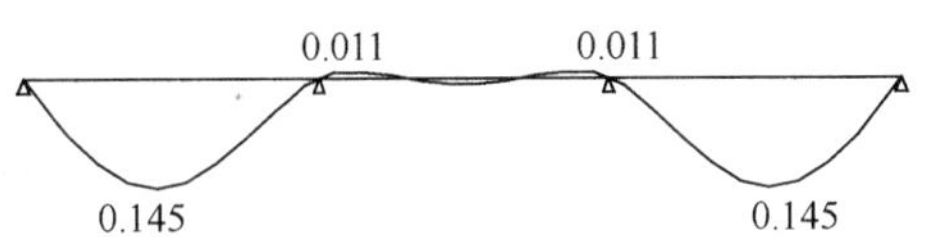

图 11.2.3-9　托梁变形图（mm）

经过计算得到：

最大弯矩 $M=0.713\text{kN}\cdot\text{m}$（也可将支座反力全部换算成线荷载，按 $M=0.1ql^2$ 近似计算求得）

最大支座反力 $F=15.41\text{kN}$（也可将支座反力全部换算成线荷载，按 $N=1.1ql$ 近似计算求得）

最大变形 $v=0.145\text{mm}$（也可将支座反力全部换算成线荷载，按 $v=0.677ql^4/100EI$ 近似计算求得，只是线荷载只取静荷载且分项系数取 1.0，计算时将线荷载适当调整即可）

顶托梁的截面惯性矩 I 和截面抵抗矩 W 分别为：

$$W=bh^2/6=(2\times8.00)\times8.00^2/6=170.67\text{cm}^3$$

$$I=bh^3/12=(2\times8.00)\times8.0^3/12=682.67\text{cm}^4$$

1）顶托梁抗弯强度计算

抗弯计算强度 $f=0.713\times1000\times1000/170666.7=4.18\text{N/mm}^2$

顶托梁的抗弯计算强度小于 13.0N/mm²，满足要求。

2）顶托梁抗剪计算（可以不计算）

截面抗剪强度必须满足：

$$T=3Q/2bh<[T]$$

截面抗剪强度计算值 $T=3\times9828/(2\times160\times80)=1.15\text{N/mm}^2$

截面抗剪强度设计值 $[T]=1.30\text{N/mm}^2$

顶托梁的抗剪强度计算满足要求。

3）顶托梁挠度计算

最大变形 $v=0.145\text{mm}$

顶托梁的最大挠度小于 500.0/250，满足要求。

11.2.4 立杆的稳定性计算

立杆的稳定性计算公式

$$N\leqslant\varphi Af$$

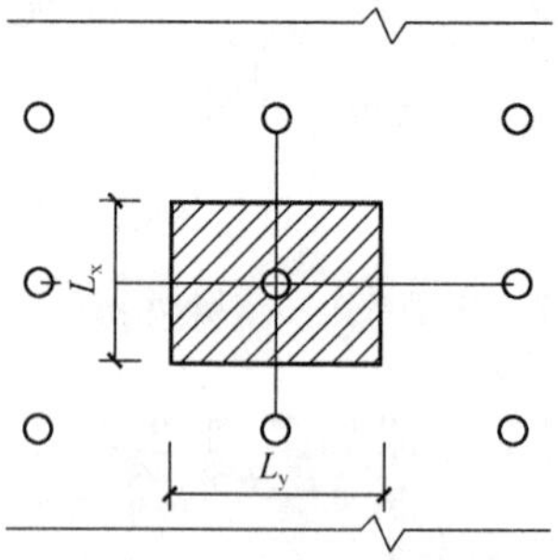

式中 N——单肢立杆的轴向力设计值应按下列公式计算：根据《建筑施工碗扣式脚手架安全技术规范》JGJ 166—2008 第 5.2.6 条

当不组合风荷载时：$N=1.2(Q_1+Q_2)+1.4(Q_3+Q_4)L_xL_y$

$$Q_1=Q_{G1}+Q_{G2}$$

横杆的最大支座反力：

$F=1.2(Q_{G1}+Q_2)+1.4(Q_3+Q_4)L_xL_y=15.41\text{kN}$（已经包括荷载分项系数）

图 11.2.4 支撑架自重荷载标准值计算单元

支撑架自重荷载标准值 Q_{G2} 的计算单元简图见图 11.2.4，另外碗扣式脚手架主要构、配件种类及规格见表 11.2.4。

碗扣式脚手架主要构、配件种类及规格 **表 11.2.4**

名称	型 号	规格（mm）	理论重量（kg）
立杆	LG-120	ϕ48×3.5×1200	7.05
	LG-180	ϕ48×3.5×1800	10.91
	LG-240	ϕ48×3.5×2400	13.34
	LG-300	ϕ48×3.5×3000	16.48
横杆	HG-30	ϕ48×3.5×300	1.32
	HG-60	ϕ48×3.5×600	2.47
	HG-90	ϕ48×3.5×900	3.63
	HG-120	ϕ48×3.5×1200	4.78

续表

名称	型　号	规格（mm）	理论重量（kg）
横杆	HG-150	ϕ48×3.5×1500	5.93
	HG-180	ϕ48×3.5×1800	7.08
可调托撑	KTC-45	可调范围≤300	7.01
	KTC-60	可调范围≤450	8.31
	KTC-75	可调范围≤600	9.69

立杆高度由(2×LG-300+2×LG-180+托撑)组成，每米立杆平均自重：

$G=(2\times LG\text{-}300+2\times LG\text{-}180+9\text{步}L_x+9\text{步}L_y+\text{托撑}+\text{扣件重及剪刀撑重})/11.10$
$=(2\times16.48+2\times10.19+9\times3.84\times0.4+9\times3.84\times0.5+8.31+2\times9\times0.0132)\times(9.8/1000)/9.8\approx0.085\text{kN/m}$

支撑架自重荷载标准值：$Q_{G2}=0.085\times9.8=0.833\text{kN}$

$$N=1.2(Q_1+Q_2)+1.4(Q_3+Q_4)L_xL_y$$
$$=1.2(Q_{G1}+Q_{G2}+Q_2)+1.4(Q_3+Q_4)L_xL_y$$
$$=F+1.2Q_{G2}=15.41+1.2\times0.833=16.41\text{kN}$$

式中 Q_{G1}——模板自重荷载标准值；
Q_{G2}——支撑架自重荷载标准值；
Q_1——模板及支撑架自重标准值；
Q_2——新浇混凝土及钢筋自重标准值；
Q_3——施工人员及施工荷载标准值；
Q_4——浇筑和振捣混凝土时产生的振动荷载标准值；
φ——轴心受压立杆的稳定系数，由长细比 l_0/i 查表得到；
i——计算立杆的截面回转半径(cm)，$i=1.58$；
A——立杆净截面面积(cm^2)，$A=4.89$；
W——立杆净截面抵抗矩(cm^3)，$W=5.08$；
σ——钢管立杆抗压强度计算值（N/mm^2）；
$[f]$——钢管立杆抗压强度设计值，$[f]=205.00\text{N/mm}^2$；
l_0——计算长度(m)，$l_0=(h+2a)$；
a——立杆上端伸出顶层横杆中心线至模板支撑点的长度；$a=0.50$m。

计算结果：$l_0=1.20+2\times0.5=2.20\text{m}$

$\lambda=2200/15.8=132.92$

$\sigma=0.386$

$\sigma=16410/(0.386\times489)=91.68\text{N/mm}^2$

立杆的稳定性计算 $\sigma<[f]=205.00\text{N/mm}^2$，满足要求。

11.2.5 立杆地基承载力计算

1. 立杆基底面积应按下式计算

$$N/A_g\leqslant kf_g$$

式中　A_g——为立杆基础底面积（m^2）计算时可按以下情况确定：

1）仅有立杆支座（支座直接放于地面上）时，A_g 取支座板的底面积。

2）在支座下设厚度为 50～60mm 的木垫板（或木脚手板），则 $A_g=ab$（a 和 b 为垫板的两个边长，且不小于 200mm），当 A_g 的计算值大于 $0.25m^2$ 时，则取 $0.25m^2$ 计算。

3）在支座下采用枕木作垫木时，A_g 按枕木的面积计算。

4）当一块垫板或垫木上支承 2 根以上立杆时 $A_g=ab/n$（n 为立杆数）且用木垫板时应符合（2）的要求。

f_g——为地基承载力标准值（kPa），k 为地基承载力调整系数，计算时可按以下情况确定：对碎石土、砂土、回填土应取 0.4；对黏性土应取 0.5；对岩石、混凝土应取 1.0。计算时可根据（表 11.1.5-1 压实填土地基承载力标准值）确定。

N——单肢立杆的轴向力设计值，$N=16.41$kN。

现场地基为回填土，土质为粉质黏土（$8<I_p<14$），地基承载力为：$f_g=135$kPa，立杆下设厚度为 50～60mm 的木垫板，木垫板宽度 $a=0.2$m，木垫板长度取 0.5m。

木垫板面积取 $A_g=0.2\times0.5=0.1m^2$

$$N/A_g=16.41/0.1=164.1\text{kPa}$$

$$kf_g=0.4\times f_g=0.4\times135=54\text{kPa}$$

$N/A_g>kf_g$ 地耐力不满足于要求。

2. 附加基础计算

假设附加基础宽度 $B=0.4$m

基底压应力 $\sigma=N/(B/a)=8.2<kf_g=0.4\times f_g=0.4\times135=54$kPa

附加基础宽度 0.4m 满足要求。

假定采用灰土基础，根据基底应力范围按表 11.1.5-2 确定：

基础台阶高宽比选择为 1∶1.25=0.8

则计算附加基础厚度 $h=(B-a)/(2\times0.8)=125$mm

附加基础采用灰土基础，厚度 125mm 满足要求。

11.3　现浇钢筋混凝土楼板模板及支架计算案例

11.3.1　基本参数

模板支架搭设高度为 11.6m；

搭设尺寸为：立杆的纵距 $L_y=1.20$m，立杆的横距 $L_x=1.20$m，立杆的步距 $h=1.20$m；

梁顶托采用 160mm×80mm 木方；

采用标准碗扣架，钢管类型为 ϕ48mm×3.5mm。

楼板支撑架立面简图与立杆稳定性荷载计算单元分别如图 11.3.1-1、图 11.3.1-2 所示。

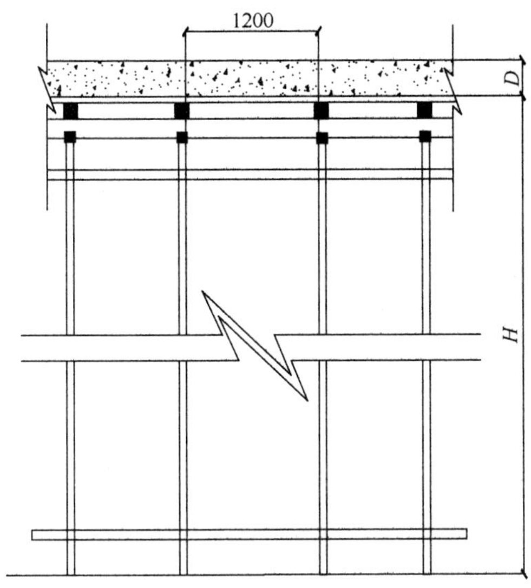

图 11.3.1-1　楼板支撑架立面简图

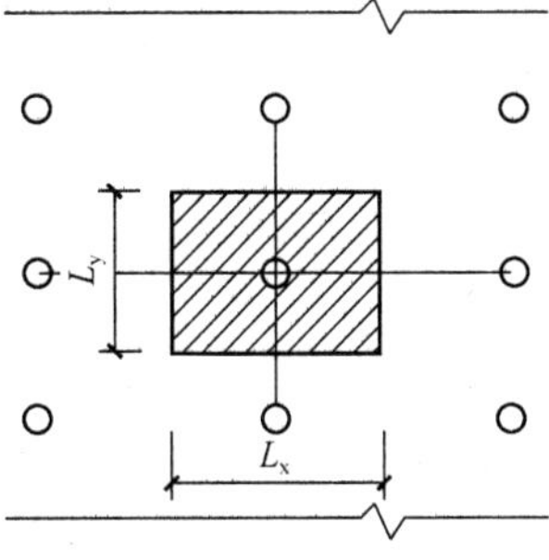

图 11.3.1-2　楼板支撑架立杆稳定性荷载计算单元

11.3.2　模板面板计算

面板为受弯结构，需要验算其抗弯强度和刚度。模板面板的按照 3 跨连续梁计算。

静荷载标准值 $q_1=25.000\times0.180\times1.200+0.350\times1.200=5.820\text{kN/m}$

活荷载标准值 $q_2=(2.000+1.000)\times1.200=3.600\text{kN/m}$

面板的截面惯性矩 I 和截面抵抗矩 W 分别为：

$$W=bh^2/6=120.00\times1.80^2/6=64.80\text{cm}^3$$

$$I=bh^3/12=120.00\times1.80^3/12=58.32\text{cm}^4;$$

1. 抗弯强度计算

$$\sigma_j=\frac{M_{max}}{W_j}\leqslant f_{jm}$$

$$M=0.10ql^2$$

式中　q——荷载设计值（kN/m）。

经计算得到：$M=0.10\times(1.2\times5.82+1.4\times3.60)\times0.30^2=0.108\text{kN}\cdot\text{m}$

经计算得到面板抗弯强度计算值：$f=0.108\times1000^2/64800=1.67\text{N/mm}^2$

面板的抗弯强度验算 $f<[f]$，满足要求。

2. 抗剪计算(可以不计算)

$$T=3Q/2bh<[T]$$

其中最大剪力 $Q=0.600\times(1.2\times5.820+1.4\times3.600)\times0.300=2.164\text{kN}$

截面抗剪强度计算值 $T=3\times2164.0/(2\times1200.00\times18.00)=0.15\text{N/mm}^2$

截面抗剪强度设计值 $[T]=1.40\text{N/mm}^2$

抗剪强度验算 $T<[T]$，满足要求。

3. 挠度计算

$$v=\frac{5q_gL^4}{384EI_x}\leqslant[v]$$

面板最大挠度 $v=5\times5.82\times300^4/(384\times9000\times583200)=0.117$mm

面板的最大挠度小于 300.0/250，满足要求。

11.3.3　支撑木方的计算

木方按照均布荷载下连续梁计算。

1. 荷载的计算

1）钢筋混凝土板自重（kN/m）：

$$ql_1=25.000\times0.180\times0.300=1.350\text{kN/m}$$

2）模板的自重线荷载（kN/m）：

$$ql_2=0.350\times0.300=0.105\text{kN/m}$$

3）活荷载为施工荷载标准值与振捣混凝土时产生的荷载（kN/m）：

经计算得到，活荷载标准值 $q_2=(1.000+2.000)\times0.300=0.900$kN/m

恒荷载 $q_1=1.2\times1.350+1.2\times0.105=1.746$kN/m

活荷载 $q_2=1.4\times0.900=1.260$kN/m

2. 木方的计算

按照 3 跨连续梁计算，最大弯矩考虑为静荷载与活荷载的计算值最不利分配的弯矩和，计算公式如下：

均布荷载 $q=3.607/1.200=3.01$kN/m

最大弯矩 $M=0.10ql^2=0.1\times3.01\times1.20\times1.20=0.433$kN·m

最大剪力 $Q=0.6ql=0.6\times3.01\times1.200=2.164$kN

最大支座反力 $N=1.1ql=1.1\times3.006\times1.200=3.97$kN

木方的截面惯性矩 I 和截面抵抗矩 W 分别为：

$$W=bh^2/6=8.00\times8.00^2/6=85.33\text{cm}^3$$

$$I=bh^3/12=8.00\times8.00^3/12=341.33\text{cm}^4$$

1）木方抗弯强度计算

抗弯计算强度 $f=0.433\times106/85333.3=5.07$N/mm²

木方的抗弯计算强度小于 13.0N/mm²，满足要求。

2）木方抗剪计算（可以不计算）

最大剪力的计算公式如下：$Q=0.6ql$

截面抗剪强度必须满足：$T=3Q/2bh<[T]$

截面抗剪强度计算值 $T=3\times2164/(2\times80\times80)=0.507$N/mm²

截面抗剪强度设计值 $[T]=1.60$N/mm²

木方的抗剪强度计算满足要求。

3）木方挠度计算

最大变形 $v=5\times1.455\times1200^4/(384\times9500.0\times3413333.5)=1.212$mm

木方的最大挠度小于 1200.0/250，满足要求。

11.3.4　托梁的计算

托梁按照集中荷载与均布荷载下多跨连续梁计算。

集中荷载取木方的支座反力 $P=3.97\text{kN}$

均布荷载取托梁的自重 $q=0.123\text{kN/m}$

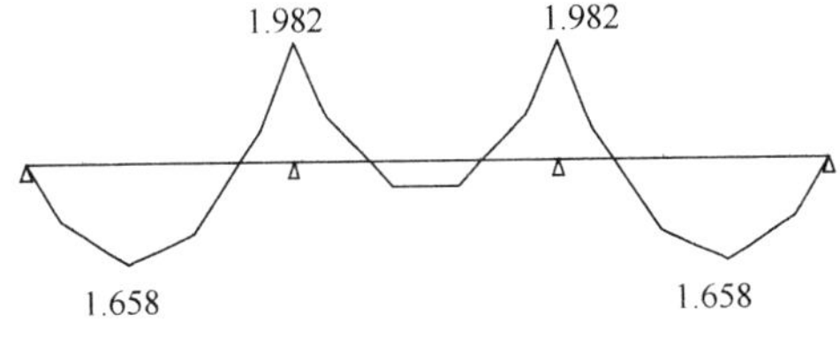

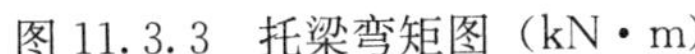

图 11.3.3 托梁弯矩图（kN·m）

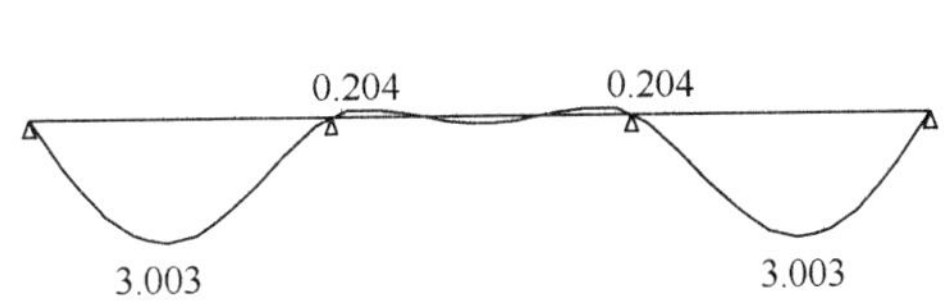

图 11.3.4 托梁变形图（mm）

经过计算得到最大弯矩 $M=1.981\text{kN}\cdot\text{m}$（也可将支座反力全部换算成线荷载，按 $M=0.1ql^2$ 近似计算求得）

经过计算得到最大支座反力 $N=17.671\text{kN}$（也可将支座反力全部换算成线荷载，按 $N=1.1ql$ 近似计算求得）

经过计算得到最大变形 $v=3.0\text{mm}$（也可将支座反力全部换算成线荷载，按 $v=0.677ql^4/100EI$ 近似计算求得，只是线荷载只取静荷载且分项系数取 1.0，计算时将线荷载适当调整即可）

顶托梁的截面惯性矩 I 和截面抵抗矩 W 分别为：

$$W=16.00\times8.00\times8.00/6=170.67\text{cm}^3$$

$$I=16.00\times8.00\times8.00\times8.00/12=682.67\text{cm}^4$$

1. 顶托梁抗弯强度计算

抗弯计算强度：$f=1.981\times106/170666.7=11.61\text{N/mm}^2$

顶托梁的抗弯计算强度小于 13.0N/mm^2，满足要求。

2. 顶托梁抗剪计算（可以不计算）

截面抗剪强度必须满足：

$$T=3Q/2bh<[T]$$

截面抗剪强度计算值 $T=3\times9661/(2\times160\times80)=1.132\text{N/mm}^2$

截面抗剪强度设计值 $[T]=1.60\text{N/mm}^2$

顶托梁的抗剪强度计算满足要求。

3. 顶托梁挠度计算

最大变形 $v=3.0\text{mm}$

顶托梁的最大挠度小于 1200.0/250，满足要求。

11.3.5 立杆的稳定性计算荷载标准值

作用于模板支架的荷载包括静荷载、活荷载和风荷载。当不考虑风荷载时，《建筑施工碗扣式脚手架安全技术规范》JGJ 166—2008 第 5.2.6 条中，立杆的轴向压力设计值计算公式：

$$N=1.2(Q_1+Q_2)+1.4(Q_3+Q_4)L_xL_y$$

$$Q_1=Q_{G1}+Q_{G2}$$

1. 静荷载标准值包括以下内容：

1）模板的自重（kN）：

$$Q_{G1}=0.350\times1.200\times1.200=0.504\text{kN}$$

2）脚手架钢管的自重（kN）：

立杆高度由（2×LG-300＋3×LG-180＋托撑＋扣件重及剪刀撑重）组成，每米立杆平均自重

$G=$（2×16.48＋3×10.19＋11×4.78＋11×4.78＋8.31）（9.8/1000）/11.40 ≈0.152kN/m

脚手架钢管的自重（kN）：可根据表 11.2.4-1 碗扣式脚手架主要构、配件种类及规格确定

$$Q_{G2}=0.152\times11.4=1.735\text{kN}$$

经计算得到：

$$Q_1=Q_{G1}+Q_{G2}=2.238\text{kN}$$

3）钢筋混凝土楼板自重标准值（kN）：

$$Q_2=25.000\times0.180\times1.200\times1.200=6.480\text{kN}$$

2. 活荷载为施工荷载标准值与振捣混凝土时产生的荷载

经计算得到，活荷载标准值：

$$Q_3+Q_4=1.00+2.00=3.0\text{kN}$$

$$\begin{aligned}N&=1.2(Q_1+Q_2)+1.4(Q_3+Q_4)L_xL_y\\&=1.2\times(2.238+6.480)+1.4\times3.0\times1.2\times1.2=16.51\text{kN}\end{aligned}$$

最大支座反力：

$F=1.2(Q_{G1}+Q_2)+1.4(Q_3+Q_4)L_xL_y=17.671\text{kN}$（已经包括荷载分项系数）

按最大支座反力计算得：

$$\begin{aligned}N&=F+1.2Q_G\\&=1.2(Q_1+Q_2)+1.4(Q_3+Q_4)L_xL_y\\&=1.2(Q_{G1}+Q_{G2}+Q_2)+1.4(Q_3+Q_4)L_xL_y\\&=19.53\text{kN}\end{aligned}$$

此计算方法偏于保守，故本计算案例采用：$N=16.51\text{kN}$

11.3.6　立杆的稳定性计算

立杆的稳定性计算公式：

$$N\leqslant\varphi Af$$

式中　N——单肢立杆的轴向力设计值；

φ——轴心受压立杆的稳定系数，由长细比 l_0/i 查表得到；

A——立杆净截面面积（cm^2）；$A=4.89$；

f——钢管立杆抗压强度设计值，$[f]=205.0\text{N/mm}^2$。

由长细比 l_0/i 查表得。

$$\lambda=2200/15.8=132.92；\varphi=0.386；$$

$$\sigma=16510/(0.386\times489)=87.47\text{N/mm}^2$$

立杆的稳定性计算 $\sigma<[f]=205.0\text{N/mm}^2$，满足要求。

11.3.7 立杆地基承载力计算

1. 立杆基底面积应按下式计算：

$$N/A_g \leqslant kf_g$$

式中 A_g——为立杆基础底面积（m^2）；

f_g——为地基承载力标准值（kPa）。

本案例中 N 为单肢立杆的轴向力设计值，$N=16.51kN$

现场地基为回填土，土质为粉质黏土（$8<I_p<14$），地基承载力为 $f_g=135kPa$；立杆下设厚度为 50～60mm 的木垫板；木垫板宽度 $a=0.2m$；木垫板面积取 $A_g=0.1m^2$

$$N/A_g=16.51/0.1=165.1kPa$$

$$kf_g=0.4\times f_g=0.4\times 135=54kPa$$

$N/A_g>kf_g$ 地耐力不满足于要求。

2. 附加基础计算：

假设附加基础宽度 $B=0.3mm$

基底压应力 $\sigma=N/\ (B/a)\ =11\leqslant kf_g=0.4\times f_g=0.4\times 135=54kPa$

附加基础宽度 0.3m 满足要求。

假定采用灰土基础，根据基底应力范围(表 11.1.5-2)刚性基础台阶高宽比的允许值确定：

基础台阶高宽比选择为 1∶1.25=0.8

则计算附加基础厚度 $h=(B-a)/(2\times 0.8)=62.5mm$

附加基础采用灰土基础，厚度 62.5mm 满足要求。

11.4 某高架路现浇支架连续箱梁碗扣式支架计算书

某高架路新建工程 2 标中 PQH29～PQH32（K1+690.00～K1+810.00）墩上部结构 U-QH09 联为等高度 3 跨预应力混凝土连续箱梁，设计桥面宽度一致，桥面纵向中心标高 15.310m，桥面铺装层高度 0.18m，梁体高度 2.3m，地面标高 4.61m，模板高度 0.262m，基础及垫木高度 0.35m，支架高度 7.608m。为此，依据设计图纸、施工技术规范、水文、地质情况，并充分结合现场的实际施工状况，为便于该区段连续箱梁的施工，保证箱梁施工的质量、进度、安全，我部采用满堂碗扣式支架组织该区段连续箱梁预应力混凝土整体现浇施工。

11.4.1 满堂式碗扣件支架方案介绍

满堂式碗扣支架体系由支架基础（厚 15cm 碎石土，10cm 混凝土面层）、ϕ48mm×3mm 碗扣立杆、横杆、斜撑杆、可调节顶托、10cm×15cm 枕木、10cm×15cm 方木纵向分配梁，8cm×10cm 方木做横向分配梁；模板系统由侧模、底模、芯模、端模等组成。10cm×15cm 方木分配梁沿纵向布置，直接铺设在支架顶部的可调节顶托上，箱梁底模板采用定型大块竹胶模板，后背 8cm×10cm 方木，然后直接铺装在 10cm×15cm 木方分配梁上进行连接固定；侧模、翼缘板模板为木模板。

根据箱梁施工技术要求、荷载重量、荷载分布状况、地基承载力情况等技术指标，通过计算确定，每孔支架立杆布置：两桥墩中间纵桥向为：8×60cm＋31×90cm＋7×60cm，共计 47 排。横桥向跨中立杆间距为：8×90cm＋60cm＋30cm＋60cm＋3×90cm＋60cm＋30cm＋60cm＋3×90cm＋60cm＋30cm＋60cm＋8×90cm，即直腹板区为 60＋30＋60cm，其余为 90cm，共 32 排；支架立杆步距为 120cm，横桥向距梁端 6.6m 处开始立杆间距为：8×90cm＋5×30cm＋3×90cm＋5×30cm＋3×90cm＋5×30cm＋8×90cm，即直腹板区为 3×30cm，其余为 90cm，共 38 排；梁端连接墩两侧支架纵向为 2×90cm，横桥向单侧为 11×30＋1×60＋4×90cm，中间非连接墩两侧支架纵向为 3×90cm，横桥向单侧为 11×30＋1×60＋4×90cm。立杆步距为 120cm，支架在桥纵向每 360cm 间距设置剪刀撑；支架两端的纵、横杆系通过垫木牢固支撑在桥墩上；立杆顶部安装可调节顶托，立杆底部支立在底托上，底托安置在支架基础上的 10cm×15cm 枕木上，以确保地基均衡受力。

11.4.2　碗扣式支架特性

1. 碗扣为 ϕ48mm×3.5mm 钢管；
2. 立杆、横杆承载性能见表 11.4.2：

立杆、横杆承载性能　　**表 11.4.2**

立杆		横杆		
步距 (m)	允许荷载 (kN)	横杆长度 (m)	允许集中荷载 (kN)	允许均布荷载 (kN/m)
0.6	40	0.9	4.5	12
1.2	30	1.2	3.5	7
1.8	25	1.5	2.5	4.5
2.4	20	1.8	2.0	3.0

3. 根据《工程地质勘察报告》，本桥位处地基容许承载力在 80kPa 以上。

11.4.3　荷载分析计算

1. 模板及模板支撑架荷载 Q_1，通过计算模板荷载如下：

1）内模（包括支撑架）：取 $q_{1-1}=1.0\text{kN/m}^2$；

2）侧模：取 $q_{1-2}=0.8\text{kN/m}^2$；

3）底模（包括背带木）：取 $q_{1-3}=0.6\text{kN/m}^2$；

4）碗扣脚手架荷载：通过计算得：按支架搭设高度 7.61m 计算（含剪刀撑）：$q_{1-4}=2.0\text{kN/m}^2$。

2. 箱梁混凝土荷载 Q_2：

纵桥向根据箱梁断面变化，按分段均布荷载考虑，其布置情况如图 11.4.3-1 所示。

横桥向各断面荷载分布如图 11.4.3-2 所示。

3. 施工荷载 Q_3：

施工人员及设备荷载取 $q_{3-1}=1.0\text{kN/m}^2$。查《建筑施工碗扣式钢管脚手架安全技术规范》JGJ 166—2008 第 4.2.5 条取值。

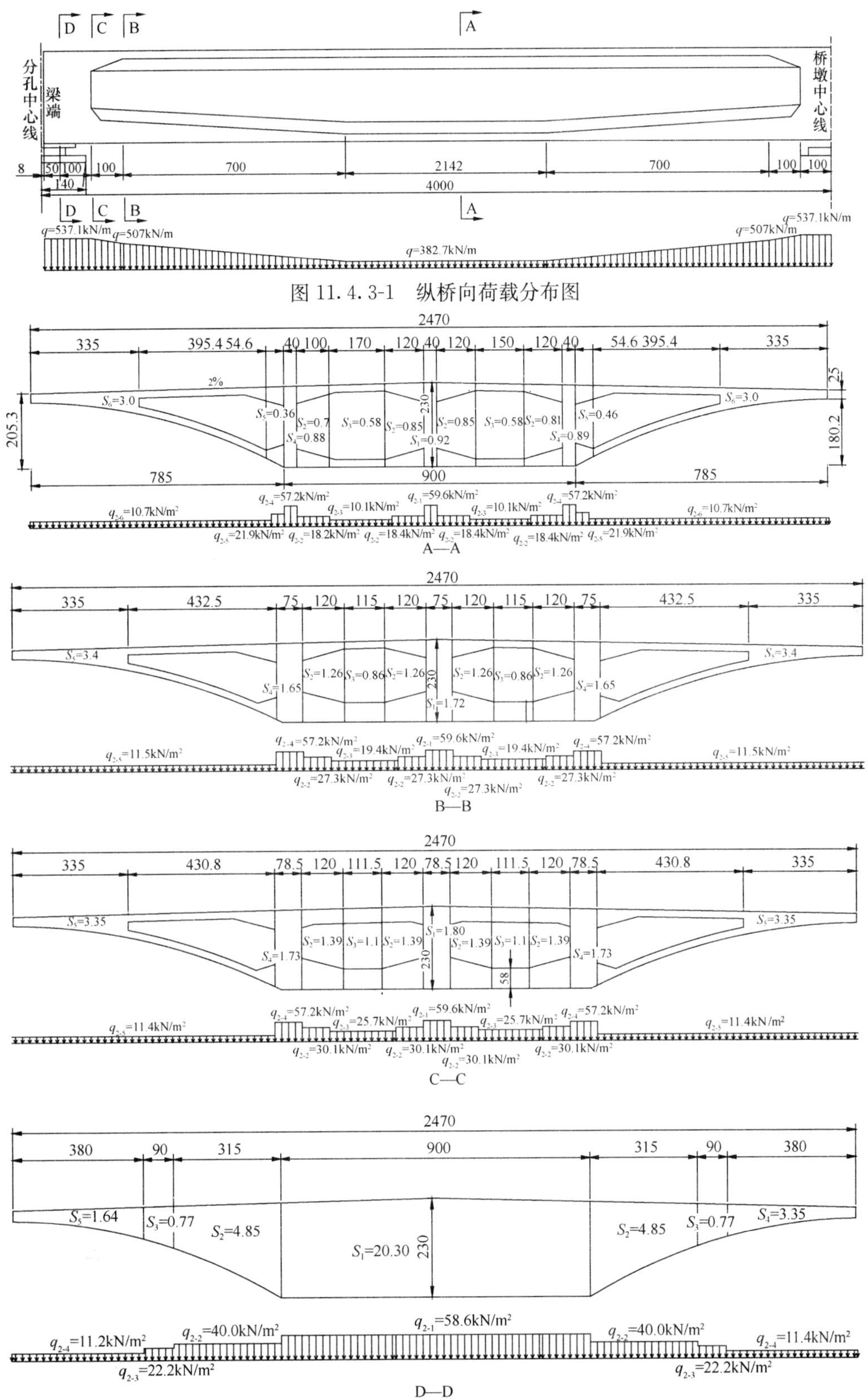

图 11.4.3-1 纵桥向荷载分布图

图 11.4.3-2 横桥向荷载分布图

水平模板的混凝土振捣荷载，取 $q_{3-2}=2\mathrm{kN/m^2}$，查《建筑施工碗扣式钢管脚手架安全技术规范》JGJ 166—2008 第 4. 2. 5 条取值。

11. 4. 4　碗扣立杆受力计算

单肢立杆轴向力计算公式：

$$N=(1.2Q_1+1.4Q_3)\times L_x\times L_y+1.4Q_2\times L_x\times L_y$$

式中　L_x、L_y——分别为单肢立杆纵向及横向间距，查《建筑施工碗扣式钢管脚手架安全技术规范》JGJ 166—2008 第 5. 6. 1 条取值。

1. 在跨中断面腹板位置，最大分布荷载：

$$\begin{aligned}N&=(1.2Q_1+1.4Q_3)\times L_x\times L_y+1.4Q_2\times L_x\times L_y\\&=[1.2(q_{1-3}+q_{1-4})+1.4(q_{3-1}+q_{3-2})]\times 0.9\times 0.3+1.4\times q_{2-1}\times 0.9\times 0.3\\&=[1.2\times(0.6+2.0)+1.4\times(1+2)]\times 0.9\times 0.3+1.4\times 59.6\times 0.9\times 0.3\\&=24.5\mathrm{kN}\end{aligned}$$

立杆分布纵向 0. 9m，横向 0. 3m，横杆层距(即立杆步距)1. 2m，则：

单根立杆受力：$N=24.5\mathrm{kN}<[N]=30\mathrm{kN}$

2. 在跨中断面腹板与底板倒角位置，最大分布荷载：

$$\begin{aligned}N&=(1.2Q_1+1.4Q_3)\times L_x\times(L_{y1}+L_{y2})/2+1.4Q_2\times L_x\times(L_{y1}+L_{y2})/2\\&=[1.2(q_{1-1}+q_{1-3}+q_{1-4})+1.4(q_{3-1}+q_{3-2})]\times L_x\times(L_{y1}+L_{y2})/2+1.4\times q_{2-2}\\&\quad\times L_x\times(L_{y1}+L_{y2})/2\\&=[1.2\times(1.0+0.6+2.0)+1.4\times(1+2)]\times 0.9\times(0.6+0.9)/2+1.4\times 18.2\\&\quad\times 0.9\times(0.6+0.9)/2\\&=16.2\mathrm{kN}\end{aligned}$$

立杆分布纵向 0. 9m，横向 0. 6+0. 9m，横杆层距(即立杆步距)1. 2m，则：

单根立杆受力：$N=16.2\mathrm{kN}<[N]=30\mathrm{kN}$

3. 跨中底板位置立杆计算：

$$\begin{aligned}N&=(1.2Q_1+1.4Q_3)\times L_x\times L_y+1.4Q_2\times L_x\times L_y\\&=[1.2(q_{1-1}+q_{1-3}+q_{1-4})+1.4(q_{3-1}+q_{3-2})]\times L_x\times L_y+1.4\times q_{2-3}\times L_x\times L_y\\&=[1.2\times(1.0+0.6+2.0)+1.4\times(1+2)]\\&\quad\times 0.9\times 0.9+1.4\times 10.1\times 0.9\times 0.9\\&=18.4\mathrm{kN}\end{aligned}$$

立杆分布纵向 0. 9m，横向 0. 9m，横杆层距(即立杆步距)1. 2m，则：

单根立杆受力：$N=18.4\mathrm{kN}<[N]=30\mathrm{kN}$

4. 跨中翼缘板位置立杆计算：

$$\begin{aligned}N&=(1.2Q_1+1.4Q_3)\times L_x\times L_y+1.4Q_2\times L_x\times L_y\\&=[1.2(q_{1-1}+q_{1-2}+q_{1-4})+1.4(q_{3-1}+q_{3-2})]\times L_x\times(L_{y1}+L_{y2})/2+1.4\end{aligned}$$

$\times q_{2-5}\times L_{x}\times(L_{y1}+L_{y2})/2$

$=[1.2\times(1.0+0.8+2.0)+1.4\times(1+2)]\times0.9\times(0.9+1.2)/2+1.4\times10.1\times0.9\times(0.9+1.2)/2$

$=21.6\text{kN}$

立杆分布纵向 0.9m，横向 0.9m+1.2m，横杆层距(即立杆步距)1.2m，则：
单根立杆受力：$N=21.6\text{kN}<[N]=30\text{kN}$

5. 梁端中腹板位置立杆计算：

$N=(1.2Q_1+1.4Q_3)\times L_x\times L_y+1.4Q_2\times L_x\times L_y$

$=[1.2(q_{1-3}+q_{1-4})+1.4(q_{3-1}+q_{3-2})]\times0.6\times0.3+1.4\times q_{2-1}\times0.6\times0.3$

$=[1.2\times(0.6+2.0)+1.4\times(1+2)]\times0.6\times0.3+1.4\times59.6\times0.6\times0.3$

$=16.3\text{kN}$

立杆分布纵向 0.6m，横向 0.3m，横杆层距(即立杆步距)1.2m，则：
单根立杆受力：$N=16.3\text{kN}<[N]=30\text{kN}$

6. 在梁端腹板及底板倒角位置：

$N=(1.2Q_1+1.4Q_3)\times L_x\times L_y+1.4Q_2\times L_x\times L_y$

$=[1.2(q_{1-1}+q_{1-3}+q_{1-4})+1.4(q_{3-1}+q_{3-2})]\times0.6\times(0.3+0.9)/2+1.4\times q_{2-2}\times0.9\times(0.3+0.9)/2$

$=[1.2\times(1+0.6+2.0)+1.4\times(1+2)]\times0.6\times(0.3+0.9)/2+1.4\times30.1\times0.6\times(0.3+0.9)/2$

$=18.2\text{kN}$

立杆分布纵向 0.6m，横向 0.3m+0.9m，横杆层距(即立杆步距)1.2m，则：
单根立杆受力：$N=18.2\text{kN}<[N]=30\text{kN}$

7. 在梁端底板位置：

$N=(1.2Q_1+1.4Q_3)\times L_x\times L_y+1.4Q_2\times L_x\times L_y$

$=[1.2(q_{1-1}+q_{1-3}+q_{1-4})+1.4(q_{3-1}+q_{3-2})]\times L_x\times L_y+1.4\times q_{2-3}\times L_x\times L_y$

$=[1.2\times(1.0+0.6+2.0)+1.4\times(1+2)]\times0.6\times0.9+1.4\times25.7\times0.6\times0.9$

$=24.0\text{kN}$

立杆分布纵向 0.6m，横向 0.9m，横杆层距(即立杆步距)1.2m，则：
单根立杆受力：$N=24.0\text{kN}<[N]=30\text{kN}$

8. 梁端翼缘板位置：

$N=(1.2Q_1+1.4Q_3)\times L_x\times L_y+1.4Q_2\times L_x\times L_y$

$=[1.2(q_{1-2}+q_{1-4})+1.4(q_{3-1}+q_{3-2})]\times(L_{x1}+L_{x2})/2\times L_y+1.4\times(q_{2-2}\times L_{x1}/2\times L_y+q_{2-3}\times L_{x2}/2\times L_y)$

$=[1.2\times(0.8+2.0)+1.4\times(1+2)]\times(0.6+0.3)/2\times0.9+1.4\times(40.0\times0.15\times0.9+22.2\times0.3\times0.9)$

$=17.7\text{kN}$

立杆分布纵向 0.9m，横向 0.6m+0.3m，横杆层距(即立杆步距)1.2m，则：

单根立杆受力：$N=17.7\text{kN}<[N]=30\text{kN}$。

经以上计算，立杆均满足受力要求。

11.4.5　地基承载力计算

地基处理采用 15cm 碎石土，10cm 混凝土，上垫 10cm×15cm 方木，根据力的扩散原则，计算原状土层荷载。地基处理示意图见图 11.4.5。

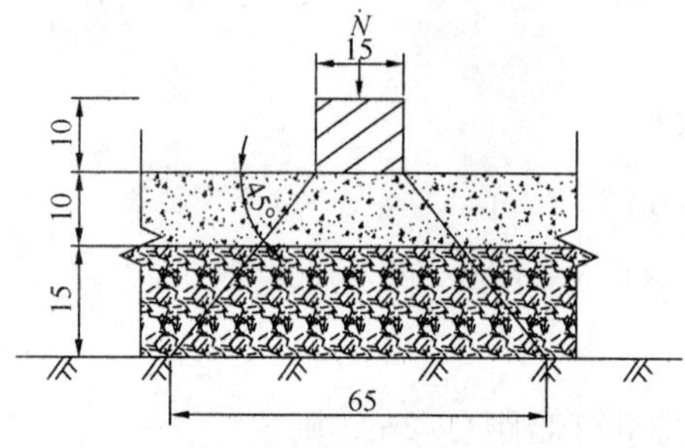

图 11.4.5　地基处理示意图(cm)

地基承载力计算公式：

$$f_g=N/A_g$$

计算土层受力面积考虑立杆纵横向步距。各部位地基受力如表 11.4.5 所示。

各部位地基受力　　表 11.4.5

箱梁部位	荷载 N(kN)	受力面积 A_g(m^2)	地基受力 f(kPa)
跨中腹板	24.5	0.7×0.45	77.8
跨中底板倒角	16.2	0.7×0.625	37.0
跨中底板	18.4	0.7×0.65	37.6
跨中翼缘板	21.6	0.7×0.65	47.5
梁端中腹板	16.3	0.6×0.3	90.6
梁底板倒角	18.2	0.6×0.475	63.8
梁端底板	24.0	0.6×0.65	61.5
梁端翼缘板	17.7	0.7×0.45	56.2

由工程地质勘察报告，设计提供的地质勘探资料表明，地表土质为回填土、粉质黏土，地基的承载力最小为 80kPa，无软弱下卧层，原状土经过处理后，承载力不得小于 91kPa。

11.4.6　支架立杆稳定性验算

碗扣式满堂支架是组装构件，单根碗扣在承载力允许范围内就不会失稳，因此以轴心受压的单根立杆进行验算，可按下式进行验算：

$$N\leqslant[N]=\varphi A[f]$$

碗扣件采用外径 48mm，壁厚 3.5mm，$A=489\text{mm}^2$，A3 钢，$I=10.78\times10^4\text{mm}^4$ 则，回转半径 $i=(I/A)^{1/2}=1.58\text{cm}$，查《建筑施工碗扣式钢管脚手架安全技术规范》JGJ 166—

2008 表 B2：钢管截面特性取值。

跨中底板按横杆步距：$L=1.2$m 计算。

跨中底板钢管长细比 $\lambda=L/i=120/1.58=75.9<[\lambda]=250$ 取 $\lambda=76$；

轴心受压杆件，查《建筑施工碗扣式钢管脚手架安全技术规范》JGJ 166—2008 附录 C：Q235A 钢管轴心受压构件的稳定系数：

$$\varphi=0.744,\ [f]=205\text{MPa}$$

跨中底板处：$[N]=0.744\times489\times205=74582.28\text{N}=74.6\text{kN}$

支架立杆步距 120cm 中受最大荷载的立杆位于梁中腹板处，其 $N=24.5$kN（见式 11.4.6-1 碗扣立杆受力验算）。

由上可知，跨中底板处：$24.5\text{kN}=N\leqslant[N]=74.6\text{kN}$

根据《建筑施工碗扣式钢管脚手架安全技术规范》JGJ 166—2008 第 5.6.5 条支架高度小于 8m，支架风荷载可不验算。

1. 梁体及围挡风荷载计算

现浇支架高度小于 8m，根据《建筑施工碗扣式钢管脚手架安全技术规范》JGJ 166—2008 的要求，可不予计算，仅需计算梁体及施工围挡风荷载。所以：

$$W_k=0.7\mu_z\cdot\mu_s\cdot W_0$$

梁体风荷载 $W_{k梁}=0.7\mu_z\cdot\mu_s\cdot W_0$

$=0.7\times1.0\times0.8\times0.55$

$=0.31\text{kN/m}^2$

围挡风荷载 $W_{k围}=0.7\mu_z\cdot\mu_s\cdot W_0\cdot\varphi$

$=0.7\times1.0\times0.8\times0.55\times0.8$

$=0.25\text{kN/m}^2$

风荷载转化为节点荷载参考《脚手架结构计算及安全技术》第四节模板支撑架的设计及计算，见图 11.4.6：

$$W_1=(W_{k梁}+W_{k围})\cdot S_{格}\cdot\gamma$$

$S_{格}=1.2\times0.9(\text{m}^2)$，支架步距 1.2m，纵向间距 0.9m；

$\gamma=1.4$，可变荷载安全系数。

$$W_1=(0.31+0.25)\times1.2\times0.9\times1.4=0.85\text{kN}$$

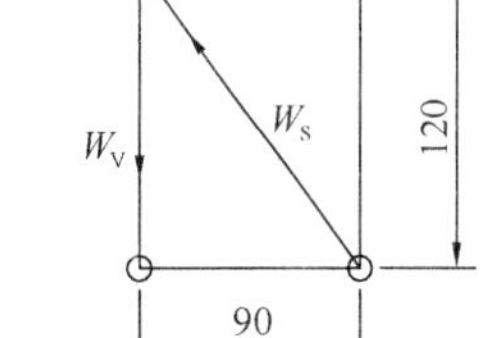

图 11.4.6　模板支撑架计算简图

依据力的平行四边形关系，$W_v=120/90\times W_1=1.13\text{kN}$

$$W_S=\frac{\sqrt{0.9^2+1.2^2}}{0.9}\times W_1$$

$$=1.42\text{kN}$$

2. 斜杆强度计算：

斜杆长细比：$\lambda=L/i=150/1.58=94.9<[\lambda]=250$，查表得 $\varphi=0.626$；

斜杆承载力：$N_x=\varphi\cdot A\cdot f=0.626\times489\times205=62753\text{N}>W_S$，采用旋转扣件连接斜杆，其承载力为 $8\text{kN}>W_S$，符合要求。

3. 立杆拉力计算：

立杆结构自重计算：$N_V=7\times39.7\times2\times15+3\times140.2\times16=15067N>W_V=1.13kN$，满足要求。

故支架立杆的稳定承载力满足稳定要求。

4. 地基沉降量估算

1)假设条件：E_0 在整个地层中变化不大，计算地层按一层进行考虑。

2)按照弹性理论方法计算沉降量参考《土力学》第四节地基沉降计算公式计算：

$$S=\frac{pbc_d(1-\mu^2)}{E_0}$$

式中　S——地基土最终沉降量；

p——基础顶面的平均压力，按最大取值 $P=90.6kPa$；

b——矩形基础的宽度，取 0.3m；

μ、E_0——分别为土的泊松比和变形模量，$\mu=0.2$；

c_d——沉降影响系数，查《土力学》取 1.12。

$E_s=10.05MPa$，经计算：$E_0=9.045MPa$

最终沉降量 $S=90.63\times0.3\times1.12\times(1-0.22)/9.045=3.5mm$

11.4.7　模板受力计算

1. 10cm×15cm 木方

10cm×15cm 方木采用木材材料为 TC13-B 类，查《简明施工计算手册》得其容许应力、弹性模量分别为：$[\sigma_w]=10MPa$，$E=9\times10^3N/mm^2$，10cm×15cm 方木的截面特性：

$$W=10\times15^2/6=375cm^3$$

$$I=10\times15^3/12=2812.54cm^4$$

1) 在腹板部位，10cm×15cm 纵向分配梁验算：

作用在分配梁上的荷载有：混凝土自重、施工荷载、混凝土振捣产生的荷载、底模板荷载，分配梁自身荷载。腹板部位的荷载 $Q_1=q_{1-1}+q_{1-3}$，$Q_2=q_{2-1}$ 及 $Q_3=q_{3-1}+q_{3-2}$。立杆纵向间距为 90cm，横向间距为 30cm。

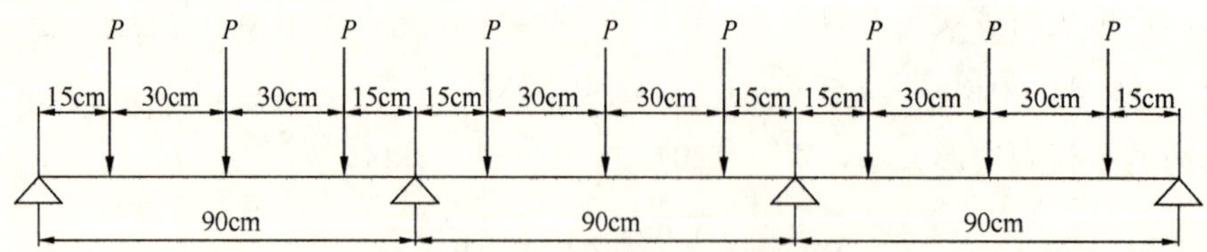

图 11.4.7-1　腹板部位计算示意图

(1) P 计算：

8cm×10cm 横向分配梁间距为 30cm，其分配情况如图 11.4.7-1 所示：

$$P=(Q_1+Q_2+Q_3)\times l_{横}\times0.3=65.2\times0.3\times0.3=5.87kN$$

(2) 强度计算：

$$M_{max}=K_m Pl$$

查《简明施工计算手册》表 2-14 得 $K_m=0.289$

$$M_{max}=0.289\times5.87\times0.9=1.53kN\cdot m=2.20\times10^6N\cdot mm$$

$\sigma_w=M_{max}/W=1.53\times10^6/(375\times10^3)=4.08MPa<[\sigma_w]=10MPa$，满足要求。

(3) 挠度计算：

$\omega_{max}=K_\omega Pl^3/100EI$，查《简明施工计算手册》表 2-14 得 $K_w=2.716$

$=2.716\times5.87\times10^3\times900^3/(100\times9\times10^3\times2812.5\times10^4)$

$=0.5mm<f=900/500=1.8mm$ 满足要求。

2) 跨中底板位置计算

(1) P 计算：作用在分配梁上的荷载有：混凝土自重、施工荷载、混凝土振捣产生的荷载、底模板荷载、分配梁自身荷载、底板部位的荷载、腹板部位的荷载。

$Q_1=q_{1-1}+q_{1-3}$，$Q_2=q_{2-1}$，$Q_3=q_{3-1}+q_{3-2}$。立杆纵向间距为 90cm，横向间距为 30cm。

8cm×10cm 横向分配梁间距为 30cm，其分布情况如图 11.4.7-2 所示：

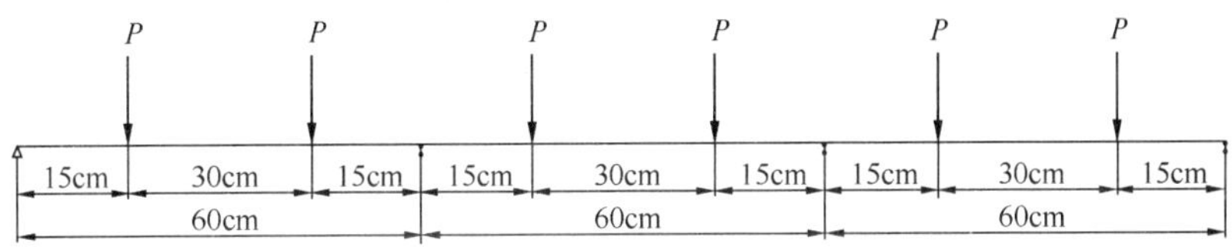

图 11.4.7-2　底板部位计算示意图

作用在背带上荷载为 $(Q_1+Q_2+Q_3)\times l_{横}\times0.3=31.3\times0.9\times0.3=8.45kN$

(2)强度计算：

所以 $M_{max}=0.289\times8.45\times0.6=1.47kN\cdot m=1.47\times10^6N\cdot mm$

$\sigma_w=M_{max}/W=1.47\times10^6/(375\times10^3)=3.92MPa<[\sigma_w]=10MPa$，满足要求。

(3)挠度计算：$\omega_{max}=2.716\times8.45\times10^3\times600^3/(100\times9\times10^3\times2812.5\times10^4)$

$=0.20mm<f=600/500=1.2mm$，满足要求。

2. 8cm×10cm 木方分配梁受力计算

8cm×10cm 方木采用木材材料为 TC13-B 类，查《简明施工计算手册》得其容许应力、弹性模量分别为：$[\sigma_w]=10MPa$，$E=9\times10^3N/mm^2$。

8cm×10cm 方木的截面特性：

$$W=8\times10^2/6=133cm^3；I=8\times10^3/12=667cm^4。$$

1)在腹板部位，8cm×10cm 纵向分配梁验算：

按荷载分布图取一跨 30cm 荷载最大，腹板位置底板部位的混凝土荷载 $Q_1=q_{竹胶板}$，$Q_2=q_{2-1}$，$Q_3=q_{3-1}+q_{3-2}$，立杆横向间距为 30cm，横向方木间距 30cm。

(1) $q_{均}$ 计算：

8cm×10cm 横向分配梁间距为 30cm，其分布情况如图 11.4.7-3 所示：

$$q_{均}=(Q_1+Q_2+Q_3)\times0.3=62.7\times0.3=18.81kN/m$$

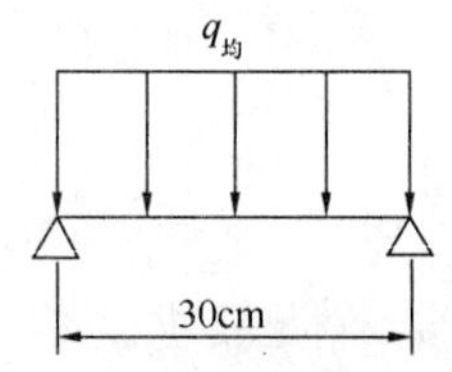

图 11.4.7-3　腹板位置纵向分配梁受力分布情况示意图

(2) 强度计算：

$M_{max}=q_均\ l^2/8$

$=18.81\times0.3^2/8=0.21kN\cdot m=0.21\times10^6N\cdot mm$

$\sigma_w=M_{max}/W=0.21\times10^6/(133\times10^3)=1.59MPa<[\sigma_w]=10MPa$，满足要求。

(3) 挠度计算：

$\omega_{max}=5q_均\ 14/384EI$

$=5\times18.81\times10^{-3}\times300^4/(384\times9\times10^3\times667\times10^4)$

$=0.37mm<f=300/500=0.6mm$　满足要求。

2) 在梁端底板部位，8cm×10cm 横向带木验算：

底板位置部位的混凝土荷载 $q=19.32kN/m^2$，立杆纵向间距为 60cm，横向间距为 90cm，横向方木间距 30cm。

(1) $q_均$ 计算：作用在分配梁上的荷载有：混凝土自重、施工荷载、混凝土振捣产生的荷载、底模板荷载、分配梁自身荷载、底板部位的荷载。

$Q_1=q_{1-1}+q_{竹胶板}$，$Q_2=q_{2-1}$，$Q_3=q_{3-1}+q_{3-2}$，$q=59.6kN/m^2$。立杆横向间距为 30cm，横向方木间距 30cm。

8cm×10cm 横向分配梁间距为 30cm，其分布情况如图 11.4.7-4 所示：

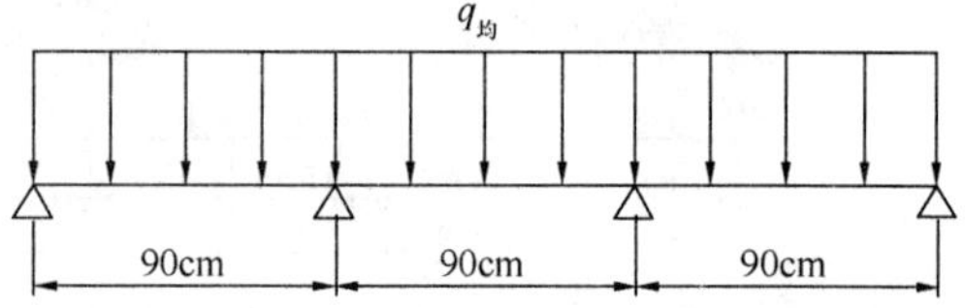

图 11.4.7-4　带木计算示意图

$$q_均=(Q_1+Q_2+Q_3)\times0.3=34.2\times0.3=10.3kN/m$$

(2) 强度计算：$M_{max}=K_mPl$

查《简明施工计算手册》表 2-14 得 $K_m=0.101$

$$M_{max}=0.101\times10.3\times0.92=0.88kN\cdot m=0.88\times10^6N\cdot mm$$

$\sigma_w=M_{max}/W=0.88\times10^6/(133\times10^3)=6.51MPa<[\sigma_w]=10MPa$ 满足要求。

(3) 挠度计算：$V_{max}=K_Wq_均\ l^3/100EI$，查《简明施工计算手册》表 2-14 得 $K_W=0.99$

$\omega_{max}=0.99q_均\ l^4/100EI$

$=0.99\times10.7\times10^{-3}\times900^4/(100\times9\times10^3\times667\times10^4)$

$=0.12mm<f=900/500=1.8mm$

(4) 抗剪验算

$$[\tau]=1.7MPa$$

$\tau=K_VqL/A=0.45\times10.3\times10^3\times0.9/(0.08\times0.1)=0.55MPa<[\tau]=1.7MPa$，带木计算满足要求。

3. 竹胶板模板受力计算

1) 荷载：

按腹板部位荷载进行计算，$q_均$ 计算：作用在竹胶模板上的荷载有：混凝土、施工荷载、混凝土振捣产生的荷载，竹胶板自身荷载。

腹板部位的荷载：

$$q_{均}=(Q_1+Q_2+Q_3)\times 0.3=63.6\times 0.3=19.08\text{kN/m}$$

2)计算模式：

竹胶模板面板宽 122cm，其肋(背木)间距为 30cm，因此，面板按 3 跨连续梁进行计算。

3)面板验算：

面板规格：2440mm×1220mm×12mm

(1)强度验算

竹胶面板的静曲强度：$[\sigma]_{纵向}\geqslant 70\text{MPa}$，$[\sigma]_{横向}\geqslant 50\text{MPa}$

跨度/板厚＝300/12＝25<100，属小挠度连续板。

查《简明施工计算手册》表 2-14 得 $K_m=0.101$

$$M_{max}=K_m qL^2=0.101\times 19.08\times 0.3^2=0.17\text{N}\cdot\text{m}=0.17\times 10^6\text{N}\cdot\text{mm}$$

面板截面抵抗矩：

$$W=bh^2/6=300\times 122/6=7200\text{mm}^3$$

$\sigma=M/W=0.17\times 106/7200=24.0\text{N/mm}^2<[\sigma]_{横向}=50\text{MPa}$，满足要求。

(2)挠度验算

查《混凝土模板用竹材胶合板》LY/T 1574—2000 得

竹胶面板的弹性模量：$[E]_{纵向}\geqslant 6\times 10^3\text{MPa}$，$[E]_{横向}\geqslant 4\times 10^3\text{MPa}$

考虑竹胶面板的背带为 8cm×10cm 木方，面板的实际净跨径为 220mm，故

$$\omega=K_\omega qL^4/(100EI)=0.99\times 19.08\times 10^{-3}\times 220^4/(100\times 4\times 103\times 300\times 123/12)$$
$$=0.03\text{mm}<[\omega]=0.44\text{mm}=L/500，满足要求。$$

11.5 大跨度、高支撑碗扣式脚手架计算实例

某工程小剧场舞台与看台部分结构为一层，舞台部分高度 24.8m，观众看台部分高度 17.73m，需要支顶的屋面梁最大截面为 YKL1 (2) 600mm×2200mm，跨度为 31.8m，屋面板厚 150mm，看台顶板与梁混凝土为：470m^3，升降舞台屋面顶板与梁混凝土为：720m^3。合计为：1190m^3，混凝土强度等级均为 C30。因楼层较高，并且屋面梁高度达到 2.2m，所以首层模板支撑均采用钢管碗扣式的满堂支撑体系，在浇筑完成地下室顶板梁板后，不得拆除地下室顶板支撑，并采取先浇筑地上外部柱混凝土，在四周结构施工至三层时，开始搭设中央脚手架，脚手架与外边柱做到有效拉结与对顶，同时为保证屋面模板体系的整体性和稳定性。待屋面板梁均浇筑完成，混凝土强度达到设计的 100%后，预应力梁施工结束后，先分层次拆除屋面的支撑体系，再拆除地下室的支撑。

结合本工程建筑平面布置与结构特点，满堂碗扣高脚手架方案做如下选定：满堂脚手

架采用碗扣式钢管架。立杆主要采用 3.0m、2.4m、1.8m 三种，立杆接长错开布置，顶杆长度为 1.5m、1.2m、0.9m，横杆采用 0.9m、0.6m、0.3m 三种组成，顶底托采用可调托撑。支架下垫边长 200mm，厚 50mm 木板，立杆底设可调底托支于木板上，立杆上设可调顶托，顶托上方铺设 100mm×100mm 横向方木（松木）。步距 1.2m，立杆纵距 0.9m，立杆横距 0.9m，满堂脚手架的四边与中间每隔 4 排支架立杆设置一道纵向剪刀撑，由底至顶连续设置。剪刀撑采用 ϕ48mm×3.5mm 脚手架钢管，通过旋转扣件与碗扣管立杆连接。脚手架内立杆与结构外皮净空保证 500mm。脚手架搭设详见图 11.5-1～图 11.5-2。

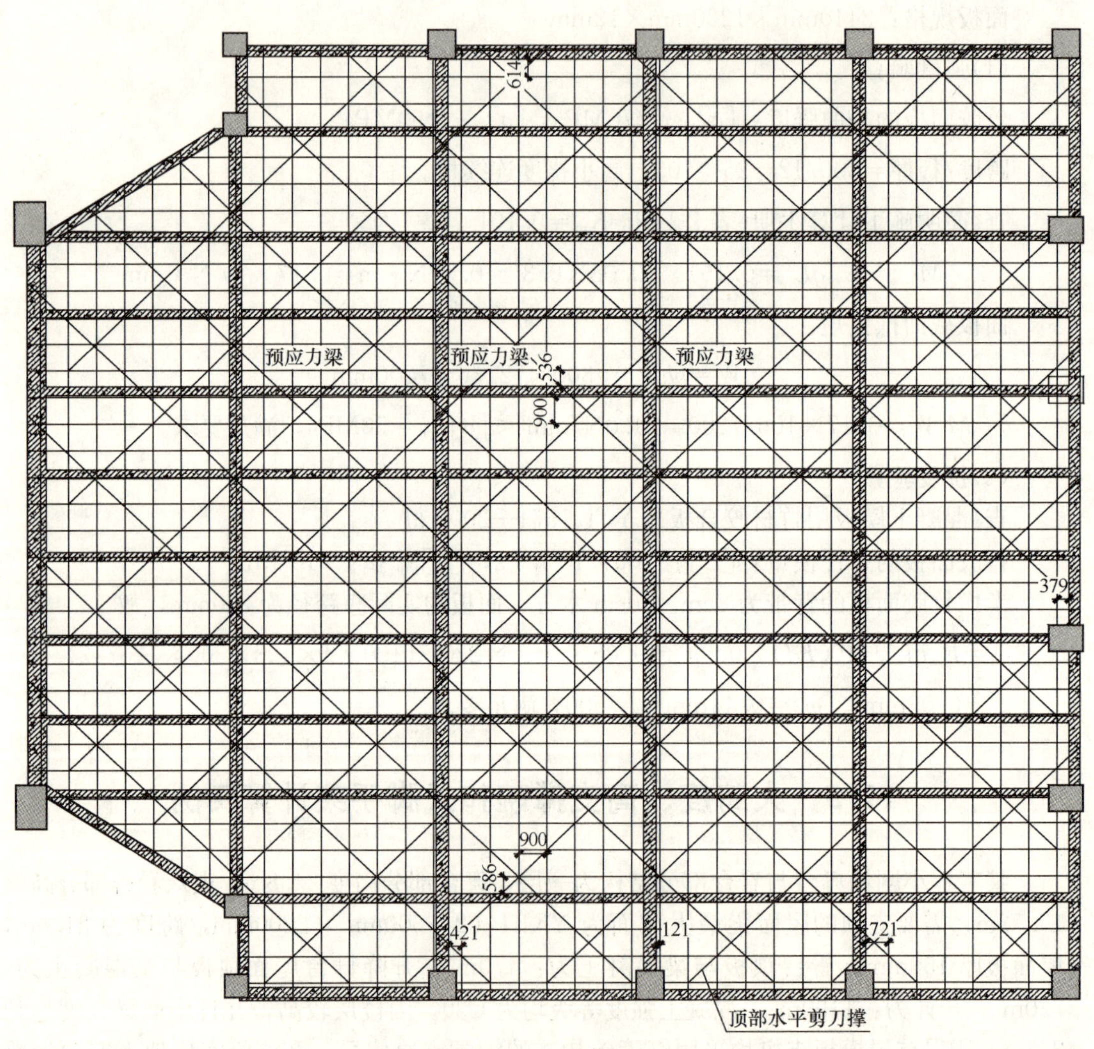

图 11.5-1　小剧场看台顶板碗扣式脚手架平面图

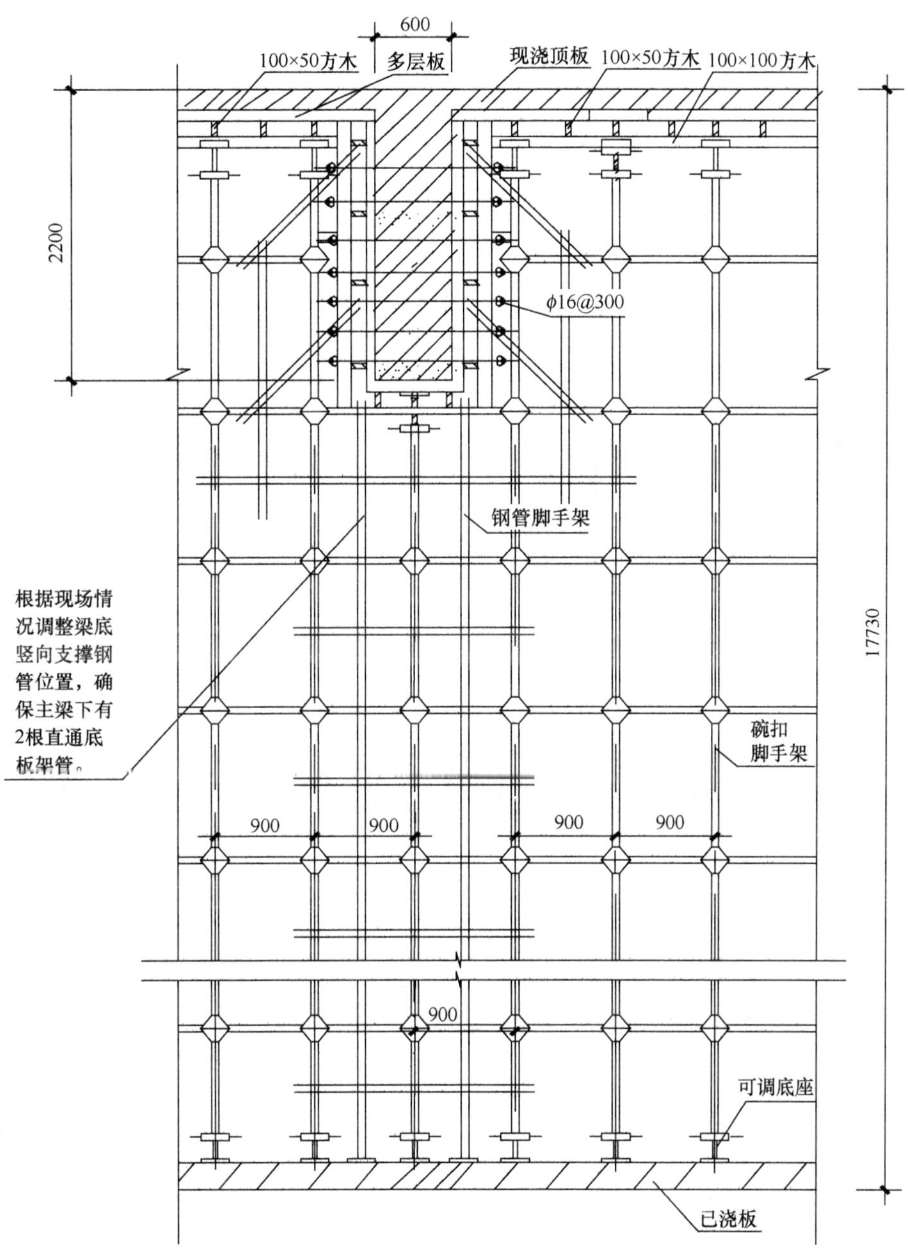

图 11.5-2 小剧场看台屋面顶板预应力梁局部加密脚手架搭设剖面图

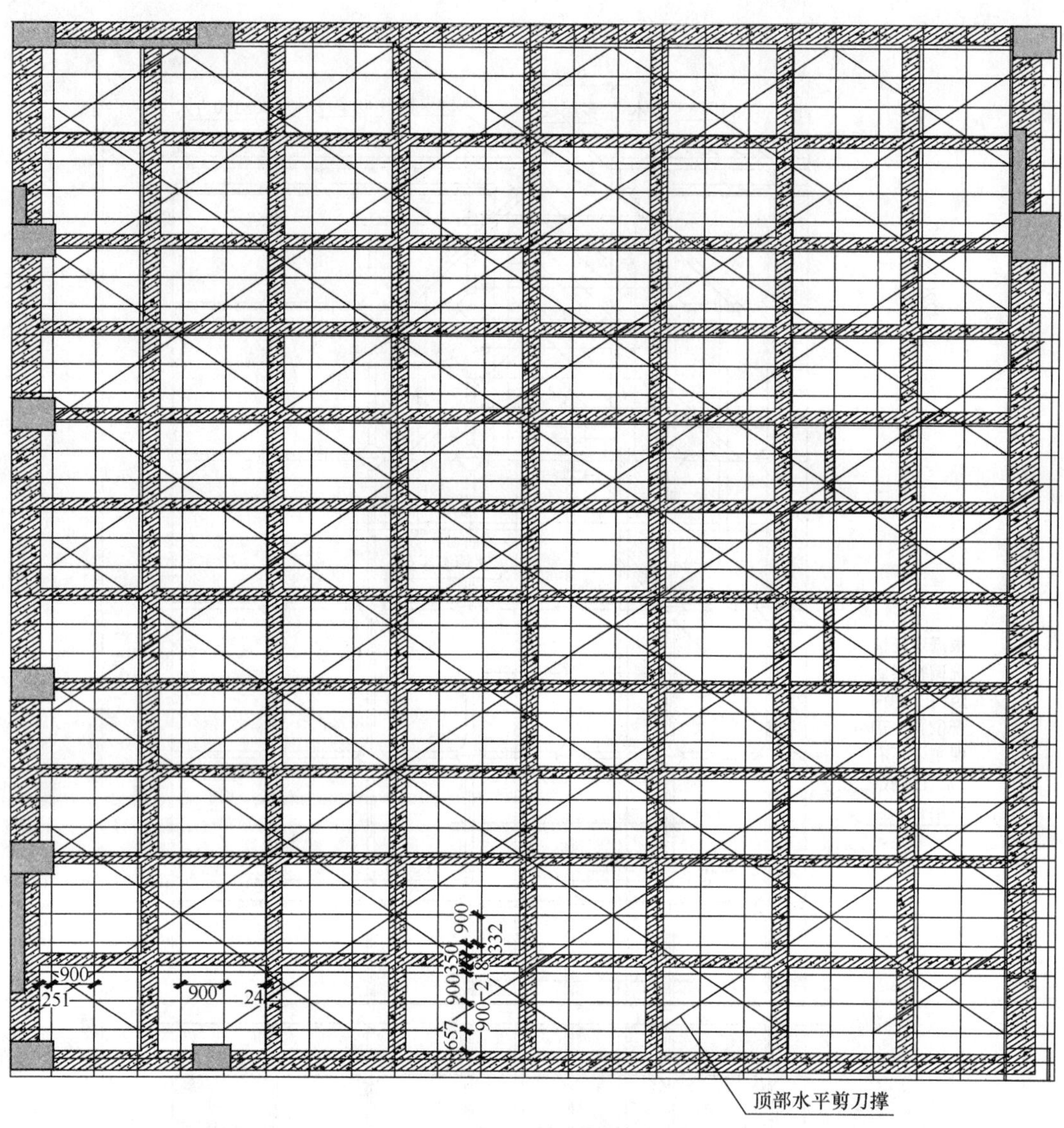

图 11.5-3　小剧场升降舞台屋面顶板碗扣式脚手架搭设平面图

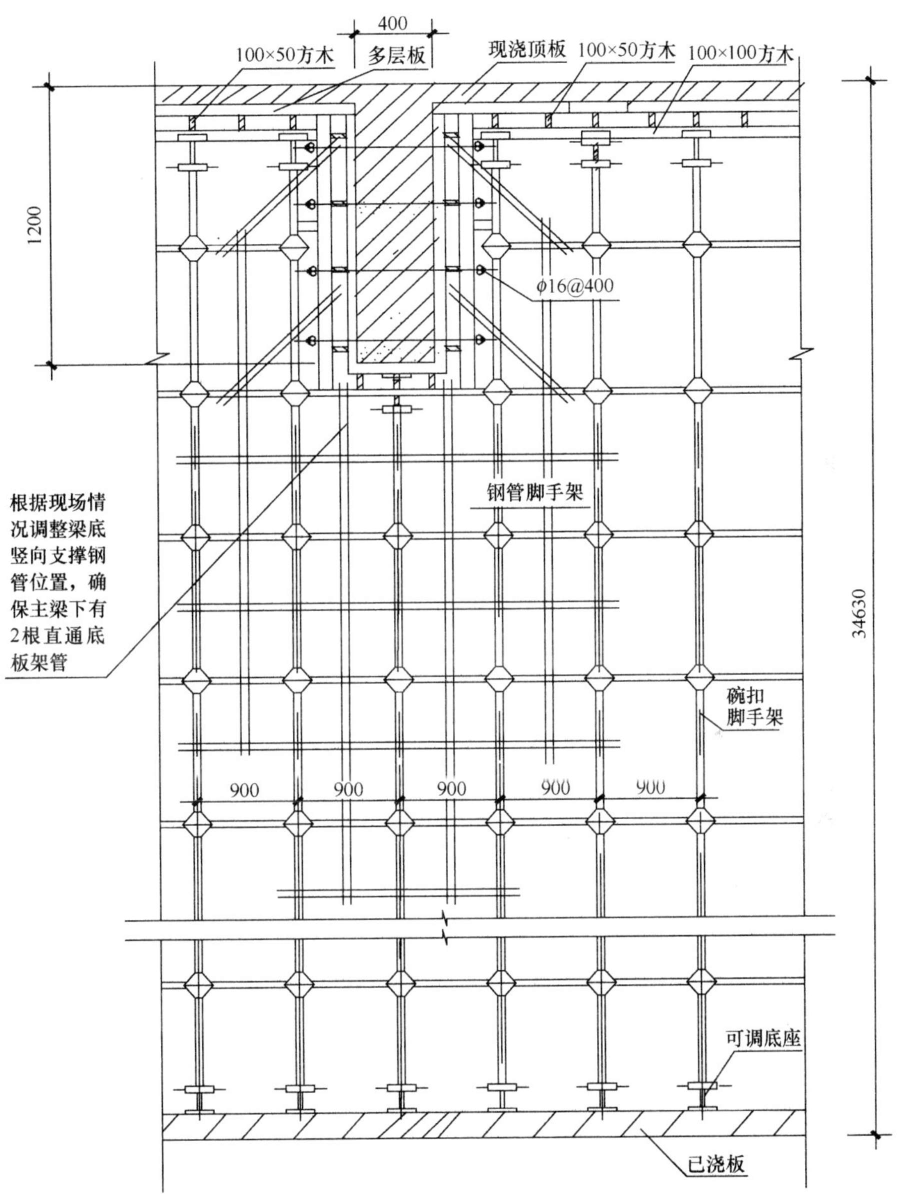

图 11.5-4 小剧场升降舞台屋面顶板梁局部加密脚手架搭设剖面图

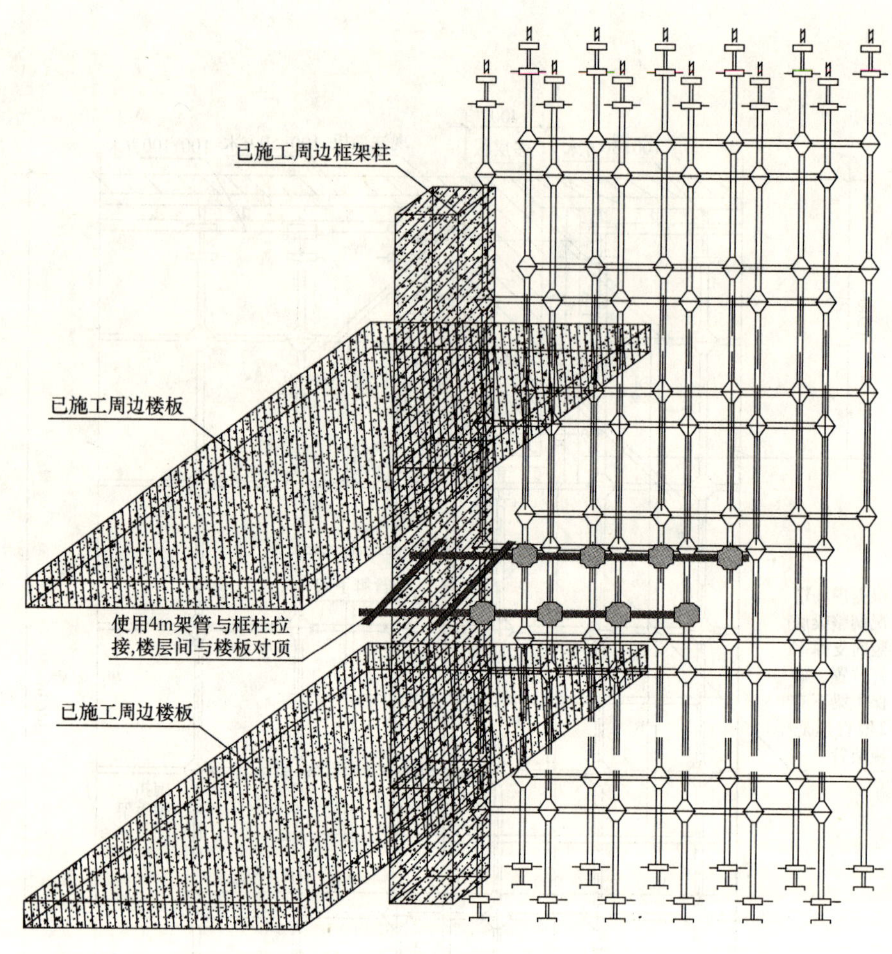

图 11.5-5　小剧场高支模脚手架拉结示意图

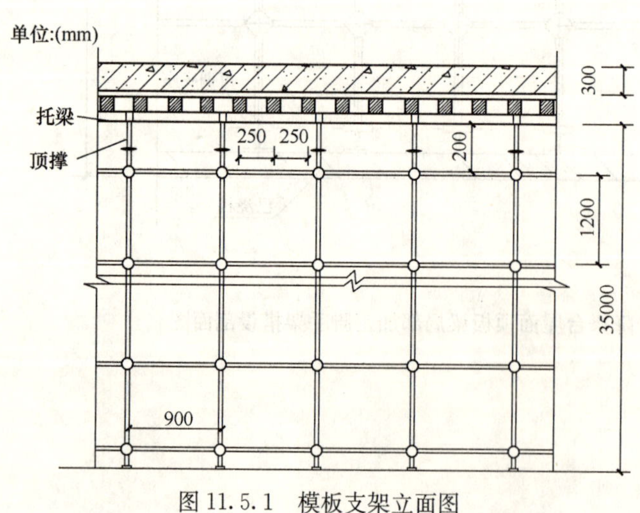

图 11.5.1　模板支架立面图

11.5.1　基本搭设参数

模板支架高 H 为 34.63m（计算按 35m 考虑），立杆步距 h（上下水平杆轴线间的距离）取 1.2m，立杆纵距 l_a 取 0.9m，横距 l_b 取 0.9m。立杆伸出顶层横向水平杆中心线至模板支撑点的自由长度 a 取 0.2m（楼板厚度与次梁综合考虑计算按 300mm）。整个支架的简图如图 11.5.1 所示。

模板底部的方木，截面宽 50mm，高 100mm，布设间距 0.25m。

11.5.2 板模板支架的强度、刚度及稳定性验算

1. 板底模板的强度和刚度验算

模板按 3 跨连续梁计算，如图 11.5.2-1 所示：

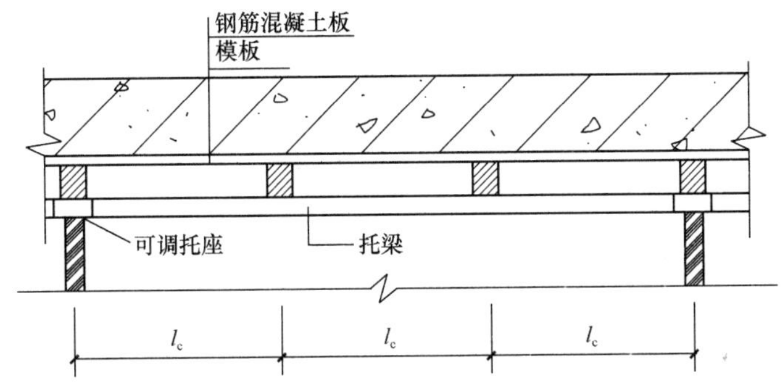

图 11.5.2-1 板底模板计算示意图

1）荷载计算，按单位宽度折算为线荷载。此时：

模板的截面抵抗矩为：$W=1000\times18^2/6=5.40\times10^4\text{mm}^3$；

模板自重标准值：$q_1=0.3\times1=0.3\text{kN/m}$；

新浇混凝土自重标准值：$q_2=0.3\times24\times1=7.2\text{kN/m}$；

板中钢筋自重标准值：$q_3=0.3\times1.1\times1=0.33\text{kN/m}$；

施工人员及设备活荷载标准值：$q_4=1\times1=1\text{kN/m}$；

振捣混凝土时产生的荷载标准值：$q_5=2\times1=2\text{kN/m}$。

上 1、2、3 项为恒载，取分项系数 1.35；4、5 项为活载，取分项系数 1.4；则底模的荷载设计值为：

$$g_1=(q_1+q_2+q_3)\times1.35=(0.3+7.2+0.33)\times1.35$$
$$=10.57\text{kN/m}$$
$$q_1=(q_4+q_5)\times1.4=(1+2)\times1.4$$
$$=4.2\text{kN/m}$$

对荷载分布进行最不利布置，最大弯矩取跨中弯矩和支座弯矩的较大值。跨中、支座最大弯矩计算简图如图 11.5.2-2、图 11.5.2-3 所示。

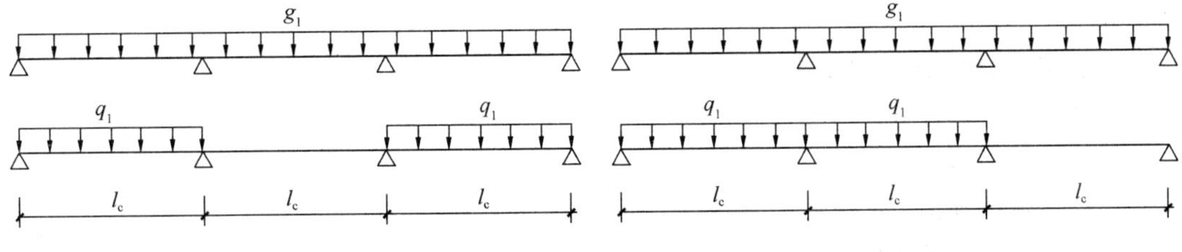

图 11.5.2-2 跨中最大弯矩计算简图　　图 11.5.2-3 支座最大弯矩计算简图

跨中最大弯矩计算公式如下：

$$M_{1\max}=0.08g_1l_c^2+0.1q_1l_c^2=0.08\times10.57\times0.25^2+0.1\times4.2\times0.25^2$$

$=0.079\text{kN}\cdot\text{m}$

支座最大弯矩计算公式如下：

$$M_{2max}=-0.1g_1l_c^2-0.117q_1l_c^2=-0.1\times10.57\times0.25^2-0.117\times4.2\times0.25^2$$
$$=-0.097\text{kN}\cdot\text{m}$$

经比较可知，荷载按照图 11.5.2-3 进行组合，产生的支座弯矩最大：

$$M_{max}=0.097\text{kN}\cdot\text{m}$$

2）底模抗弯强度验算：

取 Max（M_{1max}，M_{2max}）进行底模抗弯验算，即：

$$\sigma=M/W\leqslant f$$

$$\sigma=0.097\times10^6/(5.40\times10^4)=1.792\text{N/mm}^2$$

底模面板的受弯强度计算值 $\sigma=1.792\text{N/mm}^2$ 小于抗弯强度设计值 $f_m=15\text{N/mm}^2$，满足要求。

3）底模抗剪强度计算：

荷载对模板产生的剪力为：

$$Q=0.6g_1l_c+0.617q_1l_c=0.6\times10.57\times0.25+0.617\times4.2\times0.25$$
$$=2.233\text{kN}$$

按照下面的公式对底模进行抗剪强度验算：

$$\tau=3Q/2bh\leqslant f_v$$

$$\tau=3\times2233.425/（2\times1000\times18）=0.186\text{N/mm}^2$$

所以，底模的抗剪强度 $\tau=0.186\text{N/mm}^2$ 小于抗剪强度设计值 $f_v=1.4\text{N/mm}^2$，满足要求。

4）底模挠度验算：

模板弹性模量：$E=6000\text{N/mm}^2$；

模板惯性矩：$I=1000\times18^3/12=4.86\times10^5\text{mm}^4$；

根据 JGJ 130，刚度验算时采用荷载短期效应组合，取荷载标准值计算，不乘分项系数，因此，底模的总的变形按照下面的公式计算：

$$\nu_{max}=0.677\frac{x_1+x_2+x_3}{100EI}l_c^4+0.990\frac{x_4+x_5}{100EI}l_c^4<\min\left(\frac{l_c}{150}，10\right)$$

$$v=0.111\text{mm};$$

底模面板的挠度计算值 $v=0.111\text{mm}$ 小于挠度设计值$[v]=\text{Min}(250/150，10)\text{mm}$，满足要求。

2. 底模方木的强度和刚度验算

按 3 跨连续梁计算。

1）荷载计算：

模板自重标准值：$q_1=0.3\times0.25=0.075\text{kN/m}$；

新浇混凝土自重标准值：$q_2=0.3\times24\times0.25=1.8\text{kN/m}$；

板中钢筋自重标准值：$q_3=0.3\times1.1\times0.25=0.082\text{kN/m}$；

施工人员及设备活荷载标准值：$q_4=1\times0.25=0.25\text{kN/m}$；

振捣混凝土时产生的荷载标准值：$q_5=2\times0.25=0.5\text{kN/m}$；

以上 1、2、3 项为恒载，取分项系数 1.35；4、5 项为活载，取分项系数 1.4；则底模的荷载设计值为：

$g_2=(x_1+x_2+x_3)\times1.35=(0.075+1.8+0.082)\times1.35=2.643\text{kN/m}$

$q_2=(x_4+x_5)\times1.4=(0.25+0.5)\times1.4=1.05\text{kN/m}$

支座最大弯矩计算简图如图 11.5.2-4 所示：

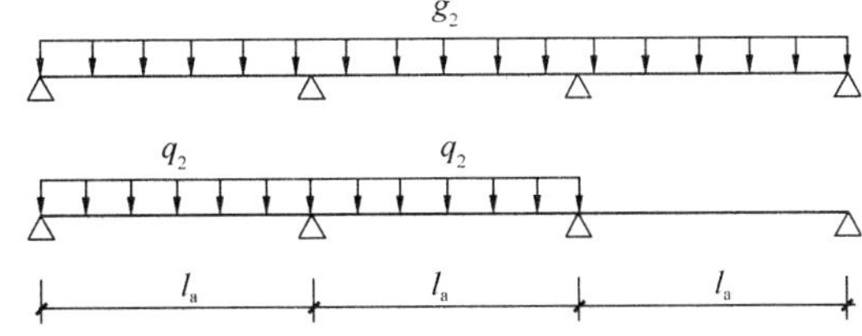

图 11.5.2-4　支座最大弯矩计算简图

支座最大弯矩计算公式如下：

$M_{\max}=-0.1\times g_2\times l_a^2-0.117\times q_2\times l_a^2$
$=-0.314\text{kN}\cdot\text{m}$

2）方木抗弯强度验算

方木截面抵抗矩　$W=bh^2/6=50\times100^2/6=8.333\times10^4\text{mm}^3$；

$$\sigma=M/W\leqslant f$$

得　$\sigma=0.314\times10^6/(8.333\times10^4)=3.763\text{N/mm}^2$

底模方木的受弯强度计算值 $\sigma=3.763\text{N/mm}^2$ 小于抗弯强度设计值 $f_{\rm m}=13\text{N/mm}^2$，满足要求。

3）底模方木抗剪强度计算

荷载对方木产生的剪力为：

$$Q=0.6g_2l_a+0.617q_2l_a=0.6\times2.643\times0.9+0.617\times1.05\times0.9$$
$$=2.01\text{kN}$$

按照下面的公式对底模方木进行抗剪强度验算：

$$\tau—3Q/2bh\leqslant f_{\rm v}$$

得　$\tau=0.603\text{N/mm}^2$；

所以，底模方木的抗剪强度 $\tau=0.603\text{N/mm}^2$ 小于抗剪强度设计值 $f_{\rm v}=1.3\text{N/mm}^2$，满足要求。

4）底模方木挠度验算

方木弹性模量：$E=9000\text{N/mm}^2$

方木惯性矩：$I=50\times100^3/12=4.167\times10^6\text{mm}^4$

根据《建筑施工扣件式钢管脚手架安全技术规范》JGJ 130，刚度验算时采用荷载短期效应组合，取荷载标准值计算，不乘分项系数，因此，方木的总变形按照下面的公式计算：

$v=0.521\times(x_1+x_2+x_3)\times l_a^4/(100\times E\times I)+0.192\times(x_4+x_5)\times l_a^4/(100\times E\times I)$
$=0.204\text{mm}$

底模方木的挠度计算值 $v=0.204\text{mm}$ 小于挠度设计值 $[v]=\text{Min}(900/150，10)\text{mm}$，满足要求。

3. 托梁材料计算

根据《建筑施工扣件式钢管脚手架安全技术规范》JGJ 130，板底水平钢管按 3 跨连续梁验算，承受本身自重及上部方木小楞传来的双重荷载，如图 11.5.2-5 所示。

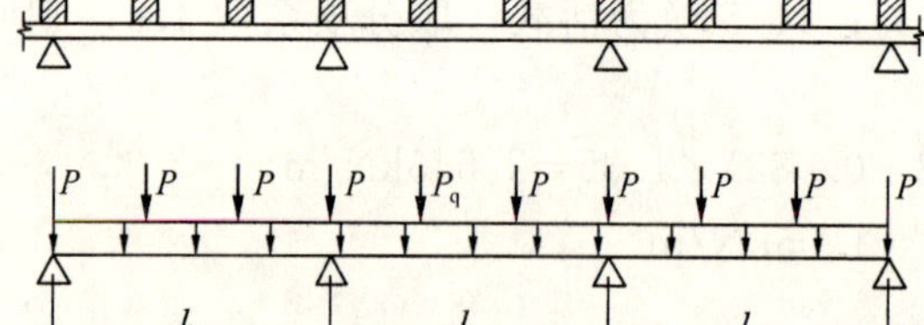

图 11.5.2-5　托梁计算示意图

1）荷载计算：

材料自重：0.1kN/m；

方木所传集中荷载：

$$P = 1.1g_2 l_a + 1.2q_2 l_a$$
$$= 1.1\times2.643\times0.9 + 1.2\times1.05\times0.9$$
$$= 3.75\text{kN}$$

按叠加原理简化计算，钢管的内力和挠度为上述两荷载分别作用之和。

2）强度与刚度验算：

托梁计算简图、内力图、变形图如图 11.5.2-6～图 11.5.2-9 所示：

托梁采用：10 号槽钢；

$$W = 39.7\times10^3\text{mm}^3\text{；}I = 198.3\times10^4\text{mm}^4\text{；}$$

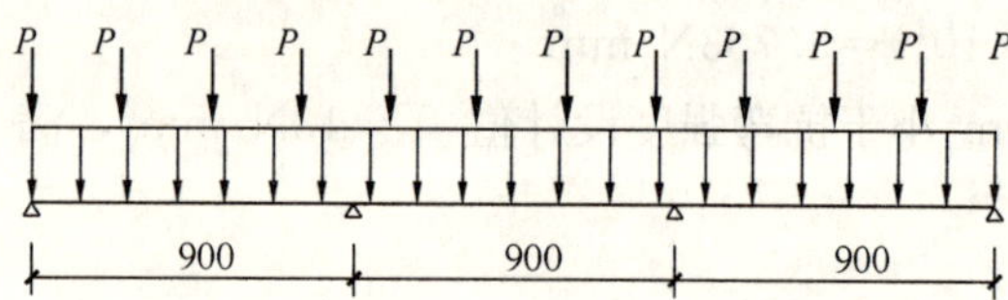

图 11.5.2-6　支撑钢管计算简图（mm）

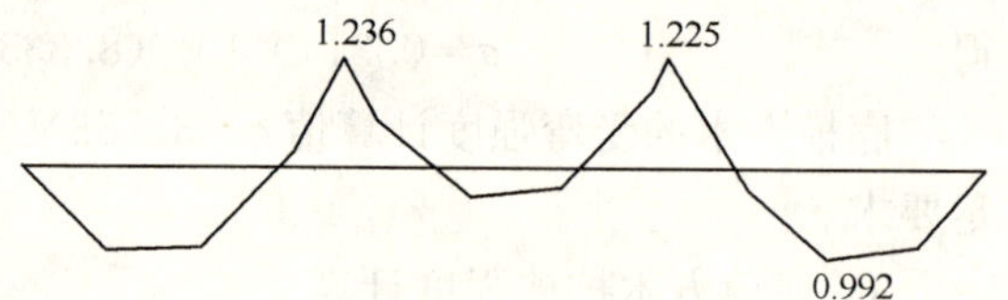

图 11.5.2-7　支撑钢管计算弯矩图（kN·m）

图 11.5.2-8　支撑钢管计算变形图（mm）

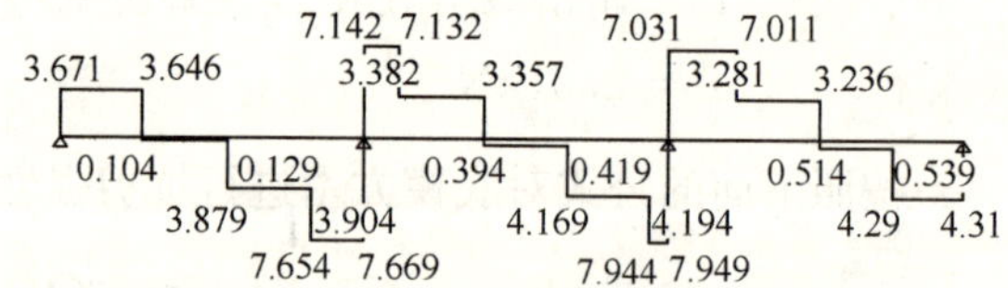

图 11.5.2-9　支撑钢管计算剪力图（kN）

中间支座的最大支座力　$R_{max} = 14.98\text{kN}$；

钢管的最大应力计算值　$\sigma = 1.236\times10^6/(39.7\times10^3) = 31.145\text{n/mm}^2$；

钢管的最大挠度　$v_{max} = 0.166\text{mm}$；

支撑钢管的抗弯强度设计值　$f_m = 205\text{N/mm}^2$

支撑钢管的最大应力计算值　$\sigma = 31.145\text{N/mm}^2$ 小于钢管抗弯强度设计值 $f_m = 205\text{N/mm}^2$，满足要求。

支撑钢管的最大挠度计算值　$v = 0.166$ 小于最大允许挠度 $[v] = \text{Min}(900/150, 10)\text{mm}$，满足要求。

4. 立杆稳定性验算（见图 11.5.2-10）：

1）不组合风荷载时，立杆稳定性计算：

（1）立杆荷载。根据《建筑施工碗扣式脚手架安全技术规范》JGJ 166—2008，支架立杆的轴向力设计值 N 应按下式计算：

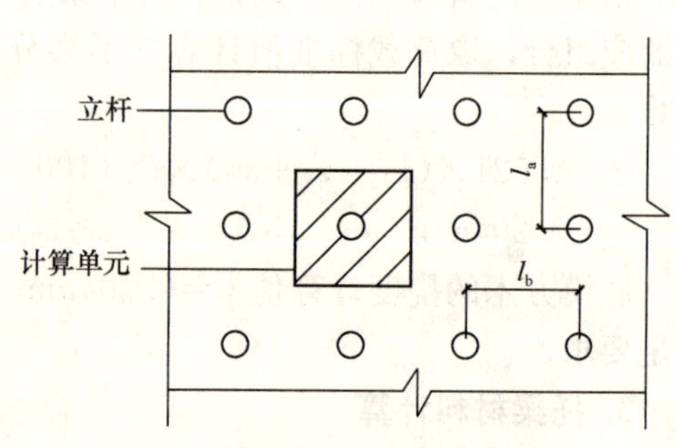

图 11.5.2-10　立杆计算简图

$$N = 1.35\Sigma N_{GK} + 1.4\Sigma N_{QK}$$

式中　N_{GK}——模板及支架自重。显然，最底部立杆所受的轴压力最大。将其分成模板（通过顶托）传来的荷载和下部钢管自重两部分，分别计算后相加而得。模板所传荷载就是顶部可调托座传力，根据本书3.1.4节，此值为$F_1=14.98\text{kN}$。

除此之外，根据《建筑施工碗扣式脚手架安全技术规范》JGJ 166—2008条文说明第4.2.1条，支架自重按模板支架高度乘以0.15kN/m取值。故支架自重部分荷载可取为：

$$F_2=0.15\times25=3.75\text{kN}$$

立杆受压荷载总设计值为：

$$N_{ut}=F_1+F_2\times1.35=14.98+3.75\times1.35=20.043\text{kN}$$

其中1.35为下部钢管自重荷载的分项系数，F_1因为已经是设计值，不再乘分项系数。

（2）立杆稳定性按下式验算：

$$\sigma=\frac{1.05N_{ut}}{\varphi AK_H}\leqslant f$$

式中　φ——轴心受压立杆的稳定系数，根据长细比λ按《建筑施工碗扣式钢管脚手架安全技术规范》JGJ 166—2008附录C采用；

A——立杆的截面面积，取$4.89\times10^2\text{mm}^2$；

K_H——高度调整系数。

①φ的计算

计算长度l_0按下式计算的结果取大值：

$$l_0=h+2a=1.2+2\times0.2=1.6\text{m}$$

$$l_0=k\mu h=1.185\times1.664\times1.2=2.366\text{m}$$

式中　h——支架立杆的步距，取1.2m；

a——模板支架立杆伸出顶层横向水平杆中心线至模板支撑点的长度，取0.2m；

μ——模板支架等效计算长度系数，由脚手架的基本参数确定，取1.664；

k——计算长度附加系数，取值为1.185。

故l_0取2.366m；

$l_0/i=2.366\times10^3/15.8=150$；查《建筑施工碗扣式钢管脚手架安全技术规范》JGJ 166—2008附录C，得$\varphi=0.308$

② K_H的计算

$$K_H=\frac{1}{1+0.005(H-4)}$$

$$K_H=1/[1+0.005\times(25-4)]=0.905$$

$$\sigma=1.05\times N/(\varphi AK_H)=1.05\times20.043\times10^3/(0.308\times4.89\times10^2\times0.905)$$
$$=154.399\text{N/mm}^2$$

立杆的受压强度计算值$\sigma=154.399\text{N/mm}^2$小于立杆的抗压强度设计值$f=205\text{N/mm}^2$，满足要求。

2）组合风荷载时，立杆稳定性计算

（1）立杆荷载：支架立杆的轴向力设计值 N_{ut} 取不组合风荷载时立杆受压荷载总设计值计算。由前面的计算可知：

$$N_{ut}=20.043\text{kN}$$

风荷载标准值按下式计算：

$$W_k=0.7\mu_z\mu_s W_0=0.7\times0.74\times0.306\times0.4=0.063\text{kN/m}^2$$

$$M_w=0.85\times1.4\times M_{wk}=0.85\times1.4\times W_k\times l_a\times h^2/10=0.01\text{kN}\cdot\text{m}$$

（2）立杆稳定性验算

$$\sigma=\frac{1.05N_{ut}}{\varphi AK_H}+\frac{M_w}{W}\leqslant f$$

$$\begin{aligned}\sigma&=1.05\times N/(\varphi AK_H)+M_w/W\\&=1.05\times20.043\times10^3/(0.308\times4.89\times10^2\times0.905)\\&\quad+0.01\times10^6/(5.08\times10^3)\\&=156.324\text{N/mm}^2\end{aligned}$$

立杆的受压强度计算值 $\sigma=156.324\text{N/mm}^2$ 小于立杆的抗压强度设计值 $f=205\text{N/mm}^2$，满足要求。

11.5.3　梁模板计算书

1. 参数信息

1）模板支撑及构造参数

梁截面宽度 B(m)：0.60；梁截面高度 D(m)：2.20；混凝土板厚(mm)：150.00；立杆沿梁跨度方向间距 L_a(m)：0.90；立杆上端伸出至模板支撑点长度 a(m)：0.20；立杆步距 h(m)：1.20；板底承重立杆横向间距或排距 L_b(m)：0.90；梁支撑架搭设高度 H(m)：25.00；梁两侧立杆间距(m)：0.90；承重架支撑形式：梁底支撑小楞垂直梁截面方向；梁底增加承重立杆根数为 2 根。

采用的钢管类型为 ϕ48mm×3.5mm；立杆承重连接方式：可调托座。

2）荷载参数

模板自重(kN/m²)：0.35；钢筋自重(kN/m³)：1.50；施工均布荷载标准值(kN/m²)：2.5；新浇混凝土侧压力标准值(kN/m²)：44.6；倾倒混凝土侧压力(kN/m²)：2.0；振捣混凝土荷载标准值(kN/m²)：2.0。

3）材料参数

木材品种：柏木；木材弹性模量 E(N/mm²)：10000.0；木材抗弯强度设计值 f_m(N/mm²)：17.0；木材抗剪强度设计值 f_v(N/mm²)：1.7；面板类型：胶合面板；面板弹性模量 E(N/mm²)：9500.0；面板抗弯强度设计值 f_m(N/mm²)：13.0。

4）梁底模板参数

梁底方木截面宽度 b(mm)：50.0；梁底方木截面高度 h(mm)：100.0；梁底纵向支

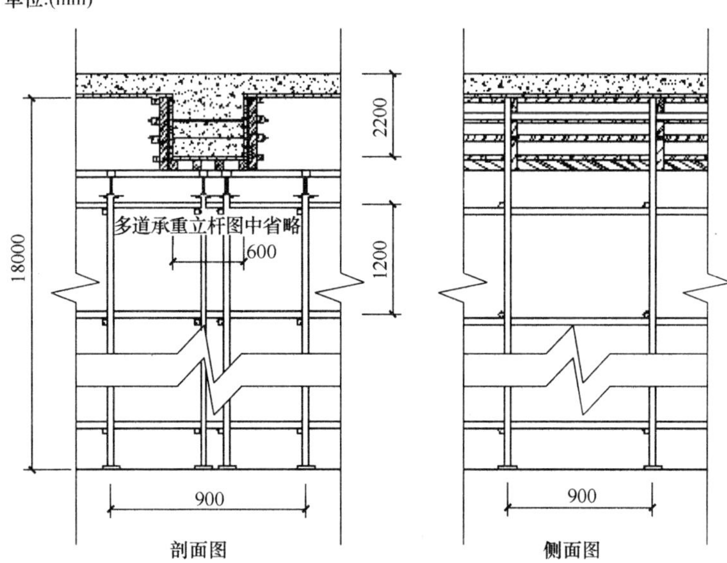

图 11.5.3-1　多根承重立杆，方木支撑垂直梁截面

撑根数：6；面板厚度(mm)：18.0。

5）梁侧模板参数

次楞间距为 100mm，主楞竖向根数为 8 根；主楞间距为：200mm，200mm，300mm，300mm，300mm，300mm，300mm；穿梁螺栓水平间距为 300mm；穿梁螺栓直径为 M16。

主楞采用双钢管；次楞采用 50mm×100mm 的木方。

2. 梁模板荷载标准值计算

强度验算要考虑新浇混凝土侧压力和倾倒混凝土时产生的荷载；挠度验算只考虑新浇混凝土侧压力。

$$F = 0.22\gamma t\beta_1\beta_2\sqrt{v}$$

$$F = \gamma H$$

式中　γ——混凝土的重力密度，取 24.00kN/m^3；

t——新浇混凝土的初凝时间，取 5.00h；

T——混凝土的入模温度，取 20.00℃；

v——混凝土的浇筑速度，取 1.50m/h；

H——混凝土侧压力计算位置处至新浇混凝土顶面总高度，取 2.20m；

β_1——外加剂影响修正系数，取 1.200；

β_2——混凝土坍落度影响修正系数，取 1.150。

根据以上两个公式计算新浇筑混凝土对模板的最大侧压力 F，分别计算得 44.620kN/m^2、52.800kN/m^2，取较小值 44.620kN/m^2 作为本工程计算荷载。

3. 梁侧模板面板的计算

面板为受弯结构，需要验算其抗弯强度和刚度。强度验算要考虑新浇混凝土侧压力和

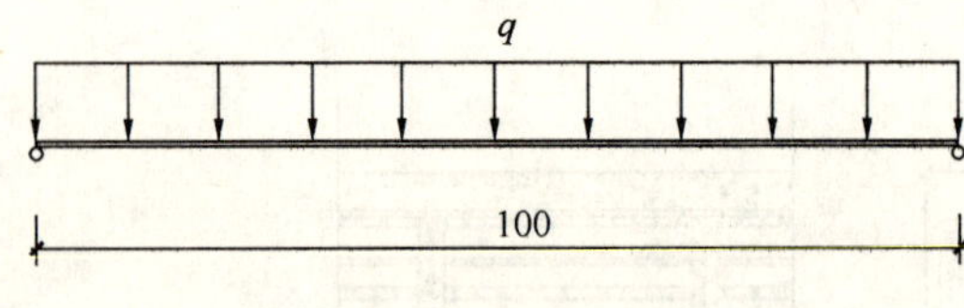

图 11.5.3-2　梁侧模板计算简图（mm）

倾倒混凝土时产生的荷载；挠度验算只考虑新浇混凝土侧压力。梁侧模板计算简图如图 11.5.3-2 所示。

1）强度计算

跨中弯矩计算公式如下：

$$\sigma = M/W \leqslant f$$

式中　W——面板的净截面抵抗矩，$W=100\times2.1\times2.1/6=73.5\text{cm}^3$；

M——面板的最大弯矩(N·mm)；

σ——面板的弯曲应力计算值(N/mm²)；

f——面板的抗弯强度设计值(N/mm²)。

按以下公式计算面板跨中弯矩：

$$M = 0.125ql^2$$

式中　q——作用在模板上的侧压力，包括：

新浇混凝土侧压力设计值：$q_1=1.2\times1\times44.62\times0.9=48.19\text{kN/m}$；

倾倒混凝土侧压力设计值：$q_2=1.4\times1\times2\times0.9=2.52\text{kN/m}$；

$$q = q_1 + q_2 = 48.190 + 2.520 = 50.710\text{kN/m};$$

l——计算跨度（内楞间距）：$l=100\text{mm}$。

面板的最大弯矩　$M=0.125\times50.71\times100^2=6.34\times10^4\text{N}\cdot\text{mm}$；

经计算得到，面板的受弯应力计算值：$\sigma=6.34\times10^4/(7.35\times10^4)=0.862\text{N/mm}^2$；

面板的抗弯强度设计值：$[f]=13\text{N/mm}^2$；

面板的受弯应力计算值 $\sigma=0.862\text{N/mm}^2$ 小于面板的抗弯强度设计值 $[f]=13\text{N/mm}^2$，满足要求。

2）挠度验算：

$$v = \frac{5ql^4}{384EI} \leqslant [v]$$

式中　q——作用在模板上的侧压力线荷载标准值：$q=50.71\text{N/mm}$；

l——计算跨度（内楞间距）：$l=100\text{mm}$；

E——面板材质的弹性模量：$E=9500\text{N/mm}^2$；

I——面板的截面惯性矩：$I=100\times1.8\times1.8\times1.8/12=48.6\text{cm}^4$。

面板的最大挠度计算值：$v=5\times50.71\times100^4/(384\times9500\times4.86\times10^5)=0.014\text{mm}$；

面板的最大容许挠度值：$[v]=l/250=100/250=0.4\text{mm}$；

面板的最大挠度计算值 $v=0.014\text{mm}$ 小于面板的最大容许挠度值 $[v]=0.4\text{mm}$，满足要求。

4. 梁侧模板内外楞的计算

1）内楞计算

内楞（木或钢）直接承受模板传递的荷载，按照均布荷载作用下的 3 跨连续梁计算。内楞计算简图如图 11.5.3-3 所示。

本工程中，龙骨采用木楞，截面宽度 50mm，截面高度 100mm，截面惯性矩 I 和截面

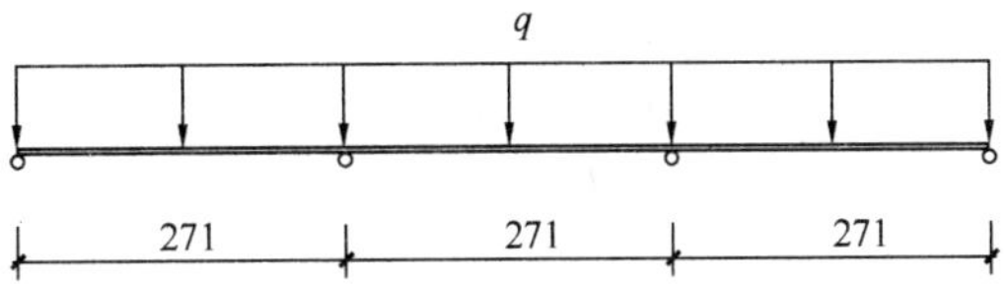

抵抗矩 W 分别为：

$$W=5\times10^2\times2/6=166.67\text{cm}^3$$

$$I=5\times10^3\times2/12=833.33\text{cm}^4$$

（1）内楞强度验算

强度验算计算公式如下：

$$\sigma = M/W \leqslant f$$

式中　σ——内楞弯曲应力计算值（N/mm²）；

M——内楞的最大弯矩（N·mm）；

W——内楞的净截面抵抗矩；

f——内楞的强度设计值（N/mm²）。

q

271　271　271

图 11.5.3-3　内楞计算简图（mm）

按以下公式计算内楞跨中弯矩：

$$M = 0.125ql^2$$

其中，作用在内楞的荷载：

$$q = (1.2\times44.62\times0.9+1.4\times2\times0.9)\times1 = 50.71\text{kN/m}$$

内楞计算跨度（外楞间距）：l=271mm；

内楞的最大弯矩：$M=0.125\times50.71\times271.43^2=4.67\times10^5$N·mm；

最大支座反力：$R=1.1\times50.71\times0.271=5.578$kN；

经计算得到，内楞的最大受弯应力计算值 $\sigma=4.67\times10^5/(1.67\times10^5)=2.794$N/mm²；

内楞的抗弯强度设计值：$[f]$ =17N/mm²；

内楞最大受弯应力计算值 σ=2.794N/mm² 小于内楞的抗弯强度设计值 $[f]$ =17N/mm²，满足要求。

（2）内楞的挠度验算

$$\nu = \frac{0.667ql^4}{100EI} \leqslant [\nu] = l/250$$

式中　l——计算跨度（外楞间距）：l=500mm；

q——作用在模板上的侧压力线荷载标准值：q=50.71N/mm；

E——内楞的弹性模量：10000N/mm²；

I——内楞的截面惯性矩：$I=8.33\times10^6$mm⁴。

内楞的最大挠度计算值：

$$v = 0.677\times50.71\times500^4/(100\times10000\times8.33\times10^6) = 0.257\text{mm}$$

内楞的最大容许挠度值：$[v]$ =500/250=2mm；

内楞的最大挠度计算值 v=0.257mm 小于内楞的最大容许挠度值 $[v]$ =2mm，满足要求。

2）外楞计算

外楞（木或钢）承受内楞传递的集中力，取内楞的最大支座反力 5.578kN，按照集中荷载作用下的 3 跨连续梁计算。

本工程中，外龙骨采用钢楞，截面惯性矩 I 和截面抵抗矩 W 分别为：

截面类型为圆钢管：ϕ48mm×3.5mm；

外钢楞截面抵抗矩 $W=10.16\text{cm}^3$；

外钢楞截面惯性矩 $I=24.38\text{cm}^4$。

（1）外楞抗弯强度验算

$$\sigma = M/W \leqslant f$$

式中　σ——外楞受弯应力计算值（N/mm^2）；

M——外楞的最大弯矩（N·mm）；

W——外楞的净截面抵抗矩；

f——外楞的强度设计值（N/mm^2）。

根据 3 跨连续梁算法求得最大的弯矩为 $M=F\times a=1.395\text{kN}\cdot\text{m}$；

其中，$F=1/8\times q\times h=13.945$，$h$ 为梁高为 2.2m，a 为次楞间距为 100mm；

经计算得到，外楞的受弯应力计算值：$\sigma=1.39\times10^6/(1.02\times10^4)=137.255\text{N/mm}^2$；

外楞的抗弯强度设计值：$[f]=205\text{N/mm}^2$；

外楞的受弯应力计算值 $\sigma=137.255\text{N/mm}^2$ 小于外楞的抗弯强度设计值 $[f]=205\text{N/mm}^2$，满足要求。

（2）外楞的挠度验算

$$\nu = \frac{1.615Fl^3}{100EI} \leqslant [v] = l/400$$

式中　E——外楞的弹性模量：206000n/mm^2；

F——作用在外楞上的集中力标准值：$F=13.945\text{kN}$；

l——计算跨度：$l=200\text{mm}$；

I——外楞的截面惯性矩：$I=243800\text{mm}^4$。

外楞的最大挠度计算值：

$$v = 1.615\times13945.140\times200.00^3/(100\times206000.000\times243800.000) = 0.036\text{mm}$$

根据连续梁计算得到外楞的最大挠度为 0.036mm；

外楞的最大容许挠度值：$[v]=200/400=0.5\text{mm}$；

外楞的最大挠度计算值 $v=0.036\text{mm}$ 小于外楞的最大容许挠度值 $[v]=0.5\text{mm}$，满足要求。

5. 穿梁螺栓的计算

验算公式如下：

$$N < [N] = f\times A$$

式中　N——穿梁螺栓所受的拉力；

A——穿梁螺栓有效面积（mm^2）；

f——穿梁螺栓的抗拉强度设计值，取 170N/mm^2。

查表得：穿梁螺栓的直径为 16mm；穿梁螺栓有效直径为 13.93mm；穿梁螺栓有效面积为 $A=182\text{mm}^2$。

穿梁螺栓所受的最大拉力：$N=(1.2\times44.62+1.4\times2)\times0.5\times1.525=42.962\text{kN}$；

穿梁螺栓最大容许拉力值：$[N]=170\times282/1000=47.94\text{kN}$；

穿梁螺栓所受的最大拉力 $N=42.962\text{kN}$ 小于穿梁螺栓最大容许拉力值 $[N]=$

47.94kN，满足要求。

6. 梁底模板计算

面板为受弯结构，需要验算其抗弯强度和挠度。计算的原则是按照模板底支撑的间距和模板面的大小，按支撑在底撑上的3跨连续梁计算。

强度验算要考虑模板结构自重荷载、新浇混凝土自重荷载、钢筋自重荷载和振捣混凝土时产生的荷载；挠度验算只考虑模板结构自重、新浇混凝土自重、钢筋自重荷载。

本算例中，面板的截面惯性矩 I 和截面抵抗矩 W 分别为：

$$W=900\times18\times18/6=4.86\times10^4\text{mm}^3$$

$$I=900\times18\times18\times18/12=4.37\times10^5\text{mm}^4$$

1）抗弯强度验算

按以下公式进行面板抗弯强度验算：

$$\sigma=M/W\leqslant f$$

式中　σ——梁底模板的弯曲应力计算值(N/mm²)；

M——计算的最大弯矩（kN·m)；

l——计算跨度(梁底支撑间距)：$l=120.00$mm；

q——作用在梁底模板的均布荷载设计值(kN/m)。

新浇混凝土及钢筋荷载设计值：

q_1：$1.2\times(24.00+1.50)\times0.90\times2.20\times0.90=54.53$kN/m

模板结构自重荷载：

q_2：$1.2\times0.35\times0.90\times0.90=0.34$kN/m

振捣混凝土时产生的荷载设计值：

q_3：$1.4\times2.00\times0.90\times0.90=2.27$kN/m

$$q=q_1+q_2+q_3=54.53+0.34+2.27=57.14\text{kN/m}$$

跨中弯矩计算公式如下：

$$M=0.101ql^2$$

$$M_{\max}=0.10\times57.137\times0.12^2=0.082\text{kN}\cdot\text{m}$$

$$\Sigma=0.082\times10^6/4.86\times10^4=1.693\text{N/mm}^2$$

梁底模面板计算应力 $\sigma=1.693$N/mm² 小于梁底模面板的抗压强度设计值［f］＝13N/mm²，满足要求。

2）挠度验算

根据《建筑施工计算手册》刚度验算采用标准荷载，同时不考虑振动荷载作用。

最大挠度计算公式如下：

$$v=\frac{0.667ql^4}{100EI}\leqslant[\nu]=l/250$$

式中　q——作用在模板上的压力线荷载：

$$q=[(24.0+1.50)\times2.200+0.35]\times0.90=50.81\text{kN/m};$$

l——计算跨度（梁底支撑间距）：$l=120.00$mm；

E——面板的弹性模量：$E=9500.0$N/mm²。

面板的最大允许挠度值：［v］＝120.00/250＝0.480mm；

面板的最大挠度计算值：

$$N = 0.677 \times 50.805 \times 120^4/(100 \times 9500 \times 4.37 \times 10^5) = 0.017\text{mm}$$

面板的最大挠度计算值：v=0.017mm 小于面板的最大允许挠度值：$[v]$=120/250=0.48mm，满足要求。

7. 梁底支撑的计算

本工程梁底支撑采用方木。

强度及抗剪验算要考虑模板结构自重荷载、新浇混凝土自重荷载、钢筋自重荷载和振捣混凝土时产生的荷载；挠度验算只考虑模板结构自重、新浇混凝土自重、钢筋自重荷载。

1）荷载的计算：

(1) 钢筋混凝土梁自重（kN/m）：

$$q_1 = (24 + 1.5) \times 2.2 \times 0.12 = 6.732\text{kN/m}$$

(2) 模板的自重线荷载（kN/m）：

$$q_2 = 0.35 \times 0.12 \times (2 \times 2.2 + 0.6)/0.6 = 0.35\text{kN/m}$$

(3) 活荷载为施工荷载标准值与振捣混凝土时产生的荷载（kN/m）：

经计算得到，活荷载标准值 $P_1 = (2.5 + 2) \times 0.12 = 0.54\text{kN/m}$。

2）方木的支撑力验算

静荷载设计值　q=1.2×6.732+1.2×0.35=8.498kN/m；

活荷载设计值　p=1.4×0.54=0.756kN/m；

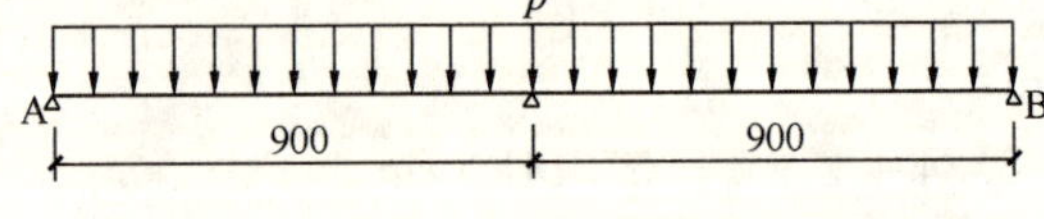

图 11.5.3-4　方木计算简图（mm）

方木按照 2 跨连续梁计算，方木计算简图见图 11.5.3-4。

本算例中，方木的截面惯性矩 I 和截面抵抗矩 W 分别为：

$$W = 5 \times 10 \times 10/6 = 83.33\text{cm}^3$$

$$I = 5 \times 10 \times 10 \times 10/12 = 416.67\text{cm}^4$$

(1) 方木强度验算：

最大弯矩考虑为静荷载与活荷载的设计值最不利分配的弯矩和，计算公式如下：

线荷载设计值：q=8.498+0.756=9.254kN/m；

最大弯矩：$M=0.125ql^2=0.125\times9.254\times0.9\times0.9=0.937\text{kN}\cdot\text{m}$；

最大应力：$\sigma=M/W=0.937\times10^6/83333.3=11.244\text{N/mm}^2$；

抗弯强度设计值：$[f]=13\text{N/mm}^2$；

方木的最大应力计算值 11.244N/mm² 小于方木抗弯强度设计值 13N/mm²，满足要求。

(2) 方木抗剪验算：

截面抗剪强度必须满足：

$$\tau = \frac{3V}{2bhn} \leqslant f_v$$

其中最大剪力：$V=0.625\times9.254\times0.9=5.206\text{kN}$；

方木受剪应力计算值 $\tau=3\times5205.6/(2\times50\times100)=1.562\text{N/mm}^2$；

方木抗剪强度设计值 $[\tau]=1.7\text{N/mm}^2$；

方木的受剪应力计算值 1.562N/mm^2 小于方木抗剪强度设计值 1.7N/mm^2，满足要求。

（3）方木挠度验算：

最大挠度考虑为静荷载与活荷载的计算值最不利分配的挠度和，计算公式如下：

$$\nu=\frac{0.521ql^4}{100EI}\leqslant[\nu]=l/400$$

方木线荷载计算值：

$q=6.732+0.350=7.082\text{kN/m}$；

方木最大挠度计算值：

$N=0.521\times7.082\times900^4/(100\times10000\times416.667\times10^4)=0.581\text{mm}$

方木的最大允许挠度 $[v]=0.900\times1000/250=3.600\text{mm}$；

方木的最大挠度计算值 $v=0.581\text{mm}$ 小于方木的最大允许挠度 $[v]=3.6\text{mm}$，满足要求。

3）支撑托梁的强度验算

支撑托梁按照简支梁的计算如下

荷载计算公式如下：

（1）钢筋混凝土梁自重（kN/m^2）：

$$q_1=(24.000+1.500)\times2.200=56.100\text{kN/m}^2$$

（2）模板的自重（kN/m^2）：

$$q_2=0.350\text{kN/m}^2$$

（3）活荷载为施工荷载标准值与振捣混凝土时产生的荷载（kN/m^2）：

$$q_3=(2.500+2.000)=4.500\text{kN/m}^2$$

$$q=1.2\times(56.100+0.350)+1.4\times4.500=74.040\text{kN/m}^2$$

梁底支撑根数为 n，立杆梁跨度方向间距为 a，梁宽为 b，梁高为 h，梁底支撑传递给托梁的集中力为 P，梁侧模板传给托梁的集中力为 N。

当 $n=2$ 时：

$$P=qab/(2-1)=qab$$
$$N=1.2q_2ah$$
$$P_1=P_2=P/2+N$$

当 $n>2$ 时：

$$P=qab/(n-1)$$
$$N=1.2q_2ah$$
$$P_1=P_2=P/2+N$$
$$P_2=P_3=\cdots P_{n-1}=P$$

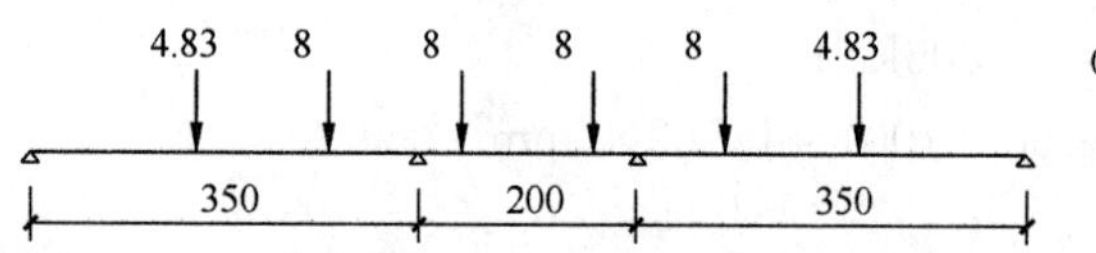

图 11.5.3-5　计算简图（kN）

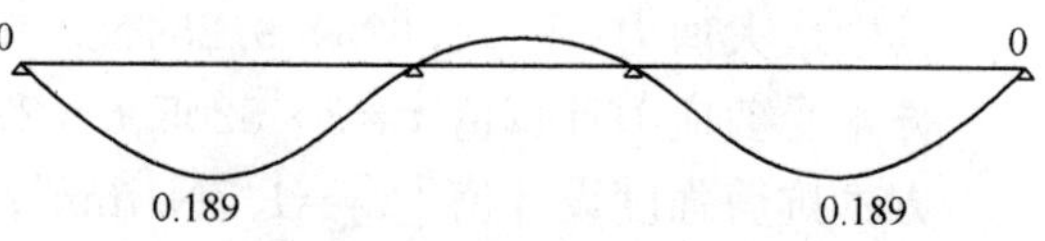

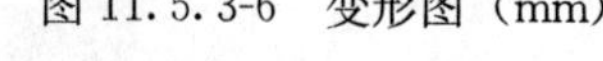

图 11.5.3-6　变形图（mm）

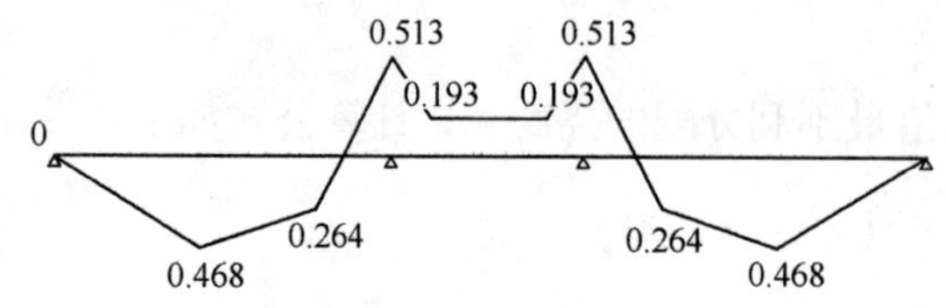

图 11.5.3-7　弯矩图（kN·m）

经过连续梁的计算得到：

支座反力 $R_A=R_B=3.123$kN，中间支座最大反力 $R_{max}=17.7$kN；

最大弯矩 $M_{max}=0.513$kN·m；

最大挠度计算值 $v_{max}=0.189$mm；

最大应力 $\sigma=0.513\times10^6/5080=100.921$N/mm^2；

支撑抗弯设计强度 $[f]=205$N/mm^2；

支撑托梁的最大应力计算值 100.921N/mm^2 小于支撑托梁的抗弯设计强度 205N/mm^2，满足要求。

8. 立杆的稳定性计算：

1）梁两侧立杆稳定性验算：

立杆的稳定性计算公式

$$\sigma=\frac{N}{\phi A}\leqslant[f]$$

式中　N——立杆的轴心压力设计值，它包括：

水平钢管的最大支座反力：$N_1=3.123$kN；

脚手架钢管的自重：$N_2=1.2\times0.149\times25=4.467$kN；

$N=3.123+4.467=7.59$kN；

φ——轴心受压立杆的稳定系数，由长细比 l_o/i 查表得到；

i——计算立杆的截面回转半径（cm）：$i=1.58$；

A——立杆净截面面积（cm^2）：$A=4.89$；

W——立杆净截面抵抗矩(cm^3)：$W=5.08$；

σ——钢管立杆轴心受压应力计算值（N/mm^2）；

$[f]$——钢管立杆抗压强度设计值：$[f]=205$N/mm^2；

l_0——计算长度(m)。

参照《建筑施工扣件式钢管脚手架安全技术规范》JGJ 130—2001，不考虑高支撑架，按下式计算

$$l_0=k_1\mu h$$

式中　k_1——计算长度附加系数，取值为：1.155；

μ——计算长度系数，查表得：$u=1.7$。

上式的计算结果：

立杆计算长度 $l_0=k_1\mu h=1.155\times1.7\times1.2=2.356$m；

$$l_0/i=2356.2/15.8=149$$

由长细比 l_0/i 的结果查表得到轴心受压立杆的稳定系数 $\varphi=0.312$；

钢管立杆受压应力计算值；$\sigma=7589.799/(0.312\times489)=49.747\text{N/mm}^2$；

钢管立杆稳定性计算 $\sigma=49.747\text{N/mm}^2$ 小于钢管立杆抗压强度的设计值 $[f]=205\text{N/mm}^2$，满足要求。

2）梁底受力最大的支撑立杆稳定性验算：

$$\sigma=\frac{N}{\phi A}\leqslant[f]$$

参照《建筑施工扣件式钢管脚手架安全技术规范》JGJ 130—2001，不考虑高支撑架，按下式计算

$$l_0=k_1\mu h$$

上式的计算结果：

立杆计算长度 $l_0=k_1\mu h=1.155\times1.7\times1.2=2.356\text{m}$；

$$l_0/i=2356.2/15.8=149；$$

由长细比 l_0/i 的结果查表得到轴心受压立杆的稳定系数 $\varphi=0.312$；

钢管立杆受压应力计算值；$\sigma=21773.505/(0.312\times489)=142.713\text{N/mm}^2$；

钢管立杆稳定性计算 $\sigma=142.713\text{N/mm}^2$ 小于钢管立杆抗压强度的设计值 $[f]=205\text{N/mm}^2$，满足要求。

模板承重架应尽量利用剪力墙或柱作为连接连墙件，否则存在安全隐患。

本 章 参 考 文 献

[1] 建筑施工扣件式钢管脚手架安全技术规范 JGJ 130—2011[S]. 北京：中国建筑工业出版社，2011.

[2] 建筑施工碗扣式钢管脚手架安全技术规范 JGJ 166—2008[S]. 北京：中国建筑工业出版社，2008.

[3] 建筑结构荷载规范 GB 50009—2001[S]. 北京：中国建筑工业出版社，2002.

[4] 混凝土结构设计规范 GB 50010—2002[S]. 北京：中国建筑工业出版社，2002.

[5] 钢结构设计规范 GB 50017—2003[S]. 北京：中国建筑工业出版社，2003.

[6] 江正荣，朱国梁编著. 简明施工计算手册[M]. 北京：中国建筑工业出版社，2005.

[7] 余宗明编著. 脚手架结构计算及安全技术[M]. 北京：中国建筑工业出版社，2007.

[8] 公路桥涵施工技术规范 JTJ 041—2000[S]. 北京：人民交通出版社，2000.

[9] 混凝土模板用竹材胶合板 LY/T 1574—2000[S]. 北京：中国林业出版社，2000.

[10] 竹胶合板模板行业标准. 北京：中国建筑工业出版社，1995.

附录

《建筑施工碗扣式钢管脚手架安全技术规范》JGJ 166—2008(条文部分)

中华人民共和国行业标准

建筑施工碗扣式钢管脚手架
安全技术规范

Technical code for safety of cuplok steel tubular scaffolding in construction

JGJ 166－2008

J 823－2008

批准部门：中华人民共和国住房和城乡建设部

施行日期：2 0 0 9 年 7 月 1 日

中华人民共和国住房和城乡建设部
公　告

第139号

关于发布行业标准《建筑施工碗扣式钢管脚手架安全技术规范》的公告

现批准《建筑施工碗扣式钢管脚手架安全技术规范》为行业标准，编号为JGJ 166-2008，自2009年7月1日起实施。其中，第3.2.4、3.3.8、3.3.9、5.1.4、6.1.4、6.1.5、6.1.6、6.1.7、6.1.8、6.2.2、6.2.3、7.2.1、7.3.7、7.4.6、9.0.5条为强制性条文，必须严格执行。

本规范由我部标准定额研究所组织中国建筑工业出版社出版发行。

中华人民共和国住房和城乡建设部

2008年11月4日

前　言

根据建设部建标工[2004]09号和建标标函[2007]56号文的要求，规范编制组在深入调查研究，认真总结国内外科研成果和大量实践经验，并在广泛征求意见的基础上，制定了本规范。

本规范的主要技术内容是：1. 总则；2. 术语和符号；3. 构配件材料、制作及检验；4. 荷载；5. 结构设计计算；6. 构造要求；7. 施工；8. 检查与验收；9. 安全使用与管理；以及相关附录。

本规范中以黑体字标志的条文为强制性条文，必须严格执行。

本规范由住房和城乡建设部负责管理和对强制性条文的解释，由河北建设集团有限公司负责具体技术内容的解释（地址：河北省保定市五四西路329号，邮政编码：071070）。

本规范主编单位：河北建设集团有限公司
中天建设集团有限公司

本规范参编单位：中国建筑金属结构协会建筑模板脚手架委员会
北京星河模板脚手架工程有限公司
北京住总集团有限责任公司
北京建安泰建筑脚手架有限公司
上海市长宁区建设工程质量安全监督站
南通市达欣工程股份有限公司

本规范主要起草人员：杨亚男　高秋利　蒋金生　姚晓东　贺　军　陈传为
高　杰　高妙康　刘厚纯　余宗明　任升高　熊耀莹
王志义　王旭辉　李双宝　康俊峰

目　　次

1 总　则

1.0.1 为了在碗扣式钢管脚手架的设计、施工与验收中贯彻执行国家有关安全生产法规，确保施工人员的安全，做到技术先进、经济合理、安全适用，制定本规范。

1.0.2 本规范适用于房屋建筑、道路、桥梁、水坝等土木工程施工中的碗扣式钢管脚手架（双排脚手架及模板支撑架）的设计、施工、验收和使用。

1.0.3 碗扣式钢管脚手架设计应采用结构计算简图进行整体结构稳定性分析，确保架体为几何不变体系。

1.0.4 碗扣式钢管脚手架必须编制专项设计方案。双排脚手架高度在 24m 及以下时，可按构造要求搭设；模板支撑架和高度超过 24m 的双排脚手架应按本规范进行结构设计和计算。

1.0.5 碗扣式钢管脚手架的设计、施工、验收和使用除应执行本规范外，尚应符合国家现行有关标准的规定。

2 术语和符号

2.1 术 语

2.1.1 碗扣式钢管脚手架 cuplok steel tubular scaffolding
采用碗扣方式连接的钢管脚手架和模板支撑架。

2.1.2 双排脚手架 scaffold in double-row
由内外两排立杆及大小横杆、斜杆等构配件组成的脚手架。

2.1.3 模板支撑架 supporting of frame
由多排立杆及横杆、斜杆等构配件组成的支撑架。

2.1.4 碗扣节点 cuplok joint
由上碗扣、下碗扣、限位销和横杆接头等形成的盖固式承插节点。

2.1.5 立杆 standing tube
脚手架的竖向支撑杆。

2.1.6 上碗扣 bell shape cap
沿立杆滑动起锁紧作用的碗扣节点零件。

2.1.7 下碗扣 bowl shape socket
焊接于立杆上的碗形节点零件。

2.1.8 立杆连接销 pin
立杆竖向接长连接的专用销子。

2.1.9 限位销 limiting pin
焊接在立杆上能锁紧上碗扣的用作定位的销子。

2.1.10 横杆 flat tube
脚手架的水平杆件。

2.1.11 横杆接头 spigot
焊接于横杆两端的连接件。

2.1.12 专用外斜杆 special outside batter tube
两端带有旋转式接头的斜向杆件。

2.1.13 水平斜杆 horizontal slant tube
钢管两端焊有连接件的水平连接斜杆。

2.1.14 专用内斜杆（廊道斜杆） special inside batter tube
双排脚手架两立杆间的竖向斜杆。

2.1.15 八字形斜杆 splayed slant strut
斜杆八字形设置的方式。

2.1.16 间横杆 intermediate flat tube
钢管两端焊有插卡装置的横杆。

2.1.17 挑梁　bracket

脚手架作业平台的挑出定型构件，分宽挑梁和窄挑梁。

2.1.18 连墙件　connected anchor in wall

脚手架与建筑物连接的构件。

2.1.19 可调底座　jack support

可调节高度的底座。

2.1.20 可调托撑　U-jack

立杆顶部可调节高度的顶撑。

2.1.21 脚手板　scaffold board

施工人员在脚手架上行走及作业用平台板。

2.1.22 几何不变性　geometrical stability

杆系结构构成几何不变的性能。

2.1.23 廊道　corridor way

双排脚手架两排立杆间人员行走和运送施工材料的通道。

2.2 符　号

2.2.1 荷载和荷载效应

M_w——风荷载作用下单肢立杆弯矩；

N——立杆轴向力；

N_{G1}——脚手架结构自重标准值产生的轴向力；

N_{G2}——脚手板及构配件等自重标准值产生的轴向力；

N_{Q1}——施工荷载产生的轴向力；

N_0——连墙件约束脚手架平面外变形所产生的轴向力；

N_s——风荷载作用下连墙件的轴向力；

N_w——组合风荷载单肢立杆轴向力；

P——作用在立杆上的垂直荷载；

P_r——风荷载作用下内外立杆间横杆的支承力；

Q——脚手架作业层均布施工荷载标准值；

Q_1——模板及支撑架自重标准值；

Q_2——新浇混凝土及钢筋自重标准值；

Q_3——施工人员及设备荷载标准值；

Q_4——浇筑和振捣混凝土时产生的荷载标准值；

Q_5——风荷载产生的轴向力；

w——节点风荷载；

w_1——模板支撑架顶端风荷载；

w_s——节点风荷载的斜杆内力；

w_{s1}——顶端风荷载 w_1 产生的斜杆内力；

w_v——节点风荷载的立杆内力；

w_k——风荷载标准值；

w_0——基本风压。

2.2.2 材料、构件设计指标

E——钢材的弹性模量；

f——钢材的抗拉、抗压、抗弯强度设计值；

f_g——地基承载力特征值；

Q_c——扣件抗滑承载力设计值；

W——立杆截面模量。

2.2.3 几何参数

A——立杆横截面面积；

A_1——杆件挡风面积；

A_0——杆件迎风全面积；

A_c——连墙件的毛截面面积；

A_g——立杆基础底面积；

a——立杆伸出顶层水平杆长度；

g_2——脚手板单位面积自重；

H——架体高度；

H_1——连墙件水平间距；

h——步距；

i——回转半径；

L_1——连墙件竖向间距；

L_x、L_y——支撑架立杆纵向、横向间距；

l_a——双排脚手架立杆纵距；

l_b——双排脚手架立杆横距；

l_0——计算长度；

m——脚手板层数；

N_{g1}——每步脚手架自重；

n——支撑架相连立杆排数、支撑架步数；

n_c——作业层层数；

t_1——立杆每米重量；

t_2——横向（小）横杆单件重量；

t_3——纵向横杆单件重量；

t_4——内外立杆间斜杆重量；

t_5——水平斜杆及扣件等重量。

2.2.4 计算系数

μ_s——脚手架风荷载体型系数；

μ_z——风压高度变化系数；

φ——轴心受压杆件稳定系数；

φ_0——挡风系数；

λ——长细比。

3　构配件材料、制作及检验

3.1　碗　扣　节　点

3.1.1　立杆的碗扣节点应由上碗扣、下碗扣、横杆接头和上碗扣限位销等构成（见图3.1.1）。

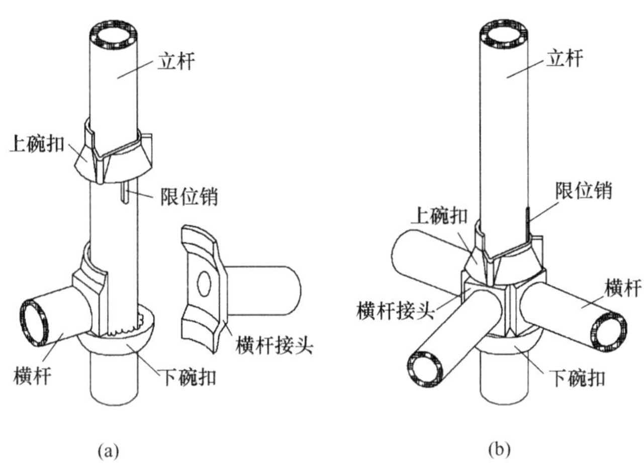

图 3.1.1　碗扣节点构成
(a) 连接前；(b) 连接后

3.1.2　立杆碗扣节点间距应按 0.6m 模数设置。

3.2　主要构配件材料要求

3.2.1　碗扣式钢管脚手架用钢管应符合现行国家标准《直缝电焊钢管》GB/T 13793、《低压流体输送用焊接钢管》GB/T 3091 中的 Q235A 级普通钢管的要求，其材质性能应符合现行国家标准《碳素结构钢》GB/T 700 的规定。
3.2.2　上碗扣、可调底座及可调托撑螺母应采用可锻铸铁或铸钢制造，其材料机械性能应符合现行国家标准《可锻铸铁件》GB 9440 中 KTH330－08 及《一般工程用铸造碳钢件》GB 11352中 ZG 270－500 的规定。
3.2.3　下碗扣、横杆接头、斜杆接头应采用碳素铸钢制造，其材料机械性能应符合现行国家标准《一般工程用铸造碳钢件》GB 11352 中 ZG 230－450 的规定。
3.2.4　采用钢板热冲压整体成型的下碗扣，钢板应符合现行国家标准《碳素结构钢》GB/T 700 中 Q235A 级钢的要求，板材厚度不得小于 6mm，并应经 600～650℃的时效处理。严禁利用废旧锈蚀钢板改制。
3.2.5　碗扣式钢管脚手架主要构配件种类、规格及质量应符合表 3.2.5 的规定。

表 3.2.5　主要构配件种类、规格及质量

名　称	常用型号	规格（mm）	理论质量（kg）
立杆	LG-120	ϕ48×1200	7.05
	LG-180	ϕ48×1800	10.19
	LG-240	ϕ48×2400	13.34
	LG-300	ϕ48×3000	16.48
横杆	HG-30	ϕ48×300	1.32
	HG-60	ϕ48×600	2.47
	HG-90	ϕ48×900	3.63
	HG-120	ϕ48×1200	4.78
	HG-150	ϕ48×1500	5.93
	HG-180	ϕ48×1800	7.08
间横杆	JHG-90	ϕ48×900	4.37
	JHG-120	ϕ48×1200	5.52
	JHG-120+30	ϕ48×(1200+300)用于窄挑梁	6.85
	JHG-120+60	ϕ48×(1200+600)用于宽挑梁	8.16
专用外斜杆	XG-0912	ϕ48×1500	6.33
	XG-1212	ϕ48×1700	7.03
	XG-1218	ϕ48×2160	8.66
	XG-1518	ϕ48×2340	9.30
	XG-1818	ϕ48×2550	10.04
专用斜杆	ZXG-0912	ϕ48×1270	5.89
	ZXG-0918	ϕ48×1750	7.73
	ZXG-1212	ϕ48×1500	6.76
	ZXG-1218	ϕ48×1920	8.37
窄挑梁	TL-30	宽度 300	1.53
宽挑梁	TL-60	宽度 600	8.60
立杆连接销	LLX	ϕ10	0.18
可调底座	KTZ-45	T38×6 可调范围≤300	5.82
	KTZ-60	T38×6 可调范围≤450	7.12
	KTZ-75	T38×6 可调范围≤600	8.50
可调托撑	KTC-45	T38×6 可调范围≤300	7.01
	KTC-60	T38×6 可调范围≤450	8.31
	KTC-75	T38×6 可调范围≤600	9.69
脚手板	JB-120	1200×270	12.80
	JB-150	1500×270	15.00
	JB-180	1800×270	17.90

3.3 制作质量要求

3.3.1 碗扣式钢管脚手架钢管规格应为 ϕ48mm×3.5mm，钢管壁厚应为$3.5^{+0.25}_{0}$mm。

3.3.2 立杆连接处外套管与立杆间隙应小于或等于 2mm，外套管长度不得小于 160mm，外伸长度不得小于 110mm。

3.3.3 钢管焊接前应进行调直除锈，钢管直线度应小于 1.5L/1000（L 为使用钢管的长度）。

3.3.4 焊接应在专用工装上进行。

3.3.5 主要构配件的制作质量及形位公差要求，应符合本规范附录 A 的规定。

3.3.6 构配件外观质量应符合下列要求：

1 钢管应平直光滑、无裂纹、无锈蚀、无分层、无结巴、无毛刺等，不得采用横断面接长的钢管；

2 铸造件表面应光整，不得有砂眼、缩孔、裂纹、浇冒口残余等缺陷，表面粘砂应清除干净；

3 冲压件不得有毛刺、裂纹、氧化皮等缺陷；

4 各焊缝应饱满，焊药应清除干净，不得有未焊透、夹砂、咬肉、裂纹等缺陷；

5 构配件防锈漆涂层应均匀，附着应牢固；

6 主要构配件上的生产厂标识应清晰。

3.3.7 架体组装质量应符合下列要求：

1 立杆的上碗扣应能上下串动、转动灵活，不得有卡滞现象；

2 立杆与立杆的连接孔处应能插入 ϕ10mm 连接销；

3 碗扣节点上应在安装 1～4 个横杆时，上碗扣均能锁紧；

4 当搭设不少于二步三跨 1.8m×1.8m×1.2m（步距×纵距×横距）的整体脚手架时，每一框架内横杆与立杆的垂直度偏差应小于 5mm。

3.3.8 可调底座底板的钢板厚度不得小于 6mm，可调托撑钢板厚度不得小于 5mm。

3.3.9 可调底座及可调托撑丝杆与调节螺母啮合长度不得少于 6 扣，插入立杆内的长度不得小于 150mm。

3.3.10 主要构配件性能指标应符合下列要求：

1 上碗扣抗拉强度不应小于 30kN；

2 下碗扣组焊后剪切强度不应小于 60kN；

3 横杆接头剪切强度不应小于 50kN；

4 横杆接头焊接剪切强度不应小于 25kN；

5 底座抗压强度不应小于 100kN。

3.3.11 主要构配件强度试验方法应符合本规范附录 B 的规定。

3.4 检验规则

3.4.1 构配件产品的检验应符合下列要求：

1 出厂文件应有使用材料质量说明、证明书及产品合格证。

2 属下列情况之一的应进行型式检验：

1) 新产品或老产品转厂生产的试制定型鉴定；

2) 正式生产后如结构、材料、工艺有较大改变可能影响性能时；

3) 产品长期停产，恢复生产时；

4) 出厂检验与上次型式检验有较大差异时；

5) 省、市、国家质量监督机构或行业管理部门提出进行型式检验要求时。

3.4.2 型式检验抽样方法应符合下列规定：

1 应采用二次正常检验抽样方法，样本应从受检查批中随机抽取，型式检验抽样方案应符合现行国家标准《计数抽样检验程序 第1部分：按接收质量限（AQL）检索的逐批检验抽样计划》GB/T 2828.1的有关规定；

2 构配件每检查批量必须大于280件，当每检查批量超过1200件时，应作另一批检查验收；

3 提取的样本应封存交付检验，检验前不得修理和调整。

3.4.3 型式检验的判定方法应符合下列规定：

1 单件构配件产品应符合本规范第3.2节、第3.3节的有关要求，方可判定为产品合格；

2 批量构配件产品应按本规范附录C进行判定，当检验项目均合格时，方可判定批合格；

3 经检验发现的不合格品剔出或修理后，可按规定方式再次提交检查。

4 荷　载

4.1 荷载分类

4.1.1 作用于碗扣式钢管脚手架上的荷载，可分为永久荷载（恒荷载）和可变荷载（活荷载)。永久荷载的分项系数应取 1.2，对结构有利时应取 1.0；可变荷载的分项系数应取 1.4。

4.1.2 双排脚手架的永久荷载应根据脚手架实际情况进行计算，并应包括下列内容：

1 组成双排脚手架结构的杆系自重，包括：立杆、横杆、斜杆、水平斜杆等；

2 脚手板、挡脚板、栏杆、安全网等附加构件的自重。

4.1.3 双排脚手架的可变荷载计算应包括下列内容：

1 作业层上的操作人员、器具及材料等施工荷载；

2 风荷载；

3 其他荷载。

4.1.4 模板支撑架的永久荷载计算应包括下列内容：

1 作用在模板支撑架上的荷载，包括：新浇筑混凝土、钢筋、模板及支承梁（楞）等自重；

2 组成模板支撑架结构的杆系自重，包括：立杆、纵向及横向水平杆、垂直及水平斜杆等自重；

3 脚手板、栏杆、挡脚板、安全网等防护设施及附加构件的自重。

4.1.5 模板支撑架的可变荷载计算应包括下列内容：

1 施工人员、材料及施工设备荷载；

2 浇筑和振捣混凝土时产生的荷载；

3 风荷载；

4 其他荷载。

4.2 荷载标准值

4.2.1 双排脚手架结构杆系自重标准值，可按本规范表 3.2.5 采用。

4.2.2 双排脚手架其他构件自重标准值，可按下列规定采用：

1 双排脚手板自重标准值可按 0.35kN/m^2 取值；

2 作业层的栏杆与挡脚板自重标准值可按 0.14kN/m 取值；

3 双排脚手架外侧满挂密目式安全立网自重标准值可按 0.01kN/m^2 取值。

4.2.3 双排脚手架施工荷载标准值可按下列规定采用：

1 作业层均布施工荷载标准值（Q）根据脚手架的用途，应按表 4.2.3 采用。

2 双排脚手架作业层不宜超过 2 层。

表 4.2.3　作业层均布施工荷载标准值

脚手架用途	荷载标准值（kN/m^2）
结构脚手架	3.0
装修脚手架	2.0

4.2.4　模板支撑架永久荷载标准值应符合下列规定：

1　模板及支撑架自重标准值（Q_1）应根据模板及支撑架施工设计方案确定。10m 以下的支撑架可不计算架体自重；对一般肋形楼板及无梁楼板模板的自重标准值，可按表 4.2.4 采用。

表 4.2.4　水平模板自重标准值（kN/m^2）

模板构件名称	竹、木胶合板及木模板	定型钢模板
平面模板及小楞	0.30	0.50
楼板模板（其中包括梁模板）	0.50	0.75

注：其他类型模板按实际重量采用。

2　新浇筑混凝土自重（包括钢筋）标准值（Q_2）对普通钢筋混凝土可采用 $25kN/m^3$，对特殊混凝土应根据实际情况确定。

4.2.5　模板支撑架施工荷载标准值应符合下列规定：

1　施工人员及设备荷载标准值（Q_3）按均布活荷载取 $1.0kN/m^2$；

2　浇筑和振捣混凝土时产生的荷载标准值（Q_4）可采用 $1.0kN/m^2$。

4.3　风　荷　载

4.3.1　作用于双排脚手架及模板支撑架上的水平风荷载标准值，应按下式计算：

$$w_k = 0.7\mu_z\mu_s w_0 \tag{4.3.1}$$

式中　w_k——风荷载标准值（kN/m^2）；

μ_z——风压高度变化系数，应按本规范附录 D 确定；

μ_s——风荷载体型系数，按本规范第 4.3.2 条采用；

w_0——基本风压（kN/m^2），按现行国家标准《建筑结构荷载规范》GB 50009 规定采用。

4.3.2　双排脚手架及模板支撑架的风荷载体型系数（μ_s）应按下列规定采用：

1　悬挂密目式安全立网的双排脚手架和支撑架体型系数：$\mu_s=1.3\varphi_0$，φ_0 为密目式安全立网挡风系数，可取 0.8。

2　单排架无遮拦体型系数：$\mu_{st}=1.2\varphi_0$，挡风系数：

$$\varphi_0 = \frac{A_1}{A_0} \tag{4.3.2-1}$$

式中　A_1——杆件挡风面积（m^2）；

A_0——迎风全面积（m^2）。

3　无遮拦多排模板支撑架的体型系数：

$$\mu_s = \mu_{st}\frac{1-\eta^n}{1-\eta} \tag{4.3.2-2}$$

式中　μ_{st}——单排架体型系数；

n——支撑架相连立杆排数；

η——按现行国家标准《建筑结构荷载规范》GB 50009 有关规定修正计算，当 φ_0 小于或等于 0.1 时，应取 η=0.97。

4.4　荷载效应组合计算

4.4.1　设计双排脚手架及模板支撑架时，其杆件和连墙件的承载力等，应按表 4.4.1 的荷载效应组合要求进行计算。

表 4.4.1　荷载效应组合

计算项目	荷载组合
立杆承载力计算	1 永久荷载+可变荷载（不包括风荷载）
	2 永久荷载+0.9（可变荷载+风荷载）
连墙件承载力计算	风荷载+3.0kN
斜杆承载力和连接扣件（抗滑）承载力计算	风荷载

4.4.2　计算变形（挠度）时的荷载设计值，各类荷载分项系数应取 1.0。

5 结构设计计算

5.1 基本设计规定

5.1.1 本规范的结构设计应采用概率理论为基础的极限状态设计法，以分项系数的设计表达式进行设计。

5.1.2 当双排脚手架无风荷载作用时，立杆应按承受垂直荷载计算；当有风荷载作用时，立杆应按压弯构件计算。

5.1.3 当横杆承受非节点荷载时，应进行抗弯承载力计算。

5.1.4 **受压杆件长细比不得大于230，受拉杆件长细比不得大于350。**

5.1.5 当杆件变形有控制要求时，应验算其变形，受弯杆件的允许变形（挠度）值不应超过表5.1.5的规定。

表5.1.5　受弯杆件的允许变形（挠度）值

构件类别	允许变形（挠度）值（V）
脚手板、纵向、横向水平杆	$l/150$，≤10mm
悬挑受弯杆件	$l/400$

注：l为受弯杆件的跨度，对悬挑杆件为其悬伸长度的2倍。

5.1.6 钢材的强度设计值与弹性模量应按表5.1.6规定采用。

表5.1.6　钢材的强度设计值和弹性模量（N/mm^2）

Q235A级钢材抗拉、抗压和抗弯强度设计值 f	205
弹性模量 E	2.06×10^5

5.1.7 钢管的截面特性应按表5.1.7规定采用。

表5.1.7　钢管截面特性

外径 ϕ（mm）	壁厚 t（mm）	截面积 A（cm^2）	截面惯性矩 I（cm^4）	截面模量 W（cm^3）	回转半径 i（cm）
48	3.5	4.89	12.19	5.08	1.58

5.2 架体方案设计

5.2.1 架体方案设计应包括下列内容：

1 工程概况：工程名称、工程结构、建筑面积、高度、平面形状及尺寸等；模板支撑架应按标准楼层平面图，说明梁板结构的断面尺寸；

2 架体结构设计和计算顺序：

第一步：制定方案；

第二步：绘制架体结构图（平、立、剖）及计算简图；

第三步：荷载计算；

第四步：最不利立杆、横杆及斜杆承载力验算，连墙件及地基承载力验算；

3 确定各个部位斜杆的连接措施及要求，模板支撑架应绘制立杆顶端及底部节点构造图；

4 说明结构施工流水步骤，架体搭设、使用和拆除方法；

5 编制构配件用料表及供应计划；

6 搭设质量及安全的技术措施。

5.3 双排脚手架的结构计算

5.3.1 双排脚手架计算应包括下列内容：

1 按脚手架设计方案，分立面和剖面画出结构计算简图；

2 计算单肢立杆轴向力和承载力；

3 计算风荷载在立杆中产生的弯矩及连墙件承载力；

4 最不利立杆压弯承载力计算；

5 验算地基承载力。

5.3.2 双排脚手架立杆计算长度应按下列要求确定：

1 两立杆间无斜杆时，等于相邻两连墙件间垂直距离；当连墙件垂直距离小于或等于4.2m时，计算长度乘以折减系数0.85；

2 当两立杆间增设斜杆时，等于立杆相邻节点间的距离。

5.3.3 当无风荷载时，单肢立杆承载力计算应符合下列要求：

1 立杆轴向力应按下式计算：

$$N=1.2(N_{G1}+N_{G2})+1.4N_{Q1} \tag{5.3.3-1}$$

式中 N_{G1}——脚手架结构自重标准值产生的轴向力（kN）；

N_{G2}——脚手板及构配件等自重标准值产生的轴向力（kN）；

N_{Q1}——施工荷载产生的轴向力（kN）。

2 单肢立杆轴向承载力应符合下列要求：

$$N\leqslant\varphi\cdot A\cdot f \tag{5.3.3-2}$$

式中 φ——轴心受压杆件稳定系数，按长细比查本规范附录E采用；

A——立杆横截面面积（mm^2）；

f——钢材的抗拉、抗压、抗弯强度设计值，应按本规范表5.1.6采用。

5.3.4 组合风荷载时，单肢立杆承载力计算应符合下列要求：

1 风荷载对立杆产生的弯矩：当连墙件竖向间距为二步时（见图5.3.4），应按下列公式计算：

$$M_w=1.4l_a\times l_0^2\frac{w_k}{8}-P_r\frac{l_0}{4} \tag{5.3.4-1}$$

$$P_r=\frac{5}{16}\times1.4w_kl_al_0 \tag{5.3.4-2}$$

式中 M_w——风荷载作用下单肢立杆弯矩（kN·m）；

l_a——立杆纵距（m）；

l_0——立杆计算长度（m）；

w_k——风荷载标准值（kN/m^2）；

P_r——风荷载作用下内外排立杆间横杆的支承力（kN）。

2　单肢立杆轴向力 N_w 应按下式计算：

$$N_w = 1.2(N_{G1} + N_{G2}) + 0.9 \times 1.4 N_{Q1} \tag{5.3.4-3}$$

3　立杆压弯承载力（稳定性）应按下式计算：

$$\frac{N_w}{\varphi A} + 0.9\frac{M_w}{W} \leqslant f \tag{5.3.4-4}$$

式中　W——立杆截面模量（cm^3）。

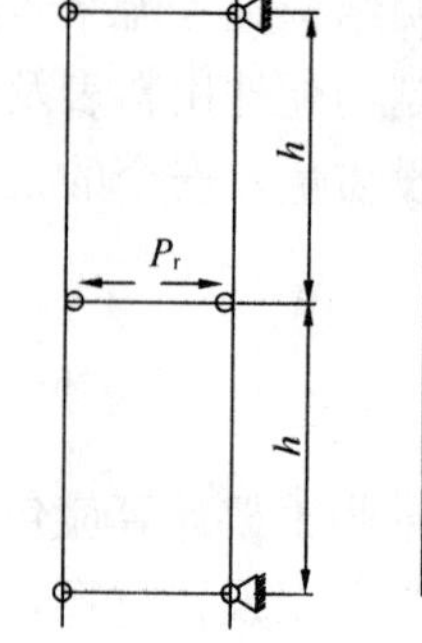

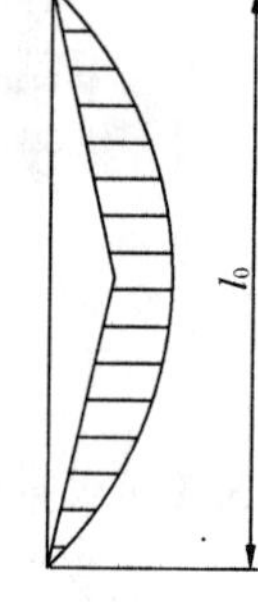

图 5.3.4　弯矩

5.3.5　连墙件计算应符合下列要求：

1　风荷载作用下连墙件轴向力应按下式计算：

$$N_s = 1.4 w_k L_1 H_1 \tag{5.3.5-1}$$

式中　N_s——风荷载作用下连墙件轴向力（kN）；

L_1、H_1——分别是连墙件间竖向及水平间距（m）。

2　连墙件承载力及稳定应符合下列要求：

$$N_s + N_0 \leqslant \varphi A_c f \tag{5.3.5-2}$$

式中　N_0——连墙件约束脚手架平面外变形所产生的轴向力，取 3kN；

A_c——连墙件的毛截面积（mm^2）。

3　当采用钢管扣件连接时，应验算扣件抗滑承载力，扣件承载力设计值应取 8kN。

5.4　双排脚手架搭设高度计算

5.4.1　双排脚手架允许搭设高度（H）应按下列公式计算：

1　不组合风荷载时 H 值：

$$H \leqslant \frac{[\varphi A f - (1.2N_{G2} + 1.4N_{Q1})]h}{1.2N_{g1}} \tag{5.4.1-1}$$

式中　N_{g1}——每步脚手架自重（N）。

2　组合风荷载时 H 值：

$$H \leqslant \frac{[N_w - (1.2N_{G2} + 0.9 \times 1.4N_{Q1})]h}{1.2N_{g1}} \tag{5.4.1-2}$$

$$N_w = \varphi A\left(f - 0.9\frac{M_w}{W}\right) \tag{5.4.1-3}$$

5.4.2　立杆轴向力应按下列公式计算：

1　脚手板、挡脚板、防护栏杆及外挂密目式安全立网等荷载产生的轴向力：

$$N_{G2} = m\left(g_2\frac{l_a l_b}{2} + 0.14 \times l_a\right) + 0.01 l_a H \tag{5.4.2-1}$$

式中　m——脚手板层数；

g_2——脚手板单位面积自重（kN/m^2）；

l_a——双排脚手架立杆纵距（m）；

l_b——双排脚手架立杆横距（m）。

2　每步脚手架自重计算：

$$N_{g1} = ht_1 + 0.5t_2 + t_3 + 0.5t_4 + 0.5t_5 \tag{5.4.2-2}$$

式中　h——步距（m）；

t_1——立杆每米重量（N/m）；

t_2——横向（小）横杆单件重量（N）；

t_3——纵向横杆单件重量（N）；

t_4——内外立杆间斜杆重量（N）；

t_5——水平斜杆及扣件等重量（N）。

3　施工荷载应按下式计算：

$$N_{Q1} = n_c Q \frac{l_a l_b}{2} \tag{5.4.2-3}$$

式中　n_c——作业层层数；

Q——脚手架作业层均布施工荷载标准值（kN/m^2）。

5.5　立杆地基承载力计算

5.5.1　立杆基础底面积应按下式计算：

$$A_g = \frac{N}{f_g} \tag{5.5.1}$$

式中　A_g——立杆基础底面积（m^2）；

f_g——地基承载力特征值（kPa）。当为天然地基时，应按地勘报告选用；当为回填土地基时，应乘以折减系数0.4。

5.5.2　当脚手架搭设在结构的楼板、阳台上时，立杆底座应铺设垫板，并应对楼板或阳台等的承载力进行验算。

5.6　模板支撑架设计计算

5.6.1　模板支撑架结构设计计算应包括下列内容：

1　根据梁板结构平面图，绘制模板支撑架立杆平面布置图；

2　绘制架体顶部梁板结构及顶杆剖面图；

3　计算最不利单肢立杆轴向力及承载力；

4　绘制架体风荷载结构计算简图，架体倾覆验算；

5　地基承载力验算；

6　斜杆扣件连接强度验算。

5.6.2　单肢立杆轴向力和承载力应按下列公式计算：

1　不组合风荷载时单肢立杆轴向力：

$$N = 1.2(Q_1 + Q_2) + 1.4(Q_3 + Q_4)L_x L_y \tag{5.6.2-1}$$

式中　L_x——单肢立杆纵向间距（m）；

L_y——单肢立杆横向间距（m）。

2　组合风荷载时单肢立杆轴向力：

$$N=1.2(Q_1+Q_2)+0.9\times1.4[(Q_3+Q_4)L_xL_y+Q_5] \qquad (5.6.2\text{-}2)$$

式中　Q_5——风荷载产生的轴向力（kN）。

3　单肢立杆承载力应按本规范式（5.3.3-2）计算。

5.6.3　模板支撑架立杆计算长度应按下列要求确定：

1　在每行每列有斜杆的网格结构中按步距 h 计算；

2　当外侧四周及中间设置了纵、横向剪刀撑并满足本规范第 6.2.2 条第 2 款构造要求时，应按 $l_0=h+2a$ 计算，a 为立杆伸出顶层水平杆长度。

5.6.4　当模板支撑架有风荷载作用时，应进行内力计算（见图 5.6.4），并应符合下列规定：

1　架体内力计算应将风荷载化解为每一节点的集中荷载 w；

2　节点集中荷载 w 在立杆及斜杆中产生的内力 w_v、w_s 应按下式计算：

$$w_v=\frac{h}{L_x}w \qquad (5.6.4\text{-}1)$$

$$w_s=\frac{\sqrt{h^2+L_x^2}}{L_x}w \qquad (5.6.4\text{-}2)$$

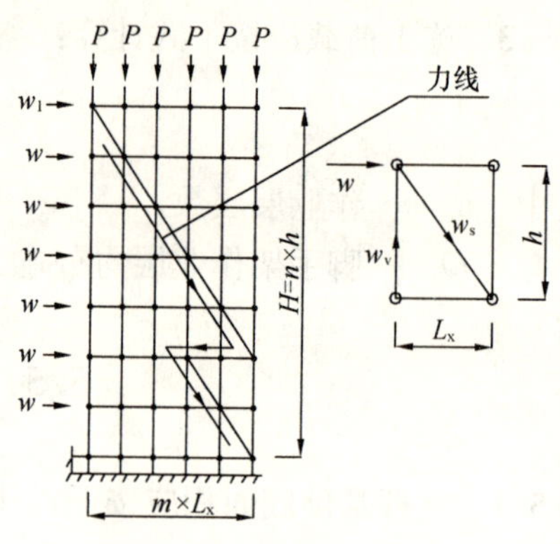

图 5.6.4　斜杆内力计算

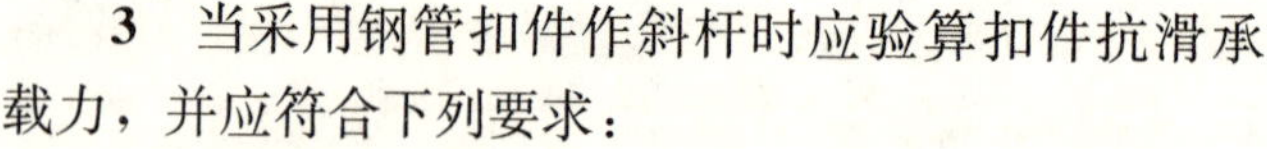

3　当采用钢管扣件作斜杆时应验算扣件抗滑承载力，并应符合下列要求：

$$\sum_1^n w_s=w_{s1}+(n-1)w_s\leqslant Q_c \qquad (5.6.4\text{-}3)$$

式中　$\sum_1^n w_s$——自上而下叠加在斜杆最下端处最大内力（kN）；

w_{s1}——顶端风荷载 w_1 产生的斜杆内力（kN）；

n——支撑架步数；

Q_c——扣件抗滑承载力，取 8kN。

4　顶端风荷载（w_1）应按下列两种工况考虑：

1）当钢筋未绑扎时，顶部只计算安全网的挡风面积；

2）当钢筋绑扎完毕，已安装完梁板模板后，应将安全网和侧模两个挡风面积叠加计算。

5.6.5　架体倾覆验算转化为立杆拉力计算应符合下列要求：

1　当按顶部有安全网进行风荷载计算时，依靠架体自重平衡，使其满足 $P\geqslant\sum w_v$；

2　当顶部梁板模板安装完毕时，可组合立杆上模板及钢筋重量，使其满足 $P\geqslant\sum w_v$；

3　当按上述计算结果仍不能满足要求时，应采取下列措施：

1）当架体高度小于或等于 7m 时，应加设斜撑；

2）当架体高度大于 7m 时，可采用带有地锚和花篮螺栓的缆风绳。

6 构 造 要 求

6.1 双 排 脚 手 架

6.1.1 双排脚手架应按本规范构造要求搭设；当连墙件按二步三跨设置，二层装修作业层、二层脚手板、外挂密目安全网封闭，且符合下列基本风压值时，其允许搭设高度宜符合表 6.1.1 的规定。

表 6.1.1 双排落地脚手架允许搭设高度

<table>
<tr><th rowspan="3">步距（m）</th><th rowspan="3">横距（m）</th><th rowspan="3">纵距（m）</th><th colspan="3">允许搭设高度（m）</th></tr>
<tr><th colspan="3">基本风压值 w_0（kN/m^2）</th></tr>
<tr><th>0.4</th><th>0.5</th><th>0.6</th></tr>
<tr><td rowspan="4">1.8</td><td rowspan="2">0.9</td><td>1.2</td><td>68</td><td>62</td><td>52</td></tr>
<tr><td>1.5</td><td>51</td><td>43</td><td>36</td></tr>
<tr><td rowspan="2">1.2</td><td>1.2</td><td>59</td><td>53</td><td>46</td></tr>
<tr><td>1.5</td><td>41</td><td>34</td><td>26</td></tr>
</table>

注：本表计算风压高度变化系数，系按地面粗糙度为 C 类采用，当具体工程的基本风压值和地面粗糙度与此表不相符时，应另行计算。

6.1.2 当曲线布置的双排脚手架组架时，应按曲率要求使用不同长度的内外横杆组架，曲率半径应大于 2.4m。

6.1.3 当双排脚手架拐角为直角时，宜采用横杆直接组架（见图 6.1.3a）；当双排脚手架拐角为非直角时，可采用钢管扣件组架（见图 6.1.3b）。

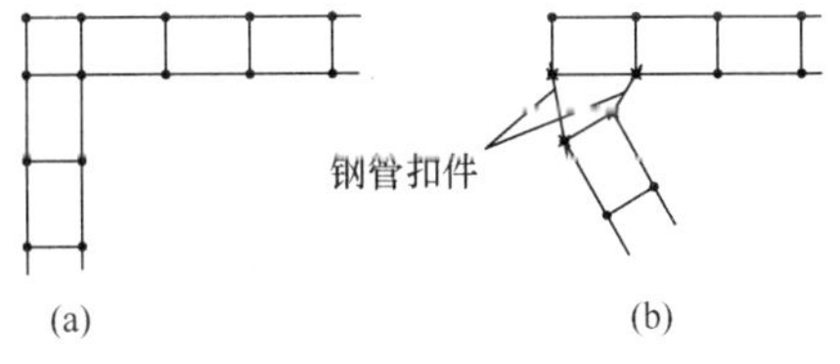

图 6.1.3 拐角组架
（a）横杆组架；（b）钢管扣件组架

6.1.4 双排脚手架首层立杆应采用不同的长度交错布置，底层纵、横向横杆作为扫地杆距地面高度应小于或等于 350mm，严禁施工中拆除扫地杆，立杆应配置可调底座或固定底座（见图 6.1.4）。

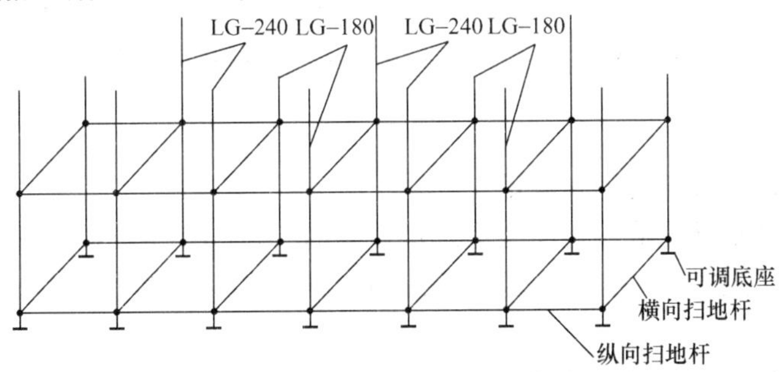

图 6.1.4 首层立杆布置示意

6.1.5 双排脚手架专用外斜杆设置（见图 6.1.5）应符合下列规定：

1 斜杆应设置在有纵、横向横杆的碗扣节点上；

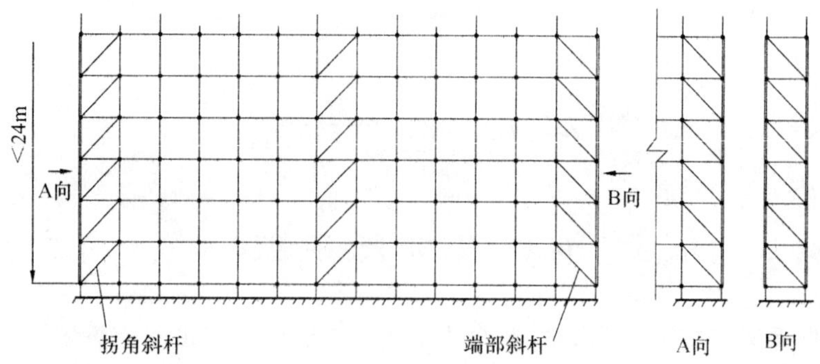

图 6.1.5　专用外斜杆设置示意

2　在封圈的脚手架拐角处及一字形脚手架端部应设置竖向通高斜杆；

3　当脚手架高度小于或等于 24m 时，每隔 5 跨应设置一组竖向通高斜杆；当脚手架高度大于 24m 时，每隔 3 跨应设置一组竖向通高斜杆；斜杆应对称设置；

4　当斜杆临时拆除时，拆除前应在相邻立杆间设置相同数量的斜杆。

6.1.6　当采用钢管扣件作斜杆时应符合下列规定：

1　斜杆应每步与立杆扣接，扣接点距碗扣节点的距离不应大于 150mm；当出现不能与立杆扣接时，应与横杆扣接，扣件扭紧力矩应为 40～65N·m；

2　纵向斜杆应在全高方向设置成八字形且内外对称，斜杆间距不应大于 2 跨（见图 6.1.6）。

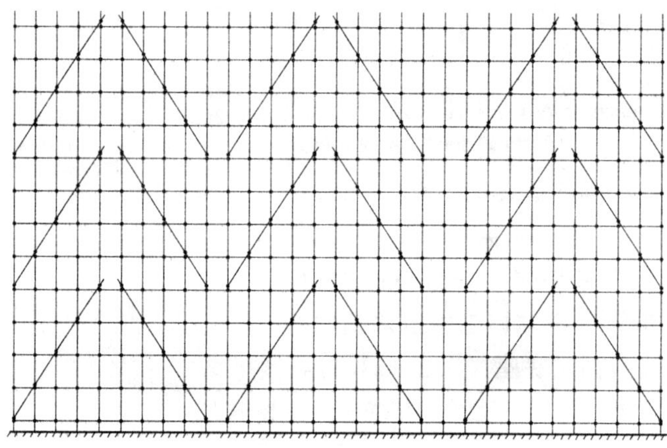

图 6.1.6　钢管扣件作斜杆设置

6.1.7　连墙件的设置应符合下列规定：

1　连墙件应呈水平设置，当不能呈水平设置时，与脚手架连接的一端应下斜连接；

2　每层连墙件应在同一平面，其位置应由建筑结构和风荷载计算确定，且水平间距不应大于 4.5m；

3　连墙件应设置在有横向横杆的碗扣节点处，当采用钢管扣件做连墙件时，连墙件应与立杆连接，连接点距碗扣节点距离不应大于 150mm；

4　连墙件应采用可承受拉、压荷载的刚性结构，连接应牢固可靠。

6.1.8　当脚手架高度大于 24m 时，顶部 24m 以下所有的连墙件层必须设置水平斜杆，水

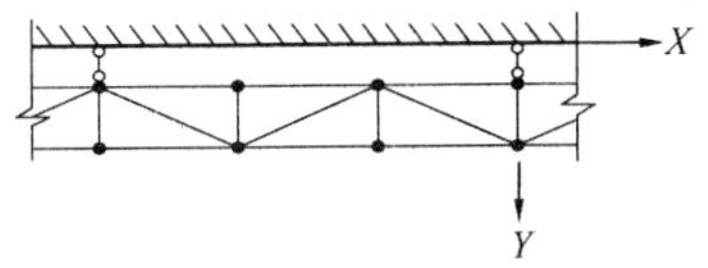

图 6.1.8　水平斜杆设置示意

平斜杆应设置在纵向横杆之下（见图 6.1.8）。

6.1.9　脚手板设置应符合下列规定：

1　工具式钢脚手板必须有挂钩，并带有自锁装置与廊道横杆锁紧，严禁浮放；

2　冲压钢脚手板、木脚手板、竹串片脚手板，两端应与横杆绑牢，作业层相邻两根廊道横杆间应加设间横杆，脚手板探头长度应小于或等于 150mm。

6.1.10　人行通道坡度宜小于或等于 1∶3，并应在通道脚手板下增设横杆，通道可折线上升（见图 6.1.10）。

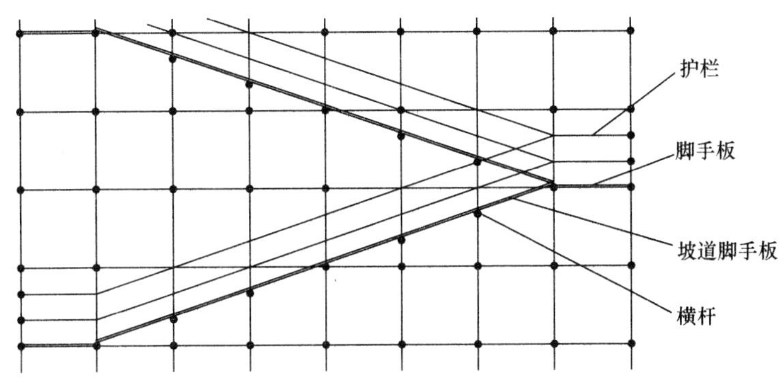

图 6.1.10　人行通道设置

6.1.11　脚手架内立杆与建筑物距离应小于或等于 150mm；当脚手架内立杆与建筑物距离大于 150mm 时，应按需要分别选用窄挑梁或宽挑梁设置作业平台。挑梁应单层挑出，严禁增加层数。

6.2　模板支撑架

6.2.1　模板支撑架应根据所承受的荷载选择立杆的间距和步距，底层纵、横向水平杆作为扫地杆，距地面高度应小于或等于 350mm，立杆底部应设置可调底座或固定底座；立杆上端包括可调螺杆伸出顶层水平杆的长度不得大于 0.7m。

6.2.2　模板支撑架斜杆设置应符合下列要求：

1　当立杆间距大于 1.5m 时，应在拐角处设置通高专用斜杆，中间每排每列应设置通高八字形斜杆或剪刀撑；

2　当立杆间距小于或等于 1.5m 时，模板支撑架四周从底到顶连续设置竖向剪刀撑；中间纵、横向由底至顶连续设置竖向剪刀撑，其间距应小于或等于 4.5m；

3　剪刀撑的斜杆与地面夹角应在 45°～60°之间，斜杆应每步与立杆扣接。

6.2.3　当模板支撑架高度大于 4.8m 时，顶端和底部必须设置水平剪刀撑，中间水平剪刀撑设置间距应小于或等于 4.8m。

6.2.4　当模板支撑架周围有主体结构时，应设置连墙件。

6.2.5　模板支撑架高宽比应小于或等于 2；当高宽比大于 2 时可采取扩大下部架体尺寸

或采取其他构造措施。

6.2.6 模板下方应放置次楞（梁）与主楞（梁），次楞（梁）与主楞（梁）应按受弯杆件设计计算。支架立杆上端应采用U形托撑，支撑应在主楞（梁）底部。

6.3 门洞设置要求

6.3.1 当双排脚手架设置门洞时，应在门洞上部架设专用梁，门洞两侧立杆应加设斜杆（见图6.3.1）。

6.3.2 模板支撑架设置人行通道时（见图6.3.2），应符合下列规定：

1 通道上部应架设专用横梁，横梁结构应经过设计计算确定；

2 横梁下的立杆应加密，并应与架体连接牢固；

3 通道宽度应小于或等于4.8m；

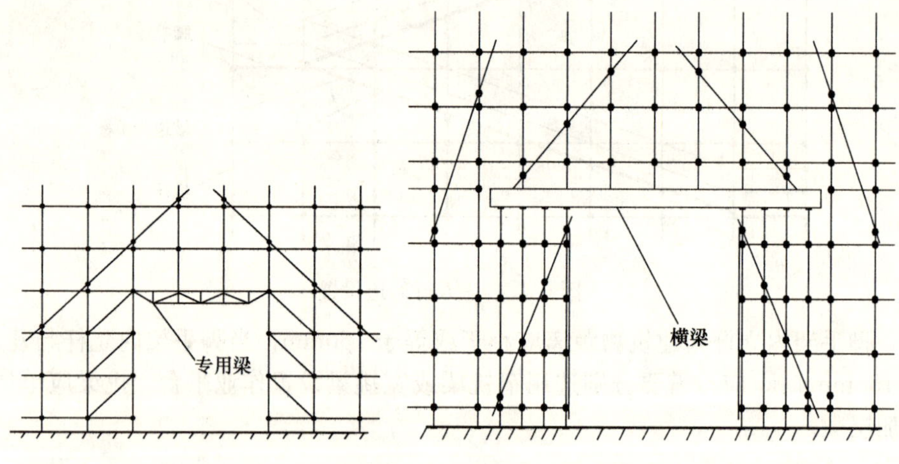

图6.3.1 双排外脚手架门洞设置　　图6.3.2 模板支撑架人行通道设置

4 门洞及通道顶部必须采用木板或其他硬质材料全封闭，两侧应设置安全网；

5 通行机动车的洞口，必须设置防撞击设施。

7 施　工

7.1 施 工 组 织

7.1.1 双排脚手架及模板支撑架施工前必须编制专项施工方案，并经批准后，方可实施。

7.1.2 双排脚手架搭设前，施工管理人员应按双排脚手架专项施工方案的要求对操作人员进行技术交底。

7.1.3 对进入现场的脚手架构配件，使用前应对其质量进行复检。

7.1.4 对经检验合格的构配件应按品种、规格分类放置在堆料区内或码放在专用架上，清点好数量备用；堆放场地排水应畅通，不得有积水。

7.1.5 当连墙件采用预埋方式时，应提前与相关部门协商，按设计要求预埋。

7.1.6 脚手架搭设场地必须平整、坚实、有排水措施。

7.2 地基与基础处理

7.2.1 脚手架基础必须按专项施工方案进行施工，按基础承载力要求进行验收。

7.2.2 当地基高低差较大时，可利用立杆 0.6m 节点位差进行调整。

7.2.3 土层地基上的立杆应采用可调底座和垫板。

7.2.4 双排脚手架立杆基础验收合格后，应按专项施工方案的设计进行放线定位。

7.3 双排脚手架搭设

7.3.1 底座和垫板应准确地放置在定位线上；垫板宜采用长度不少于立杆二跨、厚度不小于 50mm 的木板；底座的轴心线应与地面垂直。

7.3.2 双排脚手架搭设应按立杆、横杆、斜杆、连墙件的顺序逐层搭设，底层水平框架的纵向直线度偏差应小于 1/200 架体长度；横杆间水平度偏差应小于 1/400 架体长度。

7.3.3 双排脚手架的搭设应分阶段进行，每段搭设后必须经检查验收合格后，方可投入使用。

7.3.4 双排脚手架的搭设应与建筑物的施工同步上升，并应高于作业面 1.5m。

7.3.5 当双排脚手架高度 H 小于或等于 30m 时，垂直度偏差应小于或等于 $H/500$；当高度 H 大于 30m 时，垂直度偏差应小于或等于 $H/1000$。

7.3.6 当双排脚手架内外侧加挑梁时，在一跨挑梁范围内不得超过一名施工人员操作，严禁堆放物料。

7.3.7 连墙件必须随双排脚手架升高及时在规定的位置处设置，严禁任意拆除。

7.3.8 作业层设置应符合下列规定：

1 脚手板必须铺满、铺实，外侧应设 180mm 挡脚板及1200mm高两道防护栏杆；

2 防护栏杆应在立杆 0.6m 和 1.2m 的碗扣接头处搭设两道；

3 作业层下部的水平安全网设置应符合国家现行标准《建筑施工安全检查标准》JGJ 59 的规定。

7.3.9 当采用钢管扣件作加固件、连墙件、斜撑时，应符合国家现行标准《建筑施工扣件式钢管脚手架安全技术规范》JGJ 130的有关规定。

7.4 双排脚手架拆除

7.4.1 双排脚手架拆除时，必须按专项施工方案，在专人统一指挥下进行。

7.4.2 拆除作业前，施工管理人员应对操作人员进行安全技术交底。

7.4.3 双排脚手架拆除时必须划出安全区，并设置警戒标志，派专人看守。

7.4.4 拆除前应清理脚手架上的器具及多余的材料和杂物。

7.4.5 拆除作业应从顶层开始，逐层向下进行，严禁上下层同时拆除。

7.4.6 **连墙件必须在双排脚手架拆到该层时方可拆除，严禁提前拆除。**

7.4.7 拆除的构配件应采用起重设备吊运或人工传递到地面，严禁抛掷。

7.4.8 当双排脚手架采取分段、分立面拆除时，必须事先确定分界处的技术处理方案。

7.4.9 拆除的构配件应分类堆放，以便于运输、维护和保管。

7.5 模板支撑架的搭设与拆除

7.5.1 模板支撑架的搭设应按专项施工方案，在专人指挥下，统一进行。

7.5.2 应按施工方案弹线定位，放置底座后应分别按先立杆后横杆再斜杆的顺序搭设。

7.5.3 在多层楼板上连续设置模板支撑架时，应保证上下层支撑立杆在同一轴线上。

7.5.4 模板支撑架拆除应符合现行国家标准《混凝土结构工程施工质量验收规范》GB 50204 中混凝土强度的有关规定。

7.5.5 架体拆除应按施工方案设计的顺序进行。

8 检查与验收

8.0.1 进入现场的构配件应具备以下证明资料：

1 主要构配件应有产品标识及产品质量合格证；

2 供应商应配套提供钢管、零件、铸件、冲压件等材质、产品性能检验报告。

8.0.2 构配件进场应重点检查以下部位质量：

1 钢管壁厚、焊接质量、外观质量；

2 可调底座和可调托撑材质及丝杆直径、与螺母配合间隙等。

8.0.3 双排脚手架搭设应重点检查下列内容：

1 保证架体几何不变性的斜杆、连墙件等设置情况；

2 基础的沉降，立杆底座与基础面的接触情况；

3 上碗扣锁紧情况；

4 立杆连接销的安装、斜杆扣接点、扣件拧紧程度。

8.0.4 双排脚手架搭设质量应按下列情况进行检验：

1 首段高度达到6m时，应进行检查与验收；

2 架体随施工进度升高应按结构层进行检查；

3 架体高度大于24m时，在24m处或在设计高度$H/2$处及达到设计高度后，进行全面检查与验收；

4 遇6级及以上大风、大雨、大雪后施工前检查；

5 停工超过一个月恢复使用前。

8.0.5 双排脚手架搭设过程中，应随时进行检查，及时解决存在的结构缺陷。

8.0.6 双排脚手架验收时，应具备下列技术文件：

1 专项施工方案及变更文件；

2 安全技术交底文件；

3 周转使用的脚手架构配件使用前的复验合格记录；

4 搭设的施工记录和质量安全检查记录。

8.0.7 模板支撑架浇筑混凝土时，应由专人全过程监督。

9　安全使用与管理

9.0.1　作业层上的施工荷载应符合设计要求，不得超载，不得在脚手架上集中堆放模板、钢筋等物料。

9.0.2　混凝土输送管、布料杆、缆风绳等不得固定在脚手架上。

9.0.3　遇 6 级及以上大风、雨雪、大雾天气时，应停止脚手架的搭设与拆除作业。

9.0.4　脚手架使用期间，严禁擅自拆除架体结构杆件；如需拆除必须经修改施工方案并报请原方案审批人批准，确定补救措施后方可实施。

9.0.5　**严禁在脚手架基础及邻近处进行挖掘作业。**

9.0.6　脚手架应与输电线路保持安全距离，施工现场临时用电线路架设及脚手架接地防雷措施等应按国家现行标准《施工现场临时用电安全技术规范》JGJ46 的有关规定执行。

9.0.7　搭设脚手架人员必须持证上岗。上岗人员应定期体检，合格者方可持证上岗。

9.0.8　搭设脚手架人员必须戴安全帽、系安全带、穿防滑鞋。

附录A　主要构配件制作质量及形位公差要求

表A　主要构配件制作质量及形位公差要求

名称	检查项目	公称尺寸（mm）	允许偏差（mm）	检测量具	图　示
立杆	长度（L）	900	±0.70	钢卷尺	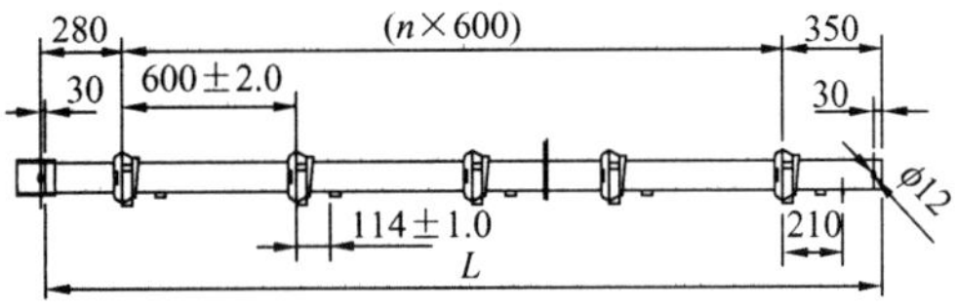
		1200	±0.85		
		1800	±1.15		
		2400	±1.40		
		3000	±1.65		
	碗扣节点间距	600	±0.50	钢卷尺	
	下碗扣与定位销下端间距	114	±1	游标卡尺	
	杆件直线度	—	1.5L/1000	专用量具	
	杆件端面对轴线垂直度	—	0.3	角尺（端面150mm范围内）	
	下碗扣内圆锥与立杆同轴度	—	ϕ0.5	专用量具	
	下碗扣与立杆焊缝高度	4	±0.50	焊接检验尺	
	下套管与立杆焊缝高度	4	±0.50	焊接检验尺	
横杆	长度（L）	300	±0.40	钢卷尺	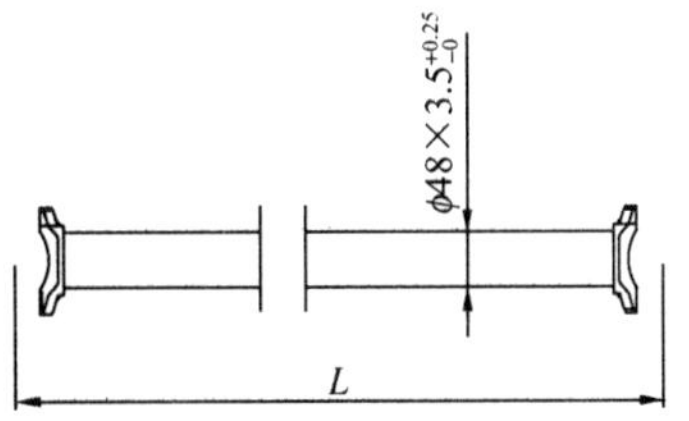
		600	±0.50		
		900	±0.70		
		1200	±0.80		
		1500	±0.95		
		1800	±1.15		
		2400	±1.40		
	横杆两接头弧面平行度	—	≤1.00	—	
	横杆接头与杆件焊缝高度	4	±0.50	焊接检验尺	
上碗扣	螺旋面高端	ϕ53	+1.0 0	深度游标卡尺	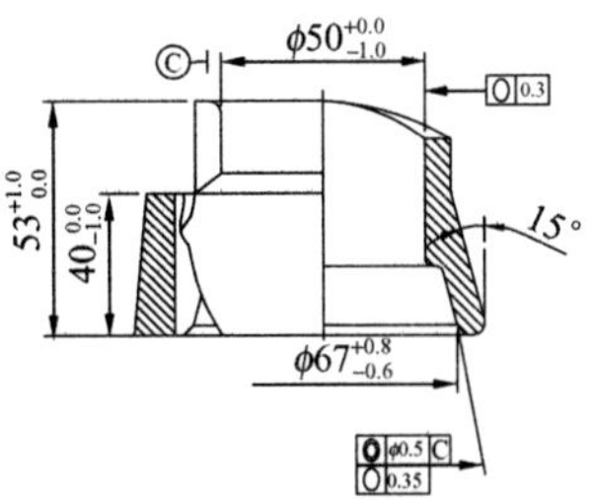
	螺旋面低端	ϕ40	0 −1.0		
	上碗扣内圆锥大端直径	ϕ67	+0.8 −0.6	游标卡尺	
	上碗扣内圆锥大端圆度	ϕ67	0.35	游标卡尺	
	内圆锥底圆孔圆度	ϕ50	0.30	游标卡尺	
	内圆锥与底圆孔同轴度	—	ϕ0.5	杠杆百分表	

续表 A

名称	检查项目	公称尺寸(mm)	允许偏差(mm)	检测量具	图　示
下碗扣	高度（H）	28（铸造件） 25（冲压件）	+0.8 +0.1	深度游标卡尺	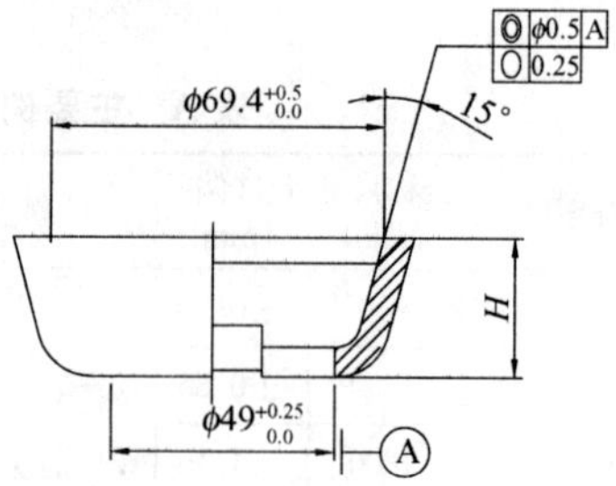
	底圆柱孔直径	ϕ49.5	±0.25	游标卡尺	
	内圆锥大端直径	ϕ69.4	+0.5 −0.2	游标卡尺	
	内圆锥大端圆度	ϕ69.4	0.25	游标卡尺	
	内圆锥与底圆孔同轴度	—	ϕ0.5	芯棒、塞尺	
横杆接头	高度	20 (18)	±0.50	游标卡尺	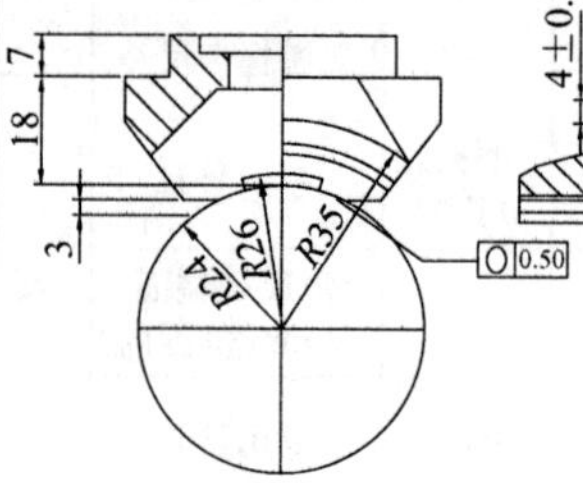 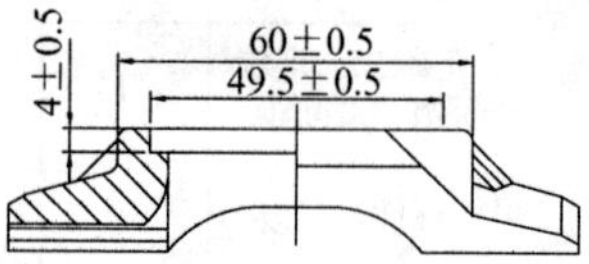
	与立杆贴合曲面圆度	ϕ48	+0.5 0	—	

附录B　主要构配件强度试验方法

表B　主要构配件强度试验方法

试验项目	简　图	加载方法	判定标准 荷载值（kN）
上碗扣抗拉强度试验	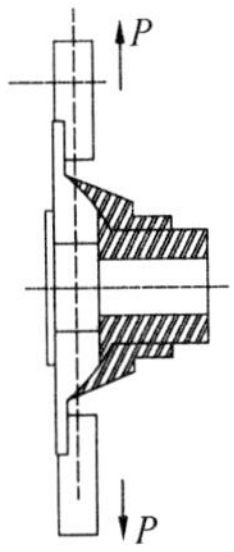 P P	加载速度： 300～400N/s， 分两次加载： 第一次（kN） 0→15→0 第二次（kN） 0→30（持荷2min）	P=30未破坏
下碗扣焊接强度试验	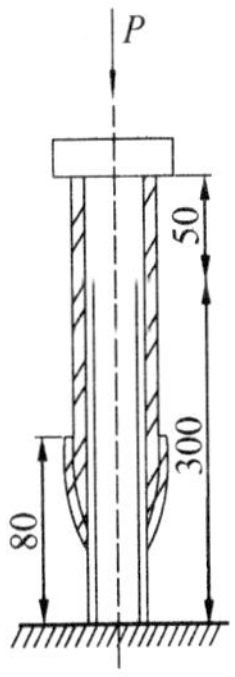 P 50 300 80	加载速度： 300～400N/s， 分两次加载： 第一次（kN） 0→30→0 第二次（kN） 0→60（持荷2min）	P=60未破坏 焊缝无开裂、错位现象
横杆接头强度试验	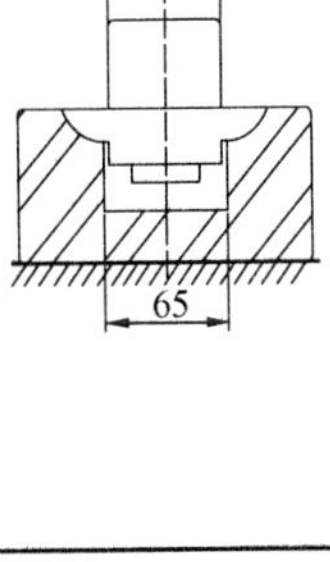 P 60 65	加载速度： 300～400N/s， 分两次加载： 第一次（kN） 0→25→0 第二次（kN） 0→50（持荷2min）	P=50未破坏

续表 B

试验项目	简　图	加载方法	判定标准
			荷载值（kN）
横杆接头焊接强度试验	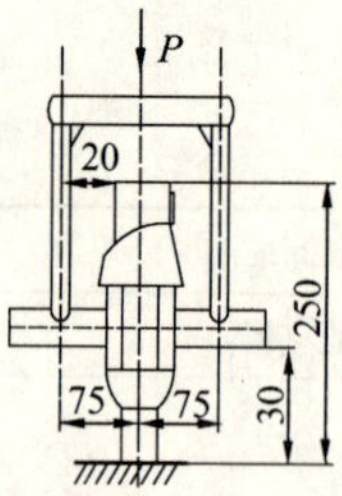	加载速度： 300～400N/s， 分两次加载： 第一次（kN） 0→10→0 第二次（kN） 0→25（持荷 2min）	P=25 未破坏 焊缝无开裂、错位现象
可调底座抗压强度试验	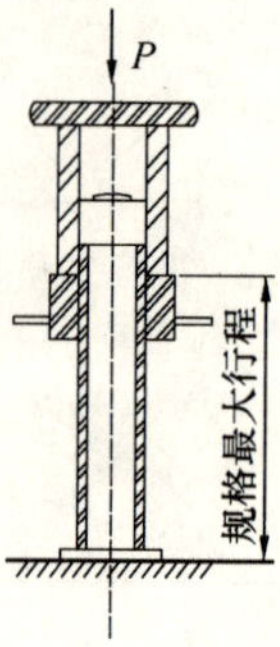	加载速度： 300～400N/s， 分两次加载： 第一次（kN） 0→50→0 第二次（kN） 0→100（持荷 2min）	P=100 未破坏

附录C　主要构配件正常检验二次抽样方案

表C　主要构配件正常检验二次抽样方案

<table>
<tr><th>项目类别</th><th colspan="3">检　查　项　目</th><th>检验水平</th><th>AQL</th><th>批量</th><th>样本</th><th>样本量</th><th>累计样本量</th><th>接收数 A_c</th><th>拒收数 R_e</th></tr>
<tr><td rowspan="5">A类</td><td colspan="2">上碗扣抗拉强度</td><td>按3.3.10、3.3.11条</td><td rowspan="5">S-4</td><td rowspan="5">6.5</td><td rowspan="3">281～500</td><td rowspan="3">第一
第二</td><td rowspan="3">8
8</td><td rowspan="3">8
16</td><td rowspan="3">0
3</td><td rowspan="3">3
4</td></tr>
<tr><td colspan="2">下碗扣焊接强度</td><td>按3.3.10、3.3.11条</td></tr>
<tr><td colspan="2">横杆接头强度</td><td>按3.3.10、3.3.11条</td></tr>
<tr><td colspan="2">横杆接头焊接强度</td><td>按3.3.10、3.3.11条</td><td rowspan="2">501～1200</td><td rowspan="2">第一
第二</td><td rowspan="2">13
13</td><td rowspan="2">13
26</td><td rowspan="2">1
4</td><td rowspan="2">3
5</td></tr>
<tr><td colspan="2">可调底座抗压强度</td><td>按3.3.10、3.3.11条</td></tr>
<tr><td rowspan="15">B类</td><td colspan="2">材料</td><td>按3.2节</td><td rowspan="15">Ⅱ</td><td rowspan="15">10</td><td rowspan="7">281～500</td><td rowspan="7">第一
第二</td><td rowspan="7">32
32</td><td rowspan="7">32
64</td><td rowspan="7">5
12</td><td rowspan="7">9
13</td></tr>
<tr><td colspan="2">钢管壁厚</td><td>按3.3.1条</td></tr>
<tr><td colspan="2">立杆长度</td><td>按附录A表A</td></tr>
<tr><td colspan="2">碗扣节点间距</td><td>按附录A表A</td></tr>
<tr><td colspan="2">焊缝高度</td><td>按附录A表A</td></tr>
<tr><td colspan="2">横杆长度</td><td>按附录A表A</td></tr>
<tr><td colspan="2">横杆两接头弧面平行度</td><td>按附录A表A</td></tr>
<tr><td colspan="2">可调底座及托撑钢板厚度</td><td>按3.3.8条</td><td rowspan="8">501～1200</td><td rowspan="8">第一
第二</td><td rowspan="8">50
50</td><td rowspan="8">50
100</td><td rowspan="8">7
18</td><td rowspan="8">11
19</td></tr>
<tr><td colspan="2">可调底座及托撑丝杆与螺母啮合长度</td><td>按3.3.9条</td></tr>
<tr><td colspan="2">插入立杆长度</td><td>按3.3.9条</td></tr>
<tr><td colspan="2">下碗扣高度</td><td>按附录A表A</td></tr>
<tr><td colspan="2">下碗扣内圆锥大端直径及圆度</td><td>按附录A表A</td></tr>
<tr><td colspan="2">下碗扣内圆锥与底圆孔同轴度</td><td>按附录A表A</td></tr>
<tr><td colspan="2">横杆接头高度</td><td>按附录A表A</td></tr>
<tr><td colspan="2">横杆与立杆贴合曲面圆度</td><td>按附录A表A</td></tr>
<tr><td colspan="2">立杆杆件端面与轴线垂直度</td><td>按附录A表A</td><td colspan="6"></td></tr>
<tr><td rowspan="17">C类</td><td colspan="2">上碗扣螺旋面尺寸</td><td>按附录A表A</td><td rowspan="17">Ⅱ</td><td rowspan="17">15</td><td rowspan="7">281～500</td><td rowspan="7">第一
第二</td><td rowspan="7">32
32</td><td rowspan="7">32
64</td><td rowspan="7">7
18</td><td rowspan="7">11
19</td></tr>
<tr><td colspan="2">上碗扣内圆锥大端直径及圆度</td><td>按附录A表A</td></tr>
<tr><td colspan="2">上碗扣内圆锥底圆孔圆度</td><td>按附录A表A</td></tr>
<tr><td colspan="2">上碗扣内圆锥与底圆孔同轴度</td><td>按附录A表A</td></tr>
<tr><td colspan="2">下碗扣的圆孔直径</td><td>按附录A表A</td></tr>
<tr><td colspan="2">下碗扣内圆锥与立杆同轴度</td><td>按附录A表A</td></tr>
<tr><td colspan="2">下碗扣与定位销下端间距</td><td>按附录A表A</td></tr>
<tr><td rowspan="6">外观质量</td><td>钢管外观</td><td>按3.3.6条第1款</td><td rowspan="10">501～1200</td><td rowspan="10">第一
第二</td><td rowspan="10">50
50</td><td rowspan="10">50
100</td><td rowspan="10">11
26</td><td rowspan="10">16
27</td></tr>
<tr><td>铸造件外观</td><td>按3.3.6条第2款</td></tr>
<tr><td>冲压件外观</td><td>按3.3.6条第3款</td></tr>
<tr><td>焊缝外观</td><td>按3.3.6条第4款</td></tr>
<tr><td>防锈漆涂层外观</td><td>按3.3.6条第5款</td></tr>
<tr><td>标识</td><td>按3.3.6条第6款</td></tr>
<tr><td rowspan="4">组装质量</td><td>上碗扣灵活</td><td>按3.3.7条第1款</td></tr>
<tr><td>立杆与立杆连接</td><td>按3.3.7条第2款</td></tr>
<tr><td>上碗扣锁紧</td><td>按3.3.7条第3款</td></tr>
<tr><td>横杆与立杆垂直度偏差</td><td>按3.3.7条第4款</td></tr>
</table>

附录D　风荷载计算系数

D.0.1　对于平坦或稍有起伏的地形，风压高度变化系数应根据地面粗糙度类别按表D.0.1确定。地面粗糙度可分为A、B、C、D四类：

——A类指近海海面和海岛、海岸、湖岸及沙漠地区；

——B类指田野、乡村、丛林、丘陵以及房屋比较稀疏的乡镇和城市郊区；

——C类指有密集建筑群的城市市区；

——D类指有密集建筑群且房屋较高的城市市区。

表D.0.1　风压高度变化系数

离地面或海平面高度（m）	地面粗糙度类别			
	A	B	C	D
5	1.17	1.00	0.74	0.62
10	1.38	1.00	0.74	0.62
15	1.52	1.14	0.74	0.62
20	1.63	1.25	0.84	0.62
30	1.80	1.42	1.00	0.62
40	1.92	1.56	1.13	0.73
50	2.03	1.67	1.25	0.84
60	2.12	1.77	1.35	0.93
70	2.20	1.86	1.45	1.02
80	2.27	1.95	1.54	1.11
90	2.34	2.02	1.62	1.19
100	2.40	2.09	1.70	1.27
150	2.64	2.38	2.03	1.61
200	2.83	2.61	2.30	1.92
250	2.99	2.80	2.54	2.19
300	3.12	2.97	2.75	2.45
350	3.12	3.12	2.94	2.68
400	3.12	3.12	3.12	2.91
≥450	3.12	3.12	3.12	3.12

D.0.2　全国基本风压应按现行国家标准《建筑结构荷载规范》GB 50009的规定采用。

附录E Q235A级钢管轴心受压构件的稳定系数

表E Q235A级钢管轴心受压构件的稳定系数

λ	0	1	2	3	4	5	6	7	8	9
0	1.000	0.997	0.995	0.992	0.989	0.987	0.984	0.981	0.979	0.976
10	0.974	0.971	0.968	0.966	0.963	0.960	0.958	0.955	0.952	0.949
20	0.947	0.944	0.941	0.938	0.936	0.933	0.930	0.927	0.924	0.921
30	0.918	0.915	0.912	0.909	0.906	0.903	0.899	0.896	0.893	0.889
40	0.886	0.882	0.879	0.875	0.872	0.868	0.864	0.861	0.858	0.855
50	0.852	0.849	0.846	0.843	0.839	0.836	0.832	0.829	0.825	0.822
60	0.818	0.814	0.810	0.806	0.802	0.797	0.793	0.789	0.784	0.779
70	0.775	0.770	0.765	0.760	0.755	0.750	0.744	0.739	0.733	0.728
80	0.722	0.716	0.710	0.704	0.698	0.692	0.686	0.680	0.673	0.667
90	0.661	0.654	0.648	0.641	0.634	0.626	0.618	0.611	0.603	0.595
100	0.588	0.580	0.573	0.566	0.558	0.551	0.544	0.537	0.530	0.523
110	0.516	0.509	0.502	0.496	0.489	0.483	0.476	0.470	0.464	0.458
120	0.452	0.446	0.440	0.434	0.428	0.423	0.417	0.412	0.406	0.401
130	0.396	0.391	0.386	0.381	0.376	0.371	0.367	0.362	0.357	0.353
140	0.349	0.344	0.340	0.336	0.332	0.328	0.324	0.320	0.316	0.312
150	0.308	0.305	0.301	0.298	0.294	0.291	0.287	0.284	0.281	0.277
160	0.274	0.271	0.268	0.265	0.262	0.259	0.256	0.253	0.251	0.248
170	0.245	0.243	0.240	0.237	0.235	0.232	0.230	0.227	0.225	0.223
180	0.220	0.218	0.216	0.214	0.211	0.209	0.207	0.205	0.203	0.201
190	0.199	0.197	0.195	0.193	0.191	0.189	0.188	0.186	0.184	0.182
200	0.180	0.179	0.177	0.175	0.174	0.172	0.171	0.169	0.167	0.166
210	0.164	0.163	0.161	0.160	0.159	0.157	0.156	0.154	0.153	0.152
220	0.150	0.149	0.148	0.146	0.145	0.144	0.143	0.141	0.140	0.139
230	0.138	0.137	0.136	0.135	0.133	0.132	0.131	0.130	0.129	0.128
240	0.127	0.126	0.125	0.124	0.123	0.122	0.121	0.120	0.119	0.118
250	0.117	—	—	—	—	—	—	—	—	—

本规范用词说明

1　为便于在执行本规范条文时区别对待，对于要求严格程度不同的用词说明如下：

1）表示很严格，非这样做不可的用词：

正面词采用“必须”，反面词采用“严禁”；

2）表示严格，在正常情况下均应这样做的用词：

正面词采用“应”，反面词采用“不应”或“不得”；

3）表示允许稍有选择，在条件许可时，首先应该这样做的用词：

正面词采用“宜”；反面词采用“不宜”。

表示有选择，在一定条件下可以这样做的用词，采用“可”。

2　条文中指明应按其他有关标准执行的写法为“应按……执行”或“应符合……的要求（或规定）”。